航空网络空间安全

吴志军 著

科学出版社
北京

内容简介

本书主要研究航空网络空间安全的相关理论、方法与技术。书中分析了航空网络的结构及组成，揭示了航空网络可能存在的安全隐患，分析了其面临的安全威胁，设计了航空网络核心关键系统的安全防护架构，并针对航空网络各个资源子系统的特点，研究了它们的安全防护核心方法和关键技术。其中主要包括全球卫星导航系统抵御欺骗攻击的方法、广播式自动相关监视系统抗假冒信号的方法、飞机通信寻址和报告系统安全防护技术和广域信息管理的信息安全保障方法。

本书对航空网络空间安全领域的科研、技术和管理人员在网络安全防护架构及数据安全和隐私保护方面的研究具有一定的参考价值。

图书在版编目（CIP）数据

航空网络空间安全／吴志军著. -- 北京：科学出版社，2025. 5.
ISBN 978-7-03-080889-9

Ⅰ. TN915.08

中国国家版本馆 CIP 数据核字第 2024SA0759 号

责任编辑：陈　静　董素芹／责任校对：胡小洁

责任印制：师艳茹／封面设计：迷底书装

科学出版社 出版

北京东黄城根北街 16 号
邮政编码：100717
http://www.sciencep.com

北京中石油彩色印刷有限责任公司印刷
科学出版社发行　各地新华书店经销

*

2025 年 5 月第 一 版　　开本：720×1 000　1/16
2025 年 5 月第一次印刷　印张：19
字数：379 000

定价：178.00 元

（如有印装质量问题，我社负责调换）

序

  航空网络(aviation network)包括星基网络(satellite-based network)、机载网络(airborne network)和广域信息管理(system wide information management,SWIM)系统,采用空天地一体化(integrated space-air-ground)的结构,通过智慧空中交通管理(air traffic management,ATM,简称空管)系统为航空交通运输正常运行提供所需性能的多源异构数据(multi-source heterogeneous data)。航空网络采用通信技术、网络技术、卫星技术和数据链技术将网络空间(空中通信/导航卫星网络、空中机载网络与自组织网络以及地面全信息管理系统)与物理环境(航空公司、航空机场和空管运行中心/部门)综合起来,形成一个综合计算、网络和物理环境的多维复杂系统,即信息-物理系统(cyber-physical systems,CPS)。它是以网络为中心(network-centric)的智能传感器网络,提供网络使能(network-enabled)的服务和应用。

  随着航空器密度提升和航空器种类增多,航空网络的信息化、自动化和一体化程度不断提升,不同组件深度融合构成复杂的CPS。航空网络遭受的攻击平面被扩展,来自地面、空中和地空协同的多攻击源不断涌现,从信息域到物理域的跨域攻击使航空网络系统面临的潜在威胁进一步加剧。近年来,针对全球导航卫星系统(global navigation satellite system,GNSS)、广播式自动相关监视(automatic dependent surveillance-broadcast,ADS-B)系统以及飞机通信寻址与报告系统(aircraft communication addressing and reporting system,ACARS)的安全漏洞不断被揭示,攻击不断出现。可以预见的是,航空器系统、空中交通管理系统面对的网络安全威胁形势将会更加严峻,亟待建立航空网络空间安全保障体系。由于航空网络空间安全是一个新的领域,国际上在该领域的基础理论和关键技术方面的积累不足,我国发布并实施的《国家网络空间安全战略》和《关键信息基础设施安全保护条例》虽然涉及航空交通运输基础设施的信息安全保障,但缺乏对应的安全战略、保障体系和保护技术。因此,中国民航需要在航空网络空间安全方面进行布局和投入,改变目前中国民航"强 Safety,弱 Security"的局面。

  吴志军教授长期从事航空网络空间安全的研究,在针对时空信息安全、基于信息层面的欺骗攻击的检测和防御以及空中交通管理系统攻击防御和安全防护方面进行了大量理论研究和应用实践,提出了具有创新性的航空网络空间安全的核心理论和关键技术,积累了丰富的基础知识和实际经验。该书深入浅出地阐述了航空网络的结构及组成、航空网络面临的安全威胁、航空网络安全架构及各个资源子系统的安全防护技术。设计了航空网络核心关键系统的安全防护架构并进行了描述，针对航空网络各个资源子系统的特点，研究了其安全防护的核心方法和关键技术。该书内容是吴志军教授带领的课题组十几年的研究成果，部分思想已经在国内外著名期刊上发表，得到了国内外专家的认可和好评，对相关民航领域和航空网络安全相关单位开展攻击的检测和防御工作具有很好的借鉴意义。

航空网络空间安全，特别是其面临的攻击和防御是一场持久的博弈。随着人工智能等新型技术的快速发展和应用，航空网络空间安全也进入一个新的时期，应不断丰富其信息安全的理论和实践。因此，航空网络空间安全是一项长期而艰巨的任务。希望该书能够使广大读者从中受益，并为读者努力探索、刻苦研究航空网络空间攻击检测和防御的新方法提供帮助。

杨义先

2024 年 2 月 27 日

前　　言

航空网络是航空交通运输的关键基础设施。自 2021 年 9 月 1 日起施行的中华人民共和国国务院第 745 号令《关键信息基础设施安全保护条例》中强调交通(含航空交通)领域的信息系统和网络属于国家关键信息基础设施。该条例中第五条规定"国家对关键信息基础设施实行重点保护，采取措施，监测、防御、处置来源于中华人民共和国境内外的网络安全风险和威胁，保护关键信息基础设施免受攻击、侵入、干扰和破坏，依法惩治危害关键信息基础设施安全的违法犯罪活动"。我国发布并实施的《国家网络空间安全战略》第四条"战略任务"中"(三)保护关键信息基础设施"中提到基础设施关系到国计民生，一旦数据泄露、遭到破坏或者丧失功能可能严重危害国家安全。2019 年 10 月，国际民用航空组织(International Civil Aviation Organization，ICAO)出台了《航空网络安全战略》(Aviation Cybersecurity Strategy)，明确指出通过数据链传输的空中交通管理信息数据都存在着被修改、重放和伪造攻击的风险，并强调所有航空通信、导航和监视网络/空中交通管理(communication navigation surveillance/air traffic management，CNS/ATM)的应用都容易遭受分布式拒绝服务(distribution denial of service，DDoS)的攻击。美国"9·11"事件之后，时任美国国家基础设施保护中心主任的罗恩·迪克(Ron Dick)说："假如 9·11 事件的恐怖分子将物理攻击手段(用飞机冲撞大楼)与网络攻击手段(劫持美国空管系统)结合起来，则造成的灾难将比 9·11 事件严重很多，后果将不堪设想。"

航空网络面临严重的信息安全威胁，航空安全正面临前所未有的挑战。因此，面向航空网络的信息安全保障在保证国家领空安全和预防航空交通运输安全事件发生，以及在降低安全事件造成的社会影响和减少财产损失方面至关重要和意义重大。

1. 背景和意义

目前，航空网络已经成为网络犯罪分子的目标。网络攻击者针对 GNSS 中民用导航电文(civil navigation message，CNAV)的欺骗攻击已经被证明可以作为劫持民用客机的手段，对航空网络空间安全是致命的威胁。2023 年 12 月 6 日，国际航空运输协会称出现了一种名为"GPS 欺骗"的网络攻击手段。攻击者通过向飞机飞行管理系统发送虚假的全球定位系统(global positioning system，GPS)信号，迷惑导航系统，导致飞机偏离原定航线。这种攻击不仅可能导致飞机误入他国领空或禁飞区域，还可能对航班的整体安全构成严重威胁。这是国际上首次爆出民航客机在飞行中遭到网络攻击的案例。

1）背景

随着航空网络的发展，利用其系统漏洞和安全隐患的入侵和攻击事件逐年增加。欧洲航空安全组织(European Organization for the Safety of Air Navigation，EUROCONTROL)和欧洲航空安全局(European Aviation Safety Agency，EASA)的统计数据表明：仅2019年第一季度，航空网络遭到黑客攻击的次数多达30次；平均每次攻击给航空网络造成的经济损失约为100万美元。2020年统计表明，全球针对民航系统(包括航空公司、航空机场和机票销售等)的黑客攻击次数达到惊人的1000次。

在航空网络的信息安全保障框架(体系结构)层面，美国联邦航空管理局(Federal Aviation Administration，FAA)从1999年开始制订了一套严密的信息系统安全(information system security，ISS)保障计划，构建起美国空管信息安全保障体系。ISS结构采用可信系统为美国空中交通管理系统的信息安全提供保障。德国构建了空中交通弹性(air traffic resilience，ARIEL)恢复框架，采用情景导向的方法，对航空系统关键基础设施的潜在网络攻击威胁进行整体风险评估，提高航空飞行的安全性。日本制定了空中交通系统革新的合作行动(collaborative actions for renovation of air traffic systems，CARATS)计划框架，保障日本航空网络的信息安全。我国正在设计空中交通管理系统信息安全保障框架(体系结构)。

导致上述情况的主要原因是缺乏航空网络空间安全研究的基础理论和核心技术的积累，以及没有针对民用航空网络的信息安全保障的实践经验。航空网络面临的安全威胁日益加剧，这对航空交通运输的正常运行可造成巨大的安全隐患，可能导致巨大的航空交通运输事故和灾难，危及国家和个人安全。

2）意义

本书的研究意义体现在为航空网络空间安全的战略、计划和框架的研究提供理论基础和技术支持。具体体现在以下几个方面。

(1) 国家航空网络空间安全战略层面。

国际上在注重未来航空交通运输体系建设的同时，也非常重视航空网络信息安全保障的研究和建设。

2019年10月，ICAO制定的《航空网络安全战略》为网络化空管信息安全保障建设确定了发展目标。

2019年2月20日，美国发布了最新版本的《航空安全国家战略》，聚焦新兴颠覆性技术所带来的新型安全威胁，并制定战略行动和支撑计划。

2018年7月12日，英国民航局制定了《航空网络安全战略》。为了保障英国航空交通运输系统的安全，设计了弹性机制的信息安全保障框架，抵御蓄意的网络入侵和攻击。

我国尚未制定类似的民用航空网络安全战略。因此，本书的第一个研究意义就是在航空网络空间安全保障的顶层设计方面，助力我国及早制定相应的航空网络空间安全战略。

(2) 下一代航空交通运输战略的信息安全保障计划层面。

国际上针对下一代航空交通运输的有代表性的发展计划有三个：①美国的下一代空中交通运输系统(next generation air transportation system，NextGen)战略，其信息安全保障计划是空中交通管制信息安全项目(air traffic control cyber security project，ACSP)；②欧洲的单一天空空管研究(single European sky ATM research，SESAR)项目战略，其信息安全保障计划是全球空中交通信息安全管理(global ATM security management，GAMMA)项目；③中国民航空中交通管理现代化战略(civil aviation ATM modernization strategy，CAAMS)，尚未制订信息安全保障计划。

因此，本书的第二个研究意义就是可以为空中交通管理信息安全保障战略计划提供基础理论和核心技术，为我国制订相应的安全保障计划奠定基础。

2. 目标

本书的目标是结合航空网络安全的特点，综合应用通用网络安全理论，开拓航空网络空间安全的研究领域，揭示航空网络风险传播机理，构建航空信息安全保障模型，探索民航重要信息系统网络攻防的作用关系，提升我国航空网络安全基础理论的研究水平，建立我国主导的航空网络空间安全保障体系，引领国际航空网络安全发展趋势。

ICAO 制定的《航空网络安全战略》和我国颁布的《民航网络信息安全管理规定(暂行)(征求意见稿)》中重点强调了三个环节：①发现航空网络面临的安全威胁；②掌握航空网络运行的安全状态；③构建完备的航空网络信息安全保障体系。因此，本书的研究根据上述三个关键环节，计划实现以下目标。

1) 构建航空网络的信息-物理(CPS)融合模型，揭示其面临的复杂威胁关系

该目标旨在解决第一个关键环节——发现航空网络面临的安全威胁，研究航空网络安全威胁的来源和程度。航空网络是综合网络计算和设备物理环境的多维复杂系统的有机结合与深度协作，面临飞行密度激增和航空飞行器种类多样化的管控挑战。所以，航空网络是信息系统与物理系统深度融合构成的具有 CPS 特征的复杂智能管理系统。因此，解决航空网络的 CPS 模型有利于：①掌握航空网络面临的安全威胁及程度，构建统一、有效的威胁模型；②分析航空网络信息安全保障的需求，设计航空网络信息安全保障的技术,构建系统化的航空网络信息安全保障体系结构。

2) 实现航空网络的信息安全态势感知，掌握其安全状态

该目标旨在解决第二个关键环节——掌握航空网络运行的安全状态。根据航空网络运行的情况，对其网络安全的态势进行预测和评估，有助于及时调整其信息安

全保障的策略和措施。它包括两个过程：①安全态势预测。航空网络的安全态势变化是一个复杂的非线性过程，我们采用深度学习的方法，建立基于神经网络的智能预测模型，针对航空网络运行中基于时间的序列动作，进行非线性时间序列的预测，利用深度神经网络模型对非线性时间序列数据进行计算，通过逼近和拟合得出航空网络的安全态势。②安全评估。根据国家安全等级保护指南的要求，采用基于安全基线策略的方法，从静态(功能设计和技术措施)、动态(运行状态和发展趋势)和状态(保障情况和安全属性)三个维度展开多维度的航空网络的安全评估。

3) 建立系统化的航空网络的信息安全机制，保障其安全、高效地运行

该目标旨在解决第三个关键环节——构建完备的航空网络信息安全保障体系，建立持久有效的保障机制。根据系统安全工程理论，提出完备的航空网络安全防御解决方案，包括：①分析其特点和信息安全保障的需求，制定其信息安全保障的策略，推出其信息安全保障计划，构建系统化的航空网络信息安全保障体系结构；②明确航空网络的信息安全保障的要求、指南和规范，设计具体的信息安全保障核心算法、专用方法和关键技术。

3. 内容安排

全书共 8 章，具体内容如下：

第 1 章为航空网络安全概述。该章主要对航空网络进行概述，介绍航空网络的组成结构和核心系统，并给出航空网络的发展趋势分析，为后续章节做铺垫。

第 2 章为航空网络面临的安全威胁。该章从航空网络空天地一体化的组成结构上，分别介绍空间(通信和导航卫星网络)面临的安全威胁、空中(机载航空电子(简称航电)网络和自组织网络)面临的安全威胁、地面(通信导航监视网络)面临的安全威胁。

第 3 章为航空网络安全架构。该章研究了其组成与特点，设计其技术架构、应用架构、安全架构和部署架构，并从安全性、效率性和可扩展性三个方面对设计的架构进行分析。

第 4 章研究 GNSS 的安全。该章主要分析北斗面临的安全威胁与挑战，研究北斗民用导航电文信息的安全认证方法，并开展性能评估。

第 5 章研究 ADS-B 的安全。该章主要分析 ADS-B 面临的安全威胁与挑战，研究 ADS-B 数据完整性保护技术和方法，并开展性能评估。

第 6 章研究 ACARS 的安全。该章主要分析 ACARS 面临的安全威胁与挑战，研究 ACARS 数据安全保护方法，并开展性能评估。

第 7 章研究 SWIM 的安全。该章主要分析 SWIM 面临的安全威胁与挑战，研究 SWIM 共享数据安全保护技术，并开展性能评估。

第 8 章研究 SWIM 数据路由方法，提出基于命名数据网络(named data network,

NDN)的 SWIM 数据路由策略,并开展性能评估。

4. 本书特色

本书在分析航空网络的脆弱性和面临的威胁的基础上,根据航空网络的结构和业务特点,研究航空网络安全架构及各个资源子系统的信息安全防护技术;设计了航空网络核心关键系统的安全防护架构,并针对航空网络各个资源子系统的特点,研究了其安全防护的核心方法和关键技术。本书推出的是航空网络空间的信息安全(Security)和飞行安全(Safety)之间的内在关联以及服务可信的理论研究成果,通过对开放的分布式结构的航空网络采用国产 SM 系列密码算法,提出系统化的保护思路,采用数据完整性保护技术和信息安全认证方法,实现航空网络的信息安全。本书的主要特色体现在以下方面。

(1)设计了基于区块链的航空网络可信服务体系结构。本书使用联邦区块链的部署模型 Hyperledger Fabric 为航空网络设计了一个云链融合架构,并研究了一种基于区块链的云环境访问控制机制。该架构有四个主体:航空网络综合服务系统、区块链管理服务系统、航空网络云边缘协作系统和航空网络 CPS。该架构的系统模块组件包括区块链部分和云边缘计算部分,其实现的功能主要有三个:许可证管理、安全审计和信息访问控制。在整个架构设计中,由航空网络 CPS 的多种终端边缘设备获取的数字化信息,如气象数据、航空情报等,通过 IP 网络上传到边缘计算设备进行数据的基础处理。经过初步处理的航空数据上传到云端协作平台,并从云平台保存的数据中抽取出相关的业务管理元数据保存在区块链中。整个区块链系统负有数据管理、安全审计和访问控制的责任。利用区块链的自治性,由各个实体产生的数据可以更大程度地在保证隐私和公平的基础上获得充分利用。

(2)提出了基于区块链的北斗民用导航信息抗伪冒攻击的方法。针对北斗三号卫星导航系统面临的欺骗网络攻击问题,本书设计了基于区块链的 GNSS 的 CNAV 信息抗欺骗体系架构,提出了两种基于区块链的北斗民用导航信息可信任模型,在模型的基础上完成认证协议。针对北斗三号三种不同的民用导航电文类型,设计了基于国产 SM 密码的电文信息内容认证方法。因此,可以通过用户端对北斗 CNAV 信息的安全认证,达到信息源身份认证和 CNAV 完整性保护的目的,增强了北斗导航系统的抗伪冒能力,可以保证北斗应用服务的连续性。

(3)提出了基于区块链可信任模型的 ADS-B 信号抗假冒方法。机载 ADS-B 设备通过开放链路进行数据传输,没有设计信息完整性保护措施和提供安全认证机制。因此,攻击者可以轻易发动干扰和欺骗等攻击,给航空网络带来了极大的安全隐患。根据 ADS-B 报文特点,结合区块链技术,本书提出了一种基于区块链网络的 ADS-B 报文抗假冒的安全认证服务,用以实现 ADS-B 报文的安全传输。基于区块链的 ADS-Bchain 安全可信服务包含区块链技术、数字签名算法、数字证书和哈希值加密等内容。

(4) 提出了基于区块链的 SWIM 共享数据安全认证技术。为了能够使 SWIM 用户高效且安全地访问 SWIM 中不同认证域的服务，本书提出了一种基于联盟链和一致性哈希算法的 SWIM 跨域认证方案。该方案采用带有虚拟节点的一致性哈希结合联盟链架构，同步认证域间用户的认证映射关系，并根据 SWIM 提供的飞行类、航空类和气象类服务分别映射虚拟认证节点来分割一致性哈希环，同时通过用户认证请求的动态变化而增加或删除虚拟服务认证节点，实现不同服务跨域认证的动态负载均衡。

5. 阅读建议

在阅读本书时，建议从空天地一体化航空网络的组成入手，先从卫星通信和导航卫星的工作原理开始了解，逐步掌握卫星通信过程中信息传输的流程和存在的安全隐患；熟悉机载航电系统的组成结构以及自组织网络的结构，分析它们可能存在的安全隐患和面临的安全威胁；研究地面网络的组成以及地面空中交通管理系统资源子系统面临的安全威胁。然后，熟悉航空网络的威胁模型、防护方法和保护技术，掌握航空网络安全保障的具体要素和需求分析，了解基于密码的加密认证流程。最后，学习书中一系列的针对航空网络空间安全保障的基础理论和核心方法，进行信息数据安全相关领域的实践。

本书是中国民航大学安全科学与工程学院航空电信网及信息安全实验室的教师和研究生多年的研究成果的积累。本书内容是在国内首个航空安全领域博士点民航信息系统安全保障技术方向带头人吴志军教授领导的航空电信网及信息安全实验室全体教师以及他们指导的博士研究生、硕士研究生完成的研究成果(博士研究生和硕士研究生的学位论文、共同发表的学术论文、撰写的技术报告和申请的发明专利)的基础上整理完成的。参与本书研究工作的人员包括：岳猛教授、鲁艳蓉副教授、雷缙讲师、张礼哲讲师、刘亮助理实验员和李瑞琪博士。感谢研究生为本书的撰写提供了相关材料，其中博士研究生卢鑫负责第 1 章和第 2 章，硕士研究生董若辰负责第 3 章，硕士研究生梁铖负责第 4 章，硕士研究生尚桐负责第 5 章，硕士研究生邹嘉旭、郎吉海、刘玉麟和吴滢等负责第 6 章，硕士研究生聂嘉负责第 7 章，硕士研究生殷越负责第 8 章。特别感谢博士研究生卢鑫和硕士研究生梁铖与董若辰等，他们在本书的整理、编辑和校正等方面做了大量艰苦的工作，实验室的硕士研究生林辰琪同学在本书的第一校和第二校中花费了大量的时间和精力，在此对他们的努力付出表示衷心的感谢。在本书的研究中，得到了很多专家和学者的指正，在此表示衷心的感谢。

本书的研究得到了国家重点研发课题"高动态组网与数据安全传输"(资助号：2022YFB3904503)和国家自然科学基金面上项目"云计算数据中心网络 LDoS 攻防

关键技术研究"（资助号：62172418）的资助。

  本书是一部针对航空网络空间安全的研究著作，对航空领域的研究人员在数据安全和隐私保护方面具有一定的借鉴意义和参考价值。全书内容由浅入深，涵盖了航空网络空间的安全威胁、防护方法和保护技术，普通读者、高校师生和从事航空网络空间安全的研究人员都能从书中获得需要掌握的知识。

  由于时间仓促和作者水平有限，书中不足之处在所难免，还望读者批评指正！

作 者
2024 年 1 月 17 日于天津

目 录

第1章 航空网络安全概述 ·· 1
1.1 航空网络的组成 ·· 1
1.1.1 航空网络的结构 ·· 1
1.1.2 航空网络的特点 ·· 5
1.2 航空网络安全的发展趋势 ·· 5
1.2.1 现状 ·· 5
1.2.2 发展趋势 ·· 8
1.3 本章小结 ·· 9
参考文献 ·· 9

第2章 航空网络面临的安全威胁 ·· 10
2.1 空间层面卫星网络面临的安全威胁 ··· 10
2.1.1 北斗三号全球卫星导航系统脆弱性分析 ·· 10
2.1.2 北斗三号全球卫星导航系统面临的安全威胁 ··································· 12
2.2 空中层面机载航空电子系统面临的安全威胁 ·· 14
2.2.1 机载系统安全威胁概述 ··· 15
2.2.2 ADS-B 系统安全威胁概述 ·· 20
2.2.3 ACARS 安全威胁概述 ·· 24
2.3 地面网络面临的安全威胁 ·· 28
2.4 本章小结 ·· 31
参考文献 ·· 32

第3章 航空网络安全架构 ··· 33
3.1 引言 ··· 33
3.2 航空网络安全架构设计 ··· 35
3.2.1 基于博弈论的航空网络 CPS 建模方法 ·· 35
3.2.2 基于航空网络运行大数据分析的安全隐患和系统漏洞挖掘方法 ········· 38
3.2.3 基于可信任模型的航空网络信息安全保障体系结构 ························· 41
3.2.4 基于 CPS 博弈模型的航空网络信息安全态势感知技术 ····················· 44

  3.2.5 基于安全基线策略的航空网络信息安全评估技术……48
 3.3 航空网络信息安全保障内涵设计……50
  3.3.1 航空网络的 CPS 模型……52
  3.3.2 航空网络安全隐患和系统漏洞挖掘……53
  3.3.3 航空网络信息安全保障体系结构……54
  3.3.4 航空网络安全态势感知……54
  3.3.5 航空网络信息安全评估……56
  3.3.6 航空网络信息安全保障技术……56
  3.3.7 航空网络信息安全核心技术仿真演示验证……59
 3.4 架构安全性分析……61
  3.4.1 过程安全性……61
  3.4.2 系统安全性……62
 3.5 本章小结……62
 参考文献……62

第 4 章 基于区块链的北斗民用导航信息抗伪冒攻击的方法……64
 4.1 北斗三号民用导航信号及其导航电文……64
  4.1.1 北斗三号民用导航信号……65
  4.1.2 北斗三号民用导航电文……66
 4.2 基于区块链的北斗三号民用导航电文安全认证方案……68
  4.2.1 区块链与国产 SM 密码算法概述……69
  4.2.2 北斗三号民用导航电文安全认证方案……70
  4.2.3 协议的安全性分析……75
  4.2.4 仿真实验和结果分析……78
  4.2.5 小结……88
 4.3 基于区块链的北斗用户定位信息安全认证方案……88
  4.3.1 基于区块链的定位信息安全认证方案……88
  4.3.2 基于区块链的定位信息安全认证协议……90
  4.3.3 协议的安全性分析……92
  4.3.4 仿真实验和结果分析……94
  4.3.5 小结……97
 4.4 本章小结……97
 参考文献……98

第 5 章 基于区块链可信任模型的 ADS-B 信号抗假冒方法……100
 5.1 概述……100

		5.1.1 ADS-B 简介 ································· 100
		5.1.2 区块链技术 ································· 103
		5.1.3 相关密码学知识 ····························· 105
	5.2	基于区块链的 ADS-B 可信任模型 ······················· 106
		5.2.1 ADS-Bchain 飞机身份认证体系结构 ············· 107
		5.2.2 ADS-Bchain 证书设计 ······················· 109
		5.2.3 ADS-Bchain 认证协议 ······················· 110
		5.2.4 ADS-Bchain 认证方法 ······················· 112
		5.2.5 性能分析 ································· 114
	5.3	基于 ADS-Bchain 的抗假冒方法 ······················· 116
		5.3.1 方法实现 ································· 116
		5.3.2 实验场景设计 ······························· 121
		5.3.3 实验验证 ································· 124
		5.3.4 性能测试及结果分析 ··························· 143
	5.4	本章小结 ··· 148
	参考文献 ··· 149

第 6 章 ACARS 数据链数据安全保护方法的研究 ············· 150

	6.1	ACARS 简介 ··· 150
	6.2	ACARS 信息保障框架设计 ······························· 152
		6.2.1 ACARS 数据安全隐患 ························· 152
		6.2.2 ACARS 安全架构 ····························· 153
	6.3	ACARS 数据链加密方法 ································· 173
		6.3.1 ACARS 数据加密过程 ························· 174
		6.3.2 ACARS 数据加密实验及结果分析 ················· 175
		6.3.3 性能分析 ································· 183
	6.4	ACARS 数据链认证方法 ································· 187
		6.4.1 数字证书 ································· 188
		6.4.2 数字签名 ································· 189
		6.4.3 ACARS 数据链认证实现与验证测试 ················· 190
	6.5	ACARS 数据链系统实现与测试 ··························· 195
		6.5.1 系统总体设计 ······························· 195
		6.5.2 各功能模块设计 ····························· 198
	6.6	ACARS 数据链安全性测试 ······························· 207
		6.6.1 ACARS 安全威胁演示 ························· 208

		6.6.2 在基于 DSP 的安全框架下的安全效果演示 ············· 214
		6.6.3 ACARS 数据链安全机制安全性分析 ····················· 221
6.7	本章小结 ·· 223
参考文献 ·· 223

第 7 章　基于区块链的 SWIM 共享数据安全认证技术 ············· 224
- 7.1 概述 ··· 224
- 7.2 基于区块链的 SWIM 安全认证方法 ····························· 227
  - 7.2.1 基于区块链的 SWIM 共享数据认证总体架构 ············ 227
  - 7.2.2 基于一致性哈希的 SWIM 联盟链跨域认证方法 ········· 229
  - 7.2.3 一致性哈希空间的认证负载均衡 ························· 234
  - 7.2.4 安全性分析 ··· 235
- 7.3 SWIM 跨域认证系统设计与实现 ································· 236
  - 7.3.1 SWIM-Chain 架构设计 ···································· 237
  - 7.3.2 测试及结果分析 ·· 241
- 7.4 本章小结 ·· 248
- 参考文献 ·· 248

第 8 章　基于命名数据网络的 SWIM 安全路由缓存策略研究 ········· 250
- 8.1 概述 ··· 250
  - 8.1.1 NDN 体系架构 ·· 251
  - 8.1.2 缓存策略 ·· 253
  - 8.1.3 安全网关 ·· 254
- 8.2 SWIM 安全路由缓存策略 ··· 256
  - 8.2.1 基于 LSTM 的民航报文内容重要度分类 ················· 257
  - 8.2.2 SWIM 基础设施层缓存策略 ······························ 258
  - 8.2.3 仿真与结果分析 ·· 265
- 8.3 SWIM 安全网关设计及实现 ······································ 275
  - 8.3.1 SWIM 安全网关设计 ······································· 275
  - 8.3.2 SWIM 安全网关系统测试 ································· 279
- 8.4 本章小结 ·· 285
- 参考文献 ·· 285

第 1 章 航空网络安全概述

国际民用航空组织(International Civil Aviation Organization，ICAO)制定的《全球空中航行计划》(*Global Air Navigation Plan*)是在智能化大规模航空网络基础上实现的未来智能化航空交通运输系统(future intelligent air transportation system，FIATS)的蓝图。《全球空中航行计划》明确了未来空中交通管理(air traffic management，ATM，简称空管)系统发展的趋势是以网络为中心的智能传感器网络，提供网络使能的服务和应用，形成网络化的空管系统(networked ATM system)[1]。

为了应对日益复杂的航空网络安全形势，ICAO 于 2019 年 10 月出台了《航空网络安全战略》(Aviation Cybersecurity Strategy)[2]。由于航空网络具有极强的专业性和行业特殊性，目前针对航空网络空间安全保障的手段极度匮乏，缺乏理论指导。所以，研究航空网络空间信息安全保障基础理论和关键技术势在必行。

1.1 航空网络的组成

近年来，信息技术发展突飞猛进，人工智能(artificial intelligence，AI)技术的应用正在深刻影响着航空网络空间的发展方向，使其从固定网络走向移动网络，从地面、空中、空间分割的网络走向空天地一体化的网络。目前的空天地一体化航空网络是民航领域的重要信息基础设施，它由空基、天基、陆基互联互通，以信息的传输与交换为基础，以信息的处理和应用为核心，呈现出泛在化、异构化等发展趋势。

1.1.1 航空网络的结构

航空网络(satellite-based network)是由通信技术、网络技术、卫星技术和数据链技术综合应用的信息化高度集成的智能化复杂网络。它采用空天地一体化(integrated space-air-ground)的结构将空间通信和导航卫星网络、空中自组织网络和机载网络(airborne network)以及地面民航全信息系统(又称广域信息管理system wide information management，SWIM)与航空公司、航空机场和空管部门的网络及大型信息系统，如协同决策(collaborative decision making，CDM)系统和通信导航监视(communication，navigation，surveillance，CNS)系统连接起来，形成以网络为中心的空管运行平台，如图 1-1 所示[3]。

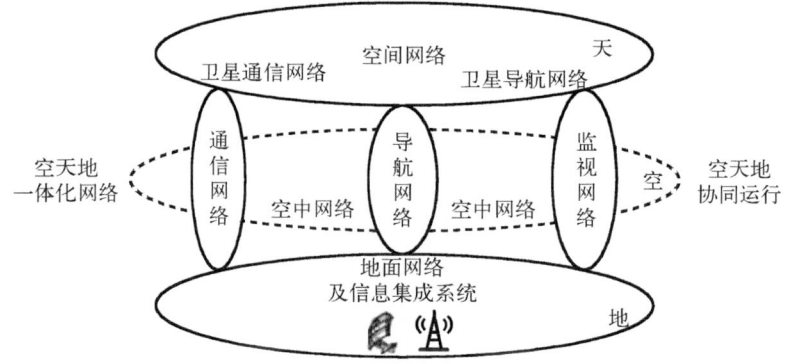

图 1-1 空天地一体化结构的航空网络

在实际应用中，空天地一体化的航空网络由纵、横两个维度的结构组成。在横向维度上有空间网络、空中网络和地面网络(广域信息管理系统)；在纵向维度上有通信、导航和监视网络。横向维度的三个网络分别代表空、天、地三个层面，而纵向维度的三个网络是航空网络体系结构的三个关键支撑技术体系，如图 1-2 所示。

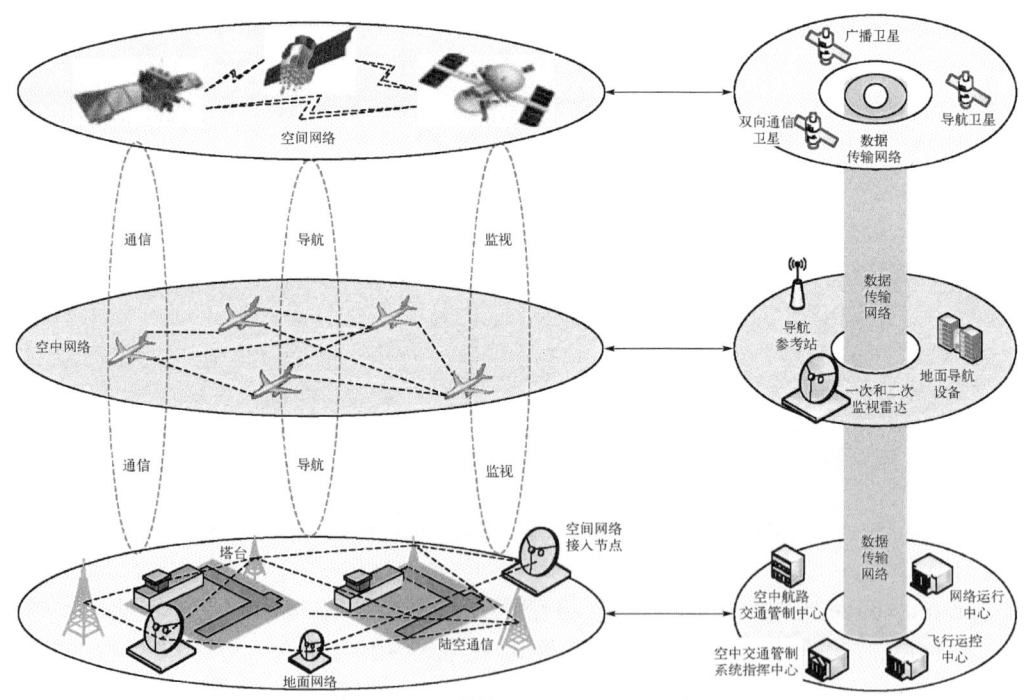

图 1-2 空天地一体化的航空网络

图 1-2 中，三个横向层次的网络如下。

(1) 由空间通信卫星和导航卫星组成的空间网络。

(2) 空中网络有两个组成部分：①机载航电系统；②空中自组织网络。它们属于无缝连接的无线网络，飞行器作为移动节点可以通过接入认证的验证，任意地接入空中网络与其他飞行器进行信息共享和传输。

(3) 地面网络由 SWIM 和空管自动化系统及各种面向空管系统协调决策的网络化协同运行系统组成。

三个纵向支撑网络如下。

(1) 空天地一体化的航空通信网络，主要由卫星通信网络、甚高频(very high frequency，VHF)通信网络、地空数据链系统等组成。

(2) 由空间导航卫星和陆基导航系统及地面增强系统(ground-based augmentation system，GBAS)组成的精密航空导航网络。

(3) 广播式自动相关监视(automatic dependent surveillance-broadcast，ADS-B)、一次和二次雷达等组成的广域多级监视网络。

三横三纵的网络结构在空天地立体空间中形成交叉，增大了航空网络的覆盖空域和地面范围，保证了最大范围地实现航空服务。

波音研究与技术中心对空天地一体化航空网络的理解比较详细地说明了航空网络中三个层面包含的具体资源系统或设备，如图 1-3 所示[4]。

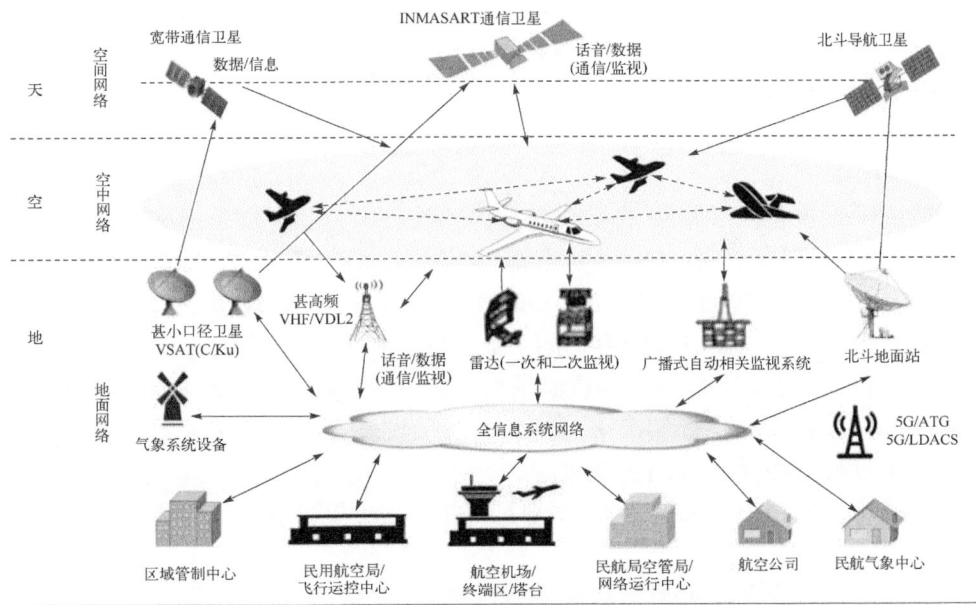

图 1-3 波音研究与技术中心对空天地一体化航空网络的理解

VSAT 为甚小口径终端(very small aperture terminal)；VDL2 为甚高频数据链路模式 2(VHF data link mode 2)；ATG 为空对地(air-to-ground)；LDACS 为 L 波段数字航空通信系统(L-band digital aeronautical communications system)

由于篇幅原因，下面无法一一详尽地介绍每个系统，只罗列具有代表性的系统[5]。

(1) 空间网络，包括通信卫星和导航卫星。其中，通信卫星涉及国际海事卫星(international maritime satellite，INMASAT)和宽带通信卫星等；导航卫星则包含全球导航卫星系统(global navigation satellite system，GNSS)的全部成员。除了传统的4个成员，例如，美国的全球定位系统(global positioning system，GPS)、中国的北斗卫星导航系统(Beidou navigation satellite system，BDS)、欧洲的伽利略卫星导航系统(Galileo satellite navigation system，Galileo)和俄罗斯的全球卫星导航系统(global navigation satellite system，GLONASS)，还有新的成员，例如，日本准天顶卫星系统(quasi-zenith satellite system，QZSS)和印度区域导航卫星系统(Indian regional navigation satellite system，IRNSS)。

(2) 空中网络，包括机载网络(airborne network)和航空自组织网络(aviation ad hoc network)。其中，机载网络包括航电网络(前舱-控制域)和客舱网络(含娱乐系统)。自组织网络形式较多，其中包括基于自适应聚合网络(adaptive aggregation network，AANet)的下一代机载网络(next generation airborne network，NGAN)，具有很高的传输速率。

(3) 地面网络，包括通信、导航、监视资源系统，SWIM以及机场和航空公司等局域网。

① 通信资源系统包括：通信卫星、通信地面站和管理中心——用于建立卫星链(satellite data link)、甚高频和地面管制员与空中飞行员之间的链路通信(controller-pilot data-link communication，CPDLC)。其中，甚高频用于建立地空数据链飞机通信寻址和报告系统(aircraft communication addressing and reporting system，ACARS)。

② 导航资源系统包括陆基和星基导航两种设备。其中，星基是指导航卫星地面站和管理中心——用于提供卫星导航服务。陆基是指测距机(distance measuring equipment，DME)和仪表着陆系统(instrument landing system，ILS)。

③ 监视资源系统包括：星基和陆基广播式自动相关监视系统、一次监视雷达(primary surveillance radar，PSR)和二次监视雷达(secondary surveillance radar，SSR)。

④ SWIM，是ICAO推行的未来航空云的基础设施，用于航空大数据的共享和交互。该系统目前正在世界范围内建设中。

⑤ 航空机场、航空公司和空管系统网络，由广域网和局域网、有线网和无线网组成。

⑥ 地面网络还包含几个大型的信息系统，例如，空管和自动化系统、机场协同决策(airport-collaborative decision making，A-CDM)系统和先进的机场场面导向和控制系统(advanced-surface movement guidance and control system，A-SMGCS)等。

1.1.2 航空网络的特点

航空网络在组成结构方面具有空天地一体化、广域分布、系统异构、多源异质的特点。

(1) 组成系统异构。航空网络是一个"卫星网络+数据链+机载航电系统+计算机网络"的综合体，不同网络和系统的融合形成了一体化的结构。

(2) 系统立体分布。航空网络由空、天、地三个层面组成，并且在地域上广域分布。

(3) 数据多源异质。航空网络的数据来自空间、空中和地面，由于航空飞机、航空公司、航空机场等核心业务服务种类繁多，并且资源系统设备接口和传输规范不尽相同，因此，业务数据差异较大。

航空网络在运行和应用方面具有的特点是：目标高速移动、通信可靠实时、高动态组网。

(1) 目标高速移动。民用航空飞机的平均飞行速度是 800km/h，在目前所有的通用交通运输手段中，这个速度是最快的。而目前 5G 移动网络可支持的高速移动目标速率是 500km/h。因此，在航路中尚无法直接采用 5G 技术，还需要增加一些技术手段。

(2) 通信可靠实时。地面管制员和空中飞行员的通话必须是实时和可靠的，不能有中断、断续或者丢帧。否则，可能造成空难事故发生。

(3) 高动态组网。对于平均速率为 800km/h 的飞机来说，大约每秒飞行的距离是 120m。因此，如果将飞机看作一个移动节点，空中自组织网络是大尺度动态变化的。

当前，全球航空系统正处于十字路口，航空业正在扩张、变化，并变得越来越紧密。由于创新技术快速进入航空市场，航空网络的连通性也迅速增长。航空业依赖于信息和通信技术(information communication technology，ICT)来运营全球航空运输系统。鉴于不断演变的网络威胁，在没有强有力的网络安全措施的情况下引入新技术对该行业来说是一种风险。

航空网络的组成结构和分布特点已经形成了一个巨大的扇面，随着航空网络的延伸和扩展，其攻击面不断扩大，面临的威胁日益增大。当下，人工智能技术突飞猛进地发展，逐步渗透到航空网络，导致威胁加剧，航空网络空间安全面临严峻考验。

1.2 航空网络安全的发展趋势

1.2.1 现状

到目前为止，已经曝出了很多直接或间接与航空网络相关的安全事件。这里给出几个典型的例子。

(1) 飞机导航系统遭受欺骗攻击并导致多架飞机偏离航线。2023年12月，据路透社报道，一种名为"GPS欺骗"的网络攻击手段近几个月来激增。攻击者向飞机飞行管理系统(flight management system，FMS)发送虚假GPS信号，而飞机无法辨别真伪，导致飞机导航系统出现偏差，飞机偏离航线。如果飞机因此未经许可进入他国领空或禁飞空域，将造成较大的安全风险。由国际机师和飞行技术人员组成的国际组织OPSGROUP在2023年9月就GNSS欺骗攻击事件的报告中指出，这是该组织记录的首起明确案例，显示商用飞机因GPS欺骗而偏离航线。国际航空咨询机构飞行运营集团发布的报告显示，截至2023年11月上旬，这家机构已收到近50份涉及"GPS欺骗"的报告。

国际航空运输协会官员于2023年12月6日称，鉴于网络攻击者误导飞机导航系统，导致飞机偏离航线的事件越来越多，全球航空业巨头已于2024年1月开会讨论由此引发的安全问题。

(2) 航空无线电爱好者利用国外设备追踪飞机，极有可能泄密。2021年央视一则新闻中提及危害国家安全的ADS-B网络接收机事件。据报道，境外机构向国内航空无线电爱好者提供了ADS-B信号接收器，爱好者部署了这些接收器后可以接收较大范围内的航空器ADS-B信号，并将接收到的信号通过网络传输到境外。然而，这一行为被国家安全机关认定为泄密行为。

本次国家安全机关之所以会对向境外传输数据的ADS-B接收设备开展专项打击活动，其原因是有业余爱好者购买ADS-B接收设备，并使用境外势力提供的固件进行刷机，解除了设备原有的限制，使该设备能接收到原本被屏蔽而无法接收的信息。并且这位爱好者在一些敏感设施周围进行数据的收集，而这些数据都通过设备后门被传输出境，让境外势力获得了第一手的原始数据，并且这位爱好者还以某种形式获得了境外势力给予的金钱。诸多要素齐全引起了国家安全机关对ADS-B原始数据向境外流出一事的重视，并开展了专项行动。

(3) 远程、非合作式的渗透入侵机载无线电通信系统，黑掉波音757。2020年11月8日在卫星通信安全会议(CyberSat Summit 2020)上，一名美国国土安全部(United States Department of Homeland Security，DHS)官员承认，他的专家团队远程黑掉了一架波音757飞机。此次入侵并非发生在实验室，而是真实发生在纽约大西洋城的机场。发生时间早在一年前，披露此事的是DHS科技司网络安全部的航空项目经理罗伯特·希基："我们是在2016年9月19日对这架波音757进行测试的，两天后我成功地完成了非协作模式的远程渗透。这也就意味着我无须任何人物理接触到飞机，也无须内部人员的配合。"由于入侵细节是保密的，罗伯特·希基只承认他的团队能够访问波音757的"无线通信"。

(4) 史上首次黑客"逼停"民航飞机，波兰航空公司瘫痪。波兰华沙时间2015

年 6 月 21 日下午，波兰航空公司地面操作系统突然瘫痪，无法建立新的飞行计划，致使预定航班无法出港。公司方面很快对故障进行排查，迅速判断这是一起黑客攻击事件。黑客袭击致使系统瘫痪长达 5h，至少 10 个航班被取消，1400 多名乘客滞留华沙弗雷德里克·肖邦机场。据悉这是全球首次发生航空公司操作系统被黑的状况。

(5) 欧洲多国空管疑遭黑客攻击，13 架飞机消失 25min。英国《镜报》2014 年 6 月 14 日报道，奥地利空管发言人向媒体发布消息称，6 月 5 日和 10 日，有多架飞机突然从空管雷达上消失，每次持续 25min。和奥地利的遭遇相似，捷克、德国、斯洛伐克等国家也遭遇了同样的事件。据统计，一共有 13 架飞机从雷达上消失，好在各架飞机消失后，空管人员还能通过无线电对讲系统与飞机取得联系，指挥这些飞机错开航道，避免相撞。

欧洲航空安全局(European Aviation Safety Agency，EASA)已对飞机消失事件展开调查，推测可能是遭到了黑客攻击。不论奥地利还是德国等国家，都没有公布这 13 架曾面临危险的飞机的航班号，德国一位发言人说："没有必要在事情结束后还让无辜的乘客受到惊吓。"这位发言人还强调，他们也认为是有针对性的黑客攻击造成了飞机从雷达上失踪，如黑客操控了飞机的应答机。此人还强调，若真是黑客发起的攻击，应该使用了卫星作为辅助，这就说明发动袭击的黑客能力非常强。但也有人认为是遭到了神秘信号的干扰，雷达才会失灵。奥地利一家媒体援引专家的话说，飞机能从雷达上消失，最有可能的原因是飞机上的异频雷达收发机和地面空管之间传播的信号受到了干扰或阻隔。能造成这么大影响的极有可能是黑客或者是强信号干扰。

近年来，航空网络已经成为黑客攻击的目标，有关航空网络安全的事件逐渐增多。因此，来自政府和学者的警告也越来越多。

商业航空系统中的漏洞由来已久，早就有人警告过现代商业飞机上的互联网连接"可能提供未授权的对航空系统的远程访问"，也就是说黑客可以通过乘客的 Wi-Fi 网络在飞行中劫持飞机。美国政府问责局(Government Accountability Office，GAO)在 2015 年的一份报告中警告："应该考虑到机舱中的互联网连接是飞机与外界的直接联系，这就包括会带来恶意威胁。"还有美国官员曾经表示："美国联邦航空管理局(Federal Aviation Administration，FAA)必须关注飞机认证标准，以防止恐怖分子拿着笔记本电脑在机舱，甚至是在地面通过乘客的 Wi-Fi 系统控制飞机。"

美国得克萨斯大学奥斯汀分校的汉弗莱斯和其他人在 2008 年以来一直在警告关于 GPS 欺骗攻击的发生。在 2012 年，他在国会作证，关于保护 GNSS 免受欺骗的必要性，他说："GPS 欺骗对航空系统的作用就像零日攻击一样，它们对此完全毫无准备，也无力对抗。"

目前，世界范围内尚没有定义商业航空网络安全的共同愿景、共同战略、目标、标准、实施模式或国际政策。确保航空网络系统的安全并领先于不断演变的网络威胁是政府、航空公司、机场和制造商的共同责任。至关重要的是，所有这些成员都要采用协作、风险知情的决策模式来设定目标，并定义网络安全框架和路线图，以加强航空系统抵御攻击的能力。该路线图必须由共同的愿景以及战略驱动来区分经济问题和安全相关问题，并解决所有安全层(包括了解、预防、检测、响应和恢复)的问题。

1.2.2 发展趋势

从上述航空网络安全事件可以看出，黑客针对航空网络的攻击具有以下发展趋势。

(1)攻击目标：航空飞行器——商用飞机。OPSGROUP 在 2023 年 9 月发布的报告中指出，这是该组织记录的首起明确案例，显示商用飞机因 GPS 欺骗而偏离航线。自从网络犯罪瞄准航空网络之后，这是首次确认商用飞机在飞行中被攻击，而之前的攻击基本针对地面机场和航空公司的网络，没有直接针对飞机。也就是说，黑客的攻击目标已经从地面上升到空中。

(2)攻击手段：主要针对空地无线链路和机载设备。遍布在空间、空中和地面的卫星通信链路、导航链路和机载航电设备，都是黑客攻击的对象。主要采取的技术手段包括欺骗(生成式)攻击和重放(转发式)攻击。随着技术的发展，其他更加智能的攻击手段会不断涌现。

(3)攻击频次：欧洲航空安全组织(European Organization for the Safely of Air Navigation，EUROCONTROL)和 EASA 的统计数据表明仅 2019 年第一季度，航空网络遭到黑客攻击的次数多达 30 次；2020 年统计表明，全球针对民航系统(包括航空公司、航空机场和机票销售等)的黑客攻击次数达到惊人的 1000 次。令人担忧的是，这些数据还在持续增长。

(4)攻击效果：EUROCONTROL 和 EASA 的统计数据表明，平均每次攻击对航空网络造成的经济损失约为 100 万美元。从经济损失上看是巨大的，但如果网络攻击造成空难或其他灾难，则损失会更加惨重。

目前，网络空间对全球航空系统的安全造成了越来越大的威胁。当今的网络威胁行为者，包括国家支持的黑客组织及其代理人，他们专注于恶意攻击、窃取信息以及出于政治动机谋求利益。敌人众多，适应性强，影响深远。他们从多条战线连续攻击，有多个目标，并且常常匿名。作为世界上最复杂、最集成的信息和通信技术系统之一，全球航空系统是大规模网络攻击的潜在目标。随着新技术的不断快速融合，航空业不断扩大、变化，并变得越来越紧密。然而，随着技术的迅速发展，航空网络空间安全的对手及其威胁也在迅速发展。如果没有针对这种不断演变的威胁采取适当的网络安全措施，航空运输业将可能面临严峻的风险。如今，民航飞机以前所未有的安全性和可靠性遍布全球，保持这一卓越安全记录的安全措施也必须应用于更好地保护整个航空运营领域的系统。因此，至关重要的是，全球航空界需要：①实施共同的网络安全框架和执行模式，以应对不断演变的航空网络安全威胁；②在主要行业参与者的积极参与下，加强航空界的合作和关注；③利用和应用现有的行业最佳实践及其对应团队，推广正在进行的研究和教育工作；④让政府机构参与讨论建立政府和协调国家航空网络安全战略、政策和计划的产业合作框架；⑤通过确定近期、中期和长期行动，制定路线图。

1.3 本章小结

航空网络是一个复杂的智能系统，除了包括空天地一体化分布式网络，还涉及各种组织结构和运营模式、相互依存的物理和网络空间功能及系统，以及多层权限、责任和法规的结构等。根据中华人民共和国国务院令（第745号）《关键信息基础设施安全保护条例》的要求，航空网络作为民航交通运输系统的关键信息基础设施，从保证国家安全和防止民航交通运输安全事件的发生上，凸显了航空网络关键基础设施面临的风险。当今的航空网络安全威胁行为者的动机包括恶意破坏、信息窃取、牟取利益，在某种程度上，还有推进政治目标的黑客动机。遗憾的是，当前没有一套共同的标准或国际政策来定义航空网络的安全。本书将从航空网络的各个关键组成出发，描述一个航空网络安全的框架，以确保飞行关键基础设施的安全，能够承受不断演变的威胁并从中快速恢复。这个框架将尽可能涉及所有航空关键信息系统，包括 GNSS、ADS-B、ACARS、SWIM 等。

参考文献

[1] ICAO. Global Air Navigation Plan[M]. Montréal:International Civil Aviation Organization, 2019.

[2] ICAO. Aviation Cybersecurity Strategy[S]. Montréal: International Civil Aviation Organization, 2019.

[3] Sampigethaya K, Poovendran R. Aviation cyber-physical systems: Foundations for future aircraft and air transport[J]. Proceedings of the IEEE, 2013, 101(8): 1834-1855.

[4] Post J. The next generation air transportation system of the United States: Vision, accomplishments, and future directions[J]. Engineering, 2021,7(4): 427-430.

[5] Bogoda L, Mo J, Bil C. A systems engineering approach to appraise cybersecurity risks of CNS/ATM and avionics systems[C]//Proceedings of the Integrated Communications, Navigation and Surveillance Conference, Herndon, 2019: 1-15.

第 2 章 航空网络面临的安全威胁

航空网络安全的问题由来已久，在 1996 年于泰国举办的航空交通运输会议上，ICAO 的航空通信委员会工作组(Aeronautical Communication Panel Working Group，ACP WG)针对航空电信网(aeronautic telecommunication network，ATN)的信息安全问题，第一次指出航空交通运输信息系统存在严重的安全隐患和系统漏洞，很容易被网络犯罪分子入侵和攻击。其中，它明确指出"通过数据链传输的空中交通管理信息数据都存在着被修改(modification)、重放(replay)和伪造(masquerade)攻击的风险"，并强调"所有航空通信、导航和监视网络/空中交通管理(communication navigation surveillance/air traffic management，CNS/ATM)的应用都容易遭受分布式拒绝服务(distribution denial of service，DDoS)的攻击"[1]。然后，ACP WG 在比利时布鲁塞尔制定了航空电信网信息安全概念和运行标准[2]，以应对日益严重和复杂的航空交通运输系统运行面临的信息安全威胁。

航空网络由广域分布的空、天、地系统组成，涉及很多资源系统和子系统。因此，为了节省篇幅，本书在研究航空网络面临的安全威胁时，从空、天、地三个层面选择具有代表性的系统或网络进行分析。在空间层面研究导航卫星系统(以北斗三号全球卫星导航系统为例)的安全威胁；在空中层面研究机载航电系统(以 ADS-B 和 ACARS 为例，在实际应用中，这两个系统是空-地之间的数据链，均在飞机上配有硬件设备)的安全威胁；在地面层面研究 ICAO 推行的航空云(aeronautical cloud)的基础设施——SWIM 的安全威胁。这些系统或网络的安全威胁研究为后续第 4~8 章研究具体系统和网络的安全保障方法与技术做了铺垫。

2.1 空间层面卫星网络面临的安全威胁

在空间层面卫星网络面临的安全威胁方面，本节主要分析北斗三号全球卫星导航系统的系统脆弱性和面临的安全威胁。

2.1.1 北斗三号全球卫星导航系统脆弱性分析

BDS 作为 GNSS 的一个组成系统，虽然在功能方面以及应用上与其他成员存在差异，但其系统组成结构和工作方式基本相同，并且均在开放的环境中通过无线传输方式提供定位、导航和授时(positing navigating timing，PNT)服务。因此，BDS 与 GPS 等卫星导航系统存在相似的安全隐患和类似的脆弱性。

GNSS 的脆弱性通常分为两个方面：系统本身脆弱性和信号传播途径脆弱性。因此，我们从这两个方面分析北斗三号全球卫星导航系统的脆弱性。

1) 系统本身脆弱性

系统本身脆弱性主要指因空间卫星、地面运行和用户接收部分故障或问题出现的脆弱性。系统本身脆弱性分类如图 2-1 所示[3]。

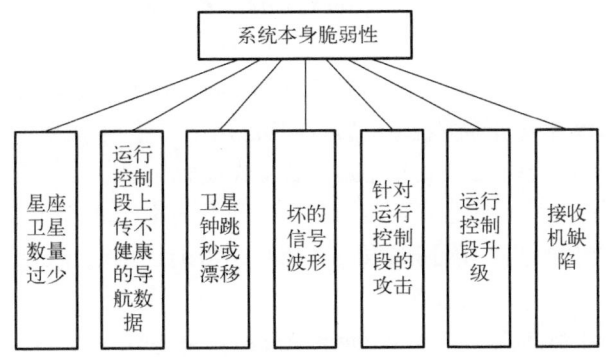

图 2-1 系统本身脆弱性分类

GLONASS 曾经因为星座卫星数量过少（最少曾经出现只有 7 颗卫星的时候），无法为用户提供 PNT 服务。GPS 曾经因为导航数据上传出现故障，PNT 性能明显降低。2014 年，8 颗 GLONASS 卫星被错误地设置为不健康状态，导致其用户无法正常接收导航信号。2004 年，GPS 出现时间漂移，导致定位误差最大增至 300km。2009 年，首个播发 L5 信号的 GPS 卫星出现了星上多径效应，使定位产生较大的误差。2010 年，GPS 运行控制段异常更新使接收机无法正常工作。卫星导航接收机设计、质量、性能水平等具有很大差异，接收机自身缺陷的存在也是一个关键问题。

2) 信号传播途径脆弱性

GNSS 播发的导航信号需要通过远距离传输，才能被用户端接收设备接收。因此，在传播途径中，导航信号具有脆弱性，其脆弱性分类如图 2-2 所示[3]。

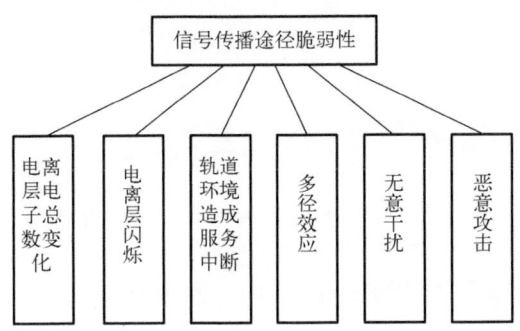

图 2-2 信号传播途径脆弱性分类

导航信号在电离层传播会产生电离层延迟,延迟的时间与电离层电子总数正相关。太阳耀斑爆发等事件致使电子数量急速变化时,这样的变化情况造成的延迟无法进行修正,可能会导致严重的安全问题。2003年,电离层闪烁导致美国广域增强系统停止PNT服务长达30h。当太阳风暴发生时,可能会导致暂时性的卫星导航服务中断,在极端情况下,如发生超大规模的太阳风暴或指向地球的太阳风暴时,可能造成多颗卫星不能正常工作,形成大范围的服务中断。多径效应是指接收机接收到了经过反射的信号而不是卫星直接播发的信号,多径效应会造成定位误差。卫星导航信号所在的频段是有限的,相邻频段工作的射频(radio frequency,RF)会产生段外辐射,从而导致无意干扰发生。2011年的光平方事件就属于无意干扰。

导航信号在传输过程中会遭受到恶意攻击。恶意攻击分为压制式攻击和欺骗式攻击。压制式攻击通常是指攻击方通过提高信号幅度,进而发射功率更大的信号,达到抑制接收设备接收正常信号的目的。欺骗式攻击是指攻击方通过信号重放或者信息篡改,进而得到错误的PNT结果。本章仅对欺骗式攻击展开研究,对压制式攻击不再赘述。

由于GNSS民用导航电文(civil navigation message,CNAV)信号在开放的无线环境中传输,且缺乏有效的安全认证措施,恶意的欺骗方可以利用公开的接口控制文件形成生成类欺骗信号,或者通过截获真实信号重放生成转发式欺骗信号。接收方无法有效识别这些欺骗式攻击,如图2-3所示。

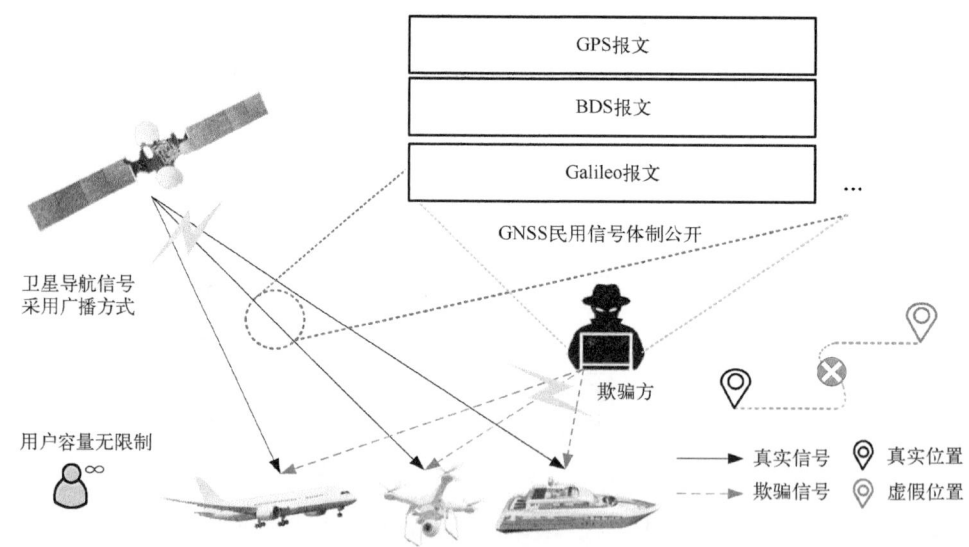

图 2-3　GNSS欺骗式攻击示意图

2.1.2　北斗三号全球卫星导航系统面临的安全威胁

北斗三号全球卫星导航系统在播发导航信号时,可能遭受到恶意的欺骗式攻击,对基于卫星导航信息服务的基础架构产生极为严重的影响,并给北斗三号全球卫星导航系统带来一系列安全威胁[4]。

在 BDS 欺骗式攻击的数学建模中,北斗民用用户接收到的真实北斗民用信号为

$$X(t) = \sum_{i=1}^{N} a_i b_i[t-\tau_i(t)] c_i[t-\tau_i(t)] \exp\{j[\omega_{IF} t - \omega_c \tau_i(t) - \phi_i(t)]\} \quad (2\text{-}1)$$

其中,N 表示扩频码的数目;a_i、b_i、c_i、$\tau_i(t)$、$\phi_i(t)$ 分别表示第 i 个信号的载波幅度、数据比特流(即北斗民用导航电文)、扩频码、码相位和载波相位;ω_c 表示北斗信号的载波频率;ω_{IF} 表示中频频率。

北斗民用用户接收到的欺骗式攻击信号为[5]

$$X_S(t) = \sum_{i=1}^{N_S} a_{s,i} b_{s,i}[t-\tau_{s,i}(t)] c_i[t-\tau_{s,i}(t)] \exp\{j[\omega_{IF} t - \omega_c \tau_{s,i}(t) - \phi_{s,i}(t)]\} \quad (2\text{-}2)$$

其中,N_S 表示北斗欺骗信号的数目。式(2-2)表示欺骗信号可以从载波幅度 $a_{s,i}$、数据比特流 $b_{s,i}$ 和码相位 $\tau_{s,i}(t)$ 方面入手进行欺骗。

欺骗式攻击分为转发式和生成式两种。通常情况下,恶意的欺骗方会根据成本、目的、操作难度、欺骗效果等原因选择合适的欺骗式攻击方式。下面对两类欺骗式攻击进行说明,后续章节的认证方案也针对这两种欺骗式攻击展开。

1) 转发式欺骗攻击

转发式欺骗攻击是指恶意的欺骗方通过截获真实的 GNSS 信号,然后人为地延迟,再将其重新播发出去,如图 2-4 所示。

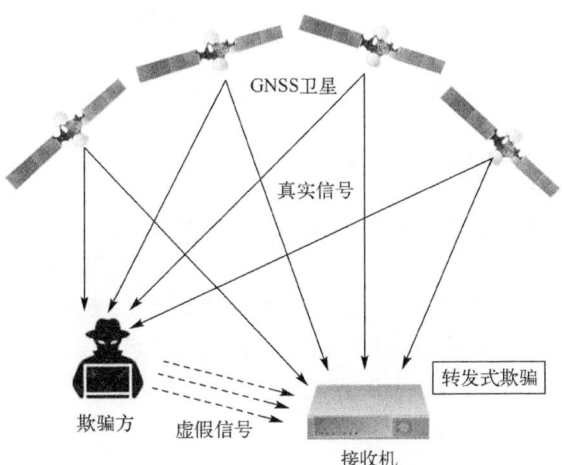

图 2-4 转发式欺骗攻击示意图

转发式欺骗攻击的北斗民用信号为[5]

$$X_{\mathrm{RS}}(t) = \sum_{i=1}^{N_{\mathrm{RS}}} a_{\mathrm{rs},i} b_i [t - \tau_{\mathrm{rs},i}(t)] c_i [t - \tau_{\mathrm{rs},i}(t)] \exp\{j[\omega_{\mathrm{IF}} t - \omega_c \tau_{\mathrm{rs},i}(t) - \phi_i(t)]\} \quad (2\text{-}3)$$

转发式欺骗攻击是在真实信号模型的基础上，通过增大其幅度 $a_{\mathrm{rs},i}$，再进行一定的延迟 $\tau_{\mathrm{rs},i}$。用户接收到延迟的导航信号，会解算出错误的 PNT 结果。这种欺骗式攻击方式不需要知道北斗导航信号的具体参数和编排结构，实现难度较低，攻击效果显著。

2）生成式欺骗攻击

生成式欺骗攻击是指恶意的欺骗方通过 GNSS 公开的官方接口文件，根据导航信号公开的编排方式、编码方式、调制方式等，伪造出"合法"的欺骗信号，直接发射给用户接收机，如图 2-5 所示。

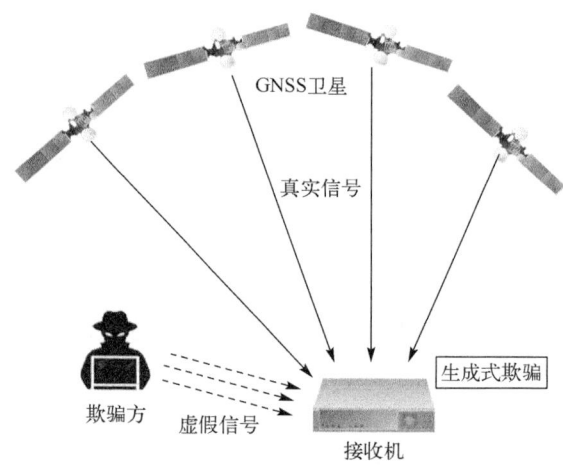

图 2-5 生成式欺骗攻击示意图

生成式欺骗攻击的北斗民用信号为[3]

$$X_{\mathrm{GS}}(t) = \sum_{i=1}^{N_{\mathrm{GS}}} a_i b_{\mathrm{gs},i} [t - \tau_i(t)] c_i [t - \tau_i(t)] \exp\{j[\omega_{\mathrm{IF}} t - \omega_c \tau_i(t) - \phi_i(t)]\} \quad (2\text{-}4)$$

生成式欺骗攻击就是根据真实信号，结合接口文件导航电文的结构内容和编排方式，自主生成"合法"但是错误的导航信号。用户无意识地接收生成式欺骗信号，会计算出错误的 PNT 结果。这种欺骗式攻击方式需要对北斗信号参数、编排方式、编码方案和播发方式等进行详尽的了解，实现难度较高，攻击效果十分明显。

2.2 空中层面机载航空电子系统面临的安全威胁

机载系统目前面临着较为严重的安全威胁。"9·11"事件中攻击者通过劫持客机撞击大楼，从物理系统的层面上发动攻击。然而，随着信息系统的不断发展，攻击者可以通过对航空信息系统发动攻击，进而影响物理系统的安全运行。这不仅极大地降低了攻击成本，还增强了攻击的隐匿性。

在网络化机载系统中，物理系统的运行状态调整对信息系统的依赖性更加明显，计算、存储、软件和网络的高度集成能够显著提高飞机的性能，但相较于普通的网络控制系统，网络化机载系统更加强调"互联"，也更加开放和脆弱。因此，系统将存在更多的安全威胁。对于网络化机载系统而言，针对系统所发起的网络攻击具有隐蔽性强、攻击成本低等特点。虽然攻击无法对机载设备造成直接的破坏，但是可以通过网络攻击影响系统的正常功能，造成类似于物理攻击的效果。因此，系统的安全性尤为重要，任何由随机故障或恶意攻击导致的不当行为都可能会对系统产生有害影响。从某种意义上来讲，对系统可用性的要求要高于机密性。

2.2.1 机载系统安全威胁概述

综合模块化机载航空电子（integrated modular avionics，IMA）系统主要由通信、导航、传感器和人机交互等航电系统组成[6]，如图2-6所示。

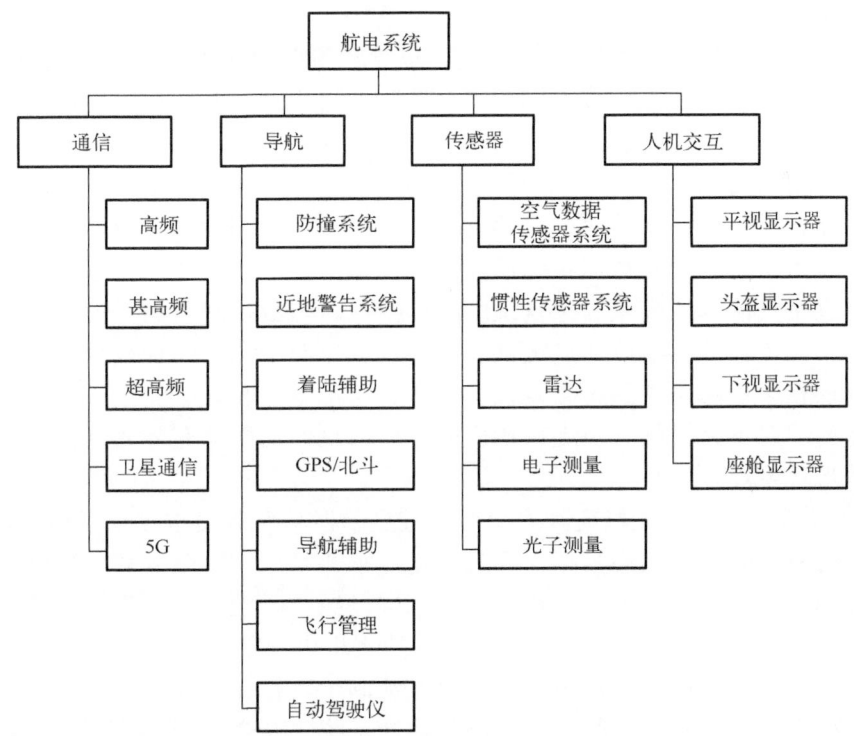

图2-6 综合模块化机载航空电子系统组成图

(1)通信系统。航空移动通信主要指空域中客机内通信系统与地面对空通信系统或航空器通信系统之间的通信过程。现行的机载通信系统主要包含甚高频和高频(high frequency,HF)语音通信系统以及ACARS数据通信系统等,以满足空域中客机进行航空移动通信的要求。高频语音传输是一种远程且廉价的通信系统,但信道不稳定且通信质量不高,因此常常作为卫星通信的一种补充手段。甚高频语音传输是现行空中交通管理应用最广泛的一种空地通信方式,采用双边带调幅调制方式传播,但也受到口音不标准的影响易产生歧义。ACARS作为数据链通信系统,可以显示或打印出传输数据解决前述问题,我国目前主要采用的地空通信手段是ACARS。随着技术的发展,未来卫星通信和5G也将会大量运用在民航客机上,提供更高质量的通信服务。

(2)导航系统。现代导航系统的主要信息是空域中客机的位置、航向和飞行时间,其中技术手段有测向和测距两种方式。测距技术的代表是测距机(distance measuring equipment,DME)和低高度无线电高度表(low range radio altimeter,LRRA)等,测向技术的代表是甚高频全向信标(very high frequency omni-directional range,VOR)、自动定向机(automatic direction finder,ADF)和ILS等。相较于上述近程导航系统,目前最精确且应用最为广泛的是惯性导航系统(inertial navigation system,INS),通过测量物体的加速度来获得对应的速度、位置和偏航角等信息。除此之外,GNSS是由一个或多个星座、机载接收机和完好性监视组成的导航系统,通过机载接收机接收到的信号算出所处位置,能满足客机必要的导航性能要求。目前,无人驾驶技术也逐渐应用到民航客机当中,为驾驶员提供了一种可靠的辅助飞行手段。

(3)传感器系统。传感器系统主要分为客机状态传感器和外部传感器两种。客机状态传感器主要包含空气数据传感器和惯性传感器等,空气数据传感器收集空气入射角、垂直空气流速、高度和空气温度等数据,这些数据对驾驶员的决策起着至关重要的作用;惯性传感器能通过提供姿态信息和方向信息,为视线受阻情况下的飞机导航提供相关信息。外部传感器包含雷达、电子测量和光子测量等,不仅能够在天气恶劣的情况下为机组人员提供相应的数据信息,还能够有效避开雷暴和高山等天气和地形环境。

(4)人机交互系统。人机交互系统可通过显示器与驾驶员进行交互沟通,使驾驶员能够获得所需的飞机状态数据,并且平视显示器可以在不分散驾驶员精力的情况下注意外部飞行环境。目前,人机交互显示屏已经广泛应用于向客舱内的乘客和机组成员展示信息,在飞行途中可以更好地监控飞机内部状态,增强控制能力。未来,飞机内部人机交互系统将更加现代化,更好地满足飞行计划需求。

对于机载系统的安全威胁分析可以从物理系统、传输层、信息系统和信息-物理(cyber-physical systems,CPS)系统4个层面进行展开,如图2-7所示。

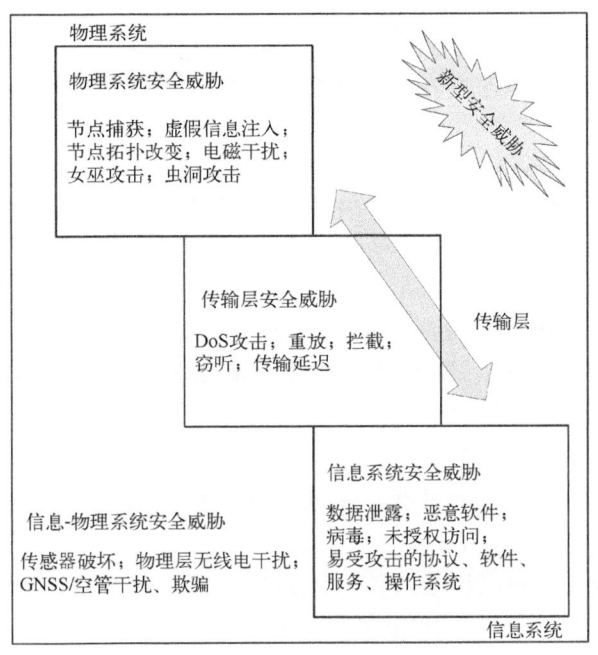

图 2-7 机载系统安全威胁
DoS 表示拒绝服务 (denial of service)

(1) 物理系统安全分析。对于网络化机载系统而言,物理系统所面临的安全威胁除了暴力劫机和破坏物理设备这些极端状况之外,还有一些常见的攻击形式。例如,节点捕获、虚假信息注入和节点拓扑改变等。因此,需要加强身份认证管理,保护节点感知数据的安全性。

攻击者利用电磁干扰、共振等方式,破坏系统内部各个物理元件之间的协同工作,尤其是针对传感器或高精度仪器,影响物理设备的正常运行。在机载信息-物理系统(CPS)的环境下,攻击者可以通过对传感设备进行攻击,注入虚假外部信息。大量虚假信息不仅会给物理系统带来错误的反馈,还会影响系统的分析和后续决策,影响算法的预测作用,从而达到攻击系统的目的。

节点捕获攻击是针对传感器网络最为严重的安全威胁之一。攻击者利用设备的编程接口,通过物理捕获节点,针对设备的微处理器和存储卡进行深入分析来获取节点中的密钥信息,对网络通信进行监听。攻击者还可以对捕获到的节点进行身份伪装,进而捕获其他节点。因此,节点捕获也是节点克隆攻击、女巫攻击、虫洞攻击的基础。与节点捕获攻击相似的一种攻击方式是改变网络拓扑,利用物理攻击的手段,通过切断部分通信链路,导致重要的通信线路失效,迫使信息通过更远的路径进行传输,增加通信的时延。

(2) 传输层安全分析。网络化机载系统的信息传输具有较强的开放性,特别是在地-空或空-空通信过程中，且对信息传输的实时性有着较高的要求。因此，传输层面临的安全威胁主要有两个方面：①针对数据的机密性和完整性进行破坏；②针对传输过程进行攻击，增加消息传输的时延。

机载系统的信息传输，尤其是地-空通信，往往采用明文传输的方式，因此，传输的信息极容易被拦截和窃听。例如，在使用 ADS-B 等公共未加密广播协议的情况下，任何外部方都可以相对轻松地窃听、篡改和删除 ADS-B 信息。攻击者通过窃听或其他非法途径，获取到目的主机已接收过的数据信息，并恶意重复发送该信息，来对系统造成欺骗，破坏数据的完整性，影响信息系统的正常决策。

(3) 信息系统安全分析。网络化机载系统的信息系统包含机载软件和通信协议等。如今，民航客机在信息系统方面的安全性大多依赖于系统间的隔离，将客舱网络和驾驶舱网络进行隔离，攻击者难以通过机载娱乐系统等外部网络攻击驾驶系统。但是，随着网络化机载系统的发展，更强的连通性被引入，这会增加机载内部的接入点数量，使攻击面得到扩展，因此，仍存在一定的安全隐患。

攻击者可以通过机载娱乐系统或者无线接入点，向系统注入恶意软件和病毒，影响网络的正常运行。同时，在机载通信协议、软件和操作系统中往往可能存在一些潜在的漏洞。目前，网络通信协议很多都是基于开放标准协议进行开发和应用的，因此，系统采用具有安全隐患的协议可能遭受攻击。同样地，设备软件和服务也可能存在潜在的漏洞，从而被攻击者利用。

数据泄露和未授权访问也是信息系统的重要安全威胁。攻击者可以利用注入、口令爆破等攻击手段，在未经授权的情况下，对数据库进行访问，获取历史数据和用户信息等重要数据。因此，数据加密和访问控制也是保障系统安全的重要手段。

(4) 信息-物理系统安全分析。攻击者的目标不再局限于物理系统或信息系统，而是聚焦于不安全的网络系统操作和物理环境条件，试图对整个集成系统的运行状态和系统资产造成影响。这种潜在的安全威胁往往会通过对信息系统中的数据、信息或运行状态进行破坏，进而影响物理系统的正常运转，或是对物理基础设施进行破坏，进而影响网络通信。例如，GNSS 欺骗与干扰会对网络通信和数据的可靠性造成影响，进而也会影响飞机导航系统的正常运作，增加飞行和调度所面临的风险，威胁飞行安全。此外，攻击者对传感器进行破坏或对空域进行选择性的物理层无线电干扰，也会对数据的实时性、完整性和可靠性产生影响。因此，信息-物理系统的安全威胁不仅会造成较为严重的影响，而且难以及时从被影响的状态中恢复正常。

综合模块化机载航空电子(IMA)系统是由 ARINC 653 标准定义的。其架构由硬件和软件共同组成[7]。其中，软件部分可分为分区应用软件和核心操作系统两类[8]。在分区应用软件内，可以实现航电系统通信、导航、监视和飞行管理等功能。核心操作系统将底层硬件设施与分区应用软件分隔开来，同时也为分区应用软件提供调度等底层服务。在通常情况下，一般是一个核心操作系统通过应用可执行(application/executive，

APEX)接口来对应负责多个分区应用软件,进行软件之间的信息传递。

在该架构体系中,硬件平台、核心操作系统和分区应用软件自下而上共分为三层,它们的安全隐患分析如下。

(1)硬件平台隐患分析。在该架构层中,硬件平台由多个综合航电模块组合而成,包含中断控制器、时钟、内存管理单元和控制总线等模块[9],保证 IMA 软件部分的正常运行。但硬件平台中的很多硬件设施处于无人管理和监控的状态,一旦发生事故将会严重影响正常飞行计划。目前硬件平台主要存在的隐患见表 2-1。

表 2-1 硬件平台主要存在的隐患

隐患名称	隐患描述
物理故障	指硬件平台中的航电模块因遭受破坏或老化而发生故障或损坏
消息窃听	综合航电模块信息链路所传输数据被截取,进行远距离消息窃听
消息篡改	综合航电模块信息被截获并篡改为恶意数据,影响正常飞行计划
拒绝服务攻击	通过给数据链路传输过量信息,占用带宽资源,导致无法正常传输数据

(2)核心操作系统隐患分析。在该架构层中,核心操作系统主要为实时操作系统和特定航空电子应用软件提供服务,服务包含对需求服务配置数据、进行健康监测和异常管理等功能[10]。但核心操作系统也通常面临着权限篡改、数据库攻击和数据泄露等隐患,严重时则会导致系统瘫痪等结果。目前核心操作系统主要存在的隐患见表 2-2。

表 2-2 核心操作系统主要存在的隐患

隐患名称	隐患描述
权限篡改	未授权用户通过非法手段获取高权限,对系统进行恶意操作或获取敏感数据
数据泄露	黑客利用操作系统的漏洞发起攻击,导致信息泄露,造成经济损失
信息丢失	系统内存放的数据介质被破坏或损坏,导致数据丢失
数据库攻击	非法用户对数据库进行攻击,窃取数据或更改库内数据信息

(3)分区应用软件隐患分析。在该架构层中,包含所有航空电子应用软件(外部功能),并将各分区应用软件以多线程或多进程的方式运行[11]。但往往分区应用软件存在着虚假指令和渗透攻击等安全隐患,威胁着综合航电应用的功能实现。目前分区应用软件主要存在的隐患见表 2-3。

表 2-3 分区应用软件主要存在的隐患

隐患名称	隐患描述
虚假指令	恶意入侵者发送虚假指令干扰正常操作或破坏系统
恶意软件	通过后门等途径移植恶意程序代码,对系统结构进行破坏
渗透攻击	利用接口等对应用进行渗透攻击,获取系统内的漏洞并攻击
私密数据泄露	非法入侵获取私密数据,导致数据泄露

2.2.2 ADS-B 系统安全威胁概述

ADS-B 系统通过公开数据链路进行数据传输,没有任何的加密或认证措施,很容易在传播途径中遭受攻击。由于通过简单的无线电接收设备就可以接收到 ADS-B 报文,因此,有一定能力的攻击者通过对接收到的报文进行分析,就有可能伪造出虚假的 ADS-B 报文,从而对地面站进行攻击,影响正常民航系统的运行[12]。

1) ADS-B 系统漏洞

从攻击目标上来说,ADS-B 系统受到的攻击可分为两类:一类是针对空域目标进行攻击;另一类是针对地面站进行攻击。也可以理解为针对定位信息的攻击和针对传输途径的攻击两类。第一类是通过攻击 GNSS 定位信息,使飞机接收到错误的定位信息,直接对飞机进行攻击,但由于 GNSS 卫星离地距离远,飞机飞行速度快,实现难度大,不是本章研究的重点。第二类是通过攻击 ADS-B 报文传输链路,当飞机发送出 ADS-B 报文后,攻击者发动窃听、干扰等攻击。此外,攻击者也可通过无线电接收机接收 ADS-B 报文,发动消息注入、消息删除、消息修改等攻击,属于直接对地面站进行攻击。这类攻击很容易实现,各种攻击方式如图 2-8 所示[13]。

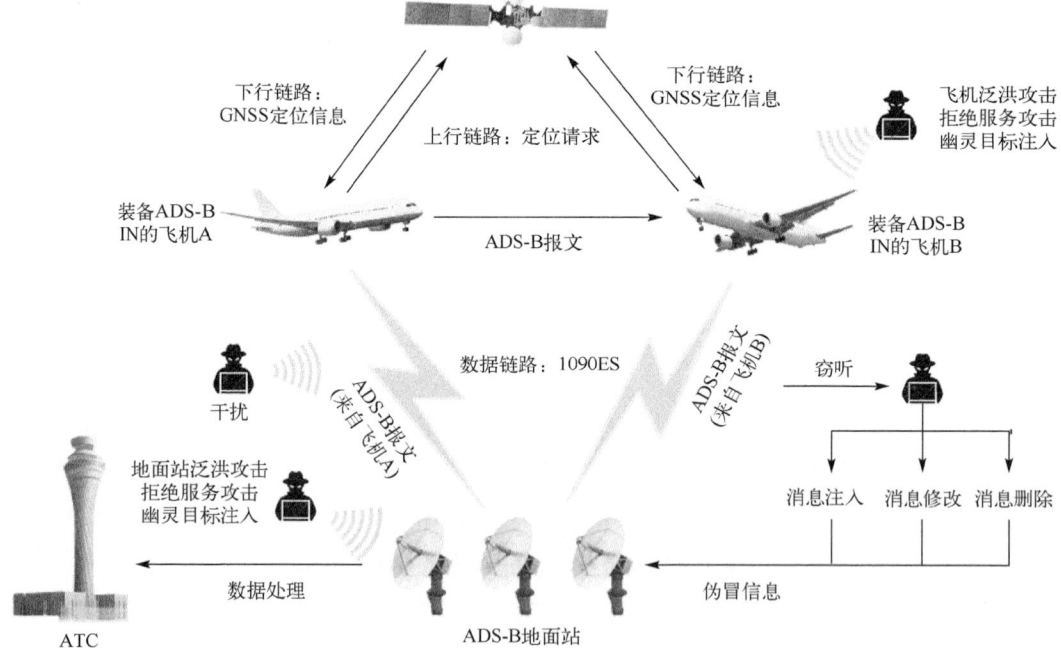

图 2-8 针对 ADS-B 系统的攻击

ADS-B IN 表示自动相关监视-广播接收(automatic dependent surveillance-broadcast in);ES(extended squitter)是一种在 ADS-B 系统中使用的信号格式;ATC 表示空中交通管制(air traffic control)

针对 ADS-B 系统可能受到的不同类别的攻击，本章通过数学模型对几种常见的攻击进行建模说明。

假设信号之间不交织，地面站使用单天线接收 ADS-B 消息。应用随机信号处理的相关知识，通过随机函数建立观测信号和源信号的数学模型。ADS-B 源信号可表示为

$$S(t) = S_1(t) + S_2(t) + \cdots + S_n(t)$$

其中，$S_n(t)$ 表示第 n 个源信号。

观测信号可表示为

$$X(t) = S_1(t) + S_2(t) + \cdots + S_m(t)$$

其中，$S_m(t)$ 表示第 m 个观测信号。

考虑到源信号经过链路传输到地面站，在传播途径中会受到各种影响，因此，观测信号可表示为

$$X(t) = A_i S(t) + n(t)$$

其中，A_i 为第 i 条信号的功率；$n(t)$ 为噪声信号。

引入信号功率 A_i 的目的是表示源信号受到干扰和噪声后产生的影响。

2) 窃听攻击

窃听攻击是一种最简单、最直接的攻击方式，由于 ADS-B 报文通过 1090MHz 信道明文传输，没有设计加密措施，攻击者可通过简单的射频收发装置来接收消息，因此 ADS-B 系统具有很大的安全隐患。窃听攻击本身不会对监视系统造成任何伤害，但可以为其他更高级的攻击提供基础条件。因此，它也是不容忽视的一种攻击方式。窃听攻击的主要形式有：收发装置未经授权擅自收集信息、消息拦截和侦察机攻击。

由于窃听攻击可作为更高级攻击的先决条件，自 ADS-B 系统投入使用后，窃听攻击便一直被广泛关注。一些企业利用 ADS-B 报文未加密的特点，合法地对消息进行接收，为顾客提供空中交通监视服务。例如，Flightradar24、OpenSky Network 等网站通过地面接收机，接收全球范围内的 ADS-B 网络数据。同样，我们不能排除恶意攻击者可能利用这一漏洞，通过窃听消息发起更复杂且更危险的攻击，只要消息未完全加密，就不可避免地会被监听。针对这一问题，虽然有一些国家已经出台了相关的法律制度，但并未起到预想中的效果。

3) 干扰攻击

由于 ADS-B 通过广播的方式不定时向外发送消息（不同类型的消息发送间隔不同），缺乏冲突检测机制，攻击者只需要在同一频段发送大量高功率数据，就可以对 ADS-B 报文接收双方的正常工作造成干扰，影响数据的正常收发，形成干扰攻击。

如果数据量较大，甚至会"挤占"信道，使正常数据无法传输，降低链路对正常数据的传输能力，最终使被攻击方无法正常为用户提供服务。

干扰是无线网络中常见的问题，考虑到航空网络的开放性和空中交通管理业务数据的独特性质，其对航空交通运输造成的危险性更大。除了 ADS-B 接收机，一次监视雷达（PSR）也可能是攻击者的干扰目标，但由于旋转天线和 PSR 的高功率，干扰很难实现。

干扰攻击方式的数学模型可以定义为

$$X(t) = A_i S(t) + n(t) + G(t) = A_1 S_1(t) + A_2 S_2(t) + \cdots + A_n S_n(t)$$

其中，$G(t)$ 为噪声干扰信号。

攻击者采用大功率设备对信号进行干扰会出现信号幅值的大幅变化，使信号失真。即使地面站接收到消息，也无法复原。常见的干扰方式主要为洪水攻击，它作为 ADS-B 干扰攻击的一种主要方式，使服务器或通信链路的资源耗尽，无法提供正常的服务，以此来达到攻击的目的。由于攻击需要功率较大的干扰设备，因此，针对高速运动、高空飞行的航空飞行器，这类攻击实现的难度较大。不但需要大能量的设备，可能还需要提前获知飞机的飞行路线。相比之下，针对地面站攻击的实现就更容易一些，攻击者可以尽可能地接近地面站，以降低对设备的要求。攻击者通过洪水攻击，破坏地面站接收 1090MHz 功率的链路上的数据。攻击者可以在几千米以外的地方安装成本较低的小功率设备来干扰地面站接收 ADS-B 信号，可以阻止并影响一定范围内的全部 ADS-B 信号，造成地面站无法收到飞机的信息，在攻击持续的时间段内失去与飞机的联系。

4) 消息注入攻击

攻击者通过技术手段，合成虚假 ADS-B 报文，通过发射机将假冒信号注入 ADS-B 地面接收站，利用 ADS-B 的广播技术，低成本地实现虚假消息的广播。同理，与对飞机和地面站产生干扰相似，攻击者进行攻击的目标也可以是地面站或者飞机。通过发动窃听攻击获得真实的 ADS-B 报文，并以此构造虚假报文，填入错误的信息，再将其通过相同的数据链传播出去，达到与真实报文混淆的目的，使两者无法区分，达到攻击的目的。

消息注入攻击的数学模型为

$$X(t) = A_i S(t) + n(t) = A_1 S_1(t) + A_2 S_2(t) + \cdots + A_n S_n(t) + A_x SS_x(t) + A_y SS_y(t)$$

攻击者通过捕获 ADS-B 报文，将生成的假冒信号 $A_x SS_x(t)$ 和 $A_y SS_y(t)$ 加入信号中，达到扰乱源信号的目的。由于攻击者无法伪造完全真实的 ADS-B 信号，因此在数学表达上与源信号存在差别。消息注入攻击的主要攻击目标为飞机和地面站，它的攻击方式有两种。

（1）飞机幽灵注入攻击。这种攻击将假冒 ADS-B 信号注入配备有 ADS-B IN 的飞机中。需要攻击者生成一条符合 ADS-B 消息传输协议的报文，从而使假冒飞机信号被输入飞行管理系统中，可以造成飞行员做出错误的判断，严重的会导致飞机发生碰撞。

(2) 地面站幽灵注入攻击。类似于飞机幽灵注入攻击，这种攻击将攻击者生成的 ADS-B 消息注入地面站中，导致地面站控制系统中出现假冒飞机信号，从而影响地面管制员的判断，使地面管制员根据错误的信息做出错误的指挥，扰乱正常的飞行秩序，甚至发生航空事故。

5) 消息删除攻击

消息删除攻击通过删除 ADS-B 系统中正常传输的报文，达到攻击的目的。消息删除攻击有以下两种攻击方式。

(1) ADS-B 报文中自带一段奇偶校验数据，当整个 112bit 的报文中存在 5bit 以上的错误时，系统认定该报文不可用。攻击者正是利用这一原理，在报文中产生足够多的错误，使系统认为报文损坏并删除到达的消息，实现攻击的目的。

(2) 通过抵消的方式实现对信号的清除。攻击者截获一条真实报文，产生一个与真实报文相位相反的假冒报文，两者叠加，从而降低真实信号的振幅，达到破坏 ADS-B 报文的目的，但由于假冒报文需要保持与真实报文严格的时间同步，因此，攻击难度很大。从技术上讲，这种攻击是非常复杂和低效的。

上述两种攻击方法均能够导致正常报文无法被接收，使显示设备上无法显示飞机，增加飞行事故发生的风险。

消息删除攻击的数学模型为

$$X(t) = A_i S(t) + n(t) = A_1 S_1(t) + A_2 S_2(t) + A_4 S_4(t) + A_7 S_7(t) + \cdots + A_i S_i(t), \quad i < n$$

攻击者将 ADS-B 捕获后，对 ADS-B 报文进行删除，使原本 112bit 的报文长度变短，即报文内容缺失，导致地面站接收到不完整的消息，甚至接收不到消息。

6) 消息修改攻击

消息修改攻击是在消息传输过程中，通过修改物理层上的信息来实现的。消息修改攻击主要有覆盖和比特翻转两种方式：①攻击者通过大功率发射机，生成假冒信号来替换或者更改合法消息，即覆盖；②攻击者将假冒信号直接叠加在原始信号上，使原始报文中的 0 变为 1，1 变为 0，实现比特信息的变化，达到翻转的攻击目的。对于这两种情况，攻击者可以在不知道任何参数的情况下，通过使用大功率设备，对正常的消息进行攻击，实现消息修改。通过结合消息删除攻击和消息注入攻击也可以达到消息修改攻击的攻击效果。

与消息干扰攻击的方法类似，消息修改攻击的数学模型为

$$X(t) = A_i S(t) + n(t) = A_3 S_1(t) + A_2 S_2(t) + A_3 S_7(t) + A_2 S_1(t) + \cdots + A_h S_m(t) + A_1 S_n(t)$$

攻击者对捕获的 ADS-B 报文进行重构，对部分或者全部消息进行修改，对于二进制数据来说，可以理解为对 0-1 序列进行随意更改，生成新的 0-1 ADS-B 报文序列。

2.2.3 ACARS 安全威胁概述

ACARS 是基于 VHF、HF 或卫星通信的地-空通信系统,不仅能够实现飞行过程中对各个阶段数据的实时监测,还能对雷达无法覆盖的区域进行覆盖。由于 ACARS 数据链缺乏有效的安全防护措施,在地-空通信过程中存在数据泄露、数据欺骗、实体伪装、拒绝服务攻击等安全威胁[14]。

1) 数据泄露

ACARS 使用标准的民用航空频段,采用调幅(amplitude modulation,AM)模式在空-地间通信时进行明文传输,报文结构满足 ARINC 618 和 ARINC 620 格式。攻击者可以通过射频收发装置接收 ACARS 报文,或者直接从地面网络线路上搭线窃听,利用专用软件解析其内容,造成报文数据的泄露,如图 2-9 所示。并且,利用飞机巡航时连续下发的位置报文还可以实现对飞机的跟踪。

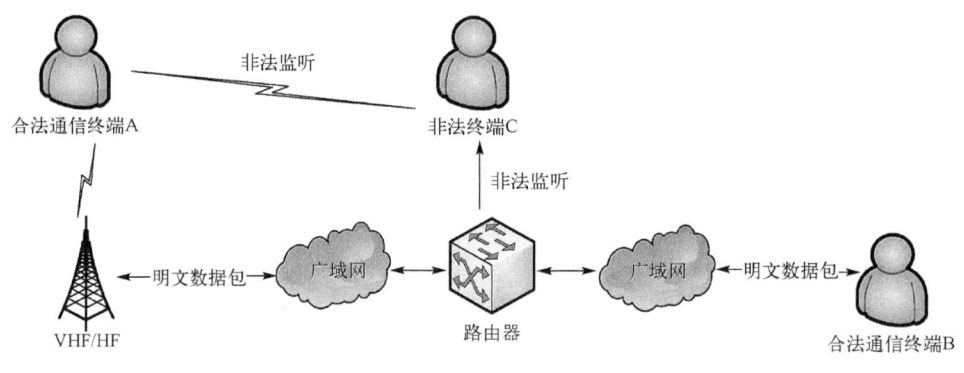

图 2-9 数据泄露

2) 数据欺骗

现有的 ACARS 数据链采用循环冗余校验(cyclic redundancy check,CRC)机制,对传输过程中的报文误码进行检验,但无法检测人为的蓄意篡改,并且无法判断接收到的报文是否为发送方原文。因此,攻击者有机会实施数据欺骗攻击。

为了实现报文的收发,攻击者首先要在一个理想的位置(如地势较高的地方)架设一台大功率天线,接收和屏蔽正常的 ACARS 报文信号,发射篡改后的信号。由于较大的信号功率很容易暴露攻击者的位置,并且一般这种理想的位置都已经设置了正常的地面站,所以攻击过程实现比较困难。由于无线信号在传输过程中的多径干扰等问题,伪造 ACARS 报文信号将变得更加艰难,但不排除成功的可能性。

理论上,一个精心构建的干扰信号能篡改一次真实的空-地传输。如果攻击者成功伪造了报文,则由于缺乏消息认证机制,伪造的 ACARS 报文也能被传输,并且看起来是合法的。即使是有效的 ACARS 信息,也很有可能在传输过程中被篡改或被重放(图 2-10),直接威胁航空飞行器的飞行安全。

第 2 章 航空网络面临的安全威胁

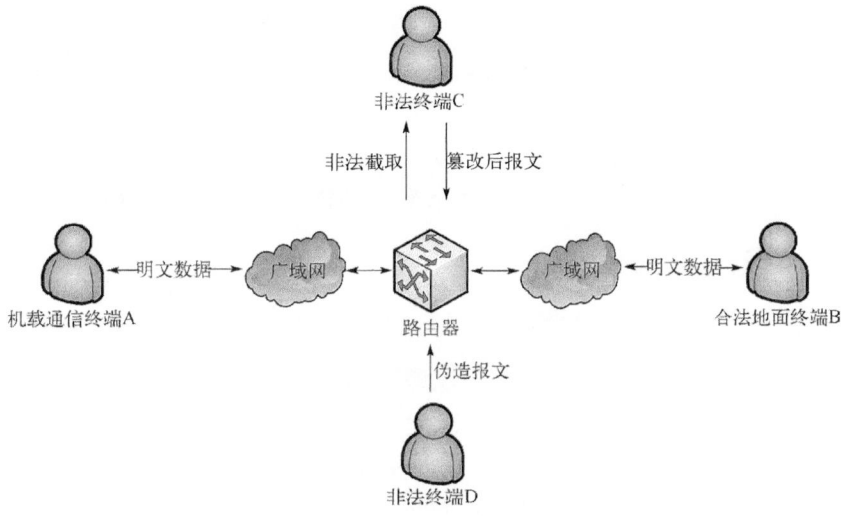

图 2-10 数据欺骗

3) 实体伪装

在现有的 ACARS 数据链系统中，攻击者通过发送欺骗报文，能伪装成某个合法通信实体，与其他的合法通信实体通信，非法获取数据，破坏空地通信，破坏系统的正常运行，如图 2-11 所示。

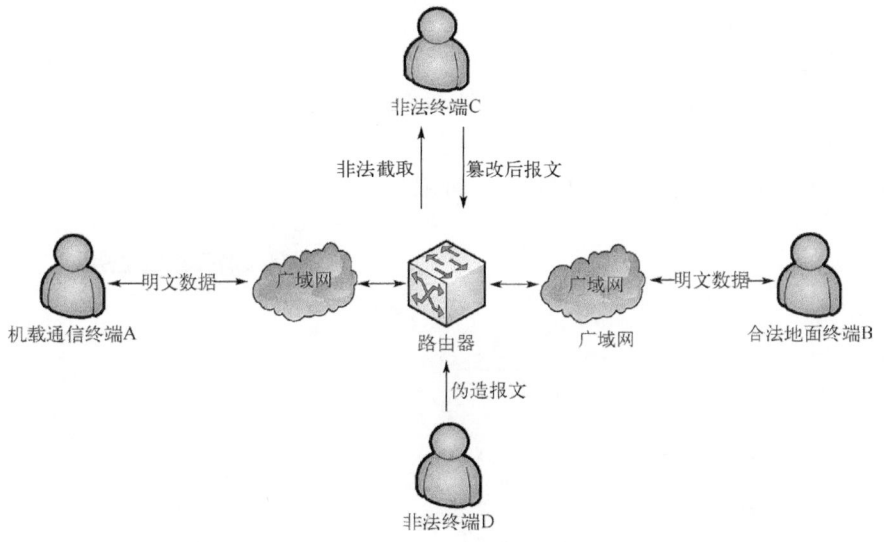

图 2-11 实体伪装

假如一台计算机经过伪装后模拟管制员向当前空域的航空飞行器发送非法控制报文，就可能造成航空飞行器偏航甚至撞机等重大航空灾难事故。

实体伪装有以下两种方式。

（1）伪装飞机。飞机与地面接收设备通信时，要提供飞机尾号和所属航空公司的二字代码，数据链服务提供商（datalink service provider，DSP）网络运行控制中心以此作为鉴别飞机的依据。这两条信息是可通过公共途径获取的，获取这些信息后，攻击者利用这些正确的信息伪造一条格式正确的下行请求报文，通过天线发射出去，使地面站接收到并响应，达到伪装合法飞机实体的目的，如图2-12所示。

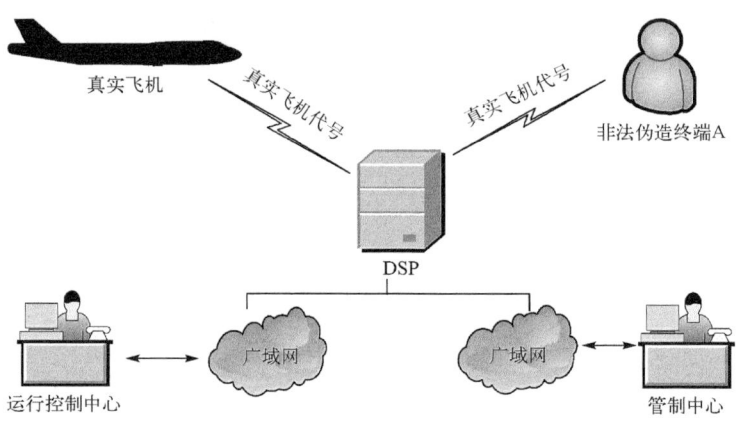

图2-12　伪装飞机实体

（2）伪装地面用户。ACARS数据链进行用户验证的基本方式是：首先，验证用户接口的IP（internet protocol，因特网协议）地址，只为合法IP地址提供进一步的数据服务（网络层验证）；其次，验证登录的用户名（应用层验证），只有通过该验证，DSP网络运行控制中心才向该用户提供相应的数据服务。这两项安全措施分别在不同的网络分层中执行，未通过信息融合技术对用户身份进行联合验证，可以导致非法的地面实体伪装成合法的地面用户，如图2-13所示。

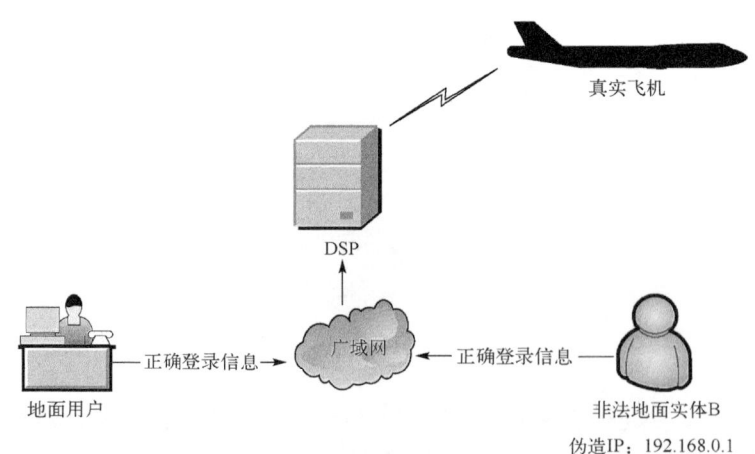

图2-13　伪装地面用户实体

目前，DSP 网络运行控制中心已广泛采取防火墙等技术加强对数据链网络用户数据的保护，即网络运行控制中心只允许合法的用户以指定的名称、指定的通信端口进行通信，而不向用户开放其他未指定的权限。然而上述措施无法从根本上解决实体伪装问题。实体伪装是 ACARS 数据链的主要安全隐患之一，对飞行安全会造成严重的威胁。

4) 拒绝服务攻击

攻击者在通过非法手段接入 ACARS 之后，首先通过监听数据或其他手段获取一些必要信息，如航班号、飞机尾号、地面站名称、地面用户名称等；然后利用这些有用信息构造一条格式正确的下行报文，进行数据欺骗，突破 ACARS 认证，利用假的许可信息进行实体伪装，进而发起拒绝服务攻击。

针对 ACARS 的拒绝服务攻击有两种方式。

(1) 攻击地面站。攻击者向地面站发送大量伪信息，堵塞上下行信道，使地面站延迟响应或者无法响应正常的飞机通信，如图 2-14 所示。

(2) 攻击数据中心。攻击者伪装成合法终端向 DSP 网络运行控制中心发送大量服务请求，使信息处理中心服务器负载过重，资源耗尽，延迟响应或者无法响应正常的服务请求，从而造成服务器的拒绝服务，如图 2-15 所示。

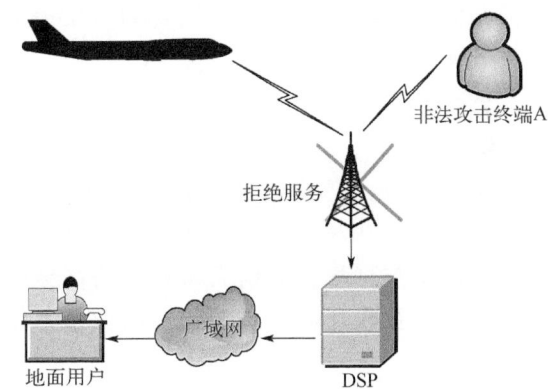

图 2-14 针对地面站的拒绝服务攻击

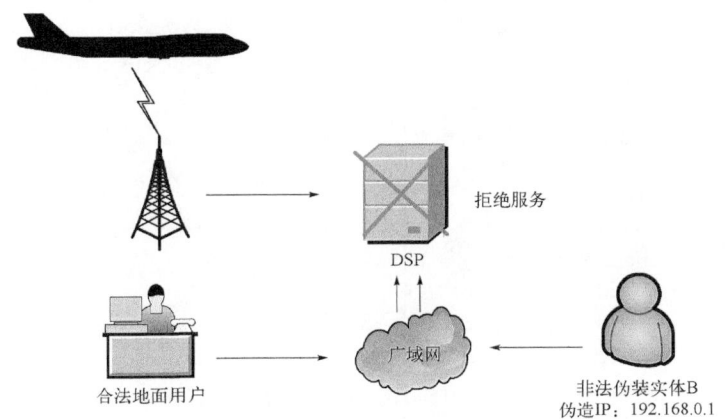

图 2-15 针对 DSP 的拒绝服务攻击

拒绝服务攻击可以造成 ACARS 数据链正常通信的中断，严重威胁到航空飞行器的飞行安全。

2.3 地面网络面临的安全威胁

SWIM 作为航空信息共享平台,采用面向服务的架构(service-oriented architecture,SOA)实现 ATM 业务数据的传输和共享。

SWIM 的出现彻底改变了传统民航相关系统之间点到点的数据共享方式,实现了实时高品质的信息共享,提高了系统内的运行控制能力,增强了跨系统的协同决策能力,但同时也带来了诸多的安全隐患。SWIM 由 SWIM 基础设施、信息和对应的信息交换服务,以及面向 SWIM 的应用等要素组成,其中每个要素都可能存在相对脆弱的隐患部分。下面将从 SWIM 的基础设施层、信息交换层和应用层三个方面分析 SWIM 面临的主要安全隐患[15]。

1)SWIM 安全隐患概述

SWIM 技术使用分层的面向服务的体系结构,实现了从应用程序集中到数据服务集中的过渡。用 SWIM 体系结构可以使民航服务系统和信息技术基础设施分离,从而保持应用开发和信息技术基础设施建设之间的松散耦合和互操作性,可以提供高效的信息共享和民航信息可重用协同调度与管理的交换机制,实现各类民航服务系统之间的互联互通。传统的民航信息系统与 SWIM 民航信息系统对比如图 2-16 所示[16]。

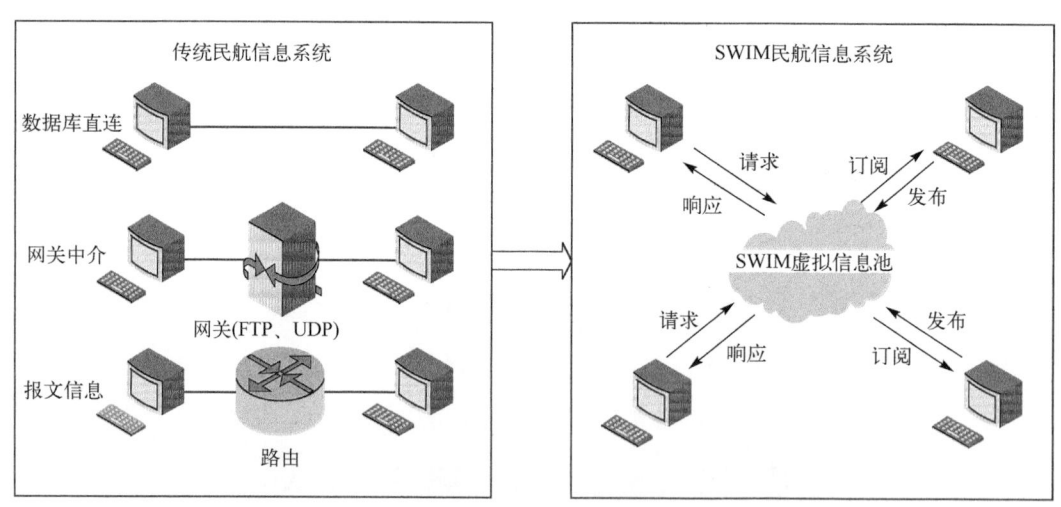

图 2-16 传统民航信息系统的数据交互与 SWIM 信息共享平台的数据交互
FTP 表示文件传输协议(file transfer protocol);UDP 表示用户数据报协议(user datagram protocol)

SWIM 使用面向服务的架构,核心服务之间具有低耦合度的特点,由传统的点对点式数据交互转变成以 SWIM 为核心的共享架构,减少了原有系统之间的高度互相依赖，使所有系统都可以相互连接进行信息共享，同时降低了信息共享的成本。

由于 SWIM 的设计部署在现有民航空管设备的基础上，对空管通信、导航、监视、气象等数据进行信息解析、转换并共享，所以 SWIM 需要与空管现有大部分系统设备进行连接，使现有空管系统脱离"信息孤岛"的现状。然而，向 SWIM 的过渡对安全性来说是一个真正的挑战，因为它意味着：空管各系统从基于点对点交换的通信发展到以网络为中心的交换，同时信息交换数量增加，攻击面也随之增加。因此，SWIM 的运行存在诸多安全隐患，可能会出现航空运行信息被恶意篡改、隐私数据泄露、机密信息被窃取等问题。这些问题破坏了航空数据的安全性，影响了民航系统的正常运行。

2) 基础设施层安全隐患分析

SWIM 基础设施层中的"虚拟信息池"为 SWIM 的核心部分，它的基础结构中有大量的数据在流通交互，提供的不同核心服务确保各种面向 SWIM 的应用服务正常运行。但是基础设施层的很多硬件设施和软件系统处在无人监控、无人管理的环境中，任意一起严重事故，都将导致 SWIM 核心服务以及面向 SWIM 的应用服务无法正常工作。目前 SWIM 基础设施层存在的主要隐患如表 2-4 所示。

表 2-4 基础设施层存在的主要隐患

隐患名称	隐患描述
物理故障	指 SWIM 设施因不可抗力被破坏或正常老化无法正常工作或者系统版本过时而性能变低等
拒绝服务	指攻击者向 SWIM 服务器发送超出承受范围的服务请求，过量地损耗 SWIM 系统资源，导致服务器崩溃而无法提供正常的服务给用户
信息窃听	指攻击者通过破解 SWIM 系统网络通信链路并截取所传输的数据，从而获取关键信息
虚假路由信息	指攻击者通过发送欺骗性的路由信息妨碍路由协议正常工作，修改路径网络拓扑，使节点资源产生过量的损耗等
无监管状态	指攻击者在入侵 SWIM 系统时的非法操作缺乏管理审查机制，整个过程都处于无人监管的状态下，也没有事件跟踪的机制

SWIM 基础设施层是一个基于信息中心网络(information-centric networking, ICN)的大型分布式网络系统，其作用是提供共享信息的基础结构。由于网络技术的进步，大型网络信息化系统遭受恶意攻击和面临极端灾难情况的可能性越来越大。因此，针对 SWIM 面临遭受恶意攻击和灾难的威胁情况，如数据引接传感器终端设备、缓存路由设备和交换机设备等硬件设施出现故障，在遭受不可抗力(如自然灾害、战争等)时可能出现通信线路被破坏或者部分系统连接中断和硬件设施的老化等后果，SWIM 的生存能力，关键服务的可用性、连续性和可靠性是需要重点解决的问题。同时，由于 SWIM 对全部民航机构开放应用接口，并且为用户提供远程操作系统的功能，因此存在恶意入侵系统、破坏基础网络和非法获取数据等安全隐患，如拒绝服务攻击、信息窃听、伪装和虚假路由信息等，从而使 SWIM 的基础结构、

传输路径和核心服务等受到破坏。相应地，SWIM 也存在安全信息和事件管理能力不足的问题，从而导致共享数据过程缺乏可监管性和可追溯性，以信息中心网络为基础的 SWIM 基础设施层面临巨大的信息安全隐患。

3) 信息交换层安全隐患分析

SWIM 中的数据一般包括即时航空运行数据、常规航空情报数据、航空业保密信息以及大量的用户隐私，这些数据资源是 SWIM 正常运行和业务交互的必要条件，SWIM 的用户和系统管理人员在进行正常的工作流程时需要频繁地使用这些数据以及数据衍生的应用以完成信息的共享或者其他功能，而信息交换层的数据安全共享则是保证民航业正常运行极其重要的前提条件。目前信息交换层存在的主要隐患如表 2-5 所示。

表 2-5 信息交换层存在的主要隐患

隐患名称	隐患描述
异常数据量	指 SWIM 信息交换服务短时间收到大规模数据或大量错误数据，导致超出负载能力，造成服务系统宕机
权限篡改	指非授权用户通过违规升权伪装成已授权用户或漏洞入侵等方式篡改 SWIM 的关键信息，使数据的完整性和可信性遭到破坏
数据库攻击	指攻击者通过数据库服务和功能方面的漏洞进行入侵、SQL 注入和使用强力手段破解安全强度不高的账户信息等方式非法获取 SWIM 信息系统数据库中的信息或破坏数据库
信息泄露	指 SWIM 中用户和机构的隐私敏感信息被非法用户获得
数据丢失	指 SWIM 数据的存储介质被蓄意破坏、窃取或意外丢失、损毁而导致数据丢失

注：SQL 表示结构化查询语言 (structured query language)。

SWIM 信息交换层包含信息交换模型和信息交换服务层。它们通常可以视为提供转换和分类数据服务的 SWIM 云平台，对 IP 网络层所收集的不同地区、不同民航相关单位和不同民航基础设备的多源异构的数据进行协议和格式的转换，统一为可扩展标记语言 (extensible markup language，XML) 格式的数据，并通过投入信息池中定义的不同 ATM 信息域来分类，以支持 SWIM 的不同种类信息需求的应用程序进行交互和协同工作。当某一接入系统提供异于平常的数据量时，SWIM 信息交换层的信息处理能力存在超负荷的情况，可能会导致信息服务器出现暂停服务或宕机的情况；当某一 SWIM 资源节点发生权限篡改或数据库攻击时，SWIM 数据库中的数据将面临被篡改和破坏的风险，可能会导致使用数据的应用服务提供不准确或具有误导性的信息；当某一 SWIM 资源节点发生信息泄露或数据丢失事件时，可能会导致航空业机密信息或敏感信息被不法分子获得并且有损航空业的利益。当 SWIM 数据出现问题时，对相应数据涉及的信息交换服务会产生直接影响，威胁航空运输的安全。SWIM 需要适应高效和高品质的民航信息需求，但存在信息交换服务缺乏异常数据量的识别和调节的能力、用户权限的控制不当以及数据库缺乏抵御攻击和防止篡改的技术措施的问题。

4) 应用层安全隐患分析

SWIM 中大部分的应用服务需要收集航空运行业务数据和用户敏感隐私数据进行分析和处理,而用户在与 SWIM 进行交互时使用的软件和平台也不尽相同,如何保证 SWIM 用户和各类民航资源系统信息交互的安全性和可靠性是设计 SWIM 应用层需要考虑的关键问题之一。

常见的网络攻击手段有伪造操作指令、恶意软件攻击、漏洞利用以及第三方服务中的隐私泄露等。SWIM 应用层主要包括一些基于 SWIM 交互的应用系统和程序,通过使用 SWIM 提供的统一格式的数据来扩展新的应用功能。然而,现有民航领域应用程序存在安全防护薄弱或缺乏安全保证机制的情况。因此,SWIM 应用层存在的主要隐患如表 2-6 所示。

表 2-6　应用层存在的主要隐患

隐患名称	隐患描述
伪造操作指令	指攻击者非法入侵 SWIM 后伪造有害于系统的操作指令,对系统的核心功能进行恶意操作或直接破坏系统
恶意软件攻击	指攻击者通过在 SWIM 中防御措施薄弱的环节植入病毒程序或者安插"后门"来破坏系统结构,降低系统安全性
漏洞利用	指攻击者利用 SWIM 或第三方接口中存在的漏洞破坏系统的正常运行
第三方服务中的隐私泄露	指非法人员通过入侵第三方服务系统来获取服务系统中处理的 SWIM 数据,从而导致重要信息的泄露

通过参考民航信息网络安全的调查报告,本书发现外部网络攻击是绝大部分民航信息网络安全事件发生的主要原因,占信息安全事件总数的 46%;而缺乏防范意识或不健全的安全管理体系,例如,使用安全等级较低的登录密码或未定期更换密码而导致发生安全事件的占 19%。有些民航数据网络的访问机制甚至没有身份认证,这都有可能造成民航信息的泄露或被篡改,使民航网络信息系统面临着严重的安全隐患。此外,民航网络广域分布,航空用户种类繁多,存在管理混乱等问题。这就容易使非法用户获得相应权限,从而访问民航数据网络。

2.4　本章小结

本章根据航空网络的空天地一体化结构,分别从三个层次中选取了典型的资源系统进行安全隐患和脆弱性分析,从而研究各个系统面临的安全威胁。针对北斗卫星导航系统,分别从系统本身脆弱性和信号传播途径脆弱性两个方面进行分析。对北斗信号容易遭受转发式欺骗攻击和生成式欺骗攻击,进而导致信息伪冒和信息篡改的安全威胁进行说明。针对广播式自动相关监视(ADS-B)系统,分析了 ADS-B 的系统漏洞,研究了针对 ADS-B 的窃听攻击、干扰攻击、消息注入攻击、消息删除攻击、消息修改攻击。针对 ACARS 缺乏有效的安全防护措施的问题，研究了其地-空通信过程中存在的数据泄露、数据欺骗、实体伪装、拒绝服务攻击等安全威胁。针对 SWIM，从分层功能角度研究了 SWIM 面临的主要安全隐患。

参 考 文 献

[1] ICAO ATNP Security Working Group. Overall Security Concept[S]. Montréal: International Civil Aviation Organization, 1996.

[2] ICAO. ATN Security Concept and Operations（CONOPS）: Doc 9880[S]. Montréal: International Civil Aviation Organization, 2009.

[3] 张云. 基于 TESLA 的北斗三代民用信号导航电文认证方法[D]. 天津: 中国民航大学, 2021.

[4] Wu Z J, Liang C, Zhang Y. Blockchain-based authentication of GNSS civil navigation message[J]. IEEE Transactions on Aerospace and Electronic Systems, 2023, 59（4）: 4380-4392.

[5] Sampigethaya K, Poovendran R. Aviation cyber-physical systems: Foundations for future aircraft and air transport[J]. Proceedings of the IEEE, 2013, 101（8）: 1834-1855.

[6] 钱向农, 魏学航, 杨丰辉, 等. 飞行器航空电子系统发展及组成结构研究[J]. 航空制造技术, 2015, 58（4）: 86-91.

[7] 丛伟, 樊晓光, 南建国. 综合航空电子系统总体技术[M]. 北京: 国防工业出版社, 2015.

[8] 刘哲旭, 樊智勇, 赵珍. 基于体系结构模型的综合化航电分区可调度性验证[J]. 计算机应用与软件, 2019, 36（7）: 69-75, 127.

[9] 谭龙华, 杜承烈, 雷鑫. ARINC653 分区实时系统的可调度分析[J]. 航空学报, 2015, 36（11）: 3698-3705.

[10] 郑军, 胡军, 柯昌博, 等. 综合模块化航电软件系统测试方法研究综述[J]. 计算机应用与软件, 2012, 29（5）: 163-168.

[11] 崔西宁, 沈玉龙, 李亚晖. 综合化航空电子系统安全技术研究进展[J]. 计算机应用与软件, 2012, 29（11）: 130-136.

[12] 尚桐. 基于区块链可信任模型的 ADS-B 信号抗假冒方法的研究[D]. 天津: 中国民航大学, 2022.

[13] Wu Z J, Shang T, Yue M, et al. ADS-Bchain: A blockchain-based trusted service scheme for automatic dependent surveillance broadcast[J]. IEEE Transactions on Aerospace and Electronic Systems, 2023, 59（6）: 8535-8549.

[14] 刘玉麟. ACARS 数据链安全体系结构及其关键技术的研究[D]. 天津: 中国民航大学, 2011.

[15] 吴志军. 广域信息管理 SWIM 信息安全关键技术[M]. 北京: 人民邮电出版社, 2020.

[16] 罗喜伶, 王珺珺. 民航广域信息管理技术[M]. 北京: 电子工业出版社, 2017.

第 3 章 航空网络安全架构

针对航空网络空天地一体化广域分布的结构,本章提出了一种云-链融合的航空网络安全保障架构。采用云计算和区块链结合的方式,设计航空网络安全的总体结构和功能模块。重点考虑空间卫星(通信和导航)网络、空中机载航电网络和地面 SWIM 面临的安全威胁,利用新技术体系结构的优势,从系统体系(system of systems,SOS)安全的角度,将系统运行安全(Safety)和信息安全(Security)统筹考虑,实现航空网络的过程安全和系统安全。

3.1 引　　言

由于航空网络安全直接关系到国家领空安全和航空交通运输运行的安全。因此,航空网络安全保障是国家安全、国民经济和社会发展中迫切需要解决的关键问题。

1) 国家网络空间安全战略考虑

由国家互联网信息办公室于 2016 年 12 月 27 日发布并实施《国家网络空间安全战略》第四条"战略任务"中"(三)保护关键信息基础设施"中提到:"国家关键信息基础设施是指关系国家安全、国计民生,一旦数据泄露、遭到破坏或者丧失功能可能严重危害国家安全、公共利益的信息设施,包括但不限于提供公共通信、广播电视传输等服务的基础信息网络,能源、金融、交通、教育、科研、水利、工业制造、医疗卫生、社会保障、公用事业等领域和国家机关的重要信息系统,重要互联网应用系统等。"

航空交通运输是国家重点行业,航空网络属于国家关键信息基础设施。目前,针对航空网络的攻击威胁日益增大,不法组织和个人已经公开叫嚣要通过攻击航空网络来劫持民用客机。因此,航空网络已经成为"黑客"蓄意攻击的目标。航空网络空间安全涉及国家领空安全,从而关系到国家安全。因而,根据国家战略,建立健全航空网络安全保障是在航空交通运输行业中实施国家网络空间安全战略"采取一切必要措施保护关键信息基础设施及其重要数据不受攻击破坏。坚持技术和管理并重、保护和震慑并举,着眼识别、防护、检测、预警、响应、处置等环节,建立实施关键信息基础设施保护制度,从管理、技术、人才、资金等方面加大投入,依法综合施策,切实加强关键信息基础设施安全防护"。

2) ICAO 的网络空间安全战略要求

ICAO 于 2019 年 10 月制定了《航空网络安全战略》[1],目的是应对当前日益严重的航空网络安全威胁。ICAO 在此战略中要求世界各航空国着力研究和建设航空网络的信息安全保障体系,尽快部署系统化的保障措施。

3) 中国民航空管系统的需求

针对空管系统面临日益突出的安全威胁的现状,中国民航已经开展了相关工作:①2012 年 2 月 8 日,中国民用航空局(简称民航局)颁布了行业标准《民用航空网络与信息安全管理规范》(MH/T 0035—2012);②2017 年 2 月 20 日,交通运输部颁布了由中国民用航空局起草的《民航网络信息安全管理规定(暂行)(征求意见稿)》。长期以来,航空网络信息安全保障一直是民航的一项重要建设任务,尤其在《"十四五"民用航空发展规划》(简称《规划》)中强调建设民航网络安全是一项紧迫和重要的任务。

ICAO 制定的《航空网络安全战略》中指出航空网络安全面临的两个主要问题[1]:①数据安全,即防止实体伪装、重放攻击和 DDoS 攻击造成的空管业务数据无法正常访问和传输;②隐私保护,即防止数据欺骗和数据篡改行为导致空管业务敏感数据泄露。因此,根据上述两个问题,航空网络信息安全保障措施的应用方案如图 3-1 所示[2]。

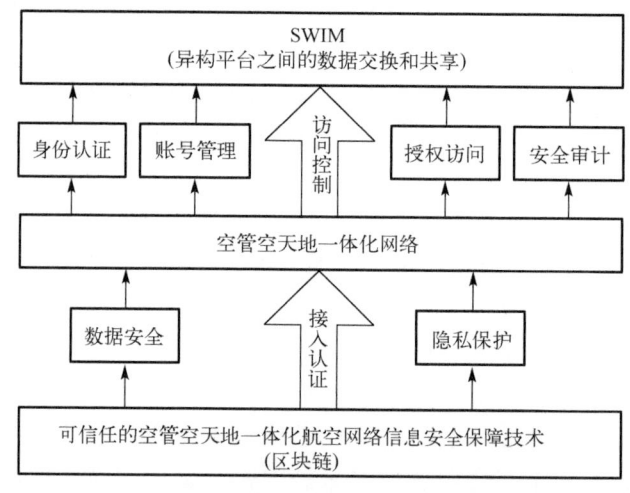

图 3-1　航空网络信息安全保障措施的应用方案

在可信任的空天地一体化航空网络信息安全保障技术平台上,实现航空交通运输业务数据安全和隐私保护;通过 4A(认证(authentication)、账号(account)、授权(authorization)和审计(audit))技术实现在 SWIM 上的异构平台之间的数据共享和交换。

航空网络信息安全保障的发展趋势是建立系统化、深层次的防御体系;建立健全的航空网络的安全评估、信息安全保障评价、安全态势感知系统;构建航空网络的博弈理论和体系,防御数据篡改、信息欺骗、实体伪装和 DDoS 攻击。

3.2 航空网络安全架构设计

本节根据空天地一体化航空网络的结构，以航空信息-物理系统(CPS)博弈模型为基础，从安全防护、安全评估和态势感知等关键技术考虑，采用区块链技术建立航空网络的可信任模型，提出基于可信任模型的航空网络信息安全保障体系结构，针对航空网络信息安全的两个问题——数据安全和隐私保护，提出系统化的研究方案，如图 3-2 所示。

研究方案的思路是采用国产密码算法，在空-空、空-地和地-地数据链和网络之间实施接入认证，利用区块链技术实现航空网络的可信任机制，通过可信任模型建立空天地一体化的保障体系。针对空间单元(通信和导航卫星网络)、空中单元(空中监视网络和机载网络)和地面单元(空管运行中心、数据中心、空管机构或部门、航空公司、航空机场和地面台站)在信息安全保障方面的需求，研究相应的技术措施，包括：基于博弈论的航空网络 CPS 建模方法、基于航空网络运行大数据分析的安全隐患和系统漏洞挖掘方法、基于可信任模型的航空网络信息安全保障体系结构、基于 CPS 博弈模型的航空网络信息安全态势感知技术和基于安全基线策略的航空网络信息安全评估技术。

3.2.1 基于博弈论的航空网络 CPS 建模方法

针对航空网络中存在的信息安全隐患，本书基于 ADS-B 信号假冒和 ADS-B 民用导航电文欺骗等传感器欺骗攻击模型(掌握攻防策略)，挖掘航空网络中可能影响飞行安全的 CPS 安全漏洞；根据航空网络面临的安全威胁，在博弈论基础上，利用复杂网络理论和信息-物理系统理论对空管系统关键基础设施(通信、导航、监视和自动化系统)构建细粒度系统模型，重点对信息域和物理域之间的交互关系进行深入分析，构建航空网络的细粒度 CPS 模型，如图 3-3 所示。

图 3-3 中空管系统的网络空间(信息系统——SWIM)到物理空间(物理系统——航空公司、航空机场和机务维修)的关联关系是在空管系统管理、空中和运维机构和部门(控制器)与空管基础设施(传感器)和空管应用服务提供部门(执行器)之间的交互过程中建立的。通过频繁的无缝互动，在物理域(飞机、航空机场和空域，以及地勤机务、机组、旅客和航空协会)之间、信息域(网络、软件、计算、策略和信息，以及网络使能的服务和应用)之间，以及物理域与信息域之间的交互，将航空网络面临的物理风险(天气和日食等)和网络风险(系统故障和网络攻击等)清晰地勾画出来。

基于博弈论采用图论和复杂网络的空管系统建模的研究方法分为三个步骤：经典网络模型的改进、基于矩阵运算的航空网络模型构建和基于矩阵运算的航空网络模型的理论研究。

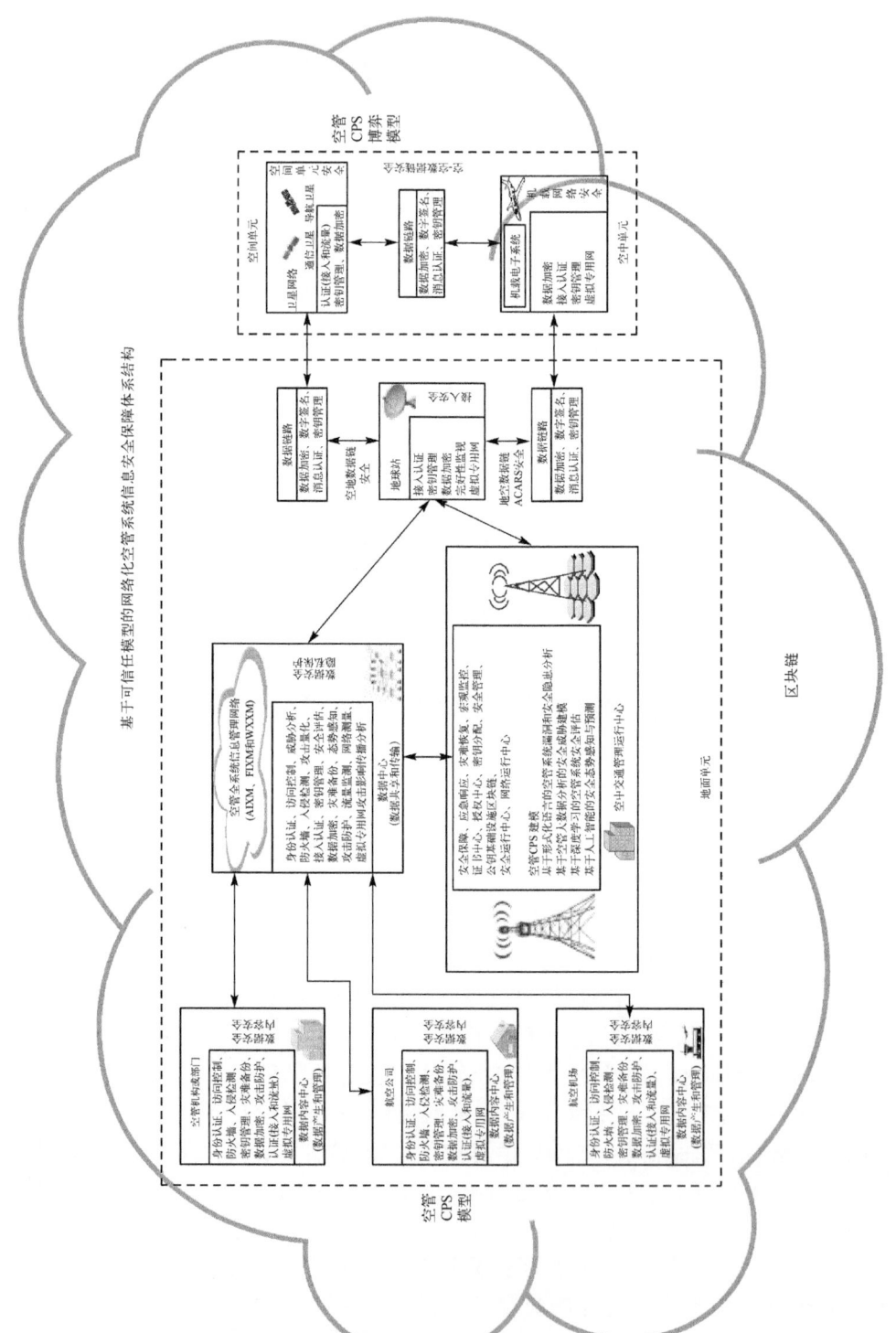

图 3-2 航空网络系统化信息安全保障方案

第 3 章　航空网络安全架构

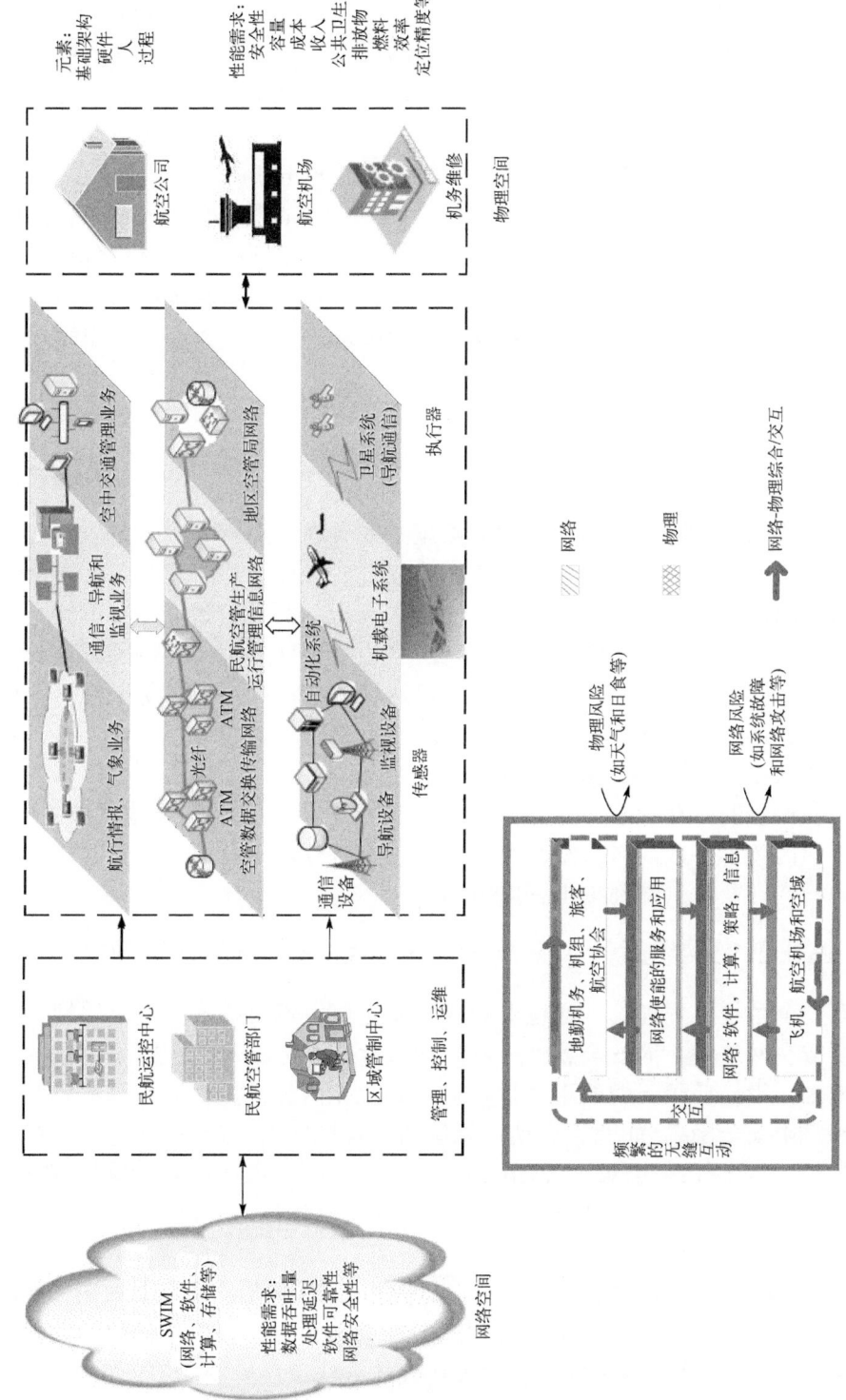

图 3-3　航空网络 CPS 模型

(1) 经典网络模型的改进。本书借鉴经典的网络模型，如随机网络模型、小世界网络模型及无标度网络模型等，寻求经典网络模型与真实的航空网络的联系。结合航空交通运行的实际情况，对经典的无标度网络模型进行改进。通过对经典网络的节点度分布、聚类系数、平均路径长度、最大连接数目、择优连接策略和新增节点连接数目等进行改进，对航空网络进行细粒度的建模分析。

(2) 基于矩阵运算的航空网络模型构建。经典的小世界网络模型、无标度网络模型等并不能全面反映真实航空网络的各项特性，需采用新的策略进行分析。由于反映航空网络信息-物理系统(图3-3)的邻接矩阵及关联矩阵是复杂网络的另一种表述形式。因此，可以从网络的邻接矩阵或关联矩阵入手进行分析，从利用图论表示的航空网络图的邻接矩阵及超图的关联矩阵入手，采用基于图与层次图的邻接矩阵及超图与层次超图的关联矩阵的矩阵运算构建复杂网络，同时引入度分布多项式分析航空网络的度分布特点等其他特性。

(3) 基于矩阵运算的航空网络模型的理论研究。本书分析航空网络的邻接矩阵或关联矩阵，研究航空网络与其对应的邻接矩阵或关联矩阵之间一一对应的关系，揭示航空网络与其对应的邻接矩阵或关联矩阵相近的特性，并通过对邻接矩阵或关联矩阵采用不同形式的运算得到各种网络特性。包括：①采用图论、分形理论、稳定性理论等经典理论对基于矩阵运算的航空网络模型进行分析；②通过测量航空网络的平均路径长度，作为判定实际航空网络可达性的依据；③采用复杂网络的群落结构(社团结构)，分析航空网络的节点或边在遭受意外和蓄意攻击时网络的鲁棒性(容错性)；④基于实际空管系统业务的流程和网络流量的特点，采用复杂网络的介数来确定其业务流量的分布状态，避免在航空网络中发生级联失效(雪崩现象)；⑤结合复杂网络中的效率参数，对航空网络中的关键点进行辨识，通过确定集聚点来为航空网络的稳定性及抗风险性提出预防策略。

3.2.2 基于航空网络运行大数据分析的安全隐患和系统漏洞挖掘方法

根据安全系统工程理论，通过专项分析确定航空网络的信息安全属性，并在数学上证明航空网络满足的安全属性；利用形式化证否方法对航空网络潜在的系统漏洞进行挖掘，设计证否问题的不同优化目标和优化函数，提高证否算法效率，实现对航空网络中安全隐患(如空管自动化系统的远程控制端口、雷声雷达的内置调制解调器、甚小口径天线终端(very small aperture terminal，VSAT)的开放和数据未加密链路、地空数据链ACARS的开放和数据未加密、ADS-B信号假冒、北斗民用导航电文欺骗)的揭示。具体步骤如下。

(1) 航空网络运行数据的采集、挖掘和融合技术。包括：①收集按照《中国民用航空通信导航监视系统运行、维护规程》规定记录的空管系统设备运行数据；②采用自动化、半自动、基于渗透攻击和非破坏性的方法采集航空网络的实时运行数据；

③采用大规模系统的安全参数组合机制等,提取航空网络信息安全分析所需的数据。针对收集、采集和提取的数据进行分类分析。

(2) 基于形式化语言的航空网络漏洞挖掘。根据航空网络的 CPS 模型和信息传播流向,基于航空网络的系统结构和信息安全保障体系,采用航空网络的形式化语言模型,分别针对空管通信、导航、监视和自动化系统的无线/有线漏洞展开分析和挖掘。航空网络的安全隐患和系统漏洞挖掘的领域如图 3-4 所示[3]。

根据图 3-4,航空网络的安全隐患和威胁的查找与挖掘拟从 9 个方面展开:①空中交通管理运行中心系统,包括网络运行中心(network operation center,NOC)和安全运行中心(security operation center,SOC)两个职能系统,涉及航空网络的全部基础设施;②SWIM,连接空中交通管制系统、机场协同系统、ADS-B 和卫星以及连接空中飞行器;③空管机构或部门的系统,包括民用航空局空中交通管理局和各个地区空中交通管理局及空中交通管理分局(站)的系统,涉及 ADS-B 系统、话音通信和雷达等;④航空公司系统,包括地空数据链 ACRAS 等;⑤航空机场信息系统,包括机场协同决策(airport collaborative decision making,A-CDM)系统等;⑥陆基通信导航监视系统,包括 VDL2、ACARS、ADS-B、VSAT 卫星、测距机、多普勒甚高频全向信标(Doppler VHF omni range,DVOR)、ILS 和陆基增强系统(ground-based augmentation system,GBAS)等;⑦链路接入,包括空-空、空-地和地-地链路接入等;⑧GNSS,包括 BDS 和 GPS;⑨机载电子系统,包括飞机与地面连接的空地数据链系统 ACARS、飞机与航空公司连接的通信系统,以及飞机与机场连接的导航、监视和气象等系统[3]。

本书构造 ADS-B 信号假冒、北斗民用导航电文欺骗、地空数据链 ACARS 信道随机访问欺骗、甚高频数据链(VHF data link,VDL)虚拟多径欺骗、数据帧内信息欺骗、多点定位欺骗、典型接收机木马和空地协同攻击等新型、灵巧化攻击矢量,并分析其实现条件,揭示和拓展航空网络的网络攻击平面,并开展攻击样式效果的验证。采用形式化方法以传感器(雷达、ADS-B、VSAT、VHF 等)欺骗攻击为攻击向量挖掘空管系统漏洞。具体实现从以下三个角度考虑。

(1) 从控制算法角度,尝试合成欺骗攻击载荷。研究航空网络中的控制算法,例如,自动化系统的目标航迹生成算法等,建立混合自动机模型。在能够实现传感器欺骗攻击的情况下,研究攻击者如何破坏安全规格,进入不安全状态。

(2) 从估计算法角度,尝试绕过航空网络异常检测机制,防止攻击数据无法准确输入控制算法。本书研究空管系统中的异常检测算法,尝试构建异常检测算法模型,分析实际系统中绕过异常检测算法的解决途径,尝试发现异常检测算法中的漏洞,降低攻击的要求。

(3) 从组合系统的角度,尝试构造实现某种控制意图的隐蔽攻击。研究在异常检测系统的约束下,欺骗信号的控制能力。

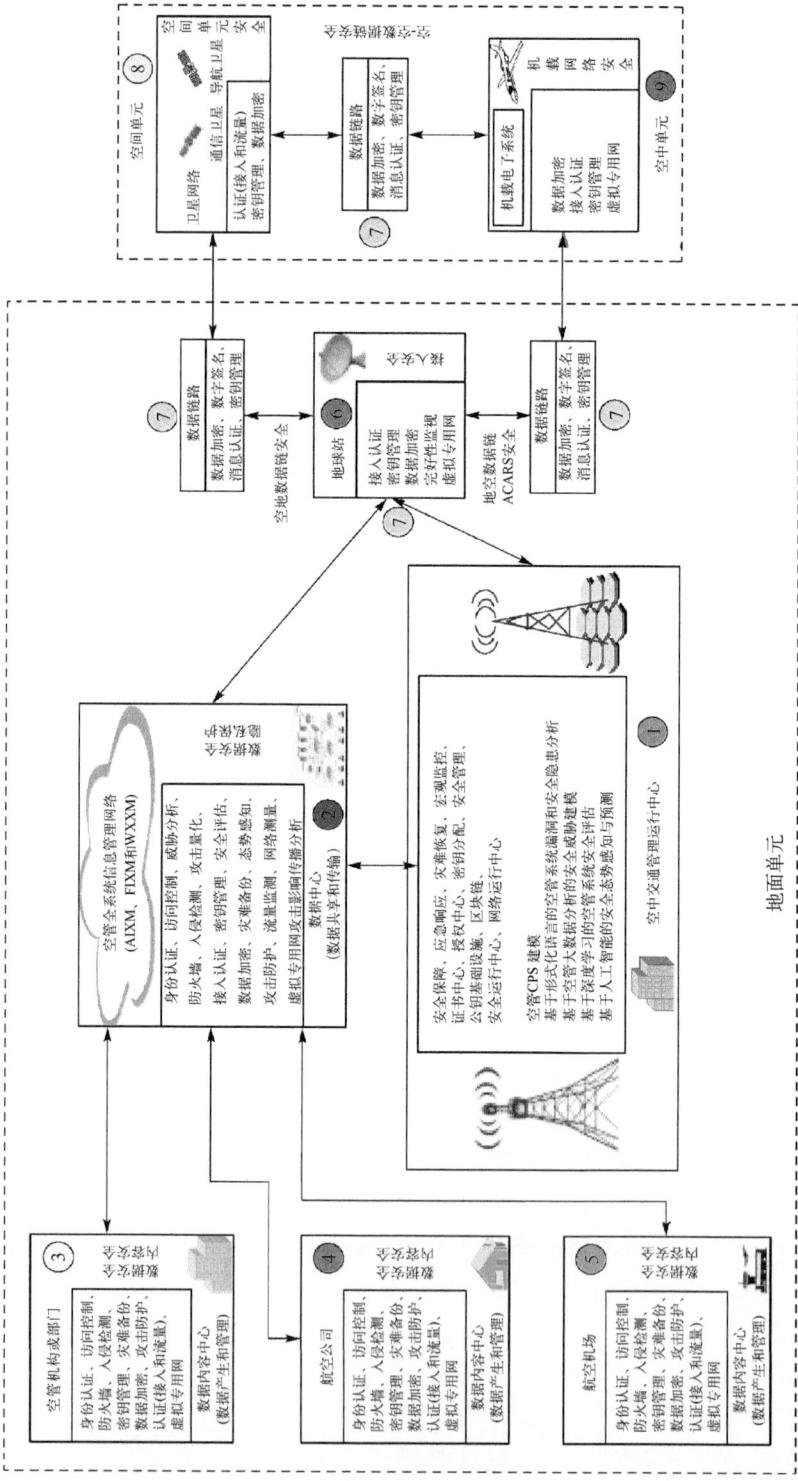

图 3-4 航空网络的安全隐患和系统漏洞挖掘的领域

3.2.3 基于可信任模型的航空网络信息安全保障体系结构

航空网络中的设备和系统资源呈分散化的特点(各类通信、导航和监视设备以传感器的形式广域分布在不同的地方)，信息的传输和服务直接在通信、导航和监视设备(传感器节点)之间进行。当航空网络面临恶意攻击和网络欺骗时则呈现出一定的脆弱性，必须建立信任模型保障其安全。区块链技术不仅可以确保航空交通运输业务数据的真实性，同时也增强了数据的时序性。航空交通运输业务数据需要被大部分节点验证通过后才能入链，这为信任模型提供了统一的数据来源。因此，本书采用区块链技术构建航空网络的信任模型，建立网络化航空系统资源之间的可信任机制，从而实现航空网络信息安全保障体系结构。该结构将区块链网络视为提供信任的服务器，通过在其上运行一个有限状态机模型来处理数据，并对历史行为进行可靠记录；采用数字签名技术和边缘计算网络设计信任接入验证机制，能够对航空网络进行实时监控，促进系统内实体之间的资源共享和协作。基于区块链的航空网络信息安全保障可信任模型如图 3-5 所示[4,5]。该模型的设计思路是由中国民用航空局、民航局空管局、空管部门、航空机场和航空公司等多方共同参与和维护分布式账本，通过对等网络(peer-to-peer，P2P)密码和分布式共识机制建立节点彼此之间的信任关系。

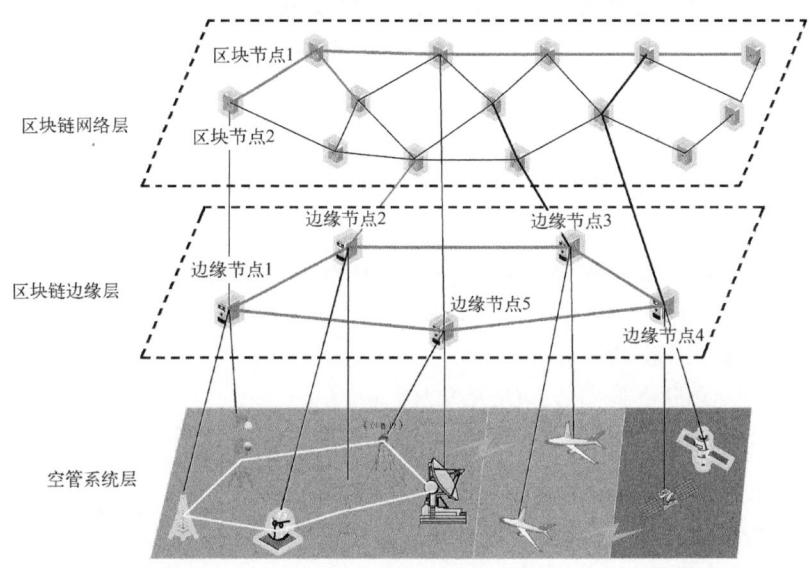

图 3-5 基于区块链的航空网络信息安全保障可信任模型

在图 3-5 中，区块链网络层主要记录空管系统相关数据信息，在去中心化环境下，区块链技术作为一种创造信任的机器，利用区块链的分布式结构(区块链中的账本分散在网络中的各个节点上，所有节点都持有账本并且同步更新)、信任机制(区块链运用密码学原理，实现系统的公开透明性，系统的交易双方能够在不借助第三方权威机构信用背书的情况下达成共识，建立信任关系）和时序不可篡改性（链式存储结构中的时间戳使区块中的数据具有极强的可回溯性和可验证性，同时密码学算法和共识机制也保证了账本数据的不可篡改性）的技术优势来保证链上数据的真实性和可靠性。区块链边缘层作为信任接入机制对空管系统进行实时监控。采用国产密码 SM9 的数字签名算法实现数字签名功能。所以，区块链边缘层和空管系统层各节点均需要向区块链网络层提交身份标识 ID 来生成私钥。因此，在彼此之间具有一定的信任基础。

1）区块链网络层

区块节点负责为区块链边缘层各节点和空管系统层各节点生成私钥。以密钥生成中心（key generation center，KGC）环的形式替代 SM9 标准算法中的单个 KGC。设区块链网络层节点数为 n，椭圆曲线基点群的阶为 N，所有节点商定一个随机数 $ks \in [1, N-1]$ 作为签名主私钥，计算签名主公钥 $p_{\text{pub}-s} = \lfloor ks \rfloor p_2$，其中 p_2 是椭圆曲线群 G_2 的生成元。此外每个成员再生成随机数 $ke_i \in [1, N-1]$，分别计算 G_2 中元素 $p_{\text{pub}-i} = \lfloor ke_i \rfloor p_2$。然后求和，$p_{\text{pub}-e} = \left\lfloor \sum_{i=1}^{n} ke_i \right\rfloor p_2$。其中 ks、$p_{\text{pub}-s}$ 和 $p_{\text{pub}-e}$ 是环内成员共同持有的，每个成员秘密保存自身的 ke_i，同时向环内成员公开各自的公钥 $p_{\text{pub}-i}$。

若环内某 KCG_i 为节点 A 生成密钥，自身私钥为 ke_i，环内的公钥集合为 $R = \{p_{\text{pub}-1}, p_{\text{pub}-2}, \cdots, p_{\text{pub}-n}\}$，节点 A 的标识为 ID_A。现对消息 M 进行环签名，执行以下步骤。

（1）计算群 G_T 中元素 $g = e(p_1, p_{\text{pub}-s})$，其中 e 为一种运算方式，双线性对。

（2）产生随机数 $r \in [1, N-1]$，并计算 $w = g^r$。

（3）计算 $h = H_2(M \| R \| w, N)$，其中 H_2 为哈希函数。

（4）计算 $t_1 = H_1(ID_A \| hid, N) + ks$，其中 H_1 为哈希函数，hid 为哈希标识符。

（5）计算 $S = \lfloor t_2 \rfloor p_1$，其中 $t_2 = (t_1 r)^{-1} (r - h) \cdot ke_i \mod N$。

（6）计算 $l = ks \cdot r \cdot ke_i^{-1}$。

得到对消息 M 的环签名 $\sigma = (h, R, S, l)$。

接收者 A 对收到的消息 M' 和环签名 (h', R', S', l') 进行验证，验证步骤如下。

（1）计算 $g = e(p_1, p_{\text{pub}-s})$，$t = g^{h'}$。

（2）计算 $p_{3'} = \lfloor h \rfloor p_2 + p_{\text{pub}-s}$，令 $p_3 = \lfloor l \rfloor p_{3'}$。其中，$h_1 = H_1(ID_A \| hid, N)$。

（3）计算 $u = e(S', p_3)$。

（4）计算 $w' = u \cdot t$。

（5）计算整数 $h_2 = H_2(M' \| R' \| w', N)$，验证 h_2 和 h' 是否相等，若相等，则验证通过，否则不通过。

当某个 KGC 成员的环签名通过验证后，每个 KGC 计算 $d_i = ke_i \cdot t_1^{-1} \mod N$，通

过安全信道发送给节点 A，节点 A 在本地计算 $\mathrm{ds}_A = \sum_{i=1}^{n} \lfloor d_i \rfloor p_1$ 作为签名私钥。

基于身份的密码算法 SM9 中用户签名密钥由 KGC 通过主私钥和用户标识产生，存在密钥托管问题。通过引入无证书数字签名体制，多个 KGC 以环签名形式生成用户的部分私钥，解决密钥托管的同时也减轻了原来单个 KGC 的压力。

2) 区块链边缘层

区块链边缘层负责收集航空网络的数据信息并提交给区块链网络层。在此过程采用数字签名技术设计接入机制，其具体流程如图 3-6 所示[6,7]。

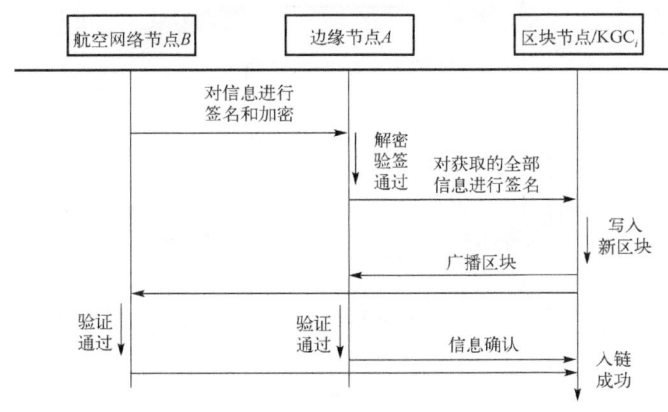

图 3-6　区块入链流程

根据图 3-6 所示的流程，具体步骤如下。

(1) 航空网络节点 B 向边缘节点报告信息，用自身私钥进行签名，然后使用接收方边缘节点 A 的公钥进行加密。

(2) 边缘节点 A 收到后进行解密与验签，信息审核通过后，边缘节点 A 将所有获取的信息进行签名提交给区块节点/KGC_i。

(3) 区块节点/KGC_i 将边缘节点 A 提交的信息写入新区块，对其中信息用环私钥 ks 签名后进行广播。

(4) 其他节点验证新区块，如果接受该区块，则向区块节点/KGC_i 发送确认信息。当获得所有节点确认后，区块节点/KGC_i 将新区块封装到历史区块链中。

3) 空管系统层

空管系统层提供自身数据信息的实体，利用区块链技术实现整体资源的共享和协作。当空管系统层有新节点加入时，需要向区块链网络层提交自身标识来获取部分私钥，然后在本地计算生成签名私钥。由于空管系统层节点采用环签名的形式来生成私钥，因此空管系统在不确定具体签名者的情况下依然可以对签名进行验证，在一定程度上保证了网络层节点的匿名性。

在采用区块链建立航空网络信息安全保障的可信任模型的基础上，研究基于可信任模型的航空网络信息安全保障体系结构，如图 3-7 所示。

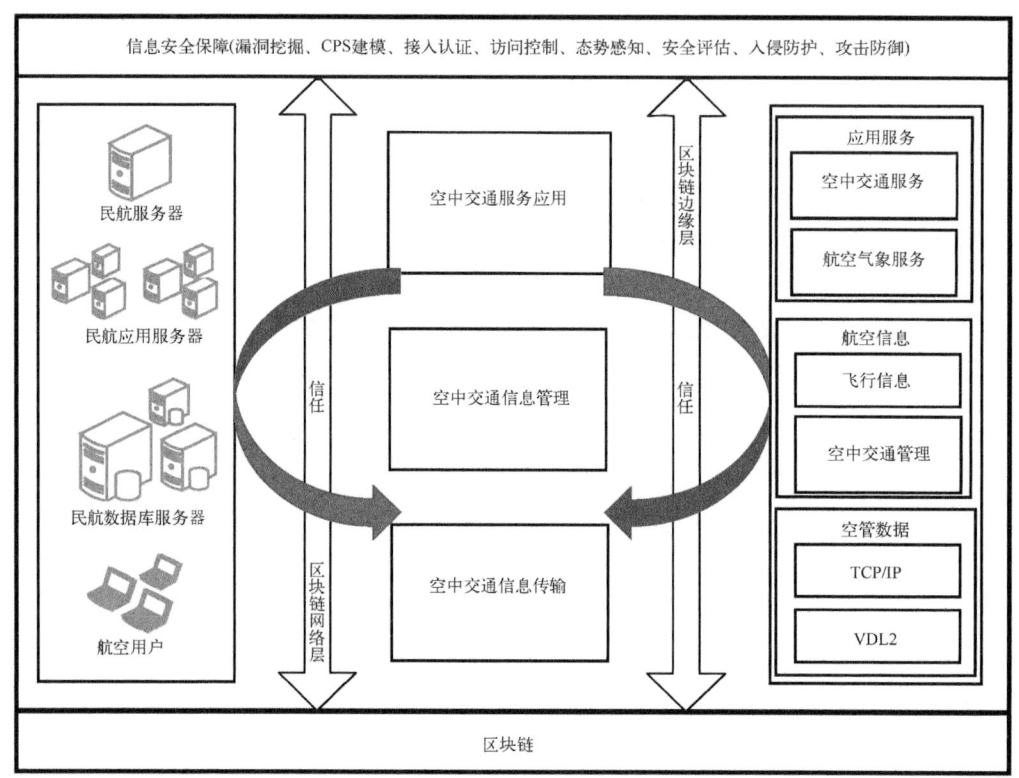

图 3-7　基于可信任模型的航空网络信息安全保障体系结构
TCP/IP 为传输控制协议/因特网协议（transmission control protocol / internet protocol）

航空网络的协同主体资源多，信息来源广，数据量大，业务链条长，实现跨区域、多主体、全流程的空天地一体化多维共享协作。因此，本书利用区块链的分布式数据记录所具有的存证、可溯、共享、信任、协作等特点，结合面向航空网络的信息安全保障的基础理论和关键技术，构建系统化的、空天地一体化全方位的航空网络信息安全保障体系结构。该结构支持和容纳空管系统信息安全保障技术，例如，漏洞挖掘、入侵防护、态势感知和攻击防御等。

3.2.4　基于 CPS 博弈模型的航空网络信息安全态势感知技术

基于 CPS 博弈模型的航空网络信息安全态势感知技术包括以下几种[8]。

1）构建基于威胁因素的航空网络 CPS 博弈模型

结合航空网络的 CPS 模型，对面向航空网络的安全威胁（隐患和漏洞）和攻击方法进行分类，利用时态逻辑和模型检测方法，在较高抽象层次研究航空网络的安全威胁；挖掘航空网络的安全需求，研究针对 CPS 特性的安全需求建模方法；利用构建的航空网络的 CPS 模型和安全需求匹配所有潜在的攻击模式，构建航空网络统一的网络安全威胁模型，进而建立航空网络 CPS 博弈模型，如图 3-8 所示。

从安全威胁的角度，对航空网络 CPS 的攻击可能会产生不同的后果，例如，系统资源设备损坏(包括设备的过负荷和违反安全限制等)，造成运行损失(即降低服务质量和降低运行效率)。攻击者利用航空网络 CPS 的安全隐患和系统漏洞，进行网络挟持，甚至一些网络犯罪的行为。因此，必须评估航空网络 CPS 的安全性，包括：①模拟正常情况下航空网络 CPS 的动态行为和在安全攻击下的行为；②研究基于航空网络和基于攻击者的不同参数，如检测间隔和概率，攻击者对系统的了解程度、物理破坏参数，以及攻击者因惩罚机制对攻击检测结果的影响，这些因素可能会影响 CPS 的安全性；③采用博弈论研究攻击者和航空网络在不同的相互依存情况下的选择策略，并根据特殊的防御性和对抗性参数估计攻击和检测概率(采用智能算法可以检测和识别已知和未知攻击)；④在威胁模型的基础上评估航空网络 CPS 的安全性指标(如可用性以及评估故障时间等)。

2) 基于贝叶斯博弈理论的航空网络安全态势评估方法

根据航空网络 CPS 博弈模型，采用朴素贝叶斯量化评估方法针对航空网络安全态势进行评估。朴素贝叶斯量化评估方法考虑了航空网络中多信息源和多层次异构信息融合，在处理非确定因素时非常有效，可完成对空管系统安全态势的量化评估。

基于贝叶斯博弈理论的航空网络安全态势评估方法如图 3-9 所示。

图 3-9 中建立了基于安全基线策略的航空网络防御模型和基于利用机制的黑客攻击模型，根据贝叶斯法则和博弈论，提出航空网络信息安全态势预测方法。该方法提前将告警信息之间的因果关系映射到贝叶斯网络中，建立基于贝叶斯博弈的航空网络信息安全态势预测模型，再根据告警信息识别攻击者的入侵或攻击意图并预测威胁程度；然后根据攻击者已经实施的入侵或攻击行为，不断应用贝叶斯法则修正空管资源子系统上发生入侵或攻击的概率值；最后以此概率值为基础分析攻击者和网络化空管信息安全保障系统双方的攻击效果和安全状态，预测攻击者在下一个博弈阶段选择攻击方式的概率和航空网络信息安全保障系统在下一个博弈阶段选择防御的概率。

基于贝叶斯博弈理论的航空网络安全态势评估的步骤包括：①利用贝叶斯博弈理论，模拟真实的航空网络中的攻击方式(实体攻击和 DoS 攻击等)的攻击特征和航空网络基于安全基线策略的防御特征，形成一种非合作的不完全信息的博弈；②分析航空网络遭到的攻击行为，采用贝叶斯法则不断修正航空网络中包含恶意入侵行为倾向的资源子系统或网络的概率值；③基于博弈理论，航空网络和攻击者根据当前已经获取的信息进行预测，定量描述航空网络的变化态势；④根据当前航空网络的安全状态，预测黑客行为，对航空网络的安全态势做出预测评估。

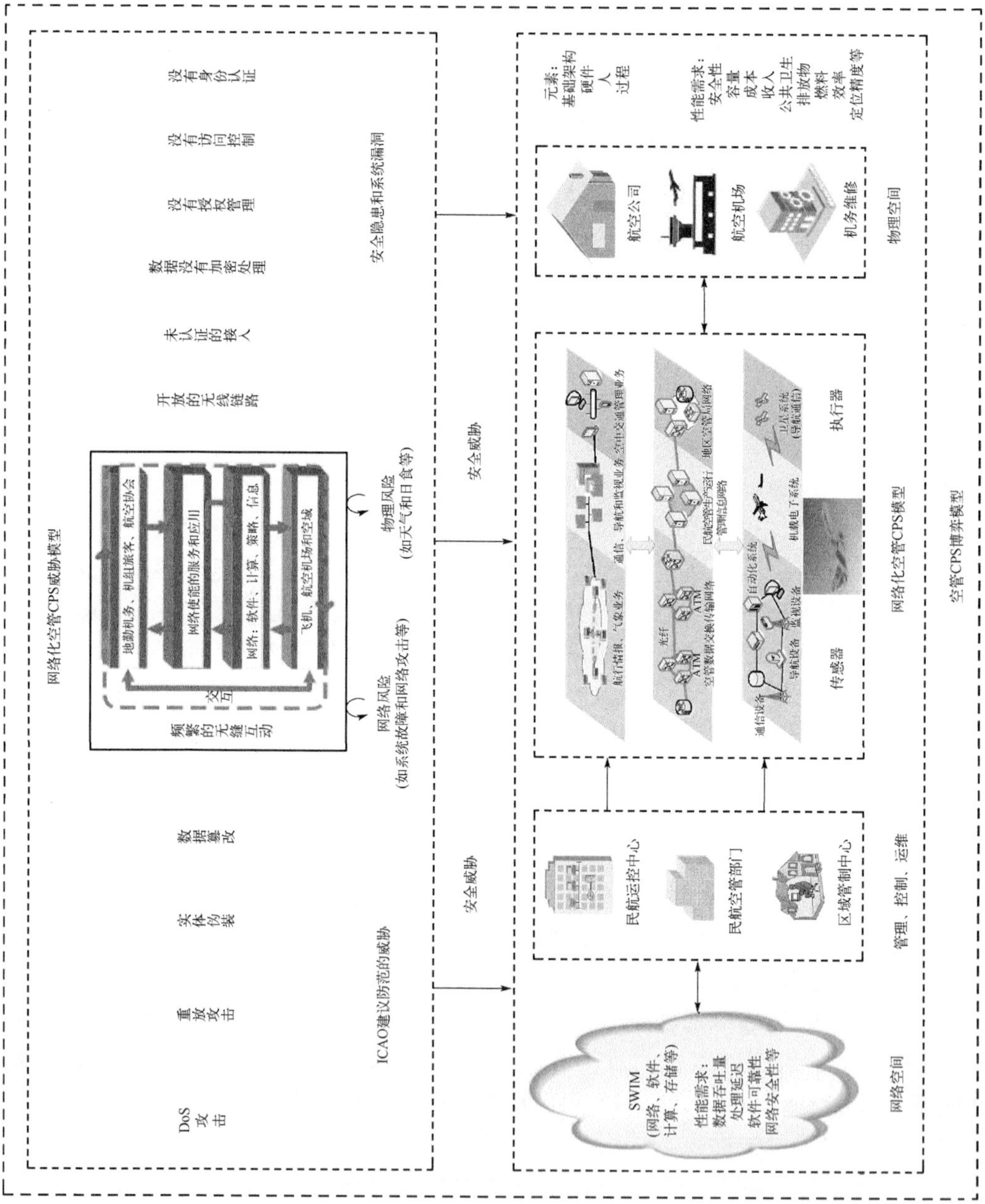

图 3-8 航空网络 CPS 博弈模型

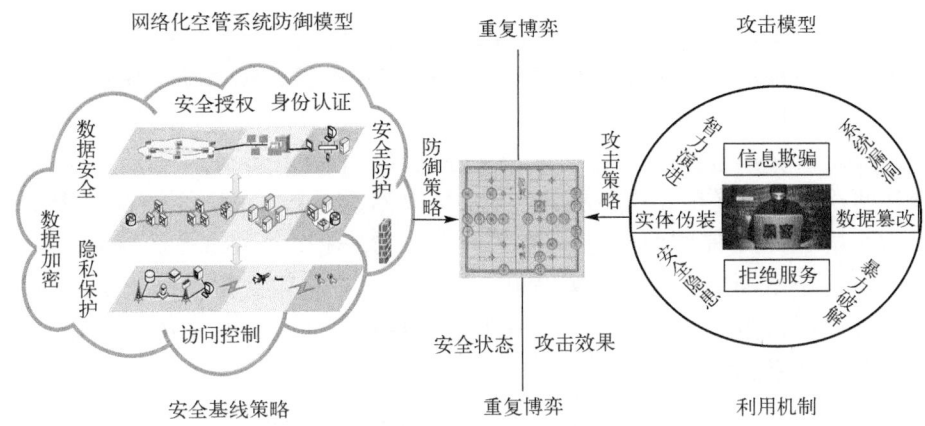

图 3-9　基于贝叶斯博弈理论的航空网络安全态势评估方法

3）基于深度学习的航空网络信息安全态势预测方法

采用卷积神经网络（convolutional neural network，CNN）与长短期记忆（long short term memory，LSTM）相结合，研究 CNN-LSTM 混合的深度学习模型，进而提出基于深度学习的航空网络信息安全态势预测方法，如图 3-10 所示。

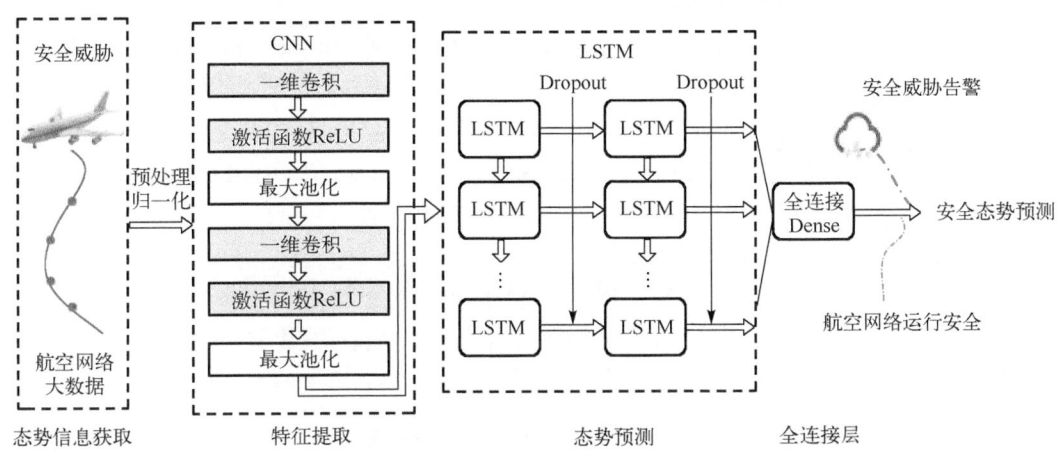

图 3-10　基于深度学习的航空网络信息安全态势预测

在图 3-10 中，基于深度学习的航空网络信息安全态势预测包括：态势信息获取模块、CNN 模块、LSTM 模块和全连接层模块四部分。模型的输入为航空网络的资产信息、运行信息、脆弱性信息、威胁信息和业务信息；输出为航空网络的安全态势值；模型中 CNN 用于特征提取，LSTM 用于态势预测，利用 LSTM 预测来分析 CNN 提取的特征，进而预测下一时刻的航空网络的安全态势。

航空网络态势信息来源于空管资源系统的不同数据源或相同数据源的不同时刻，在输入 CNN-LSTM 模型前，需先进行数据预处理，消除冗余数据，并对数据进行归一化的表示，得到包含时间特征的序列；预处理后输入 CNN，使用一维卷积提取系统的态势特征。态势数据先通过 CNN 的卷积层，然后输入激活函数 ReLU 或 SELU 函数(可以有效地避免梯度消失的问题)。通过激活函数，使样本分布自动归一化到零均值和单位方差，再通过最大池化层进行池化操作，重复卷积、激活和池化操作两次，可提取有效的态势特征；将提取的态势特征输入 LSTM 模块，LSTM 模块采用两层 LSTM 来挖掘态势特征，每层 LSTM 使用 Dropout 来避免过拟合，第一个 LSTM 层提取所有时刻的态势输出，第二个 LSTM 层提取隐藏层最后时刻的态势输出；最后，将由 CNN-LSTM 处理的态势特征输入全连接层处理，输出空管系统未来时刻的网络态势。

3.2.5 基于安全基线策略的航空网络信息安全评估技术

为了解决航空网络没有系统化、规范化的信息安全评估标准和技术问题，研究航空网络信息安全基线，本节建立了基于安全基线策略的信息安全评估模型，研究航空网络信息安全评估技术，研发适用于航空网络的安全评估工具。具体研究方法如下。

1)航空网络信息安全基线

航空网络信息安全基线建设将基于我国《国家网络空间安全战略》，结合 ICAO 提出的《航空网络安全战略》，参考国外有信息产品的安全性评估标准(如《信息技术安全性评估通用准则》(Common Criteria，CC)和信息系统整体安全性评估标准等针对管理方面的标准、美国《可信计算机系统评估准则》(Trusted Computer System Evaluation Criteria，TCSEC)、ISO 17799、ISO 15408 等)，基于《信息安全技术 信息安全风险评估方法》(GB/T 20984—2022)和《信息安全技术 网络安全等级保护基本要求》(GB/T 22239—2019)，提出一套适用于航空网络的安全基线，主要包括航空网络信息安全基线、空管通信网络安全基线、空管区域边界安全基线、空管计算环境安全基线、空管管理中心安全基线等。

2)基于安全基线策略的航空网络信息安全评估模型

基于安全基线策略的航空网络信息安全评估包括三个内容：保护轮廓(protection profile，PP)评估、安全目标(security target，ST)评估和评估对象(target of evaluation，TOE)的评估。其中，PP 是指为满足特定用户要求，与一类 TOE 实现无关的一组安全要求；ST 是指对指定的 TOE 进行安全评估的一组具体的安全要求和规范。在 PP 评估、ST 评估、TOE 评估和空管信息系统运行过程中，任意一个环节的评估结果或最后运行时产生安全问题都可以反馈到前面任意或所有阶段，进行相应的补充和完善，并重新进行评估。

基于安全基线策略的航空网络信息安全评估模型如图 3-11 所示。

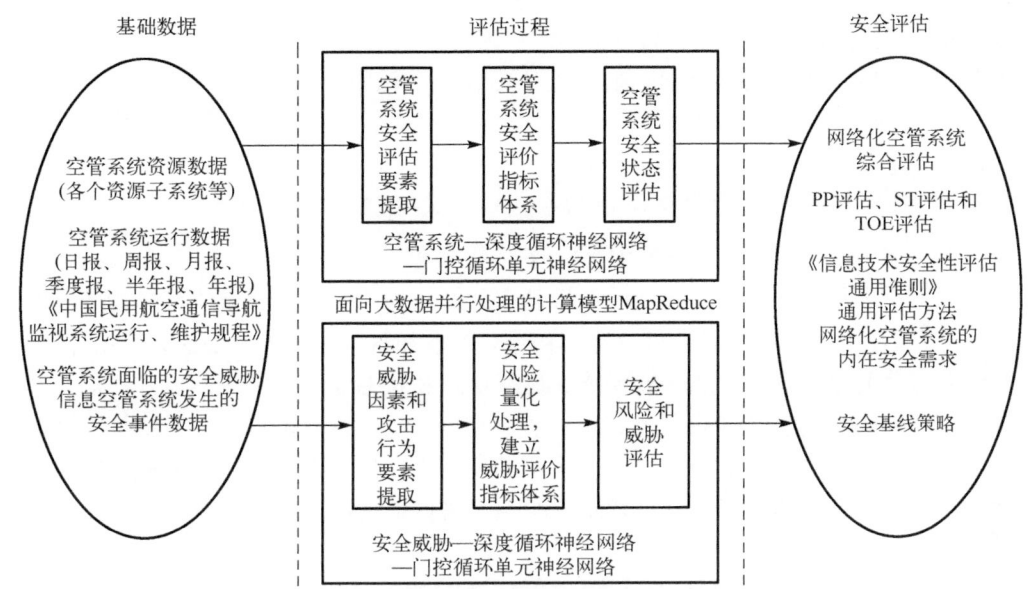

图 3-11 基于安全基线策略的航空网络信息安全评估模型

利用安全基线策略进行航空网络安全状况评估时参照评估指标体系，采用调查表工具和数据汇总处理工具，获取航空网络安全状况的数据；采用漏洞扫描工具和入侵检测工具等技术手段对资产、威胁和脆弱性进行识别和分析。将模糊层次评价法和系统对象安全评估模型相结合，计算航空网络安全状况的评估值并进行综合的定性分析。

航空网络安全状况评估的过程就是资产价值、威胁及资产存在的脆弱性的确定过程。航空网络安全指标体系中的信息资产价值按照其保密性、完整性、可用性三个属性进行赋值。其中，威胁(T)根据其出现的频率进行赋值；脆弱性(V)识别利用动态测试和静态扫描工具发现空管系统设备存在的漏洞，根据脆弱性的严重程度对其赋值。对资产价值采用定性方法，将资产的属性、资产价值、威胁、脆弱性划分为五个等级；不同的等级赋予不同的数值，等级越高数值越大。综合资产的属性值计算出相应资产的最终值。对威胁值和脆弱性值的计算利用层次模糊综合评价法，将一些边界不清、不易定量因素定量化并进行综合评价。根据定量计算结果进行综合的定性分析，最终得出系统对象安全状况评估值。

基于安全基线策略的航空网络信息安全评估中，由空管系统资源资产、威胁、脆弱性及风险发生的概率决定航空网络的安全状况评估值。其主要思路如下。

(1) 评估威胁行为利用脆弱性导致系统对象安全事件发生的可能性。根据威胁出现的频率及脆弱性的状况，计算得出威胁利用脆弱性导致系统对象安全事件发生的可能性(P)，记为 $P = F_1(T, V)$。

(2) 评估威胁发生并与特定资产相关时，对资产造成的损失程度(L)。损失程度和威胁值、脆弱性值以及资产的价值(A)有关,记为 $L = F_2(P, A)$,$L = P \times A$。即 L 由威胁值、脆弱性值和资产的价值三个因素组成,记为 $L = F_3(T,V,A)$。

(3)评估威胁发生并对资产造成的损失与风险发生的概率。计算得出系统对象安全状况评估值(S),记为 $S=F(L, R)$,即系统对象安全状况评估值=系统对象安全事件的损失和风险(R)发生的概率,记为 $S = F(T, V, A, R)$。

3)基于安全基线策略的航空网络安全评估流程

针对航空网络信息安全保障的时效性和有效性,结合基于安全基线策略的航空网络信息安全评估模型,本书设计和建立了以静态、动态和状态指标为核心的评价指标体系,研究综合保障的评估方法,从功能保障、运行保障和状态保障三个方面展开评估,具体步骤包括:①面向航空网络的安全威胁和风险分析;②网络攻击对航空网络核心性能影响的量化分析;③建立航空网络安全度量的影响因素和体系模型;④研究航空网络安全特性的量化表达方法和参考框架;⑤研究航空网络评价指标体系和安全度量方法。

对航空网络进行安全评估需要遵循 CC、通用评估方法(common evaluation methodology,CEM)和评估方案。具体实施步骤包括:①根据提出的安全基线策略,确定航空网络的内在安全需求,如 PP 和 ST;②在确定航空网络的安全需求后,将航空网络资源子系统作为 TOE 进行评估,并对 PP 和 ST 分别进行安全评估;③遵循 CC、CEM 和评估方案开展对航空网络信息安全的评估,并综合得到评估结论。

航空网络的信息安全评估过程有两个全生命周期的调整:第一个是持续调整航空网络信息安全基线策略,随着航空网络的运行,企业和国家相关信息安全要求的变化,不断调整和完善安全基线策略;第二个是基于安全基线策略的航空网络安全评估过程采用安全工程的思想,与航空网络的需求分析、设计、实现和运行整个生命周期同步进行,并同步进行评估,评估的结果可反馈给航空网络生命周期的上一个阶段,进行修正和补充,然后再重新进行评估。总之,评估过程以闭环形式存在于空管系统的安全需求、运行要求,以及系统开发过程和运行环境的全生命周期中。

航空网络的信息安全评估通过两种方式改善航空网络的安全性:①识别航空网络中存在的潜在安全风险,以便航空用户能够采取风险规避措施以降低将来系统运行中安全事件发生的概率;②安全基线策略驱动的航空网络的信息安全评估可以促进航空网络信息安全保障体系的设计与开发。

3.3 航空网络信息安全保障内涵设计

虽然航空网络是由空管资源系统、通信系统、导航系统、监视系统和自动化系统组成的,但它们之间并不是外在看起来彼此孤立的系统设备,而是彼此紧密连接的传感器网络(如 VHF 台,ADS-B 站和一、二次雷达等均可以看作传感器),形成一个包含多源异质数据的开放的复杂网络。航空网络主要是"卫星通信和导航技术、地空数据链传输技术、计算机网络技术"的应用,具有开放性和缺乏安全认证的缺陷,导致其面临很多的安全威胁,例如,DDoS、实体伪装和重放攻击,以及数据篡改等。

随着航空网络的发展,信息高度集成和数据实时共享已经成为保障航空交通运输安全的必要手段。因此,航空网络的信息安全保障必须在航空大数据分析的基础上,挖掘其安全隐患和系统漏洞;建立系统化的保障体系,针对航空交通运输信息数据进行数据安全和隐私保护;利用深度学习技术,完成空管系统信息安全态势预测和感知;实现基于信息综合集成共享的系统化、全方位的航空网络的信息安全保障。

根据 ICAO 在 2019 年 10 月制定的《航空网络安全战略》[1]和 2017 年 2 月颁布的《民航网络信息安全管理规定(暂行)(征求意见稿)》中重点强调的分析民航网络面临的安全威胁,建设民航网络信息安全保障体系,强化民航网络信息安全评估工作,全面掌握民航网络信息安全的发展态势……,本节设计的航空网络信息安全保障内涵如图 3-12 所示。

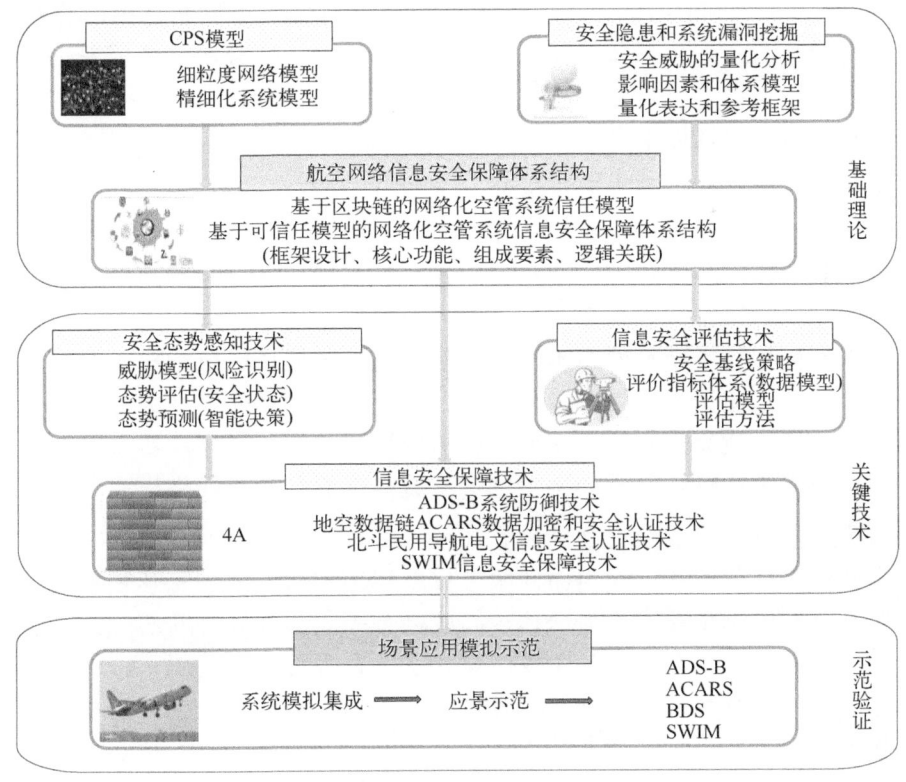

图 3-12 航空网络信息安全保障内涵示意图

航空网络是一个复杂的巨型网络,包含多种通信协议和接口以及资源系统设备。因此,从下面两个角度展开航空网络信息安全保障方面的研究。

(1)航空网络信息安全保障。包含两个层面的内容:第一个层面是国际和国家层面制定的航空网络相关的安全战略、政府部门制定的空管安全策略、航空企业采取的安全措施、学者的研究成果和观点;第二个层面是航空网络安全隐患查找和系统漏洞挖掘、CPS 模型、信息安全保障模型、态势感知、安全评估和安全保障技术等。

(2)面向航空网络资源子系统的信息安全保障技术。针对 4 个关键航空信息系统(包括 ADS-B、地空数据链 ACARS、北斗民用导航电文信息和 SWIM)开展信息安全技术验证与保障研究。

根据图 3-12 的设计,本节拟从 7 个方面开展航空网络信息安全保障和示范验证的研究。

3.3.1 航空网络的 CPS 模型

针对空管系统进行 CPS 建模,分析航空网络信息域和物理域之间的深度交互关系,利用图论和复杂网络的相关理论对航空网络进行细粒度网络建模,采用 CPS 理论构建航空网络的精细化系统模型,为航空网络的安全性分析、跨域安全分析和安全评估提供模型支撑。

具体研究内容包括以下几点。

1)构建航空网络的细粒度网络模型

航空网络的信息化、自动化和一体化程度不断提升,不同组件深度融合构成复杂的 CPS,其信息系统完成基于信息的数据决策支持功能;其物理系统支撑飞行器的状态变化;信息系统与物理系统交互的中间件构成复杂系统的数据采集、控制指令生成和指令执行的重要部件。本节分析航空网络中机场、航线和飞行流量的特征及变化特点,基于图论将空管系统建模为一个复杂的动态赋权网络。通过描述节点和边的复杂关系,建立反映空中交通内在结构特征的图论模型,实现对关键网络的结构识别和网络拓扑特征分析,构建空中交通网络的细粒度网络模型。

2)构建航空网络的精细化系统模型

作为典型的复杂 CPS,采用面向服务体系架构的航空网络将感知系统、计算系统、通信系统与控制系统集成为一体,高度融合控制、计算与通信三大功能,将物理实体与信息域深度耦合,有效实现信息共享及资源优化。运用系统抽象和形式化建模的方法构建航空网络细粒度 CPS 模型,为航空网络信息安全评估和威胁建模奠定理论基础。

本节基于航空交通运输业务数据在系统中的处理流程分析航空网络物理域和信息域之间交互的安全特性,建立航空网络的量化模型,实现航空网络数据流的全周期分析，构建航空网络的精细化系统模型。

3.3.2 航空网络安全隐患和系统漏洞挖掘

航空网络由分布在空、天、地的三维空间中具有不同安全要求的核心资源及其子系统组成，具有复杂的铰链关系，存在潜在的安全隐患和系统漏洞，面临多样化的安全威胁。本节针对航空网络面临的安全隐患，基于 DDoS 攻击方式和 ADS-B 信号假冒、北斗民用导航电文欺骗等传感器欺骗攻击和实体伪装攻击模型，构造 ADS-B 信号假冒和北斗民用导航电文欺骗等传感器欺骗攻击的矢量，通过鲁棒性、覆盖率等指标引导生成攻击数据，挖掘航空网络潜在的安全隐患和系统漏洞。

1) 安全威胁对航空网络核心性能影响的量化分析

本节研究面向航空网络的安全威胁导致的攻击技术的破坏能力量化评估机制，主要研究网络攻击对航空网络核心性能影响的量化分析，包括各种攻击的隐蔽机制(包括原理和方法)分析、对不同安全特性和服务性能的影响分析、攻击技术的伸缩性、安全事件的连锁反应机理等量化评估。具体的安全威胁包括：①安全隐患，针对航空网络的 ADS-B 系统链路、地空数据链系统 ACARS 和北斗民用导航电文等的开放性和缺乏认证性等可能存在的安全隐患进行分析和研究；②系统漏洞，针对航空网络的地空数据链 ACARS 和 VSAT 网络(C/Ku 波段)的数据明文传输(未经加密/解密处理)，以及空管自动化系统的调制解调器(尤其是当其端口打开时)等系统漏洞，展开挖掘；③安全威胁，针对航空网络面临的安全威胁，如 ADS-B 系统实体伪装产生假冒信号、ACARS 的数据篡改、北斗民用导航电文位置信息欺骗、实体伪装和 DDoS 攻击等，进行逐个剖析。

2) 建立航空网络安全度量的影响因素和体系模型

本节在航空网络 CPS 模型的基础上，研究典型网络攻击在航空网络中的传播途径，寻求网络安全对空管系统核心性能影响的量化分析方法，研究空管系统 Security 与 Safety 的关联分析方法，为航空网络安全评估和威胁建模提供量化依据。研究各种安全机制的有效性评估方法、系统脆弱性的评价方法、攻击威胁模型和攻击影响计算方法及上述因素的时间变化规则和相互影响机制。

3) 研究航空网络安全特性的量化参考框架和表达方法

本节研究航空网络安全特性的量化参考框架和表达方法，包括各种安全特性的定义、制约关系、服务影响和性能影响的量化表达方法。针对航空网络的真实攻击和防御历史事件的分析、攻击技术和防御技术发展趋势的总结及其对网络系统安全程度的影响，以及针对典型应用场景研究安全度量的参考操作流程和指标的参考体系。

3.3.3 航空网络信息安全保障体系结构

本节在航空网络的细粒度 CPS 模型的基础上,结合航空网络的业务特点和流程,完成面向航空网络应用的 P2P 网络设计;建立航空网络面临的安全威胁建模,利用区块链技术实现可信任机制,设计航空网络信息安全保障体系结构。具体研究内容包括以下几点。

1) 建立基于区块链的航空网络信任模型

本节将区块链网络设计为一个可提供信任机制的可信管理机构(如中国民用航空局或民航局空管局),在其上为对应的航空网络处理过程运行一个有限状态机模型,对其运行的数据(记录行为)进行可靠、可信的记录,实现利用区块链技术建立可信任机制,保障航空网络的信息系统处理过程和应用的完整性与真实性。包括:①采用数字签名技术和边缘防护网络设计信任接入验证机制,以能够对航空网络进行实时监控,并促进航空网络内各个子系统实体之间的资源共享和协作;②提出基于贝叶斯网络的匿名评估模型以解决航空网络区块链中的匿名性问题,确保空管管理机构和部门、航空公司和航空机场及其他空管用户的真实性;③基于零知识验证技术,利用航空网络业务服务提供者和使用者的账户模型与空管系统多资源模型,提出基于区块链的航空网络业务提供者和使用者的隐私保护方案,以及航空网络共享数据安全和敏感信息的保护方案。

2) 设计基于可信任模型的航空网络信息安全保障体系结构

本节采用国产密码算法,基于区块链技术设计可信任的航空网络信息安全保障体系架构,以及从顶层规约航空网络基础设施和资源子系统各要素之间的关系,包括:航空网络基础设施保障能力体系、信息安全保障系统架构、技术体制、应用模式等,并制定航空网络信息安全标准规范体系框架。具体包括:①研究航空网络区块链平台,并设计其运行所需的智能合约。其中,区块链帮助航空网络内业务服务提供者和使用者的协作,基于智能合约管理群智感知(crowd-sensing)任务,并用基于智能合约的分布式算法来实现航空网络业务服务提供者和使用者之间的可信任服务。②研究基于区块链技术来实现航空网络的信息安全保障架构,包括航空网络业务过程的高逼真快速复现、航空网络用户行为复制、航空网络资源自动配置与快速释放、系统安全隔离与可信交互、面向航空网络业务任务的引擎构建、面向航空网络各个子系统的真实通信和传输数据的流量回放等关键技术。

3.3.4 航空网络安全态势感知

航空网络的信息安全态势感知研究是在对安全威胁分析的基础上,通过对系统中各个环节的安全态势评估,采用深度学习方法完成态势预测。其目的是从航空网络安全态势指标提取、安全态势感知能力构建和态势预测可视化三个方面强化空管系统的态势感知能力。

本节对航空网络安全态势所需的基础数据进行大规模采集,建立大数据分析基础,通过构建有效的安全评估指标完成航空网络安全态势的有效描述;将不同节点应对不同攻击类型的防御能力进行量化,提取能够有效标识系统安全态势的参数指标,包括飞行安全指标与信息安全指标,并研究两类指标之间的相互影响关系;根据所选取的指标及其变化,研究其动态更新和实时显示流程,体现信息安全对飞行安全的影响,实现航空网络信息安全态势的可视化。具体研究内容包括以下几点。

1) 航空网络威胁模型研究

本节建立航空网络的 CPS 博弈模型(简称航空网络 CPS 博弈模型。注意:该模型不同于航空网络 CPS 模型),从攻击和防御两个角度综合评估航空网络中每个资源子系统的安全态势,利用网络安全态势量化评估方法得出整个航空网络的安全态势发展趋势。基于航空网络 CPS 博弈模型分析安全威胁(如数据篡改和隐私外泄)和攻击(如 ADS-B 假冒信号和北斗民用导航电文信息欺骗)对航空网络的影响,全面地对航空网络的安全威胁建模。

2) 航空网络信息安全态势评估

本节针对航空网络位置广域分布和数据多源异质,以及通信协议种类多和接口标准不统一的特点,主要研究以下内容。

(1) 基于多传感的航空网络安全态势感知系统结构框架。针对航空网络设备分布式采集和获取航空网络业务数据的处理方式,设计航空网络的资源设备和系统网状物理结构以及设备层、传输层及应用层的层次模型。

(2) 设计航空网络多源异构数据的 XML 格式化的解决方案。从上向下将设计的航空网络安全态势感知系统结构框架依次划分为信息获取层、要素提取层和态势决策层三个层次,包括:检测数据融合、威胁传播网络(threats propagation network,TPN)建立、CPS 博弈模型评估三个步骤。利用 CPS 博弈模型,从攻击和防御两个角度综合评估航空网络每个子系统的安全态势,并通过网络安全态势量化评估方法得出整个航空网络的安全态势发展趋势,从而为航空网络安全态势预测提供参考依据。

3) 航空网络信息安全态势预测

根据航空网络组成庞大、铰链关系复杂等特点,本节使用深度学习模型来对航空网络安全态势进行预测,主要包括两个内容。

(1) 安全事件嵌入(event embedding)方法。对航空网络面临和遭受的安全事件进行梳理,研究安全事件嵌入方法,使用神经张量网络(neural tensor network,NTN)将它们表示为稠密向量并进行安全事件训练。

(2) 基于深度卷积神经网络(deep convolutional neural network,DCNN)的安全态势动态预测模型。采用深度卷积神经网络对航空网络发生的安全事件的影响进行建模,建立基于深度卷积神经网络的航空网络安全态势动态预测模型,利用遗传算法对模型进行优化,实现航空网络安全态势的非线性时间序列预测。

3.3.5 航空网络信息安全评估

本节针对航空网络广域分布和业务数据多源异质的特点,根据航空网络四级管理体系树状结构,研究航空网络信息安全评估系统框架结构(包含数据采集层、特征提取层和安全决策层),给出系统的树状物理结构和层次概念模型,设计航空网络信息安全评估的 XML 格式化解决方案。从航空网络信息安全保障的时效性和有效性两个方面,设计和建立以静态、动态和状态指标为核心的评价指标体系,研究航空网络信息安全保障的评估方法,从功能保障、运行保障和状态保障三个方面展开评估。

具体研究内容如下。

(1)制定航空网络信息安全基线(红线)策略。根据《国家网络空间安全战略》和 ICAO 的《航空网络安全战略》的要求,结合国家等级保护的相关指南,设计包含航空网络信息安全的战略、策略、管理和技术四个维度的综合策略矩阵,作为航空网络信息安全评估所依据的基线策略。

(2)研究航空网络基础数据模型。根据 ICAO 制定的航空信息共享和交换的标准,采用空管业务数据交换的标准数据模型——航空信息交换模型(aeronautical information exchange model,AIXM)、飞行数据交换模型(flight information exchange model,FIXM)和气象数据交换模型(weather exchange logical model,WXXM)将广域采集的各类空管业务数据规范化后作为评估的基础指标数据。

(3)设计航空网络信息安全评价指标体系。结合航空网络的层次结构,设计和建立多层的评价指标体系,包含源数据、基础数据、特征数据和决策数据。涵盖三个评估要素:①静态评估,对航空网络面临的安全威胁和采取的安全保护措施等攻防因素进行综合评估;②动态评估,根据航空网络实际运行产生的数据(值班记录、日报表、周报表、月报表、季度报表、年度报表)判定航空网络动态运行的状态;③状态评估,对航空网络在一定时限内的运行状态通过实时监控,以及渗透测试和专项检测等手段得出航空网络的安全状态。

(4)建立基于安全基线策略的航空网络信息安全评估模型。通过航空网络资源资产、威胁、脆弱性及风险发生的概率决定航空网络的安全状况评估值。

(5)研究航空网络信息安全评估流程。在安全基线策略的基础上,遵循 CC 和通用评估方法,研究航空网络在全生命周期内的安全评估流程。

3.3.6 航空网络信息安全保障技术

本节针对航空网络信息安全保障核心技术,拟在航空网络的 4 个资源子系统中展开示范验证,包括 ADS-B 系统防御技术、地空数据链 ACARS 数据加密和安全认证技术、北斗民用导航电文信息安全认证技术和 SWIM 信息安全保障技术。

1) ADS-B 系统防御技术

在 ADS-B 系统安全隐患和系统漏洞挖掘的基础上,本节针对 ADS-B 系统的攻防进行针对性分析,利用挖掘得到的漏洞设计有效的攻击模式,对 ADS-B 数据实施篡改、伪造和阻塞等攻击;对 ADS-B 系统的防御机制进行研究,建立基于生成对抗网络(generative adversary network,GAN)模型的攻击检测模型和弹性恢复策略,保证可靠 ADS-B 数据的持续可用。具体研究内容包括:①ADS-B 多点定位系统的多设备威胁建模,针对 ADS-B 多点定位系统的威胁,研究多设备攻击模型,并解决其建模问题;②基于深度学习 ADS-B 欺骗检测的对抗样本构造方法,将 ADS-B 欺骗攻击检测方法根据 ADS-B 发射机物理指纹特征对接收机收到的信号采用深度学习的方法进行分类,并根据分类结果辨别 ADS-B 中声明的发射机类别,作为判定是否存在攻击的依据;③基于生成对抗网络模型的 ADS-B 攻击检测方法,利用 GAN 对 ADS-B 时空数据进行分析,将真实 ADS-B 数据标记为正常数据,将通过噪声数据生成的 ADS-B 数据标记为恶意数据(幽灵飞机),并针对幽灵飞机注入攻击行为进行识别;④ADS-B 数据的弹性恢复策略,研究保证 ADS-B 数据的持续可用性的方法,在检测到攻击行为后需要对遭受攻击的数据进行及时修复,提升 ADS-B 系统的弹性。

2) 地空数据链 ACARS 数据加密和安全认证技术

下面研究基于国产 SM 系列密码算法的地空数据链数据加密和安全认证技术,包含两项内容。

(1) ACARS 数据链系统漏洞挖掘。ACARS 报文以公开的频率明文传输,因此面临诸多的安全隐患。目前对 ACARS 进行系统性的漏洞挖掘的研究还不充分,没有形成类似于通用漏洞披露(common vulnerabilities and exposures,CVE)的漏洞库。为了解决上述问题,我们从 ACARS 标准协议及其提供的业务服务和航空应用入手,主要从信息泄露、数据篡改、实体伪装和 DoS 攻击四个方面,采用基于形式语言的渗透测试和专项测试技术,挖掘 ACARS 系统漏洞。

(2) ACARS 信息安全解决方案。在 ACARS 漏洞挖掘的基础上,针对系统的安全隐患,研究相应的解决方案。在民航领域信息安全自主可控的需求下,基于国产密码技术保障 ACARS 信息安全。对应 ACARS 数据链面临的信息泄露、数据篡改、实体伪装和 DoS 攻击 4 大类安全隐患,主要研究的内容包括:①ACARS 数据链的信息安全保障总体架构,研究基于密码安全认证的 ACARS 可信数据服务供应商(trusted data service provider,TDSP)的信息安全体系结构;②ACARS 数据链数据加密/解密解决方法,研究基于国密 SM 系列密码算法实现航空网络的地空数据链 ACARS 关键数据和敏感信息的加密/解密方法;③ACARS 数据链消息认证方法,研究航空网络中空-空、空-地、地-地网络和移动节点(航空飞行器)之间的安全认证方法,结束航空网络数据链系统开放、未加密、没有认证的状态。

3) 北斗民用导航电文信息安全认证技术

本节研究基于国产密码的北斗民用导航电文信息安全认证方法,将认证信息都插入北斗民用导航电文的保留位之中,通过认证码信息验证卫星时间信息的真实性以及连续性,采用签名信息验证卫星位置信息与其他信息的完整性。为了避免接收机因公钥或者密钥错误而引发认证失败,设计了密钥和公钥提示信息实现接收机实时地更新密钥或公钥。此外,基于数字证书以及北斗短报文的公钥信息更新方式,可以保证公钥信息在更新过程中的安全可靠。

基于国产 SM 系列密码算法的北斗民用导航电文信息安全认证技术研究包括两项内容。

(1) 北斗民用导航电文信息安全解决方案。针对北斗民用导航电文信息的安全威胁主要表现在对时间信息和位置信息的欺骗攻击,本节研究基于密码技术的安全认证方法来保护这两类信息,包括:①北斗民用导航电文信息安全保障体系架构;②北斗民用导航电文时间认证方法;③北斗民用导航电文位置认证方法。

(2) 安全重组北斗民用导航电文帧。将加密和认证信息插入导航电文的保留位中传输,而不同的导航电文拥有不同的信息比特速率,也拥有不同数量的保留位。因此,根据信息比特率和保留位分类设计不同的电文帧重组方案,从而尽量降低加密和认证带来的延迟等负面影响。

4) SWIM 信息安全保障技术

下面研究面向 SWIM 的航班运行数据共享的细粒度访问控制方案,采用多数据拥有者认证的密文检索方法,即数据用户只有得到多个数据拥有者的授权才能获得授权访问数据,从而达到航班运行数据共享安全访问的目的。

根据 SWIM 系统安全保障需求,研究基于属性加密的航班运行数据共享访问控制体系结构、基于属性加密的 SWIM 认证密钥协商协议、基于属性加密的航班运行数据共享访问控制方法和基于属性加密的 SWIM 多授权中心签名方案。

(1) 基于属性加密的航班运行数据共享访问控制体系结构。根据 SWIM 面向服务的体系结构,结合航班运行数据的多源异质特点,紧密联系 SWIM 的核心服务,提出一种面向 SWIM 数据共享的基于属性加密的高效动态密文访问控制体系结构。该结构研究多源异构的空中交通管理运行信息分类和元数据描述方法,提取信息数据的属性,建立属性相关方程,构成空中交通管理运行信息安全共享的数据属性结构模型,包括数据的结构模型、生成模型、更新模型以及网络传输模型等。

(2) 基于属性加密的 SWIM 认证密钥协商协议。为了保障 SWIM 上共享的航班运行数据的安全和隐私,在通过 SWIM 系统连接的实体(民航用户)之间必须建立一个安全的通信信道,即在 SWIM 上设计一个 SWIM 系统实体之间的密钥协商协议。它通过协商建立会话密钥的机制,建立 SWIM 实体之间安全通信的信道,保障 SWIM 系统的安全通信。因此,本节在研究基于属性的密钥封装机制(attribute-based key encapsulation mechanism,AB-KEM)的基础上,根据 SWIM 信息数据的属性关联,设计在标准模型下基于属性的 SWIM 认证密钥协商(attribute-based SWIM authenticated key exchange,AB-SAE)协议,并定义其相应的可证安全模型。基于属性的 SWIM 认证密钥协商协议根据密钥抽取函数的功能,采用密钥随机提取和密钥抽取两个步骤,提供了 SWIM 系统已知密钥安全性和部分前向安全性等多种安全属性,并且可抵抗密钥泄露伪装攻击和未知密钥共享攻击等。

(3) 基于属性加密的航班运行数据共享访问控制方法。根据航班运行数据和 SWIM 实体(民航用户)的细粒度属性划分,利用基于属性的加密方式,本节研究基于层次密钥生成与分配策略实施访问控制的方法。该方法利用密文规则的基于属性加密(ciphertext-policy attribute-based encryption,CP-ABE)方案,在 SWIM 民航用户生成的密钥或密文中嵌入访问控制结构树的方法,实现基于属性的 SWIM 系统细粒度访问控制。其中,针对基于属性加密所需的权限撤销和更新等,提出基于 SWIM 用户的唯一标识 ID 属性及非门结构,由基于属性的 SWIM 多授权中心维护授权列表,实现对特定 SWIM 民航用户进行权限撤销和证书更新。

(4) 基于属性加密的 SWIM 多授权中心签名方案。为了保证航班运行数据共享只提供给被授权的民航用户,必须对 SWIM 实体(民航用户)的身份进行认证。因此,需要建立可信任的第三方认证,即授权认证中心(certificate authority,CA)。SWIM 可以用于世界范围内的航空国之间的航班运行数据共享,也可以用于本国内航班运行数据共享。因此,SWIM 可信任的授权机构有多个(民用航空局/空中交通管理局、民用航空地区管理局/空中交通管理分局等)。在 SWIM 环境下,实现身份联合和单点登录可以支持航班运行数据拥有者(民航业务单位)之间更加方便地共享用户身份信息和认证服务,并减少重复认证带来的运行开销。SWIM 身份联合管理过程应在保证用户数字身份隐私性的前提下进行。基于属性加密的 SWIM 多授权中心签名方案,利用提取的航班运行数据属性集合生成公共和秘密的 SWIM 系统参数,以便于为系统中的民航用户提供数字证书颁发、撤销和更新功能。此外,根据民航用户的属性,还可以灵活地赋予他们不同的访问权限。基于属性加密的 SWIM 多授权中心签名方案在全域属性参数中采用访问结构树对 SWIM 民航用户的身份属性参数进行细粒度划分。由于民航用户的身份信息可在多个航空组织间共享,因此,基于属性加密的认证过程在 SWIM 环境下可以更好地保障民航用户身份信息在生命周期各个阶段的安全性。

3.3.7 航空网络信息安全核心技术仿真演示验证

针对航空网络进行信息安全测试和评估的技术,包括网络安全度量理论及攻击仿真工具智能化调用、攻击仿真脚本自动化生成、网络安全自动化测试和安全效用评估指标体系构建等理论与技术，采用软件定义的无线电技术实现无线通信协议，以及通过非硬连线的方式实现频带和空中接口协议等功能，通过软件下载和更新及升级来完成三个典型的空管系统资源子系统 ADS-B、ACARS 和北斗的信息安全技术演示验证。

1）增强 ADS-B 数据的安全性的验证

针对空管监视系统中的 ADS-B 子系统研究其信息安全保障技术，并设计和搭建模拟验证平台，将面向 ADS-B 系统的攻击分类，测试攻击的效能和影响，并研究有效的保障方法。主要研究针对 ADS-B 的差分数据挖掘攻击数据的时序特性，依托邻近密度数据挖掘攻击数据的空间特性，通过整合三种数据序列构建弹性恢复策略并确定恢复终止点，实现对攻击影响的弱化，将 ADS-B 攻击数据向正常数据方向进行定向修复。

2）安全 ACARS 数据链系统验证

安全 ACARS 数据链系统的验证是针对采用国产 SM 系列密码算法构建的基于安全认证的 ACARS 数据链系统安全保障体系，检验 ACARS 数据链系统的安全解决方案的可行性和实现基于可信的数据服务的安全性，其验证的内容包括两个部分。

(1) 渗透测试。针对安全 ACARS 数据链系统面对信息泄露、数据篡改、实体伪装和 DoS 攻击 4 个安全威胁的测试，验证构建的基于安全认证的 ACARS 数据链系统安全保障体系的保障效果和能力。通过信息监听确定攻击目标，结合美国航空无线电设备公司（Aeronautical Radio Inc.，ARINC）标准协议构造测试用例，测试攻击对系统可靠性和可用性的影响，并生成漏洞库。

(2) 专项测试。针对安全 ACARS 数据链系统的保障功能和性能进行测试，验证数据加密和安全认证方法对 4 种攻击的防范功能，并针对安全策略的应用可能会影响 ACARS 的通信性能，重点对 ACARS 数据链通信的延迟、误码率等指标进行测试和评估。

3）面向北斗民用导航电文信息欺骗攻击的防御验证

基于国产密码的北斗民用导航电文认证方法，将认证信息都插入北斗民用导航电文的保留位之中，通过认证码信息验证卫星时间信息的真实性以及连续性，采用签名信息验证卫星位置信息与其他信息的完整性。为了避免接收机因公钥或者密钥错误而引发认证失败，设计了密钥和公钥更新提示机制，保证接收机可以实时地更新密钥或公钥。此外，基于数字证书以及北斗短报文的公钥信息更新方式，保证了公钥信息在更新过程中的安全可靠。设计和搭建仿真测试平台，验证基于国产密码算法的抗欺骗性能。

4）SWIM 数据安全共享验证

在联盟链上验证基于一致性哈希算法的 SWIM 跨域认证方案。方案采用带有虚拟节点的一致性哈希,并结合联盟链架构的认证中心群,实现认证域间用户认证映射关系的同步认证,并根据 SWIM 提供的飞行类、航空类和气象类服务分别映射虚拟认证节点来分割一致性哈希环,同时通过用户认证请求的动态变化而增删虚拟服务认证节点,实现不同服务跨域认证的动态负载均衡。

我们针对 SWIM 基础设施层的结构需求,结合 SWIM 的特点,设计 SWIM 基础设施层,验证基础设施层与 IP 网络层连接的门户——安全网关。通过优化缓存决策策略和缓存替换策略,将加快 SWIM 信息池中重要数据的订阅/发布和请求/响应速度,主要针对 SWIM 基础设施层,验证缓存策略和安全网关为 SWIM 内部数据、SWIM 用户及基础设施提供的全方位保护。

3.4 架构安全性分析

在一个复杂的信息处理系统中,必须通过制定相应的安全策略来防止非法访问者访问数据资源,以及对数据资源的存储和传输进行安全性保护,任何用户对任何资源包括硬件和软件资源的共享访问,都应该获得相应的授权以及访问过程可追溯。本节从过程安全性和系统安全性两个方面来对航空网络信息安全保障架构进行安全性分析。

3.4.1 过程安全性

假设一种情况,当航空网络用户需要访问云平台的加密数据时,需要经历如下过程:①航空网络用户在基于区块链的客户端发出信息访问请求;②在区块链网络达成共识协议,对该航空网络的用户身份进行背书确认;③云平台服务器收到资源请求后执行共享操作,使用航空网络用户的公钥将资源视图进行非对称加密后发送;④航空网络用户解密可根据资源地址获得所需数据,然后使用密钥解密,如果其拥有资源所有者要求的权限则可以访问数据,否则仍然不能访问数据;⑤完成信息访问后将执行结果返回区块链,进行记账以方便追溯审计。信息获取过程如表 3-1 所示。

表 3-1 信息获取流程安全性

阶段	实现	安全与否
访问请求	在区块链中达成共识	安全
云数据上传	加密数据并上传	安全
发送密钥	非对称加密	安全
获取密钥	解密访问控制策略	安全
获取数据	通过认证获取信息	安全

由分析可以看出,原数据是经过加密的,这是一重保护,同时数据存储带有访

问策略，只有拥有相应的权限才能访问。为了获得访问权限，需通过区块链内各节点的共识认证，这是二重保护。联盟链上的密钥传送是经过非对称加密的，这是三重保护。因此，信息从存储到访问使用的各过程都能够得到全面防护。

3.4.2 系统安全性

对于加入系统的航空网络用户和航空网络资源提供商来说，可以通过区块链技术实现其授权和安全访问控制的有关需求，同时可以利用 Hyperledger Fabric 中的通道概念将航空网络用户和服务提供商进行级别和组别的权限分配。在日志管理方面，系统内的所有关键操作无一例外都被记录在区块链上，保证了全流程的可追溯和防篡改。与此同时，数据在存储、传输和使用过程中可以结合加密技术，对信息进行安全保护。由于区块链技术本身的优势，它在灾难备份和应急故障恢复方面的能力也相当突出。综上，整个架构结合了云计算技术和区块链技术的优势，其抗攻击能力、可拓展能力相对现有架构都有很大的提高。

3.5 本章小结

本章提出了基于区块链可信服务模型的航空网络安全架构，将云计算技术与区块链技术的优势共同应用在航空网络系统上，提高现有航空网络系统的业务处理能力。在设计上，利用区块链在数据存证方面的可追溯与不可篡改的特性，针对航空网络环境中多方异构数据的来源安全认证、调度、采集、数据使用等进行可信存证，解决了航空网络系统中不同主体之间资源相互共享时的互不信任问题。系统架构采取松耦合的设计，由云-边-端协同平台负责统一的资源发布与传递，其掌控所有的资源视图，以资源利用率、信息共享效率为导向统一进行协调。

参 考 文 献

[1] ICAO. Aviation Cybersecurity Strategy[S]. Montréal: International Civil Aviation Organization, 2019.

[2] 吴志军，沈丹丹. 基于信息综合集成共享的下一代网络化全球航班追踪体系结构及关键技术[J]. 山东大学学报(理学版)，2016, 51(11): 1-6.

[3] Bogoda L, Mo J, Bil C. A systems engineering approach to appraise cybersecurity risks of CNS/ATM and avionics systems[C]// Proceedings of the Integrated Communications, Navigation and Surveillance Conference, Herndon, 2019: 1-15.

[4] Wu Y H, Lu X, Wu Z J. Blockchain-based trust model for air traffic management network[C]//Proceedings of the IEEE 6th International Conference on Computer and

Communication Systems, Chengdu, 2021: 92-98.

[5] Lu X, Wu Z J, Wu Y H, et al. ATMChain: Blockchain-based solution to security problems in air traffic management[C]//Proceedings of the IEEE/AIAA 40th Digital Avionics Systems Conference, San Antonio, 2021: 1-8.

[6] Lu X, Wu Z J, Wang Q. A-ATMChain: Blockchain-based access control method for air traffic management[C]// Proceedings of the IEEE Aerospace Conference, Big Sky, 2023: 1-9.

[7] Lu X, Wu Z J. ATMCC: Design of the integration architecture of cloud computing and blockchain for air traffic management[C]// Proceedings of the IEEE International Conference on Parallel & Distributed Processing with Applications, Big Data & Cloud Computing, Sustainable Computing & Communications, Social Computing & Networking, New York, 2021: 37-43.

[8] Wu Z J, Dong R C. ACPS: Design of an integrated architecture for airborne system and cyber-physical system[C]//Proceedings of the Integrated Communication, Navigation and Surveillance Conference, Herndon, 2023: 1-9.

第4章 基于区块链的北斗民用导航信息抗伪冒攻击的方法

2023年12月6日，国际航空运输协会的官员表示，一种名为"GPS欺骗"的网络攻击手段近几个月来激增。攻击者向飞机飞行管理系统发送虚假GPS信号，而飞机无法辨别真伪，导致飞机导航系统出现偏差，飞机偏离航线。鉴于近期网络攻击者误导飞机导航系统，导致飞机偏离航线的事件越来越多，全球航空业巨头在2024年1月开会研究安全策略和措施。"GPS欺骗"就是通过对搭载GPS传感器的终端(飞机)发送虚假信号，进而扰乱自动驾驶飞行定位的一种专业的攻击手段。

GNSS主要包括GPS、BDS、Galileo和GLONASS四个独立的系统。这些系统的工作原理和组成结构大体相同，只是在某方面的功能和性能指标存在差异。因此，"GPS欺骗"的网络攻击手段在特定的场景下同样适用于BDS、Galileo和GLONASS。本章针对北斗三号卫星导航系统可能面临的欺骗网络攻击问题，构建了基于区块链的GNSS的民用导航电文(CNAV)信息抗欺骗体系架构，提出了两种基于区块链的北斗民用导航信息可信任模型，并设计了认证协议[1]。另外，本章还针对北斗三号三种不同的民用导航电文类型，设计了基于国产SM密码的电文信息内容认证方法。可以通过用户端对北斗CNAV信息的安全进行认证，达到了信息源身份认证和CNAV完整性保护的目的，增强了北斗导航系统的抗伪冒能力，可以保障北斗的应用服务。

4.1 北斗三号民用导航信号及其导航电文

GNSS是持续不断地向用户播发位置、速度和时间(position, velocity and time, PVT)信息，从而提供持续的PNT服务的空基无线电导航定位系统。BDS和GPS、GLONASS、Galileo构成了全球四个主要的GNSS。GNSS在交通运输、气象预报、防灾减灾、公共安全和军事等众多领域均得到了成功应用。中国坚持发展BDS及其在多领域的应用，极大地便利了民众的日常生活，为全世界经济、科技等各方面的发展贡献了中国力量。

在过去十几年中，国防、安全和关键基础设施等众多领域对基于GNSS的PNT应用非常依赖，加上近期"GPS欺骗"网络攻击事件的发生，引起了学术界和国家有关部门对GNSS脆弱性的担心。人们开始逐渐意识到GNSS欺骗网络攻击检测以及对应解决方案的必要性。

4.1.1 北斗三号民用导航信号

北斗三号(BDS-Ⅲ)与北斗二号(BDS-Ⅱ)系统相比,新增加了三个频点的公开民用信号,每种民用信号所设计的导航电文也有所区别。下面将分别从民用导航信号及其播发的导航电文类型两个方面对北斗三号进行介绍。

根据北斗空间信号接口控制文件,对北斗二号与北斗三号系统公开的民用服务信号及其对应播发的导航电文进行归纳,得到表 4-1[2-7]。

表 4-1 北斗民用导航信号和对应导航电文

北斗卫星类型		民用信号类型	民用导航电文类型
BDS-Ⅱ	BDS-2M	B1I, B3I	D1
	BDS-2I	B1I, B3I	D1
	BDS-2G		D2
BDS-Ⅲ	BDS-3M BDS-3I	B1I, B3I	D1
		B1C	B-CNAV1
		B2a	B-CNAV2
		B2b	B-CNAV3
	BDS-3G	B1I, B3I	D2

由表 4-1 可知,北斗三号导航系统在沿用北斗二号 B1I 和 B3I 信号的基础上,又拓展了全新的 B1C、B2a 和 B2b 信号。在 BDS 中,中地球轨道(medium earth orbit, MEO)卫星、倾斜地球同步轨道(inclined geosynchronous orbit, IGSO)卫星和地球静止轨道(geostationary earth orbit, GEO)卫星均可以传输 B1I 和 B3I 信号。其中三种卫星携带的导航电文类型也如表 4-1 所示[2-7]。

除了上述提到的 B1I 和 B3I 信号外,北斗三号系统目前还可以传输 B1C、B2a 和 B2b 共三种公开服务信号。新添加的 B1C、B2a 和 B2b 信号主要是由北斗三号 MEO 和 IGSO 卫星传输的。北斗三号系统五种公开服务信号的特征如表 4-2 所示[2-7]。

表 4-2 北斗三号系统五种公开服务信号和对应导航电文

信号种类	成分	中心频率/MHz	带宽/MHz	调制方式	符号速率/(bit/s)
B1C	B1C_data	1574.42	32.736	BOC(1, 1)	100
	B1C_pilot			QMBOC(6, 1, 4/33)	0
B2a	B2a_data	1176.45	20.46	BPSK(10)	200
	B2a_pilot				0
B2b	B2b_I	1207.14	20.46	BPSK(10)	1000

续表

信号种类	成分	中心频率/MHz	带宽/MHz	调制方式	符号速率/(bit/s)
B2b	B2b_Q	1207.14	20.46	BPSK(10)	0
B1I	B1I	1561.098	4.092	QPSK	D1:50
					D2:500
B3I	B3I	1268.52	20.46	BPSK	D1:50
					D2:500

注：BOC 表示二进制偏移载波(binary offset carrier)；QMBOC 表示正交复用二进制偏移载波(quadrature multiplexed binary offset carrier)；BPSK 表示二进制相移键控(binary phase shift keying)；QPSK 表示正交相移键控(quadrature phase shift keying)。

北斗三号系统五种公开服务信号在构成成分、中心频率、调制方式等多方面有所不同。五种信号所携带播发的 CNAV 类型也是不同的。需要根据不同导航电文的特点和编排方式，来分类设计最适合的抗欺骗干扰方案。

4.1.2 北斗三号民用导航电文

北斗三号系统目前可以传输 B1I、B3I、B1C、B2a 和 B2b 五种公开服务信号，分别携带播发的是 D1、D2、B-CNAV1、B-CNAV2 和 B-CNAV3 共五种导航电文。新添加的 B-CNAV1、B-CNAV2 和 B-CNAV3 在 D1 和 D2 基础上在编排结构、编码方案、符号速率和播发方式等方面都有所扩展和改进。这些新添加的导航电文可以更好地适应北斗三号系统，并且满足与其余导航系统的兼容与互操作性需求。

在设计抗欺骗方案时要考虑到导航电文的不同特点。北斗三号系统中导航电文特点比较如表 4-3 所示。北斗三号五种 CNAV 的设计思路基本一样，但是随着 BDS 的建设完善和发展，在电文的编码方案、编排结构和播发方式等方面都有所改进。因为北斗二号系统一直采用的是 D1 和 D2 电文，所以不再赘述。本节主要介绍其余三种导航电文[2-6]。

表 4-3 北斗三号系统中导航电文特点比较

电文类型	信号	符号速率/(bit/s)	编码方案	编排结构	播发方式
D1	B1I、B3I	50	BCH(15,11,1)+NH	基本结构为超帧、主帧与子帧，主帧由 5 个子帧组成，总长为 1500bit	固定顺序播发，部分子帧含有多个页面
D2	B1I、B3I	500	BCH(15,11,1)		固定顺序播发，部分子帧含有多个页面
B-CNAV1	B1C_data	100	子帧 1：BCH(21,6)+BCH(51,8) 子帧 2：LDPC(200,100) 子帧 3：LDPC(88,44)	基本结构为帧和子帧。每帧长度为 1800symbols(符号位)	子帧 1~3 顺序播发。子帧 3 有多种页面类型，可以自由调整顺序播发

续表

电文类型	信号	符号速率/(bit/s)	编码方案	编排结构	播发方式
B-CNAV2	B2a_data	200	LDPC(96,48)	基本结构为信息条。每帧长度为600symbols	当前定义了8种类型，类型10和11应当满足连续播发。其他可动态调整播发顺序
B-CNAV3	B2b_I	1000	LDPC(162,81)	基本结构为信息条。每帧长度为1000symbols	当前定义了3种信息类型，可动态调整播发顺序

注：BCH 为 Bose-Chaudhuri-Hocquenghem；NH 为 Neumann-Hoffman；LDPC 为低密度奇偶校验(low-density parity-check)。

由图 4-1 和表 4-3 可以得出，北斗三号导航系统中 B-CNAV1 导航电文是在 B1C_data 信号上播发的。图中，LSB(least significant bit)表示最低有效位；MSB(most significant bit)表示最高有效位。每一帧电文由三个子帧组成，每一个子帧都采用了不同的纠错编码方式。子帧 3 分为多个页面分时发送。用户接收机在接收到 B-CNAV1 的子帧 3 部分时，需要先对其页面类型进行识别确认。子帧 3 最多能够定义 63 种类型。帧结构和数据块相结合的方式，既可保证子帧 1 和 2 中重要的时间、星历信息按特定的周期固定播发，也可以满足电文内容扩展的灵活性。

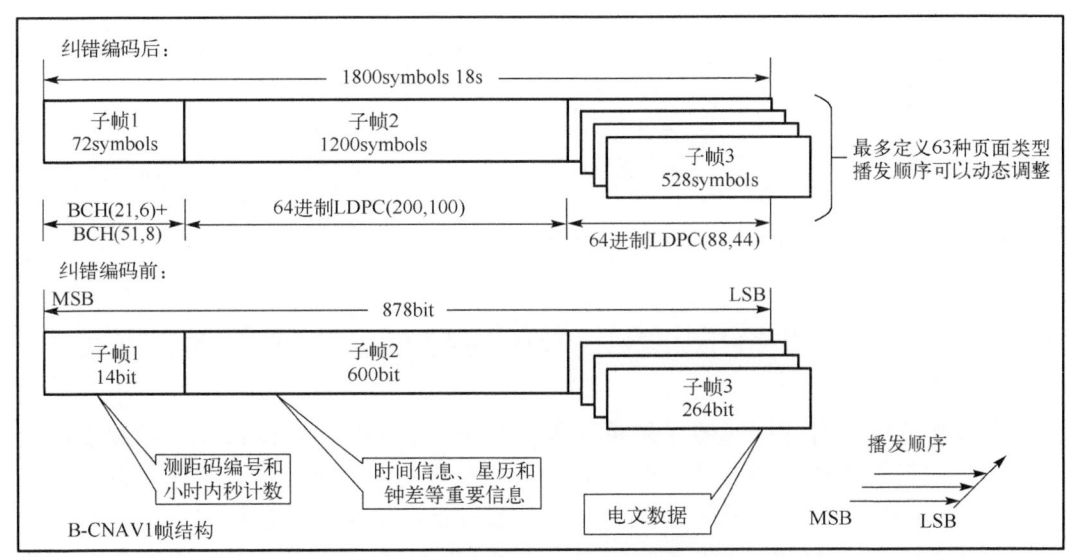

图 4-1 B-CNAV1 帧结构和播发顺序
symbols 表示符号位

北斗三号系统中 B-CNAV2 和 B-CNAV3 不再使用帧结构，而是只采用了数据块格式。二者采用基于信息条的数据块格式。数据块结构的编排方式使电文内容延展性增强，信息播发得更加灵活。

由图 4-2 和表 4-3 可以得出，B-CNAV2 导航电文是在 B2a_data 信号上播发的，B-CNAV3 导航电文是在 B2b_I 上播发的。目前，二者的页面类型只定义了一部分，最多可定义 63 种类型，还有很大的扩展空间。

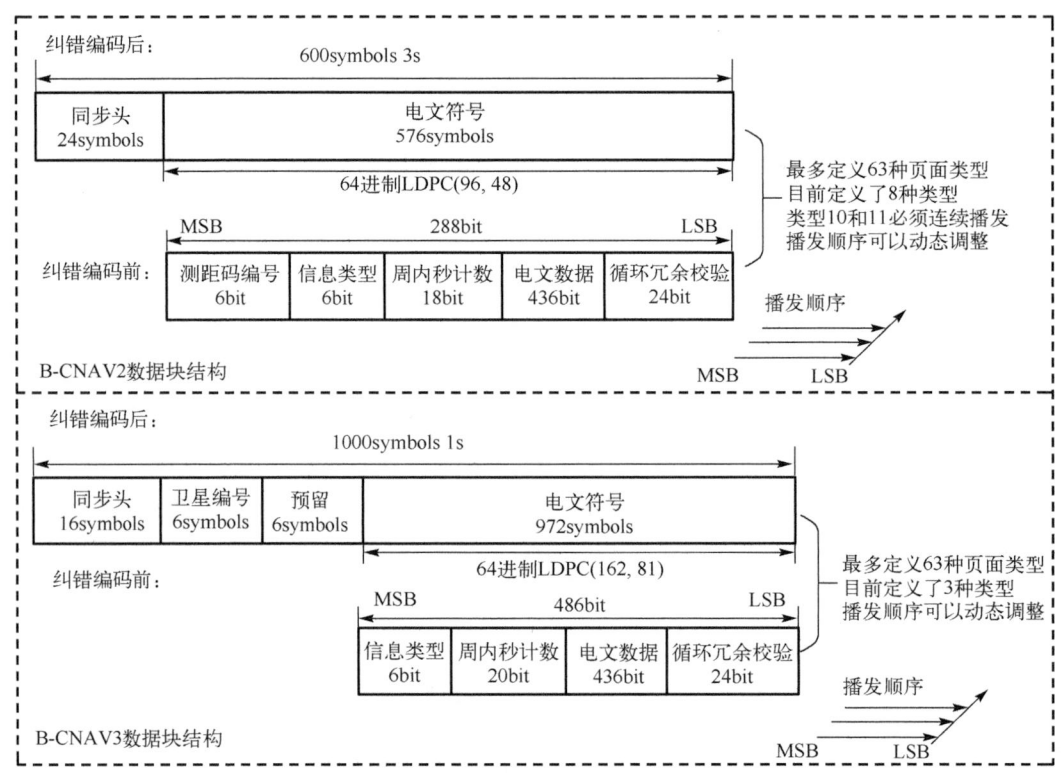

图 4-2　B-CNAV2 和 B-CNAV3 数据块结构和播发顺序

4.2　基于区块链的北斗三号民用导航电文安全认证方案

本节在分析现有北斗三号系统抗欺骗相关研究的基础上，提出了一种深度认证的方案——基于区块链的北斗三号 CNAV 安全认证方案，建立了基于区块链和国产 SM 密码的 CNAV 的认证模型，并针对该模型设计和实现了认证协议。该方案既可以对北斗 CNAV 信息源的身份进行认证，保证 CNAV 的真实性，从而抵御转发式欺骗攻击；又可以完成 CNAV 信息内容的认证，保证 CNAV 的完整性，从而抵御生成式欺骗攻击[8]。

4.2.1 区块链与国产 SM 密码算法概述

由于基于区块链的北斗三号 CNAV 安全认证方案中涉及区块链技术、国产 SM 系列密码，本节将对区块链技术和国产 SM 系列密码进行简单介绍。

1. 区块链简介

区块链技术来源于比特币，具有分布式、公开透明、不可伪造、可以追溯和集体维护等特点，已成为当下研究的热点领域。

区块链技术是通过块链式数据结构验证和存储数据，通过分布式节点生成和更新数据，通过密码学知识保障数据传输和访问安全的一种全新分布式基础架构和计算范式。

如图 4-3 所示，每个区块都是由区块头和区块体两部分组成的。区块之间利用哈希值不断延伸。区块体中记录了该区块期间的交易数据，通常利用哈希算法加密存储，比特币常用默克尔树（Merkle tree）的方式，将最终生成的总哈希值，即 Merkle 根存储到区块头中。

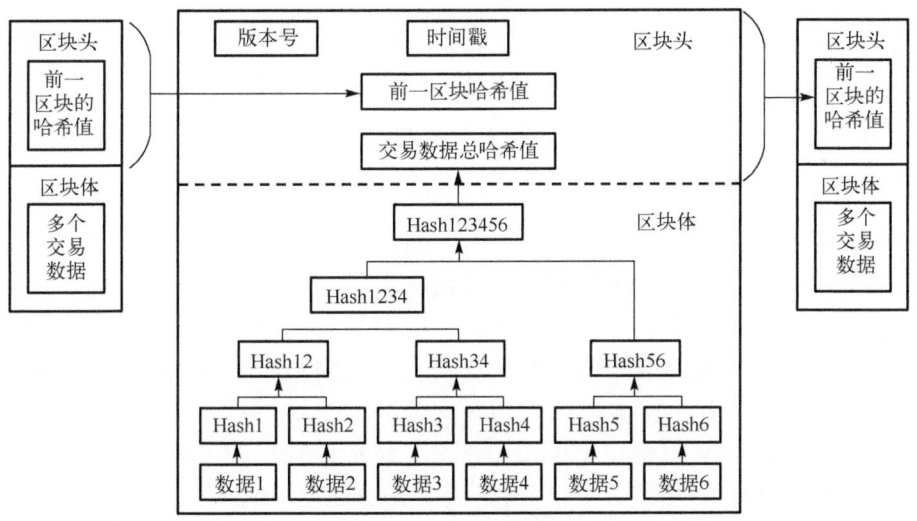

图 4-3 区块链结构

2. 国产密码简介

国产密码算法是指由我国独立研发的众多密码算法。目前已经公开的密码算法有 SM2、SM3、SM4、SM9 和祖冲之（ZUC）算法。其中 SM2、SM3 和 SM4 已成为国际标准。国产密码算法在国产系统中应用可以实现完全自主知识产权，摆脱对国外算法的依赖。

SM2 算法是基于椭圆曲线离散对数问题(elliptic curve discrete logarithm problem，ECDLP)提出的公钥密码算法。与国外的 RSA(Rivest-Shamir-Adleman)算法相比，密钥生成和加密/解密速度都有很大的提升，相同安全性能下所需的公钥个数更少。SM2 多用于数字签名、加密解密和密钥交换。

SM3 算法是我国自主研发的杂凑算法，即哈希算法。这类算法可以将输入的任意长度的原文，最终输出固定长度的杂凑值。人们无法根据结果计算出原始输入。SM3 安全性相对更高，多用于消息认证、数字签名、数据完整性验证。与国外的 SHA-256 相比，SM3 算法设计更加复杂。

SM4 算法属于对称密码算法，是将明文数据分组进行加密，与国外数据加密标准(data encryption standard，DES)算法相比，SM4 增加了非线性变换，安全性有所提高。SM4 实现起来比较简单，加/解密速度较低和所消耗的资源较少。

SM9 算法最大的特点就是直接利用用户标识和系统参数计算公钥，无须交换证书和公钥。这类算法避免了复杂的证书管理过程，使用方便，易于部署，特别适用于区块链等分布式新兴应用场景的安全保障问题。

4.2.2 北斗三号民用导航电文安全认证方案

本节针对欺骗攻击干扰，分析、比较众多抗欺骗方法的优劣，最终选择基于区块链的北斗 CNAV 抗欺骗方法来保障 BDS 民用用户的定位导航安全。

1. 基于区块链的北斗民用导航电文抗欺骗体系架构

针对 BDS 的工作模式和区块链技术的特点，本节设计了基于区块链的北斗 CNAV 抗欺骗体系架构，如图 4-4 所示[1,7]。抗欺骗体系架构主要由地面网络层、用户网络层、区块链网络层和区块链四部分组成。

图 4-4 中，地面网络层主要由主控站、监测站、密钥生成中心和注入站四部分组成。主控站接收卫星的遥测信号并发送指令，控制 GNSS 空间段卫星平稳运行。监测站将对卫星参数分析检测的结果实时上传到主控站。注入站是将接收到的带有认证功能的北斗 CNAV 上传至空间卫星部分，然后进行播发。密钥生成中心主要给发送方和接收方发送相关密钥。用户网络层主要由通过 BDS 进行导航运算的民用用户组成。

区块链网络层是架构中最核心的部分。区块链网络层主要由区块链域代理(blockchain domain agent，BCDA)服务器、区块链证书(blockchain certificate authority，BCCA)服务器和认证服务器(authentication server，AS)组成。区块链网络层利用密码算法对卫星的身份或者导航信息内容进行安全认证，并将生成的认证凭证添加到区块中并上传到链上，以便其他用户再次对该卫星进行快速重认证。本节采用的区块链模型是联盟链，基础架构如图 4-5 所示。

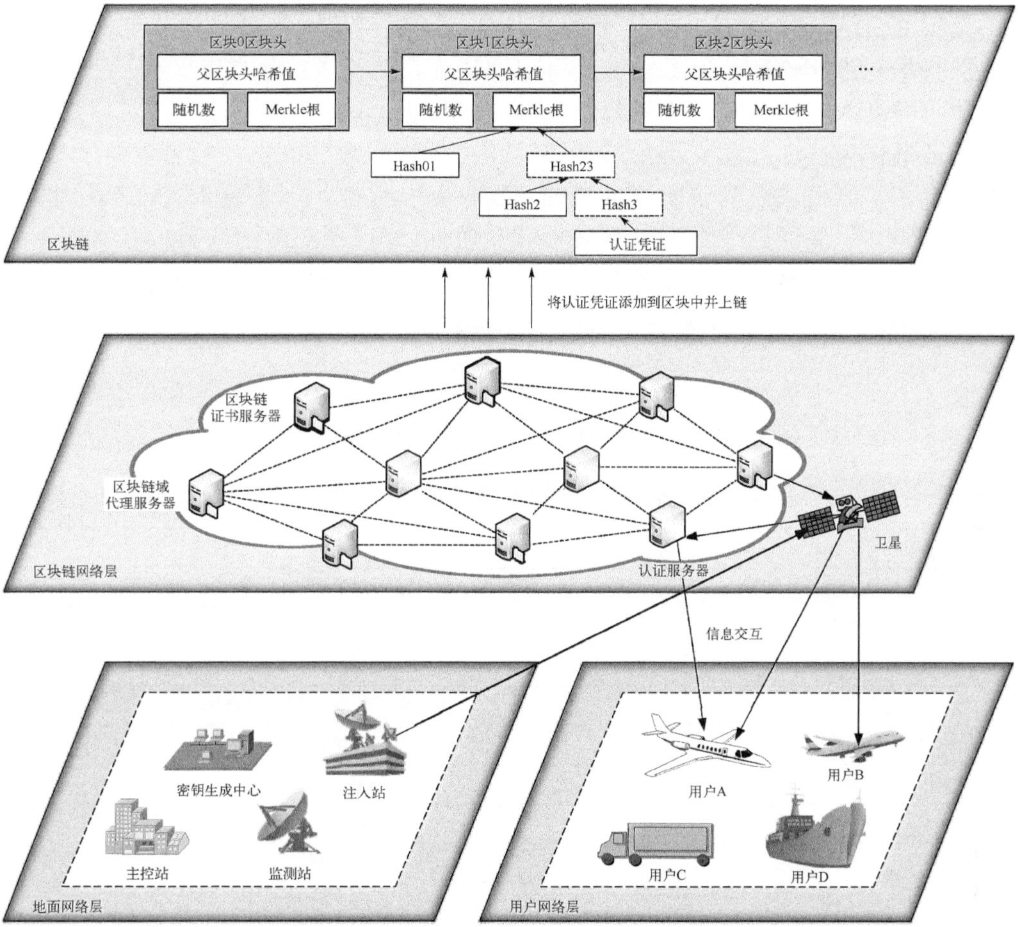

第 4 章　基于区块链的北斗民用导航信息抗伪冒攻击的方法

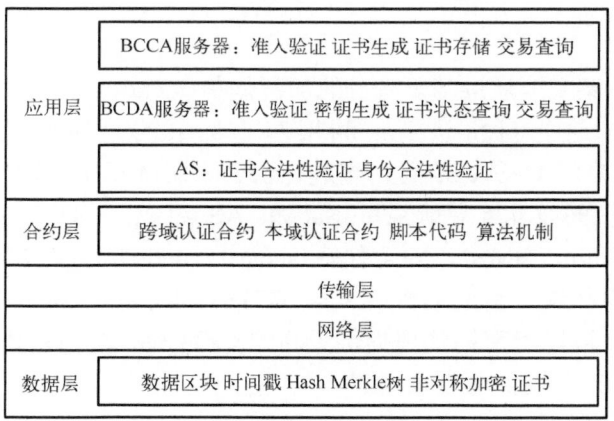

图 4-4　基于区块链的北斗 CNAV 抗欺骗体系架构

图 4-5　联盟链基础架构

设置 BCDA 服务器和 BCCA 服务器作为区块链网络层中的指定节点,可对后续节点能否加入进行验证。为了实现身份识别认证,设置 AS 为辅助节点,AS 不参与对新节点的准入验证环节,不进行数据同步。根据区块链的不可篡改性,将设计的区块链证书作为认证凭证支持后续认证。相比 X.509 数字证书,后者省略了签名模块的内容。签名模块是为了验证证书的真实性和一致性。区块链本身已经利用哈希算法等密码知识保证链上数据的真实性和完整性。将证书对应的杂凑值存到账本中,证书的存储和查验替换了以往的签名验证环节,能有效提高认证效率。

2. 基于区块链的北斗民用导航电文认证模型

表 4-4 所示为模型和协议中所涉及的符号及其含义。协议初始化:各域内个体完成认证,域内实体证书、联盟链上节点证书可查询证书状态。

表 4-4 协议中符号及其含义

符号	含义
(Q_{Sat}, d_{Sat})	IBC 域内卫星生成的公私钥
P_{Pub}^{Sat}	卫星的主公钥
C_{BCDA1}^{*}	区块链临时证书
$Sig_K^{SM9/PKI/BC}(M)$	IBC 和 PKI 域内的签名算法
$Encry_K^{SM9/PKI/BC}(M)$	IBC 和 PKI 域内的加密算法
CNAV	民用导航电文
GMS	地面主控站
Sat	卫星
SEM	安全仲裁

为了有效抵抗卫星导航系统遭受的欺骗攻击,作者在基于区块链的北斗 CNAV 抗欺骗体系架构的基础上,设计了基于区块链的北斗 CNAV 的认证模型,如图 4-6 所示[1,7]。

本节提出的方案主要通过基于身份的加密体制(identity based cryptography,IBC)对 CNAV 信息源进行身份认证;利用基于证书的公钥基础设施(public key infrastructure,PKI)对 CNAV 信息内容进行认证。图 4-6 中,IBC 域主要由用户、BCDA 服务器、空间段北斗导航卫星 Sat 和 AS 组成;PKI 域主要由地面主控站(ground master station,GMS)、安全仲裁(security mediator,SEM)、KGC 和 BCCA 服务器组成;联盟区块链网络主要由 AS、BCDA 服务器和 BCCA 服务器组成。添加的 SEM 和 KGC 可以为密钥管理提供更高的安全控制,增强系统访问控制灵活性,避免恶意的 KGC 给系统安全带来隐患。

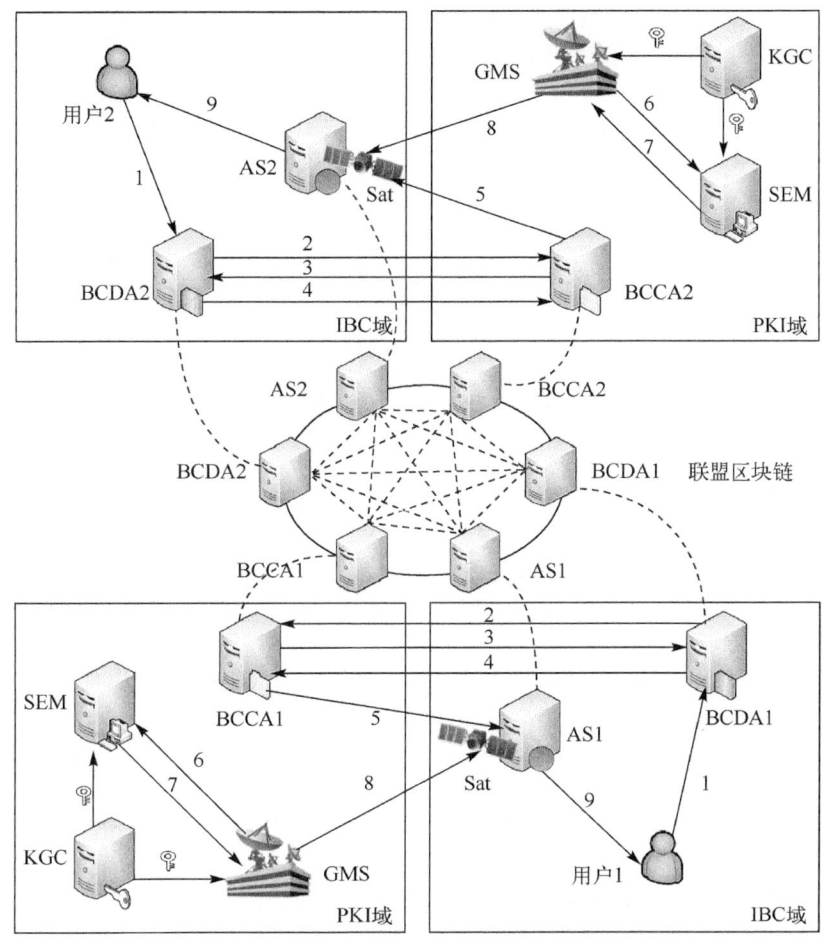

图 4-6 基于区块链的北斗 CNAV 认证模型

图 4-6 中的步骤 1～9 在下面有具体说明。用户通过 IBC，对信息源身份进行识别，确认导航信息的发送方是否是合法卫星，进而抵御转发式欺骗攻击。在对信息源进行身份认证时，选取的是 SM9 算法。用户通过 PKI，对含有认证功能的 CNAV 进行可信认证，进而抵御生成式欺骗攻击。在对 CNAV 进行认证的过程中，要依据不同民用导航信号的编排特点选择合适的密码学算法。

3. 基于区块链的北斗民用导航电文认证协议

终端用户 U 请求 Sat 的导航服务时，要对空间卫星 Sat 的身份进行识别。同时 U 还要接收 Sat 播发的 CNAV 进行内容认证。根据图 4-6 所示的认证模型和流程，具体认证协议流程如图 4-7 所示[1,7]。

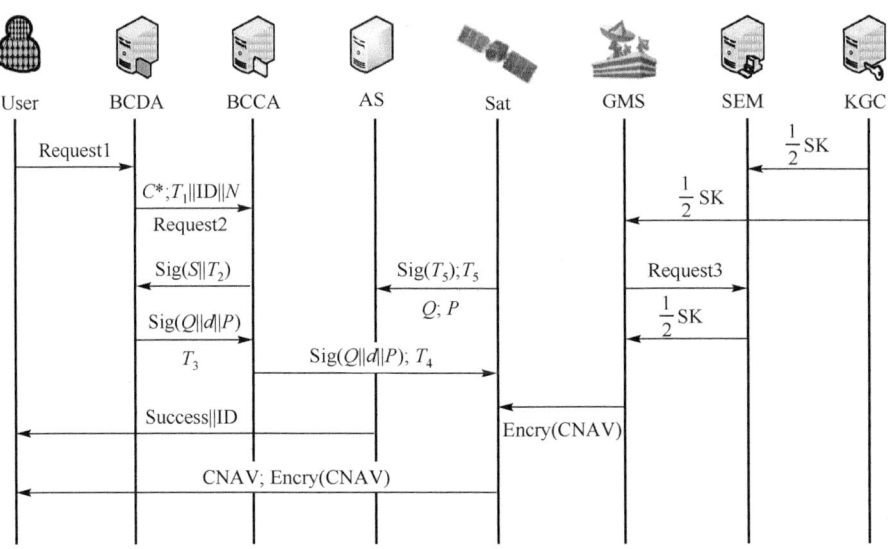

图 4-7 基于区块链的北斗 CNAV 认证协议流程

具体协议如下。

(1) $M_{1(U_{IBC} \to BCDA1)}$：$\text{Encry}_{PK^{BCDA1}}^{SM9}(ID_U^{IBC}, ID_{Sat}, \text{Request1})$。$U_{IBC}$ 向 BCDA1 发送认证请求 Request1，请求验证 CNAV 信息源 Sat 的身份。

(2) $M_{2(BCDA1 \to BCCA1)}$：$\text{Encry}_{SK^{BCCA1}}^{BC}(C_{BCDA1}^*, \text{text}_1, \text{Request2}); \text{text}_1 = T_1 \| ID_{Sat} \| N$。BCDA1 解密 U_{IBC} 发送来的信息，确定用户终端 U_{IBC} 的身份是否合法，之后响应 Request1，查询 Sat 对应证书服务器 BCCA1 在区块链内所处的位置，对 ID_{Sat} 和域内参数 N 加盖时间戳 T_1，与证书 C_{BCDA1}^*、认证请求 Request2 一起加密，然后发送至 BCCA1。

(3) $M_{3(BCCA1 \to BCDA1)}$：$\text{Encry}_{PK^{BCDA1}}^{BC}(\text{Sig}_{SK^{BCCA1}}^{BC}(\text{text}_2), \text{text}_2); \text{text}_2 = S \| T_2$。BCCA1 解密由 BCDA1 发送来的信息，$T_1$ 有效则与 AS 一同验证 C_{BCDA1}^* 是否合法以及 C_{BCDA1}^* 状态。返回为 issue 则响应 Request2，选择随机数 $S \in [1, N-1]$ 为 Sat 临时主密钥，保存 S，对 S 和 T_2 进行签名，加密之后传输给 BCDA1。

(4) $M_{4(BCDA1 \to BCCA1)}$：$\text{Encry}_{PK^{BCCA1}}^{BC}(T_3, \text{Sig}_{SK^{BCDA1}}^{BC}(\text{text}_3), \text{text}_3); \text{text}_3 = Q_{Sat} \| d_{Sat} \| P_{Pub}^{Sat}$。BCDA1 解密 BCCA1 发送来的信息，判断时间戳 T_2 是否有效，然后判断与 text_2 验证签名是否一致，一致则通过 SM9 算法，以 S 为主密钥生成临时公私钥 (Q_{Sat}, d_{Sat})，对 (Q_{Sat}, d_{Sat}) 和主公钥 P_{Pub}^{Sat} 进行签名，和时间戳 T_3 一同加密后发送给 BCCA1。

(5) $M_{5(BCCA1 \to Sat)}$：$\text{Encry}_{PK^{Sat}}^{PKI}(T_4, \text{Sig}_{SK^{BCCA1}}^{PKI}(\text{text}_3), \text{text}_3)$。在 BCCA1 解密 BCDA1 发送来的信息后，确认时间戳 T_3 仍然有效并成功验证签名，同时确保卫星 Sat 的证书查询合法，然后对 text_3 进行签名加密，并将包含时间戳 T_4 的信息发送至 Sat。

$M_{5(Sat \to AS1)}$：$\text{Encry}_{PK^{AS}}^{SM9}(\text{Sig}_{d_{Sat}}^{SM9}(T_5), T_5, P_{Pub}^{Sat}, Q_{Sat})$。Sat 解密 BCCA1 发送的信息，若

T_4 有效,则与 text_3 验证签名;如果验证成功,则选择 T_5 作为验证因子。利用 $(Q_{\text{Sat}}, d_{\text{Sat}})$ 和 SM9 算法对 T_5 进行签名,与 Q_{Sat}、$P_{\text{Pub}}^{\text{Sat}}$ 和 T_5 加密后发送到 AS1。

(6) $M_{6(\text{GMS}\rightarrow\text{SEM})}$:$\text{Encry}_{\text{PK}^{\text{SEM}}}^{\text{PKI}}(\text{ID}_{\text{GMS}}^{\text{PKI}},\text{Request3})$。GMS 向 SEM 发送请求 Request3,要求获取除 KGC 提供的国产密码系列算法的前一半 SK_{SM} 之外的后一半 SK_{SM}。

(7) $M_{7(\text{SEM}\rightarrow\text{GMS})}$:$\text{Encry}_{\text{SK}^{\text{SEM}}}^{\text{PKI}}((1/2)\text{SK}_{\text{SM}})$。SEM 解密来自 GMS 的信息,确认发送方 GMS 的身份合法性之后响应 Request3,将后一半私钥 SK_{SM} 加密发送至 GMS。

(8) $M_{8(\text{GMS}\rightarrow\text{Sat})}$:$\text{CNAV} \| \text{Encry}_{\text{SK}^{\text{SM}}}^{\text{PKI}}(\text{CNAV})$。GMS 使用国产 SM 密码算法对部分信息进行加密,并将加密后的密文信息 $\text{Encry}_{\text{SK}^{\text{SM}}}^{\text{PKI}}(\text{CNAV})$ 插入 CNAV 预留位置中,并与 CNAV 一同发送给卫星 Sat。

(9) $M_{9(\text{AS1}\rightarrow\text{U}_{\text{IBC}})}$:$\text{Success}\oplus \text{ID}_{\text{sat}}$。AS1 解密 Sat 发送来的信息,若时间戳 T_5 有效,则通过公钥 Q_{Sat}、主公钥 $P_{\text{Pub}}^{\text{Sat}}$ 验证签名结果,验证成功后,将认证成功消息发送给 U_{IBC}。验证成功即表明用户没有遭受转发式欺骗攻击。

$M_{9(\text{Sat}\rightarrow\text{U}_{\text{IBC}})}$:$\text{CNAV} \| \text{Encry}_{\text{SK}^{\text{SM}}}^{\text{PKI}}(\text{CNAV})$。卫星 Sat 将 GMS 注入的 $\text{CNAV} \| \text{Encry}_{\text{SK}^{\text{SM}}}^{\text{PKI}}(\text{CNAV})$ 转发给终端用户 U_{IBC}。用户利用国产密码算法 SM 解密,解密验证成功即表明用户没有遭受生成式欺骗攻击。

4. 认证凭证与重认证

在认证 Sat 的身份后,联盟区块链网络中节点服务器合成对卫星 Sat 的认证凭证 $\text{Deal}^{\text{BCDA}} = \text{ID}_{\text{BCDA}}^{\text{IBC}} \oplus \text{ID}_{\text{Sat}}$,定义认证凭证写入接口为 $\text{put}(\text{Time}, \text{hash}(\text{Deal}))$,查询接口为 $\text{get}(\text{hash}(\text{Deal}))$,查询返回时间戳 Time 确认 Sat 是否通过认证。通过认证后,如果其他民用用户需要接收相同 Sat 的导航信号,重认证过程如下。

(1)民用用户向节点发送认证请求。

(2)节点利用卫星 Sat 的 ID 合成认证凭证,在联盟链上查询。如果返回 T,且 T 在有效的时间范围内,就直接把认证成功信息传输给北斗民用用户。

(3)收到认证成功信息后,用户便可以确定信息发送方,进而抵御转发式欺骗攻击。接下来,用户只需要再对信息内容进行验证即可。

认证凭证使得对卫星 Sat 的重认证过程有所简化,在有效的时间范围内,可以实现不同 U_{IBC} 对同一卫星 Sat 的高效再次认证。

4.2.3 协议的安全性分析

本节从两个方面(协议的 SVO(secure verification obligation)证明和安全属性分析)对提出的基于联盟区块链的民用导航信息抗欺骗模型,以及对应的认证协议进行安全性分析[8,9]。

1. 认证协议的 SVO 证明

基于 SVO 逻辑术语及其包含的公理 $A_0 \sim A_{20}$ 对本章提出的协议进行安全性证明。下面对 SVO 逻辑语法及含义进行简单说明，见表 4-5。

表 4-5 SVO 逻辑语法及含义

逻辑语法	含义
P believes X	主体 P 相信 X 是真的
P received X	P 接收到了包含 X 的信息
P said X	P 曾经发送过包含 X 的信息
P says X	P 刚发送过包含 X 的信息
P sees X	P 看到 X
P controls X	P 享有对 X 的管辖权
fresh X	X 是新鲜的，之前没有被发送过
$X \in P$	P 拥有 X
$PK_\sigma(P,K)$	X 为 P 的公开加密密钥
$PK_\psi(P,K)$	P 的公开签名验证密钥
K	验证应用 K^{-1} 签名的来自 P 的信息

SVO 分析主要包含三步。

(1) 给出协议的初始假设。

P_0：所有已生成证书可查询证书状态。

P_1：所有时间戳的新鲜性可以被验证。

P_2：BCCA1 believes BCDA1 $\xrightarrow{PK^{BCCA1}}$ BCCA1。

P_3：各个域内实体已经完成身份认证，拥有公私钥。

P_4：BCCA1 believes BCDA1 controls $\{Q_{Sat}, d_{Sat}, P_{Pub}^{Sat}\}$。

P_5：Sat believes PK_σ(BCCA1, PK^{BCCA1})。

P_6：Sat believes SV($Sig_{SK^{BCDA1}}^{BC}(text_3), PK^{BCCA1}, BCCA1$)。

P_7：AS sees $M_{5(Sat \to AS)}$。

P_8：AS believes PK_σ(Sat, Q_{Sat})。

P_9：AS believes PK_ψ(AS, PK^{AS})。

P_{10}：UR received {CNAV || $Encry_{SK^{SM}}^{PKI}$(CNAV)}。

(2) 设定目标集合，通过 SVO 协议定义操作。

G_1：UR believes Sat said($Sig_{d_{Sat}^{PKI}}^{SM9}(T_5), T_5, P_{Pub}^{Sat}, Q_{Sat}$)。

G_2：UR believes Sat said(CNAV||$Encry_{SK^{SM}}^{PKI}$(CNAV))。

(3) 对上一步中的协议目标集合进行推理证明。

① 在条件 P_0 下查询 BCDA1 区块链证书合法后，根据 P_1 得

$$\text{BCCA1 believes BCDA1 says } M_4$$

② 在条件 P_2 和 P_3 下，结合①，利用定理 A_8 得

$$\text{BCCA1 believes BCDA1 says }(\text{Sig}_{SK}^{BC}{}_{BCDA1}(\text{text}_3),\text{text}_3)$$

③ 在条件 P_4 下，结合②，利用定理 A_{16} 得

$$\text{BCCA1 believes }(\text{Sig}_{SK}^{BC}{}_{BCDA1}(\text{text}_3),\text{text}_3)$$

④ 在条件 P_5 和 P_6 下，结合③，利用定理 A_4 得

$$\text{Sat believes BCCA1 said }(\text{Sig}_{SK}^{BC}{}_{BCCA1}(\text{text}_3),\text{text}_3,T_4)$$

⑤ 在条件 P_1 下，结合④，利用定理 A_{17} 和 A_{19} 得

$$\text{Sat believes }(\text{Sig}_{SK}^{BC}{}_{BCCA1}(\text{text}_3),\text{text}_3)$$

⑥ 在条件 P_3 和 P_7 下，结合⑤，利用定理 A_8 得

$$\text{AS sees }(\text{Sig}_{d_{\text{Sat}}}^{SM9}(T_5),T_5,P_{\text{Pub}}^{\text{Sat}},Q_{\text{Sat}})$$

⑦ 在条件 P_8 和 P_9 下，结合⑥，利用定理 A_4 得

$$\text{AS believes Sat said}(\text{Sig}_{d_{\text{Sat}}}^{SM9}(T_5),T_5,P_{\text{Pub}}^{\text{Sat}},Q_{\text{Sat}})$$

由⑥和⑦同理可得

$$\text{UR believes Sat said}(\text{Sig}_{d_{\text{Sat}}}^{SM9}(T_5),T_5,P_{\text{Pub}}^{\text{Sat}},Q_{\text{Sat}})$$

协议认证目标 G_1 证毕。

⑧ 在条件 P_{10} 下，结合②，利用定理 A_8 得

$$\text{Sat believes GMS says }(\text{CNAV} \| \text{Encry}_{SK\ SM}^{PKI}(\text{CNAV}))$$

⑨ 在条件 P_{10} 下，结合③、④、⑤和⑥，利用定理 A_4 可得

$$\text{UR believes Sat said}(\text{CNAV} \| \text{Encry}_{SK\ SM}^{PKI}(\text{CNAV}))$$

协议认证目标 G_2 证毕。

2. 认证协议的安全属性分析

本节提出的基于区块链的北斗 CNAV 安全认证模型，以及相对应设计的认证协议具备的安全属性分析如下[8,9]。

1) 抵抗内部攻击

联盟区块链模型可以保证网络中节点服务器的真实可信；SM9 国产密码算法和增加的 SEM 分别改善了 IBC 域和 PKI 域内的密钥托管问题，避免各自域内恶意的 KGC 造成的安全隐患，因此可以有效抵抗内部攻击。

2) 抵抗生成式欺骗攻击

利用国产 SM 系列密码，对北斗 CNAV 中的关键信息进行加密，将密文添加到

北斗 CNAV 预留的位置中，与 CNAV 一同发送，用户可以对接收到的密文解密，并验证信息是否被篡改或者伪造，因此可以有效抵抗生成式欺骗攻击。

3) 抵抗转发式欺骗攻击

BCDA 和 AS 会对 GNSS 信息源 Sat 进行身份识别。BCDA 与 BCCA 之间的交互信息，$M_2 \sim M_4$、BCCA 与 Sat 之间的交互信息，M5、AS 与 Sat 之间的交互信息，都用时间戳 T 来保障时效性。因为 T 无法被篡改，如果欺骗方截获信息重新播发后，会因为时间戳失效而验证失败，因此可以有效抵抗转发式欺骗攻击。

4) 双向认证

BCDA 通过签名和区块链证书对 BCCA 进行认证；BCCA 通过签名对 BCDA 进行认证；BCCA 通过证书对 Sat 进行认证。以上均实现了双向认证。

5) 抵抗分布式拒绝服务攻击

本节提出的基于区块链的 CNAV 抗欺骗认证方案，利用了区块链的去中心化的分布式架构。该方案具有分散性、冗余性、容错能力、动态调节性和无单点失效的脆弱性等特点。因此方案能够抵抗分布式拒绝服务攻击。

6) 密钥安全

在 PKI 域中，地面主控站将含有各类功能性的民用导航信息上传给卫星。添加了 SEM，KGC 与 SEM 分立，KGC 负责生成私钥，SEM 负责使用密码服务提供信令，有效避免了恶意的 KGC 给系统安全带来隐患。

4.2.4　仿真实验和结果分析

为了验证基于区块链的北斗 CNAV 的认证协议的实用性和有效性，本节将介绍认证协议的具体实现，从信息源身份认证部分、导航信息认证部分等方面评估协议的性能。

1. 实验环境

在装有 64 位 Windows 10 操作系统，配置为 Intel Core i5-6500 CPU @ 3.20GHz 3.19 GHz 的处理器，8GB 内存的计算机上，开展 BDS CNAV 认证仿真实验，验证设计方案的可行性。模拟实验使用的开发环境为 IntelliJ IDEA 2020。本章实验环境与测试方案如图 4-8 所示。

图 4-8 中，GNSS 软件接收机负责北斗民用导航信号的跟踪、捕获和提取导航电文。测试方案包括两部分：①对信息源身份进行验证，成功验证之后将认证凭证添加到联盟区块链中；②针对北斗 CNAV 内容进行认证，验证能否成功识别欺骗信号，并检测不同噪声环境下的认证率。

第 4 章 基于区块链的北斗民用导航信息抗伪冒攻击的方法

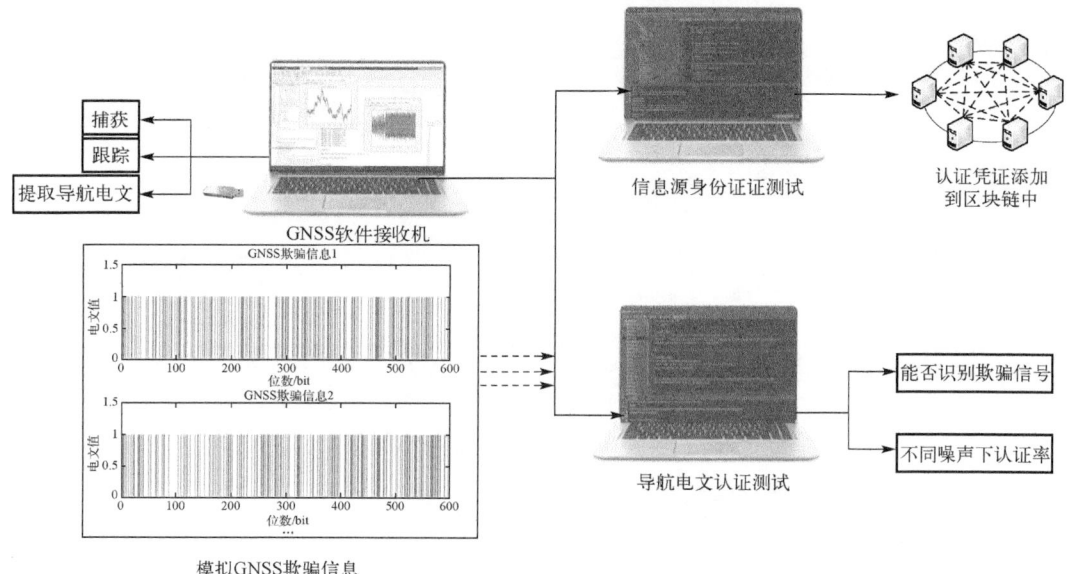

图 4-8 实验环境与测试方案

2. 信息源身份识别的认证

使用 SM9 算法时,需要初始化 SM9 曲线参数。在 SM9 曲线初始化之后,在认证协议步骤(5)中,需要对时间戳 T_5 进行签名,然后与主公钥一起发送给 AS。认证过程中签名以及签名过程中所生成的主公钥和私钥示例,如表 4-6 所示。

表 4-6 SM9 算法相关参数

类型	示例
主公钥	7A01AFDC DF52494E 43EC9023 796AE728 ECA0FF34 340E70D4 B75A16E5 ADEA3F0A 6CF63676 11BE626A 59DA2EA9 41CDE072 236A4463…
私钥	2B56F825 12BC6BF4 89749721 FC301690 384F04B4 AE6BEF7A 243A25D8 589A0506 75C8EE9A 2899C785 0BAB3B80 1227A88F 664AA22B B812FEAF 50AD9CCB 62BB43F3
摘要 h	11C1B08F 949ED784 94694F18 EA61CEB5 BB44EC21 E0E58CB4 A2CFCA1B 80FE1476
签名 S	5A1DB0F4 298807E0 E12E376E 55D7A874 98C76A2F 18FE388A 3E96696D 59C14EB0 5773B4E5 EF3F528B 3BC87921 4271FB60 555E5C5D 67DA54ED 1F595DD8 74746B29

在实际的仿真实验中,我们设置了 30 组实验,对 CNAV 发送方卫星的身份识别的运算耗时进行分析。目的是更加直观地体现实验数据的时间开销。

通过对 30 组时间数据进行统计,具体仿真实验结果如图 4-9 所示。得到 SM9 各个部分的耗费时间的平均值,见表 4-7。

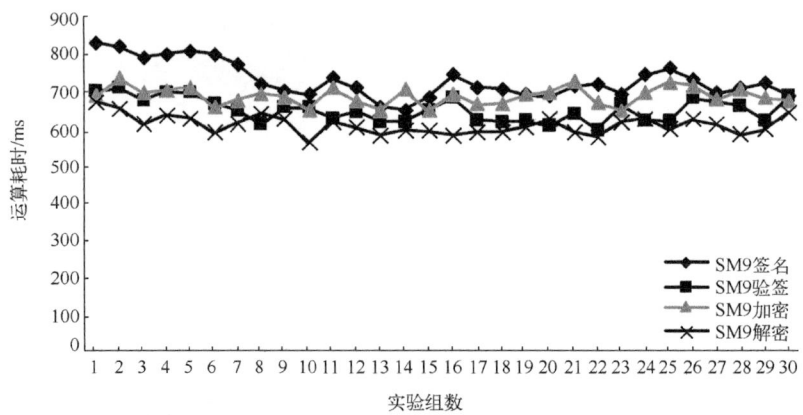

图 4-9　SM9 算法各部分耗时情况

表 4-7　SM9 算法各部分运行时间

SM9 算法具体过程	运行时间/ ms
签名运算	729.30
验签运算	648.83
加密运算	684.91
解密运算	608.43

在设计的认证协议中,需要利用 SM9 算法对信息发送方的身份进行识别确认,以防接收到恶意欺骗方播发的欺骗信号。在对卫星身份首次认证识别的过程中,需要两次加密和两次解密运算、一次签名和一次验签运算,共需要大约 3.965s。

在首次成功认证卫星身份后,联盟区块链网络中的节点服务器将接收到的认证凭证添加到区块中。如果其他用户需要访问该卫星并确认其身份,则通过时间戳的功能可以实现不同用户对相同卫星的快速认证。经过测试,得到认证时间间隔(重认证所需时间)的耗时情况如图 4-10 所示。

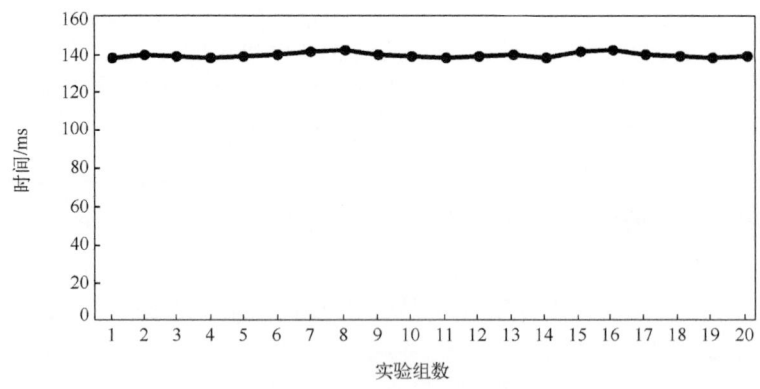

图 4-10　信息源认证时间间隔

节点服务器将认证凭证存储上链并共享到其他节点,用户客户端要对信息源身份再次认证时,在区块链网络中查询信息源身份证书并完成认证即可。如图4-10所示,认证时间间隔在140ms左右,不会造成太多的认证延迟。

3. 北斗民用导航电文信息的验证

北斗CNAV认证测试包括两步:首先是信息生成,生成具有认证功能的CNAV;其次是模拟北斗CNAV的传输,令含有认证功能的CNAV的信号在高斯白噪声中模拟传输,进而检测用户能否成功,识别出欺骗信号和噪声环境下的认证率。

在对信息源的身份进行识别之后,还要对CNAV的具体内容进行可信认证。正如认证协议步骤(8)和步骤(9)所示,地面主控站将含有认证功能的CNAV上传给空间段卫星,卫星再播发给终端用户。北斗三号 B-CNAV1 的认证选择的是数字签名的方法。认证具体流程如图4-11所示。

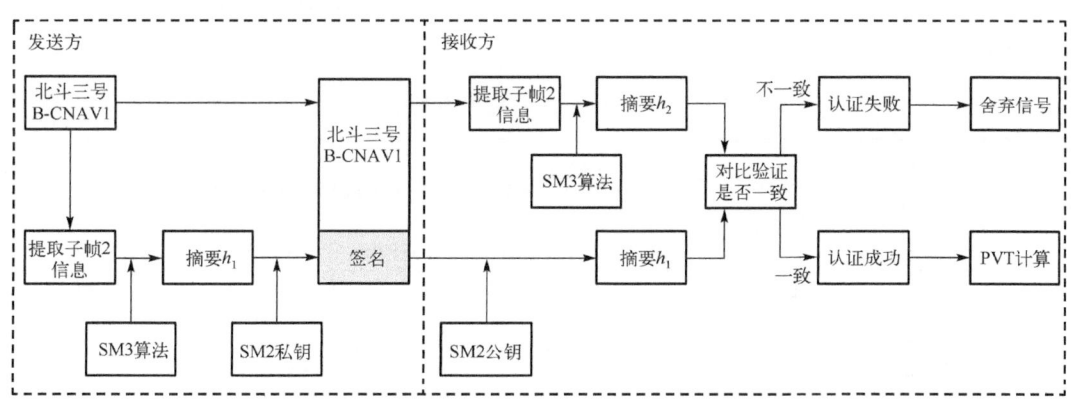

图 4-11 北斗三号 B-CNAV1 信息内容认证方法

图 4-11 中,本节利用散列算法 SM3 对导航信息中重要的子帧 2 信息生成摘要 h_1,子帧 2 固定编排系统时间、星历、钟差、群延迟修正等参数和电文数据版本号等关键信息,再利用非对称密码算法 SM2 私钥对摘要信息进行签名。然后将签名信息添加到导航信息预留的位置中,随导航信息一起播发给用户。用户利用 SM2 公钥解析出摘要 h_1;再提取子帧 2 信息,用 SM3 计算出摘要值 h_2;通过 h_1 和 h_2 对比来验证导航信息内容。

针对 B-CNAV1 的结构特点和国密算法 SM2、SM3 生成的签名长度,本节设计了新存放方式。首先子帧 3 的页面类型 4 有 47bit 的保留位(图 4-12),添加两个新的页面类型 5 和 6,234bit 的电文数据位全部存放密文信息(图 4-13)。512bit 的签名足够存放在上述这些地方。图中灰色的部分表示签名存放位置。

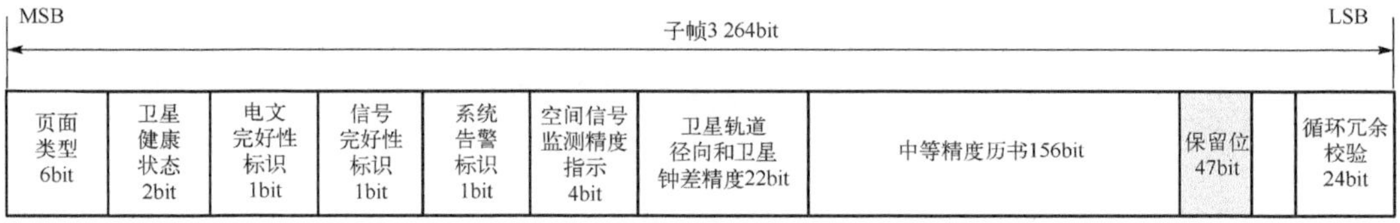

图 4-12　B-CNAV1 子帧 3 页面类型 4 结构

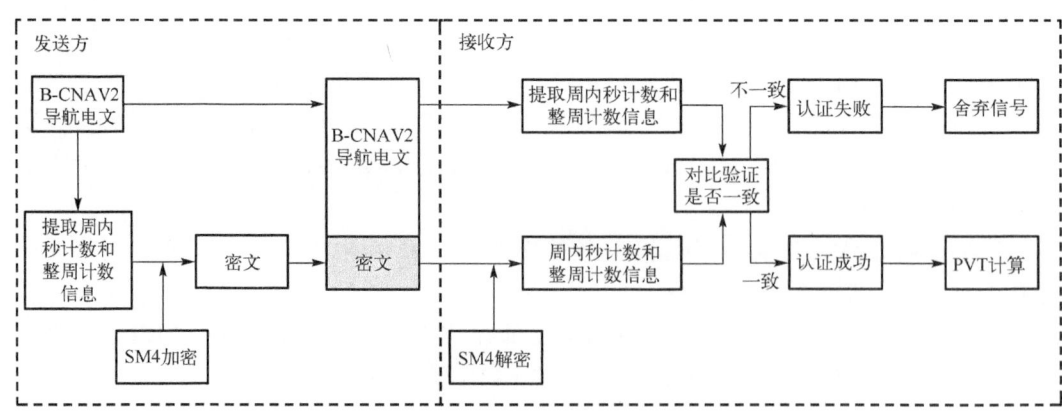

图 4-13　B-CNAV1 子帧 3 页面类型 5、6 结构

以北斗三号 B-CNAV1 的签名过程为例，表 4-8 展示了 B-CNAV1 签名过程中涉及的信息内容。

表 4-8　B-CNAV1 签名过程中各部分信息

信息类型	信息内容
子帧 2 信息	0100100011100101010101101000011101000111011001001000100111010110110101 00111000001110101…
SM3 摘要信息	44e9a83d275d9aab890abd14b1aad93b53efcb3350cd674fc8ed759687cb352f
SM2 私钥	00B9AB0B828FF68872F21A837FC303668428DEA11DCD1B24429D0C99E24EED83D5
SM2 公钥	B9C9A6E04E9C91F7BA880429273747D7EF5DDEB0BB2FF6317EB00BEF331A83081 A6994B8993F3F5D6EADDDB81872266C87C018FB4162F5AF347B483E24620207
签名信息	524fe8c54cf7dafda62d0b92aedcd051c0a28a22e1bbf7abcb4815540ec75338eefbea71eb222 eb7abf3ec135c7f30f2770309f481af067bf67b122a80f14041

北斗三号 B-CNAV2 预留位少并且较为分散，因此选择的是对称加密的方法，认证具体流程如图 4-14 所示。

图 4-14　北斗三号 B-CNAV2 信息内容认证方法

图 4-14 中，本节利用对称密码算法 SM4 将导航信息中重要的时间信息（周内秒计数和整周计数信息）加密生成密文。然后将密文信息添加到 B-CNAV2 预留的位置中，随 B-CNAV2 一起播发给用户。用户利用 SM4 密钥解密预留位中的密文，得到对应的时间信息；再提取 B-CNAV2 中的时间信息；通过二者对比来验证 B-CNAV2 信息内容是否遭到篡改。

针对 B-CNAV2 的结构特点，选择使用国密 SM4 算法。本方法根据 SM4 生成的密文长度设计了新页面类型 42，如图 4-15 所示。

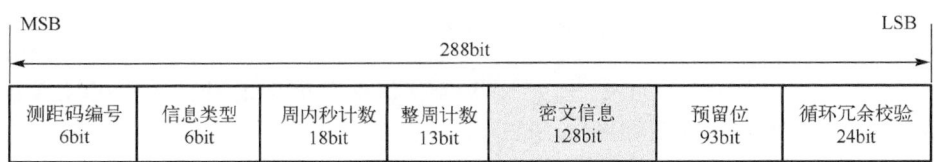

图 4-15　B-CNAV2 页面类型 42 结构

北斗三号 B-CNAV3 预留位少并且只设计了三种页面类型，有着很大的扩展空间，因此选择哈希算法。认证具体流程如图 4-16 所示。

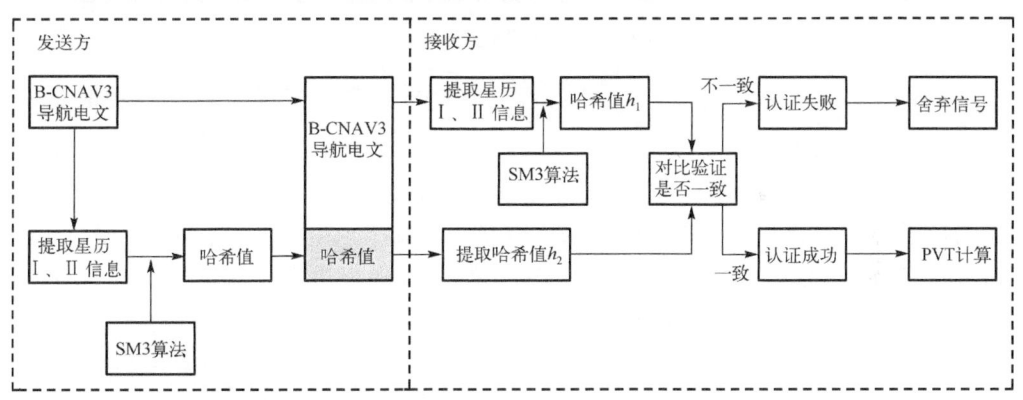

图 4-16　北斗三号 B-CNAV3 信息内容认证方法

图 4-16 中，本节利用哈希算法 SM3 对导航信息中重要的星历Ⅰ和星历Ⅱ信息（页面类型 10，如图 4-17 所示）生成哈希值 h_2。然后将哈希值添加到 B-CNAV3 预留的位置中，随 B-CNAV3 一起播发给用户。因此，用户提取 B-CNAV3 中的星历Ⅰ和星历Ⅱ信息，然后利用 SM3 算法对其进行哈希计算得到 h_1；再提取预留位中的 h_2；通过二者对比验证 B-CNAV3 是否遭到篡改。

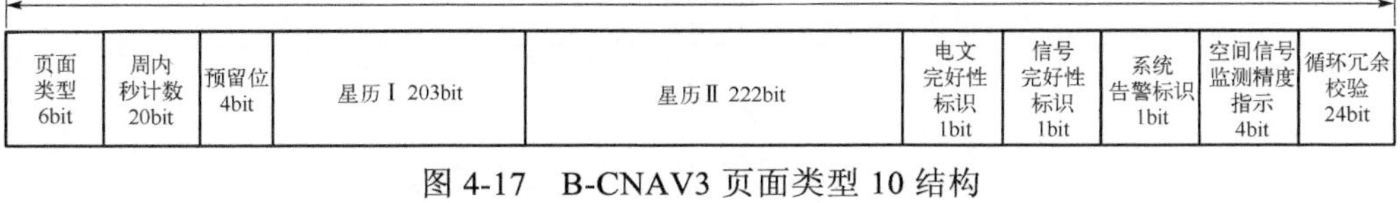

图 4-17　B-CNAV3 页面类型 10 结构

针对 B-CNAV3 的结构特点，选择使用国密 SM3 算法。根据 SM3 生成的哈希值长度设计新页面类型 20，并令页面 10 和 20 连续播发。提取 B-CNAV3 播发的星历Ⅰ和Ⅱ信息进行 SM3 哈希计算，将生成的密文信息存放到如图 4-18 所示的位置。

图 4-18　B-CNAV3 页面类型 20 结构

以北斗三号 B-CNAV1 为例，用户接收含有认证功能的北斗三号 B-CNAV1 之后进行验证，认证结果示意图如图 4-19 所示。

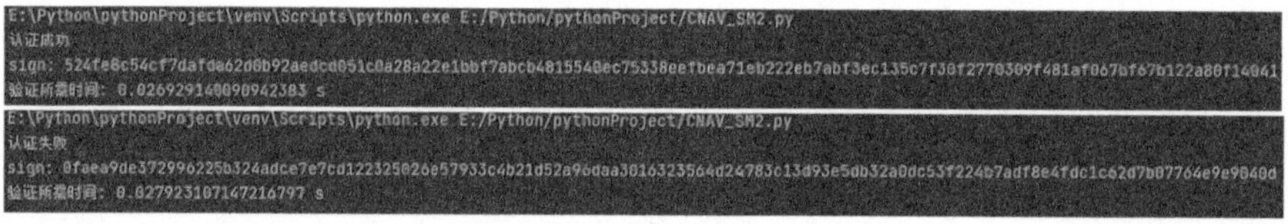

图 4-19　认证结果示意图

认证结果示意图中包括认证成功与否、签名信息和验证所需时间等信息。

1) 导航电文信息认证时间

这里设置 20 组 B-CNAV1 签名认证实验，每组进行 500 次实验，最后对 B-CNAV1 认证时间数据进行统计，具体结果如图 4-20 所示。除了 B-CNAV1 之外，还利用 SM3、SM4 算法分别对 B-CNAV2 和 B-CNAV3 导航信息内容进行了认证，并对认证时间进行统计，具体时间如图 4-20 所示。

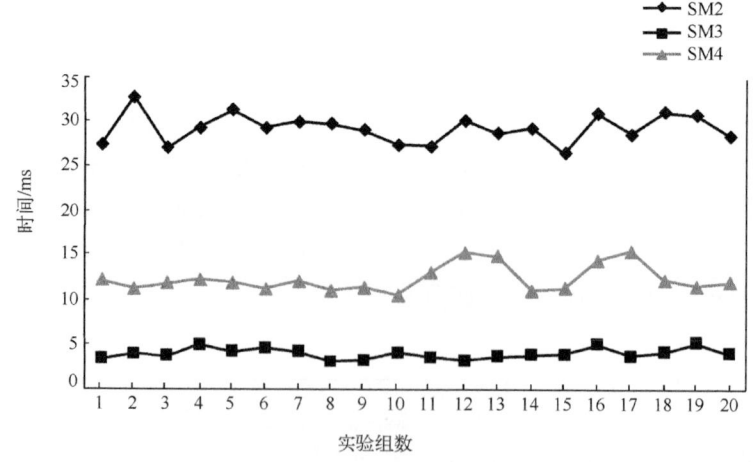

图 4-20　不同 SM 算法的认证时间对比

如图 4-20 所示，菱形曲线表示 SM2 对 B-CNAV1 进行验证所消耗的时间，三角曲线表示 SM4 对 B-CNAV2 进行验证所消耗的时间，方形曲线表示 SM3 对 B-CNAV3 进行验证所消耗的时间。通过图 4-20，可以发现 SM2 验证所需的时间最长，SM4 次之，SM3 验证所需时间最短。

通过 20 组的仿真实验，得到 SM2、SM3 和 SM4 三种国密算法导航信息认证所耗费时间的平均值，如表 4-9 所示。对比可得 SM3 认证耗时最短。但是三种算法对输入、输出信息的长度都有特定的要求，实际应用中可以根据导航信息的类型灵活选取。

表 4-9 不同的国密算法认证耗费时间

国密算法种类	导航电文种类	耗费时间/ms
SM2	B-CNAV1	29.30
SM3	B-CNAV3	3.96
SM4	B-CNAV2	12.48

2）导航电文信息认证率

北斗三号 CNAV 的可信认证率与 CNAV 信息内容的准确接收有关[10]。因此，我们通过模拟北斗三号 B-CNAV1 的传输，不断加大高斯白噪声功率，检测本章方法的认证性能。

通过在不同信噪比的实验环境下进行上千次的实验，检测北斗三号 B-CNAV1 中签名信息、子帧 2 信息和 B-CNAV1 电文的认证率。B-CNAV1 导航信息认证率如图 4-21 所示。

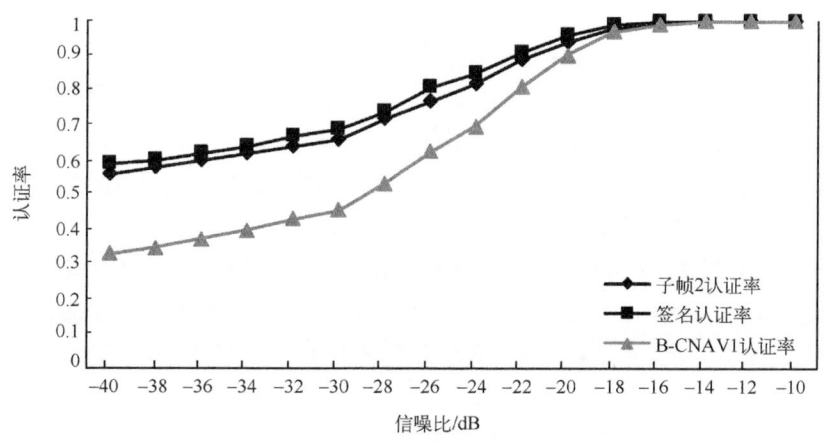

图 4-21 B-CNAV1 导航信息认证率

根据图 4-21 可知，菱形曲线表示的是子帧 2 信息的认证率，方形曲线表示用 SM2 生成的数字签名的认证率，二者的大小主要取决于信号传输过程中的误比特率和认证比特的长度。B-CNAV1 的整体认证率是前面二者相乘的结果,子帧 2 信息和签名信息其中一个验证失败均会导致整体 B-CNAV1 的认证失败。

3) 通信成本和计算成本比较

终端用户利用 CNAV 进行定位、测速和测时计算是一个实时连续的过程。如果设计的认证机制为 CNAV 保障信息完整性的同时,给 BDS 带来过重的计算负担,则会产生较长的延迟。从上述结果不难发现,添加的 CNAV 内容认证环节给 BDS 地面部分带来的额外的认证信息生成延迟、给用户带来的认证延迟都在适当的范围内,并未给 BDS 添加过多的计算负担,保证了认证的时效性。

计算认证过程中所消耗的通信成本,通常是从利用 SM2 算法得到的签名信息的长度进行分析。B-CNAV1 中签名信息长度为 512bit,所以在 B-CNAV1 内容认证环节给 BDS 增加了 512bit 的通信成本。表 4-10 给出了不同文献中涉及通信成本和计算成本方面的比较。双线性配对(bilinear pairing,BP)运算、点乘(multiplication,MP)运算、哈希映射转换处理(Hash map transformation processing,HMTP)运算和指数(exponentiation,EXP)运算这四类运算的计算成本比其他运算的计算成本偏大,所以主要对这四类计算进行分析。

表 4-10 不同方法的通信成本和计算成本的比较

认证协议	通信成本	计算成本	
		信息发送方签名阶段	信息接收方认证阶段
本节方法	512bit	MP+HMTP	2MP+HMTP
文献[8]	1024bit	MP	MP+BP
文献[11]	3072bit	3EXP	EXP+5BP
文献[12]	1024bit	3MP+HMTP	3MP+3HMTP+3BP
文献[13]	1024bit	MP	2MP+HMTP+2BP
文献[14]	320bit	2MP+EXP	3MP+4EXP

为了更直观地比较、分析本节提出的方法和其他认证方案的通信成本,将六个方案的通信成本绘图如图 4-22 所示。

从表 4-10 和图 4-22 可以看出,文献[14]的认证方法所消耗的通信成本最小,其次是本节的方法,文献[8]、文献[12]和文献[13]的通信成本相当,文献[11]的通信成本消耗最大。虽然本节方法在通信成本方面的优势不如文献[14]明显,但是本节在信息发送方签名阶段和信息接收方认证阶段的计算复杂度优于文献[14]。这表示本节的方法有着更小的计算成本、更高的认证效率。用户可以在较低的计算和通信开销下有效保证北斗三号 CNAV 的完整性。基于以上分析,在导航信息内容认证环节,本节的方法在计算成本方面拥有较好的性能,通信成本消耗较小,适合应用于北斗三号 CNAV 信息安全领域。

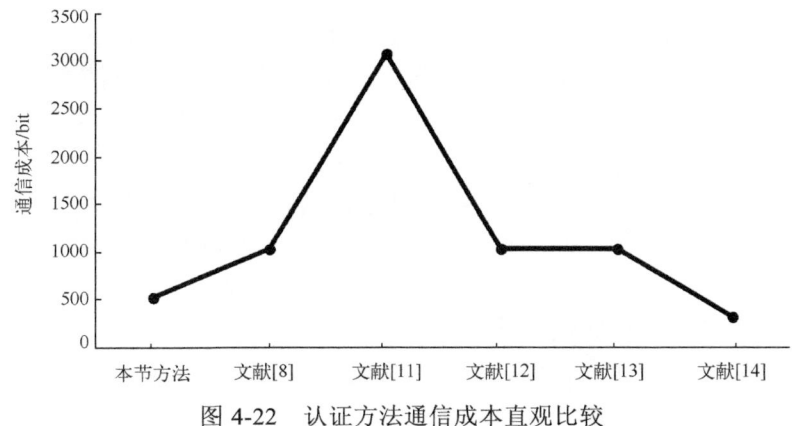

图 4-22 认证方法通信成本直观比较

4. 对比分析

下面将本节提出的基于区块链的北斗三号 CNAV 抗欺骗攻击的方法，与之前很多学者提出的有关 CNAV 抗欺骗攻击的方法进行比较。表 4-11 显示了本节方法与 Fernández-Hernández 等的方法[15]、Wesson 等的方法[16]、Wu 等的方法[8,17,18]和刘如森的方法[19]之间的比较。

表 4-11 不同抗欺骗攻击方法的比较

类目	文献[17]	文献[15]	文献[16]	文献[8]	文献[19]	文献[18]	本节方法
导航系统	BDS	Galileo	GPS	BDS	BDS	BDS	GNSS
密码算法	ECDSA	TESLA	ECDSA	无	SM2/SM3/SM4	TESLA/SM2/SM3	SM2/SM3/SM9
认证方法	NMA	NMA	NMA	协议认证	NMA&MAC	NMA&MAC	协议认证&NMA
保护信息	基本导航信息	时间位置信息	全部导航信息	全部导航信息	时间位置信息	重要导航参数	灵活选取
密钥管理	需要	不需要	需要	不需要	需要	视情况	不需要
抵御生成式欺骗攻击	可以	可以	可以	可以	可以	可以	可以
抵御转发式欺骗攻击	不可以	不可以	不可以	不可以	不可以	不可以	可以
抵御内部攻击	不可以	不可以	不可以	不可以	不可以	不可以	可以
抵御分布式拒绝服务攻击	不可以	不可以	不可以	不可以	不可以	不可以	可以

注：ECDSA 为椭圆曲线数字签名算法(elliptic curve digital signature algorithm)；TESLA 为时间高效流耐丢失认证(timed efficient stream loss-tolerant authentication)；MAC 为消息认证码(message authentication code)；NMA 为导航信息认证(navigation message authentication)。

如表 4-11 所示，本节提出的基于区块链的北斗三号 CNAV 抗欺骗攻击的方法不局限于某个导航系统，可以推广到 GNSS 中。本节采用的密码算法主要是中国国产 SM 系列密码，有效避免了国外算法带来的潜在隐患。通过对 CNAV 发送方身份的认证识别可以有效抵御转发式欺骗攻击；对 CNAV 的具体内容的可信认证可有效抵御生成式欺骗攻击。选择保护的信息可以根据导航信息的具体格式灵活选取。因为对比分析中的其他方案都全新的设计修改了 CNAV，所以其他方案都可以有效抵抗生成式欺骗攻击，而文献[8]、文献[16]、文献[17]和文献[19]等未引入时间戳或对信息发送方进行识别，所以它们无法有效抵御转发式欺骗攻击。除此以外，由于区块链技术的去中心化、分布式存储、点对点传输等功能，本节提出的方法可以有效抵御内部攻击和分布式拒绝服务攻击。

4.2.5 小结

当前 BDS 与终端用户通过无线信道传输，很容易被截获、篡改和伪造。面对欺骗攻击的威胁时，如何确保 CNAV 的真实性和完整性是一个关键的难题。本节针对北斗三号 CNAV 的欺骗问题，在分析 BDS 的工作原理和区块链技术特点的基础上，构建了基于区块链的北斗三号 CNAV 抗欺骗体系架构；设计了基于区块链和国产密码的 CNAV 认证模型；我们基于该模型上设计和实现了认证协议。

本节方案通过 SM9 算法对 CNAV 信息源进行身份识别，从而抵抗转发式欺骗攻击；通过 SM2 算法选取部分关键信息生成数字签名对 CNAV 信息进行认证，从而抵抗生成式欺骗攻击。同时，本节通过 SVO 逻辑证明和安全属性分析证明协议安全性，以 B-CNAV1 为例进行仿真实验和结果分析，该方案不会造成过多的时间损耗，并且具有很高的认证率。这些结论表明本节的方案性能良好，有在实际生活中应用的可行性。

4.3 基于区块链的北斗用户定位信息安全认证方案

针对有固定飞行计划、飞行速度较慢的无人机等飞行器，本节在结合区块链技术的基础上，提出了一种基于区块链的北斗用户定位信息安全认证方案。无人机等飞行器所有方将飞行计划过程中涉及的坐标信息添加到区块链网络。飞行器通过对接收到的导航信号解算得到定位信息，通过区块链网络来判断定位信息的真实性，进而达到抵御欺骗攻击的目的。

4.3.1 基于区块链的定位信息安全认证方案

本节立足于欺骗攻击干扰，针对飞行速度较慢、有固定飞行计划的无人机等具体研究对象，提出基于区块链的定位信息安全认证方案，进而保障 BDS 用户接收机的安全[1,7]。

1. 基于区块链的定位信息安全认证模型

本节在对区块链技术和飞行器飞行特点进行分析的基础上，提出了区块链的定位信息安全认证模型，如图 4-23 所示。基于区块链的定位信息安全认证模型主要由全球卫星导航系统、飞行器、飞行器所有方和区块链网络组成。飞行器在执行飞行计划之前，飞行器所有方将飞行计划中涉及的定位信息通过加密的方式上传到区块链网络中。飞行器都编译一个区块，该区块内包含飞行器的所有信息。飞行器充当区块链网络中的非验证节点，只参与数据更新，不进行数据验证。飞行器携带的区块会记录飞行过程中接收到的导航信号并进行定位解算，然后通过区块链网络来进行真伪性验证，进而确认接收到的信号是否为欺骗信号。

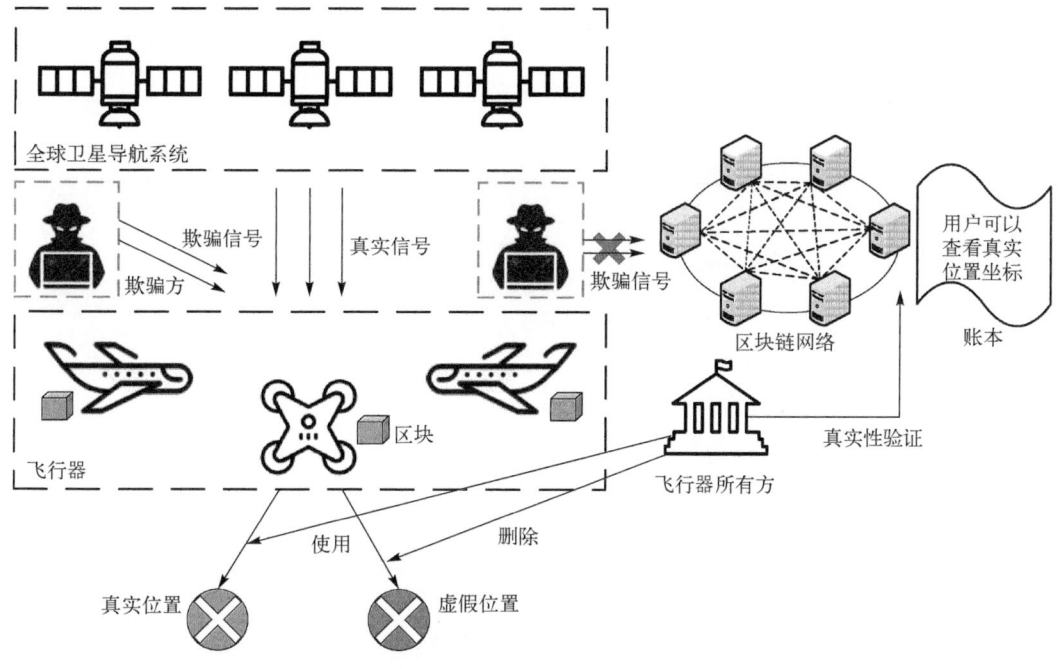

图 4-23 基于区块链的定位信息安全认证模型

2. 基于区块链的定位信息安全认证过程

基于区块链的定位信息安全认证过程如图 4-24 所示。飞行器在飞行过程中首先要检索北斗导航信号，进而判断北斗导航信号是否存在；其次，将检索到的北斗导航信号定位解算结果作为原始数据记录在区块链存储模块中；然后，将定位解算结果与区块链网络中飞行计划的实时坐标进行一致性验证；最后，根据验证结果采用不同的对策。如果验证成功，则将定位解算坐标视为合法坐标，接收解算结果，并将其记录在区块链分布式账本中。如果验证失败，则将定位解算坐标视为恶意坐标，拒绝解算结果,并将其记录在区块链黑名单中。区块链具有分布式、公开透明、无法篡改、可以追溯和集体维护等特点,可以对区块链网络中的定位信息进行保护。

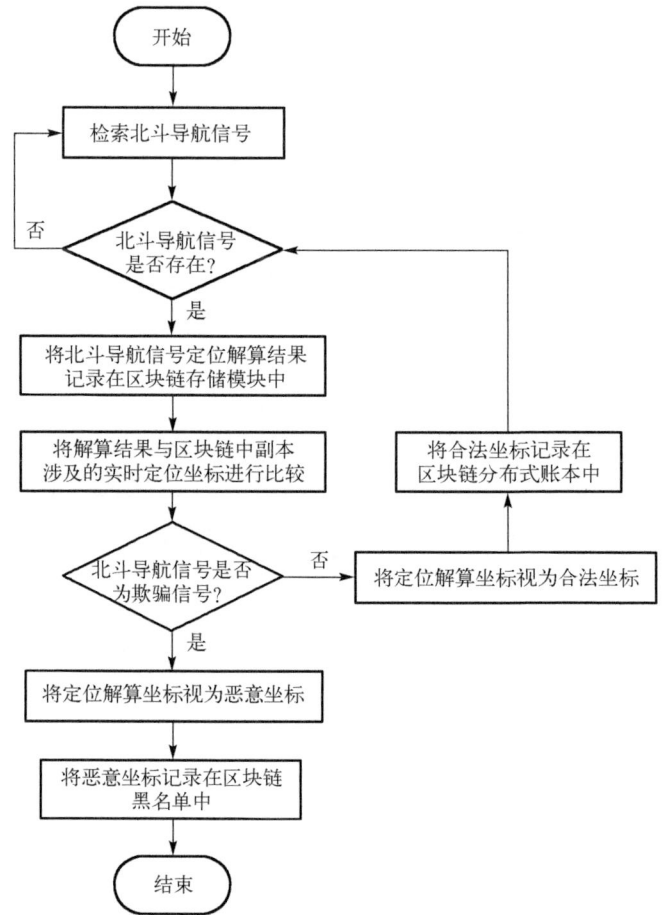

图 4-24　基于区块链的定位信息安全认证过程

4.3.2　基于区块链的定位信息安全认证协议

4.3.1 节详细描述了基于区块链的定位信息安全认证方案,本节在认证模型的基础上完成认证协议,具体认证协议流程如图 4-25 所示[1,7]。具体协议如下。

1)M1:系统初始化阶段

无人机等速度较慢的飞行器在执行飞行计划之前,要进行系统初始化。即将飞行计划涉及的定位信息副本(主要指时间和地理坐标)以加密的方式存放到区块链存储模块,以便后续无人机等飞行器作为接收方对定位信息进行验证。

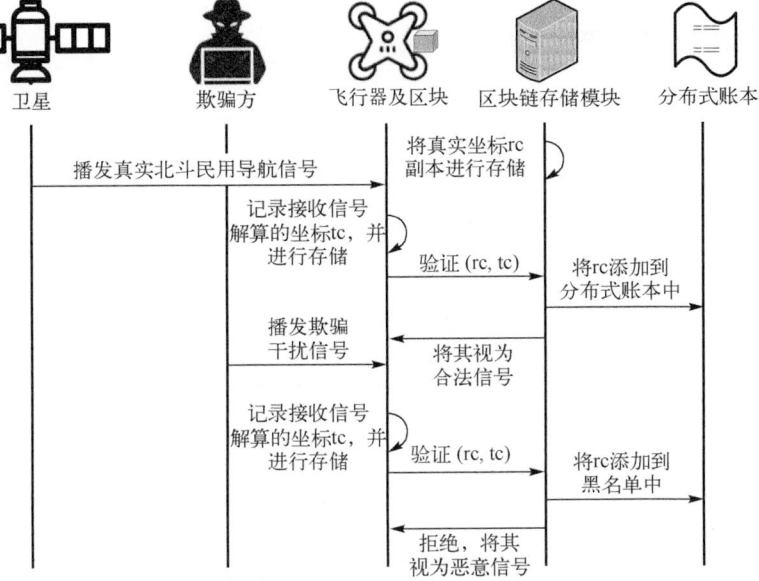

图 4-25　基于区块链的定位信息安全认证协议

2) M2：接收方接收导航信号，进行定位解算

无人机等飞行器各自编译自己的区块，区块除了要包含飞行器自身的身份信息，还要记录接收到的导航信号，并进行定位解算。无人机等飞行器通过身份验证之后加入区块链网络中，充当非验证节点，只负责更新接收并解算出的定位数据。

3) M3：验证定位解算结果与定位信息副本是否一致

在区块链网络中，飞行器所有方或者额外添加的服务器充当验证节点。验证节点要利用密码学知识，将定位计算结果与加密之后的定位信息副本进行一致性验证，即判断定位解算坐标信息是否存在于区块链存储模块中，进而判断 M2 中接收到的信号是真实信号还是欺骗信号。

4) M4：接收方接收或拒绝导航信号

根据 M3 的验证结果处理接收的导航信号。如果定位解算坐标信息存在于区块链存储模块中，飞行器等接收方将 M2 中接收到的导航信号视为真实合法的信号并接收。反之，如果定位解算坐标信息不存在于区块链存储模块中，并且存在较大的误差，飞行器等接收方将信号视为恶意欺骗信号并拒绝其定位坐标信息。

5) M5：接收方上传定位信息到分布式账本

通过 M3 和 M4 能够完成对导航信号的真伪性验证。为了后续快速验证和针对欺骗信号进行溯源，接收方会将真实合法坐标添加到分布式账本中，将恶意欺骗坐标添加到黑名单账本中。

4.3.3 协议的安全性分析

本节从两个方面(协议的 SVO 证明和安全属性分析)对提出的基于区块链的定位信息安全认证模型，以及对应的认证协议进行安全性分析。

1. 认证协议的 SVO 证明

本节涉及的名词缩写及其含义如表 4-12 所示。

表 4-12 名词缩写及其含义

名词缩写	含义
DO	飞行器所有方
rc	真实坐标
tc	实际接收信号定位解算得到的坐标
la	经度
lo	纬度
ts	时间戳
BC	区块链网络
BCSM	区块链存储模块
Drones	无人机等飞行器

SVO 逻辑分析步骤如下所示。

(1) 给出协议的初始假设。

P_0: DO says $\sum_{i=1}^{N}$ rc(la,lo,ts)。

P_1: BC received $\sum_{i=1}^{N}$ rc(la,lo,ts)。

P_2: BCSM received $\left[\sum_{i=1}^{N} rc(la,lo,ts)\right]_K$。

P_3: Sat says (BDS CNAV)。

P_4: Spoofer says (Spoofing CNAV)。

P_5: Drones received (BDS CNAV)。

P_6: Drones received (Spoofing CNAV)。

P_7: DB received rc′(la′,lo′,ts′)。

P_8: Drones believes SV(rc′(la′,lo′,ts′),[rc(la,lo,ts)]$_K$,BC)。

(2) 利用 SVO 推理想要实现的目标集合。

G_1: Drones believes Sat said (BDS CNAV)。

(3) 对上一步中的协议目标集合进行推理证明。

①在条件 P_0、P_1、P_2 和 M1 下，利用定理 A_2 得
$$BC \text{ believes} \left[\sum_{i=1}^{N} rc(la, lo, ts)\right]_K$$

②在条件 P_3、P_5 和 M2 下，利用定理 A_8 得
$$\text{Drones received Sat say (BDS CNAV)}$$

③在条件 P_4、P_6 和 M2 下，利用定理 A_8 得
$$\text{Drones received Spoofer say (Spoofing CNAV)}$$

④在条件 P_7 下，结合②和③，得
$$rc'(la', lo', ts') \in \text{Drones}$$

⑤在条件 P_7 和 M3 下，结合②、③和④，利用定理 A_{19} 得
$$BC \text{ believes Sat said (BDS CNAV)}$$

⑥在条件 P_7、M3 和 M4 下，结合③、④和⑤，利用定理 A_4 得
$$\text{Brones believes Sat said (BDS CNAV)}$$

协议认证目标 G_1 证毕。

2. 认证协议的安全属性分析

本节提出的基于区块链的定位信息安全认证模型，以及相对应设计的认证协议具备的安全属性分析如下。

1) 抵抗内部攻击

区块链模型可以保障验证节点(飞行器所有方或验证服务器)和非验证节点(无人机等飞行器)身份的真实可信，真实定位信息副本以加密的方式存储到区块链网络中，结合区块链公开透明、无法篡改、可以追溯和集体维护等特点，可以有效抵抗内部攻击。

2) 抵抗生成式欺骗攻击

生成式欺骗攻击是恶意欺骗方根据导航信号官方接口文件伪造生成的。用户根据接收到的生成式欺骗攻击，生成与既定飞行计划相背离的欺骗坐标。本节提出的方案能够实时地将接收到的导航信号解算出来的定位信息与区块链存储模块中的真实副本进行一致性验证，从而拒绝恶意定位坐标。因此可以有效抵抗生成式欺骗攻击。

3) 抵抗转发式欺骗攻击

在本节设计的认证方案中的定位信息，除了传统的经纬度，还添加了时间戳信息。当飞行器通过接收到的信号定位解算得到实时地理坐标时，还需满足在一定的时间范围内的要求。如果超过了时间戳所设定的有效时间范围，即使地理坐标在预定的飞行计划范围内，也拒绝接收这类信号。因此方案能够抵抗转发式欺骗攻击。

4)抵抗分布式拒绝服务攻击

本节提出的基于区块链的定位信息认证方案,利用了区块链去中心化的分布式架构。区块链具有分散性、冗余性、容错能力、动态调节性和无单点失效的脆弱性等特点,因此可以有效抵抗分布式拒绝服务攻击。

4.3.4 仿真实验和结果分析

飞行器在飞行计划中涉及的真实定位信息集合,在飞行前会通过加密的方式存储到区块链存储模块中。区块链网络中的验证节点要利用密码学知识,将定位计算结果与加密之后的定位信息副本进行一致性验证。不同的加密方法所需要的认证时间、通信成本不尽相同,本节通过仿真实验比较不同的加密方法,选取最合适的方法作为本节方案采用的方法。

本节在装有 64 位 Windows 10 操作系统,配置为 Intel Core i5-6500 CPU @ 3.20GHz 3.19 GHz 的处理器,8GB 内存的计算机上,开展定位信息安全认证仿真实验。模拟实验使用的开发环境为 PyCharm Community Edition 2020.3.3 x64,使用 Python 语言实现区块链,并利用 Python 中的国密安全套接层(Guomi secure sockets layer,GMSSL)模块和 Crypto dome 模块实现对加密方法的验证。

1. 认证时间分析

本节针对 SM2、SM3、SM4、RSA 和 ECDSA 五种密码算法,设置 20 组认证实验,每组进行 500 次实验,最后,统计五种算法认证花费的时间,具体花费时间结果如图 4-26 所示。

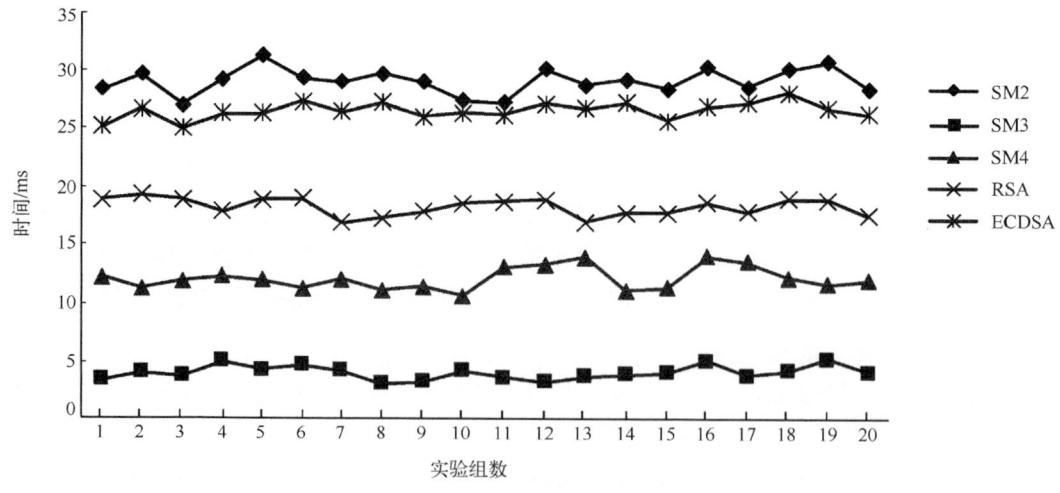

图 4-26 认证时间比较

可以直观地发现 SM2 认证所需的时间最长,ECDSA、RSA 和 SM4 依次减少,

SM3 认证所需时间最短。SM2 和 ECDSA 均是基于椭圆曲线离散对数问题提出的非对称密码算法，相比其他算法，在认证阶段需要执行多次点乘运算。点乘运算相比其他运算的时间复杂度更高，服务器执行所需的时间更长。RSA 是基于整数分解问题提出的非对称密码算法，在解密验证环节所耗费的时间要短于前两种算法。SM3 主要是哈希运算，认证所需时间最短。

通过 20 组仿真实验，得到 SM2、SM3、SM4、RSA 和 ECDSA 五种密码算法的定位信息认证所耗费时间的平均值，如表 4-13 所示。对比可得 SM3 认证耗时最短。因为在区块链网络中存储的是解算出来的定位信息，不用针对具体导航电文的不同格式设计加密认证方案，因此，本节方案更倾向于选择 SM3 算法。

表 4-13 不同的密码算法认证耗费时间

密码算法种类	耗费时间/ms
SM2	29.17
SM3	3.96
SM4	12.11
RSA	18.30
ECDSA	26.63

2. 通信成本分析

无人机等飞行器作为区块链网络中的非验证节点，将接收到的导航信号进行定位解算，获取定位信息，并与区块链网络中的真实坐标副本进行验证，确认是否一致。认证方式不同，增加的额外通信开销也是不同的。图 4-27 直观地显示了 SM2、SM3、SM4、RSA 和 ECDSA 五种认证方式造成的通信成本。

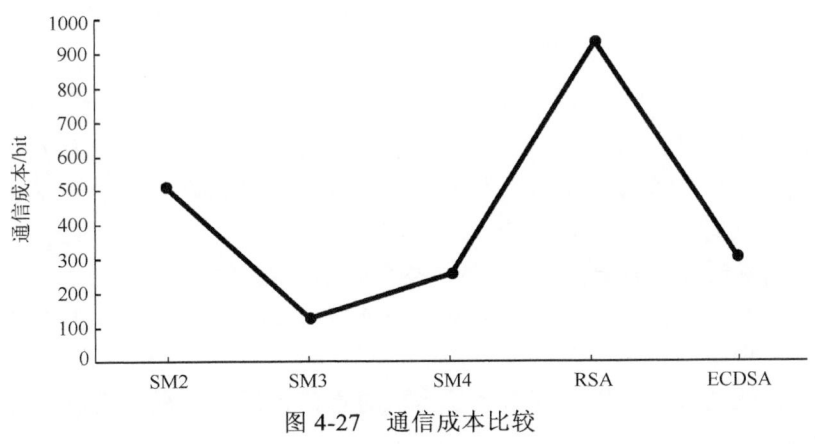

图 4-27 通信成本比较

如图 4-27 所示，不同密码算法加密或签名生成的密文长度是不同的，因此增加的通信成本也是不同的。其中,RSA 所增加的通信成本最高,为 936bit;SM2 所增加的通信成本为 512bit;ECDSA 所增加的通信成本为 304bit;SM4 所增加的通信成本为 256bit;SM3 所增加的通信成本最低,为 128bit。

综上,本节提出的方案最终选择 SM3 密码算法对定位信息进行一致性认证。

3. 区块链性能分析

在本节设计的认证过程中,在区块链网络判断接收的导航信号是真实信号还是欺骗信号之后,为了后续再次快速验证以及针对欺骗信号进行溯源,接收方会将真实合法的坐标添加到分布式账本中,将恶意欺骗坐标添加到黑名单账本中。区块链的机制是利用哈希算法将需要上传的定位信息添加随机数,生成满足一定要求的哈希值。最先生成符合要求的节点服务器(即矿工)将生成的哈希值添加到区块中,耗费时间如图 4-28 所示。

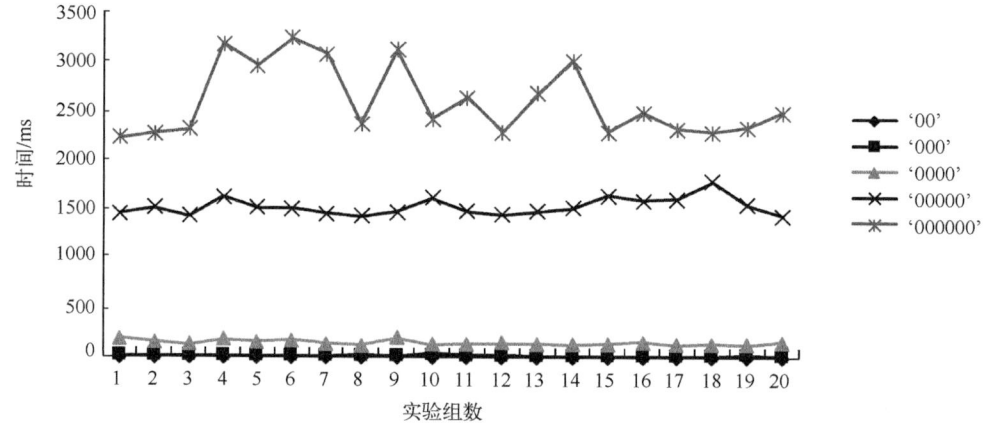

图 4-28 区块链上链所需时间

通过 20 组实验,比较了不同前导 0 个数的情况下区块链网络上链所需的时间。通过统计并计算可以得出结论。当前导 0 的个数为 2 时,平均耗时为 3.71ms;当前导 0 的个数为 3 时,平均耗时为 14.26ms,耗时均可以忽略不计。当前导 0 的个数为 4 时,平均耗时为 149.39ms;当前导 0 的个数为 5 时,平均耗时为 1.53s;当前导 0 的个数为 6 时,平均耗时为 2.60s,均是合适的选择。

哈希值的要求通常是指定生成的哈希值前导 0 的具体个数。0 的个数越少,难度越小,生成规定哈希值的时间也就越短。反之,前导 0 的个数越多,生成规定哈希值的时间也就越长。上链时间表示了区块链网络的效率,所以选择前导 0 个数为 4~6 比较合适。

4.3.5 小结

无人机等飞行器通常飞行速度较慢,有固定的飞行计划,在执行飞行计划的过程中,可能遭受欺骗干扰攻击。无人机等飞行器可以通过互联网直接轻松访问,安全机制更容易受到攻击。

本节针对无人机等飞行器的欺骗问题,在分析无人机等飞行器的飞行特点和区块链技术特点的基础上,提出了基于区块链的定位信息安全认证方案。本节方案通过接收信号解算出来的定位信息,与区块链网络中的真实定位信息副本进行一致性认证,进而通过地理坐标的一致性判断是否遭受生成式欺骗攻击,用时间戳的有效范围判断是否遭受转发式欺骗攻击。同时,通过 SVO 逻辑证明和安全属性分析证明协议的安全性,并通过仿真实验选择了最适合本节认证方案的密码算法。

4.4 本章小结

随着 GNSS 的不断升级和发展,国防、安全和关键基础设施等众多领域对基于 GNSS 的 PNT 应用的过度依赖,以及 GNSS 面临的信息伪冒和信息篡改等安全威胁,引起了学术界和国家有关部门对导航系统脆弱性的担忧。BDS 作为我国自主研发的导航系统,也面临着同样的威胁。因此,保证北斗 CNAV 的真实性和完整性是目前需要解决的关键问题。

本章针对北斗三号系统五种民用公开服务信号的播发特点及其携带的五种不同 CNAV 的结构特点和编排方式进行了研究。针对北斗三号系统可能面临的欺骗攻击,提出了基于区块链的北斗三号民用导航电文安全认证方案。通过 SM9 算法,对 CNAV 信息源进行身份识别,从而避免转发式欺骗攻击;通过国密 SM 算法,选取部分关键信息进行加密,对北斗三号 B-CNAV1、B-CNAV2 和 B-CNAV3 进行信息内容认证,从而避免生成式欺骗攻击。同时,在认证模型上完成认证协议,通过 SVO 逻辑证明和安全属性分析证明协议安全性,以 B-CNAV1 为例进行仿真实验和性能分析。

本章还针对无人机等飞行器飞行速度较慢、有固定飞行计划的特点,提出了基于区块链的北斗用户定位信息安全认证方案。飞行器作为非验证节点,通过接收信号解算出来的定位信息,与区块链网络中的真实定位信息副本进行一致性认证,进而通过地理坐标的一致性判断避免生成式欺骗攻击,利用时间戳的有效范围,避免转发式欺骗攻击。同时,在认证模型上完成认证协议,通过 SVO 逻辑证明和安全属性分析证明协议安全性,并针对不同的加密认证方法进行仿真实验和性能分析。

参 考 文 献

[1] Wu Z J, Liang C, Zhang Y. Blockchain-based authentication of GNSS civil navigation message[J]. IEEE Transactions on Aerospace and Electronic Systems, 2023, 59(4): 4380-4392.

[2] 北斗卫星导航系统: 空间信号接口控制文件-公开服务信号 B3I(1.0 版)[Z]. 中国卫星导航系统管理办公室, 2018.

[3] 北斗卫星导航系统: 空间信号接口控制文件-公开服务信号 B1I(1.0 版)[Z]. 中国卫星导航系统管理办公室, 2019.

[4] 北斗卫星导航系统: 空间信号接口控制文件-公开服务信号 B2a(1.0 版)[Z]. 中国卫星导航系统管理办公室, 2017.

[5] 北斗卫星导航系统: 空间信号接口控制文件-公开服务信号 B1C(1.0 版)[Z]. 中国卫星导航系统管理办公室, 2017.

[6] 北斗卫星导航系统: 空间信号接口控制文件-公开服务信号 B2b(1.0 版)[Z]. 中国卫星导航系统管理办公室, 2020.

[7] 梁铖. 基于区块链的北斗民用导航信息抗伪冒攻击的方法[D]. 天津: 中国民航大学, 2023.

[8] Wu Z J, Yang Y M. BD-D1Sec: Protocol of security authentication for BeiDou D1 civil navigation message based on certificateless signature[J]. Computers & Security, 2021, 105: 102251.

[9] 吴志军, 杨一鸣, 张云. 基于身份签名的北斗二代民用 D2 导航电文认证协议[J]. 电子学报, 2021, 49(9): 1790-1798.

[10] Yang Y X, Gao W G, Guo S R, et al. Introduction to BeiDou-3 navigation satellite system[J]. Navigation, 2019, 66(1): 7-18.

[11] Yang X, Wang M, Pei X, et al. Security analysis and improvement of a certificateless signature scheme in the standard model[J]. Chinese Journal of Electronics, 2018, 47(9): 1972-1978.

[12] Choi K Y, Park J H, Lee D H. A new provably secure certificateless short signature scheme[J]. Computers & Mathematics with Applications, 2011, 61(7): 1760-1768.

[13] Chen Y C, Horng G, Liu C L. Strong non-repudiation based on certificateless short signatures[J]. IET Information Security, 2013, 7(3): 253-263.

[14] Li J G, Wang Z W, Zhang Y C. Provably secure certificate-based signature scheme without pairings[J]. Information Sciences, 2013, 233: 313-320.

[15] Fernández-Hernández I, Vincent R, Gonzalo S, et al. A navigation message authentication proposal for the Galileo open service[J]. Navigation, 2016, 63(1): 85-102.

[16] Wesson K D, Rothlisberger M P, Humphreys T E. A proposed navigation message authentication implementation for civil GPS anti-spoofing[C]. Proceedings of the 24th International Technical

Meeting of the Satellite Division of the Institute Navigation, Portland, 2011: 3129-3140.

[17] Wu Z J, Liu R S, Cao H J. ECDSA-based message authentication scheme for BeiDou-II navigation satellite system[J]. IEEE Transactions on Aerospace and Electronic Systems, 2019, 55(4): 1666-1682.

[18] Wu Z, Zhang Y, Liu L, et al. TESLA-based authentication for BeiDou civil navigation message[J]. China Communications, 2020, 17(11): 194-218.

[19] 刘如森. 基于信息认证的北斗二代民用信号抗欺骗方法[D]. 天津: 中国民航大学, 2019.

第5章　基于区块链可信任模型的ADS-B信号抗假冒方法

ADS-B是一种采用GNSS进行飞机定位，通过空-空数据链和空-地数据链路实现飞机与飞机之间、飞机与地面空管系统之间的通信和交通监视功能的空管关键技术。由于机载ADS-B设备通过无线通信技术，开放链路进行数据传输，没有设计信息完整性保护措施和提供安全认证机制。因此，攻击者可以轻易发动干扰和欺骗等攻击，给空中交通管理带来了极大的安全隐患。针对上述情况，本章根据ADS-B的报文特点，结合区块链技术，提出了一种基于区块链网络的ADS-B报文抗假冒的安全认证服务，用以实现ADS-B报文的安全传输[1]。

本章提出的基于区块链的ADS-Bchain安全可信服务方案涉及区块链技术、数字签名算法、数字证书和哈希值加密等内容。

5.1　概　　述

本节主要介绍ADS-B系统的运行原理和报文格式。根据系统设计原理，分析系统的漏洞，给出常见的几种针对ADS-B系统的攻击，通过数学模型对攻击方式进行展现，并分析其实现难度和造成的攻击后果。

5.1.1　ADS-B简介

ADS-B系统主要包括地面接收设备和机载设备，ADS-B系统工作原理如图5-1所示[2,3]。

飞机通过机载GNSS接收机，向卫星发送定位请求，从而获取导航定位信息。该定位信息和通过其他系统获得的数据经过处理后，打包生成ADS-B报文。生成的报文由机载ADS-B OUT设备，通过1090MHz信道周期性地向外发送报文，拥有ADS-B报文接收功能的地面站及邻近空域的飞机便能对报文进行接收，在机载显示器上进行信息展示，为飞行员提供飞机周围的空域信息、告警信息等。ADS-B OUT是ADS-B系统的发射设备，会以一定的周期向外广播ADS-B报文和一些附加信息，包括飞机的经纬度、高度、速度和航向等，这也是ADS-B系统的基础功能。ADS-B IN是ADS-B系统的接收设备，用来接收ADS-B报文或接收地面站发送的广播信息，能够让飞行员掌握周围空域的信息，提高空中交通运输的效率。

第 5 章 基于区块链可信任模型的 ADS-B 信号抗假冒方法

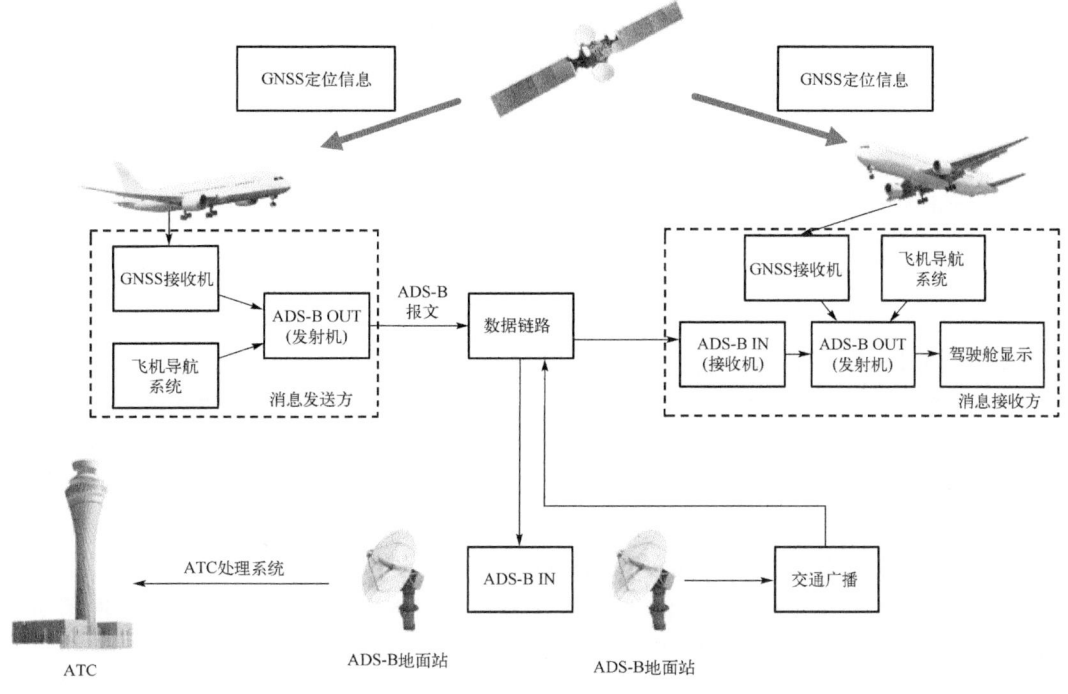

图 5-1 ADS-B 系统工作原理

首先,飞行器通过自身装备的 GPS 和机载设备获取卫星传输的导航定位信息,并进行实时定位,准确确定飞行器当前的位置和速度等信息。此外,机载 ADS-B 设备还需要从其他相关机载设备中获取参数,打包生成 ADS-B 报文,通过广播链路将报文广播出去。对于不同类型的消息,发送设备以不同的时间间隔广播。此时,相邻空域内的、具有接收功能的设备都可以接收到报文,包括飞机和地面站。同时,该飞机还可以接收其他飞机发送的广播信息。飞机与飞机之间进行报文的发送与接收,地面接收飞机的报文,同时也向飞机发送消息,这样便形成了网状通信结构,形成空对空、空对地的数据传输网络。

针对 ADS-B 的数据传输链路,目前有三种标准,分别为 1090 兆赫扩展振荡器(1090MHz extended squitter,1090ES)、通用访问发射机(universal access transceiver,UAT)和 VHF 数据链路模式 4(VHF data link mode 4,VDL4)。1090ES 是一种基于二次雷达 S 模式的扩展电文数据链,由于目前大部分民航飞机和商业飞机都装备有 S 模式应答机,从建设成本方面来考虑,这种类型的数据链是最适合推广 ADS-B 系统部署的。因此,ICAO 大力推广 1090ES 的数据链,但由于它与二次雷达等民航监视设备均使用同一频段,所以存在频谱过度使用的问题。UAT 模式是美国自主研发的一种数据链模式,主要应用于本国的通用航空中。与 1090ES 模式不同,这种数据链需要加装新的设备,大大提升了改装成本。VDL4 之前在很多欧洲国家被使用,但随着技术的发展，现在这种数据链已经很少被使用，不深入讨论。各种数据链的对比如表 5-1 所示。

表 5-1 ADS-B 数据链对比

数据链名称	通道	工作频率	调制方法	传输速率	接入方式
1090ES	单通道	1090MHz	脉冲位置调制(pulse-position modulation, PPM)	1Mbit/s	随机接入
UAT	单通道	978MHz	相位频率键控(phase frequency shift keying, PFSK)	1Mbit/s	分时接入
VDL4	多通道	108~137MHz	高斯频率键控(Gaussian frequency shift keying, GFSK)	19.2Kbit/s	分时接入

根据我国民航业的特点，三种数据链路中，本章只讨论 1090ES 数据链，报文主要分为 56bit 的短码和 112bit 的长码。为了报文中能够存储更多的信息，ADS-B 系统采用 112bit 的长码作为报文格式。此外，ADS-B 还有 8bit 的前导脉冲，四个脉冲头分别在 0.0μs、1.0μs、3.5μs、4.5μs 处，每条脉冲持续时间为 0.45~0.55μs。数据位的消息在 8bit 的前导脉冲后出现，数据持续长度和精确度要求与前导脉冲一致。具体的 ADS-B 报文格式如图 5-2 所示[2,3]。

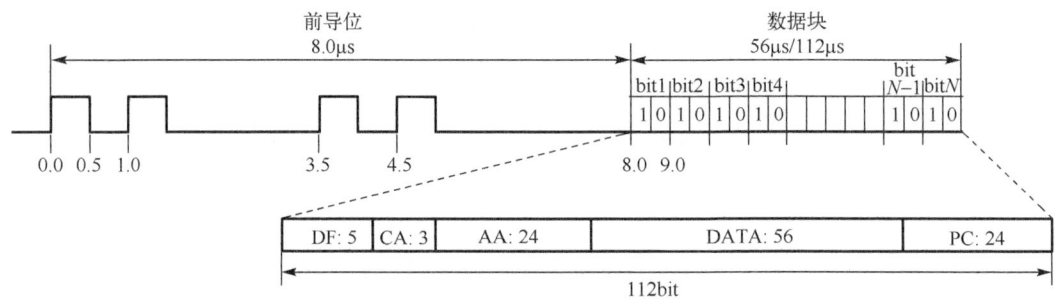

图 5-2 具体的 ADS-B 报文格式

ADS-B 报文数据由 5 部分组成，各字段详细说明如表 5-2 所示。其中，1~5bit 用来标识报文类型的下行数据格式(downlink format, DF)，在有关民航领域的 ADS-B 报文中，这一值始终是 17。6~8bit 为消息子类型(capability, CA)，表示 S 模式应答机能力。而 9~32bit 飞行器地址码(aircraft address, AA)则代表飞行器 24bit 的 ICAO 地址。33~88bit 为 ADS-B 消息域(DATA)，包含按照前后顺序排列的数据，有 5bit 的消息类型字段、3bit 的消息子类型和最后的 48bit 消息的具体内容。89~112bit 为奇偶校验位(parity check, PC)。

在 ADS-B 报文中，最重要的信息是飞机的位置信息，即表 5-2 中的 DATA 字段。在 DATA 字段中，第 1~4bit 表示飞机标识；5~8bit 表示场面位置；9~18bit 表示飞机空中位置；第 19bit 表示飞机速度；20~22bit 表示飞机空中位置(由 GNSS 获得)；

23bit 和 24bit 分别表示测试信息和系统状态；25～27bit 为保留数；第 28bit 表示扩展间歇振荡器状态；29bit、30bit 和 31bit 分别为目标状态、保留数和飞机运行状态。根据播报内容的不同，报文可分为四类：飞机的当前位置信息、飞机的各种速度信息、飞机的状态信息和飞机的标识信息。报文不同，广播的时间间隔也不一样，比较重要的位置、速度、状态报文 0.8～1.2s 广播一次，相比之下，标识报文 9.6～10.4s 广播一次。

表 5-2 ADS-B 报文字段说明

字段	说明
DF（1～5bit）	DF=17 时，报文通过 S 模式应答机发送
	DF=18 时，报文通过非 S 模式应答机发送
	DF=19 时，仅为军用
CA（6～8bit）	DF=17 时，表示 S 模式应答机是否具有 CommA 或 CommB 通信能力
AA（9～32bit）	ICAO 码，飞机唯一的身份码
DATA（33～88bit）	ADS-B 数据
PC（89～112bit）	报文奇偶校验位

5.1.2 区块链技术

区块链这一概念于 2008 年首次出现在《比特币：一种点对点式的电子现金系统》一书中。通俗地讲，区块链是一个数据库，用来存放数据，是一种"电子账本"，用来记录交易信息，拥有自己的网络，网络中的每个参与者都可以共享其中的数据，对网络和账本进行维护。网络中没有中心管理者，是一种无中心化的结构，具有不可篡改、不可伪造、不可虚构、可追溯、透明等特点。依靠树形结构进行数据存储，通过运用密码学中的加密算法、时间戳、共识机制和奖惩机制，保证在分布式的网络结构中，节点与节点之间的数据传输的安全性。这种去中心化的结构也解决了当前中心化结构存在的集权性、效率低下、可靠性差、安全性低的问题，目前主要应用于虚拟货币、金融行业、政务服务、医疗健康和数据服务等领域。

比特币网络中时时刻刻在发生着货币交易，将一段时间内的所有交易打包，这一被打包的数据集就称为区块。这些区块按照时间的顺序依次排列，每个区块中所有的数据被执行哈希运算后，会得到属于自己区块的消息摘要，将这些消息摘要首尾相接，便构成了区块链，区块就是存放加密交易信息的单元。整个链状结构中第一个区块被称为创世区块，随后按照时间生成的区块会依次排在当前区块链的最后，一旦区块生成，记录在其中的数据和区块本身就很难被修改或删除。区块由区块头和区块体两部分构成，区块头由六个部分组成，分别是记录区块版本序号的 version、记录前一个区块哈希地址的 Previous_Hash、本区块的自哈希值 Self_Hash、表示区块生成时间的时间戳 Timestamp、工作量难度证明的 difficuyTarget，以及用于证明工作量的随机数 Nonce。区块体中记录的是整个区块时间段内所有的交易信息，通过 Merkle 树递归的方式组合在一起，所有的数据最后就只剩一个 Merkle 根，保留在区块头中。

由于是去中心化结构，所以区块链在进行数据存储时，需要保证每笔交易在所有节点上保持一致，保持数据的正确性，这就出现了共识机制，一种确定达成某种共识和维护共识的方法。如果把区块链比喻成公司，那么共识机制就是公司的绩效指标，是每个节点都必须遵守的规则。根据不同的网络需要，产生了不同的共识机制，主要有工作量证明(proof of work，PoW)、权益证明(proof of stake，PoS)、委托权益证明(delegated proof of stake，DPoS)和实用拜占庭容错(practical Byzantine fault tolerance，PBFT)。此外，随着区块链的发展，根据不同的应用场景，也出现了不同类型的区块链，主要有三大类，分别为公有链、联盟链和私有链，常见的三种区块链对比如表 5-3 所示[4,5]。

表 5-3 不同类型区块链对比

对比项目	公有链	联盟链	私有链
参与者	自由进出	联盟成员	链的所有者
共识机制	PoW/PoS/DPoS	分布式一致性算法	solo/PBFT 等
记账人	所有参与者	联盟成员协商确定	链的所有者
激励机制	需要	可选	无
中心化程度	去中心化	弱中心化	强中心化
特点	信用自创建	效率和成本得到优化	安全性高、效率高
承载能力	<100 笔/s	<10 万笔/s	视配置决定
典型场景	虚拟货币	供应链金融、银行、物流	大型组织、机构
代表项目	比特币、以太坊	R3、Hyperledger	

公有链：人人都能进行区块读取，进行网络交易，确认交易的有效性，每个节点都能参与到共识过程的一种区块链，由网络中所有的节点共同维护，不受任何机构控制，是应用最广泛的区块链；是一种被认为"完全去中心化"的区块链，是完全公开的，具备区块链系统的所有优点，但存在能源效率低下、交易量受限等缺点。

联盟链：指共识机制由某个群体内部预选节点共同控制的区块链，主要应用在机构间的交易、结算或清算等企业对企业(business-to-business，B2B)场景。在联盟链中，只有预选节点能够生成新的区块，新区块的建立由这些预选节点来决定，网络中的其他节点只参与数据的交易。联盟链的优点在于，通过预选节点能够有效处理节点之间的连接性，运营成本低，扩展性好，并且数据隐私性更高。但它仍然存在无法完全解决信任问题的缺陷。

私有链：指存在一定中心化控制的区块链，是一种完全私有的区块链。由集中管理者进行权限管理，只有少部分人可以使用，信息不公开。整个网络由成员机制共同维护，具有交易速度快、记账效率高、成本低、隐私性更强的特点。私有链中的节点都是内部节点，记账环境可信。接入节点受限制，不能完全解决信任问题是私有链的主要缺点。

5.1.3 相关密码学知识

密码学是数学、计算机科学和信息与通信工程等多学科的综合性学科，同时其原理大量涉及信息论。曾经有这样的解释："密码学研究的是如何在存在敌对环境的情况下进行安全通信。"密码学的创立就是为了信息隐藏，为了使机密信息不被没有权限的第三方获取而采取的某种手段。除了对消息本身进行加解密的功能外，密码学还能实现身份认证、消息认证等功能。

利用密码学对通信过程进行安全保护存在加密和解密两个阶段。当用于加密和解密的密钥是相同的密钥时，这种加密方式称为对称加密，也称为公钥加密。由于使用相同的密钥，因此这种加密方式速度较快，也较为简单。通信双方首先要进行密钥发放，一旦在传输过程中密钥发生泄露，那么对称加密方法的安全性将无法保证，因此这种加密方法最大的问题就在于密钥管理方面。但对称加密因为高效性，所以被广泛使用在很多加密协议的核心当中，常见的对称加密算法有 DES、高级加密标准（advanced encryption standard，AES）、3DES 等。

为了解决对称加密方法中所存在的问题，在加解密过程中采用的不同密钥，这种方法被称为非对称加密，其中消息接收方生成一对密钥，称为公私钥对，将公钥发送给消息发送方，用于消息加密，自己则保留私钥，用于密文解密。即使在密钥分发过程中公钥被泄露，但由于缺少私钥，也无法对加密消息进行解密，无法获取消息原文。采用不同的密钥，加/解密中消耗的时间更长，难度更大，因此这种方法的效率较低，但安全性得到了保障，非对称加密算法主要有数字签名算法（digital signature algorithm，DSA）、RSA 和椭圆曲线加密（elliptic curve cryptographic，ECC）。如今，随着技术的进步，为了同时提高效率且保证通信的安全性，经常会将两种方法组合使用。

在日常生活中，每个人都拥有身份证，用以证明自己身份的真实性，验证自己的身份。在互联网的通信过程中，每个节点也拥有用于提供身份证明的数字证书。数字证书是包含节点信息的一组数据，是一个电子文档，由公正、可信且权威的第三方机构颁发,用来在互联网中识别通信对方的身份。数字证书包括证书持有者的身份信息、证书颁发机构信息、证书颁发时间及有效日期、证书持有者的公钥和公钥加密算法。X.509 是密码学中公钥证书的标准格式,X.509 是国际电信联盟电信标准分局(International Telecommunication Union-Telcommunication Standardization Sector,ITU-T)标准化部门基于其之前的抽象语法标记一(abstract syntax notation one,ASN.1)定义的一套证书标准,规定了数字证书中应该包含的内容,并对内容中的数据格式进行了要求。

Hash,名为哈希函数,就是把任意长度的数据作为输入,然后通过哈希算法得到一个固定长度的输出值,该输出值就是哈希值,是一种数据压缩映射关系。简单理解为,任意长度的消息通过运行哈希函数后,都能得到一串固定长度的消息摘要。哈希算法具有正向快速性、不可逆性、抗碰撞性等特点。常见的哈希算法有消息摘要(message-digest,MD)系列和安全哈希算法(secure hash algorithm,SHA)系列。在本章所提出的基于区块链的方法中,主要用到 SHA 系列中的 SHA-256 哈希算法,输入任意长度的消息,经算法后,都会产生一个长度为 256bit 的结果,其结果以 64 位的十六进制字符串来表示。

本节首先对预备知识进行介绍,主要是区块链技术和涉及的密码学相关知识,包括对称加密算法、非对称加密算法、进行身份认证的认证协议和哈希值加密算法。

5.2 基于区块链的 ADS-B 可信任模型

安全可信服务 ADS-Bchain 基于链式结构,将民航系统的各个部分作为节点(如机场、地面站、塔台、雷达、飞机、服务器等),模拟 ADS-B 系统的运行,通过数学建模,包括消息的发送和接收以及攻击过程,进行模拟实现。通过密码学的方法,保证了操作过程中身份识别和信息交互的安全性。由于是将区块链技术与 ADS-B 系统相结合,因此取名 ADS-Bchain,该模型的详细描述如图 5-3 所示[1,3]。

我们将从四个方面对 ADS-Bchain 进行描述。首先,提出一种区块链技术和 ADS-B 系统相互结合的身份认证架构,这是整个认证过程的概括,包含了算法中的所有部分。其次,根据 X.509 证书标准,结合 ADS-B 报文特点和数据认证过程中的需要,设计符合 ADS-Bchain 的身份认证证书。再次,根据 ADS-Bchain 身份认证模型,提出身份认证协议。最后,按照认证协议,详细给出身份认证过程中的具体步骤,以及后续利用区块链进行数据存储的具体方法。

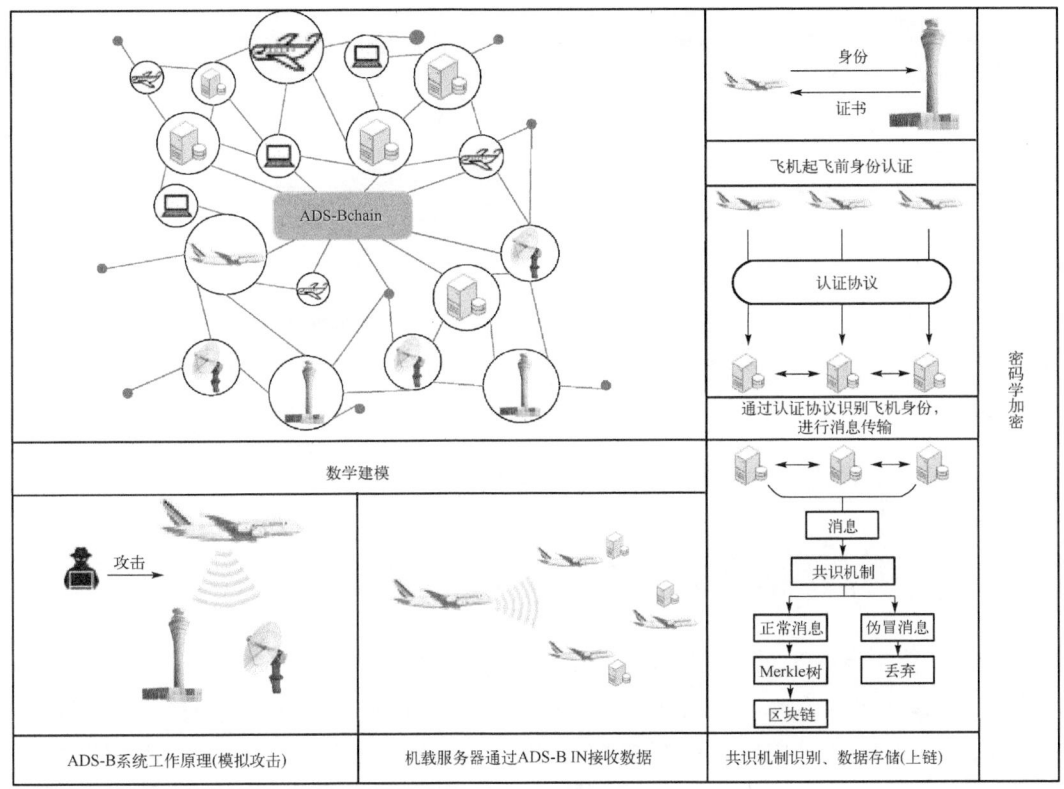

图 5-3 ADS-Bchain 底层框架

5.2.1 ADS-Bchain 飞机身份认证体系结构

基于 ADS-Bchain 的飞机身份认证体系结构如图 5-4 所示[6]。

在 ADS-Bchain 方案中，将地面机场、ADS-B 地面站、航路点、飞机作为区块链中的各个节点。由于采用联盟链的区块链，其中机场、ADS-B 地面站作为主节点，航路点和飞机则作为次要节点。主节点相比于次要节点，需要具备更强的计算能力、更强的数据存储能力，而且要具有更强的数据保护能力。此外，数据的传输依靠于机载网络和航空电信网(aeronautical telecommunication network，ATN)，这类似于地面上比特币、以太坊等区块链网络的数据传输。以上两个部分构成了民航监视区块链网络，实现了 ADS-Bchain 模型框架，能够在此基础上进行身份认证、数据传输、数据保护等操作。

ADS-Bchain 认证结构主要由地面区块链主链网络和空域中区块链支链网络构成。其中地面机场、空管部门、ADS-B 地面站等机构默认为可信机构，作为地面网络的主节点，默认身份真实可信。在地面网络中，飞机在起飞前向机场提交自

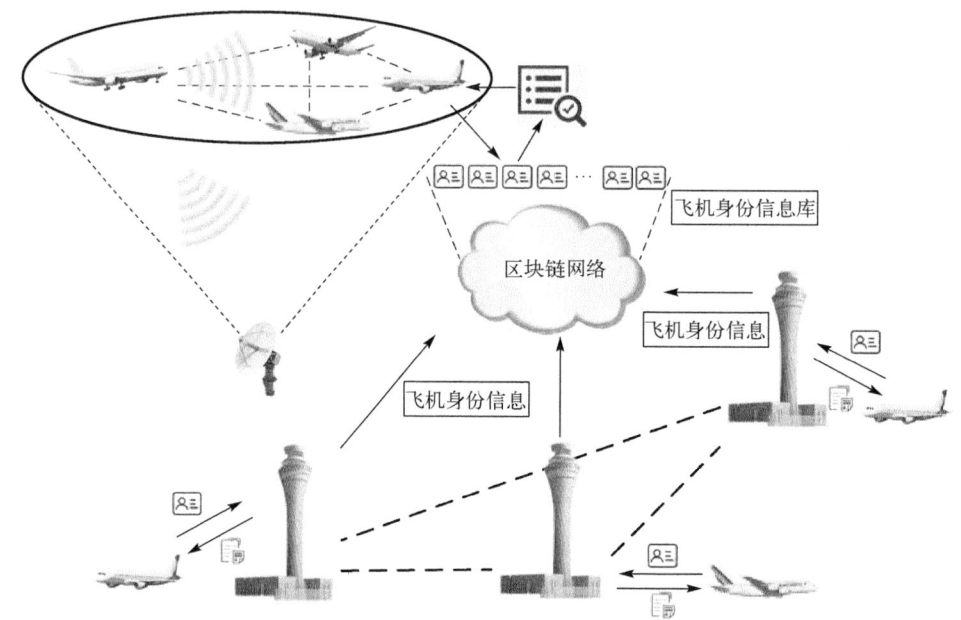

图 5-4 基于 ADS-Bchain 的飞机身份认证体系结构

身信息，请求获取临时身份证书（只在执行本次飞行任务的过程中有效的证书），按照认证协议内容，由机场提供临时证书后，飞机才能起飞。同时，地面网络会将飞机的身份信息存入地面区块链网络中，用以后续消息认证。地面站网络之间可通过访问区块链网络来获取各个机场存储的身份证书，对跨域飞行的飞机进行身份认证。

空域中的区块链网络中，各飞机作为节点。当各节点接收到其他节点向外广播的 ADS-B 报文后，对接收到的数据进行解算，提交至机载网络，机载网络根据共识机制，对所有数据进行认证，根据认证结果，对各个飞机节点进行分类。当发现某些节点上传的数据出现异常、损坏、丢失等情况时，认为该节点身份出现问题，或接收到的数据在传播中遭到攻击，则告知上传该数据的节点，重新验证其身份。确认身份无误后，该节点重新上传数据，若依旧存在异常数据，则认为该节点接收的数据在传播过程中受到攻击。可信节点上传完好数据，将 ADS-B 数据记录到支链区块链中，广播给各个节点。无法得到正确数据的节点可直接通过访问区块链网络来获取正确数据。

最后，由空域区块链网络通过 ATN 数据传输链路将数据同步到地面区块链网络，地面站对接收到的报文和存储在区块链网络中的报文进行对比，来验证数据是否遭到攻击。

5.2.2 ADS-Bchain 证书设计

本章依照 X.509 数字证书的标准进行改进,依据区块链数据一旦记入便不可篡改、可追溯的特点来完善数字证书,设计了一种适合本网络的区块链临时证书,如图 5-5 所示。

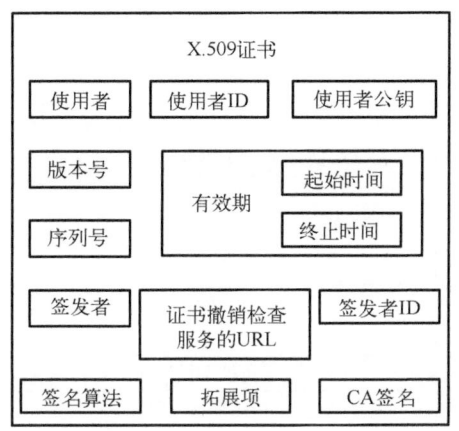 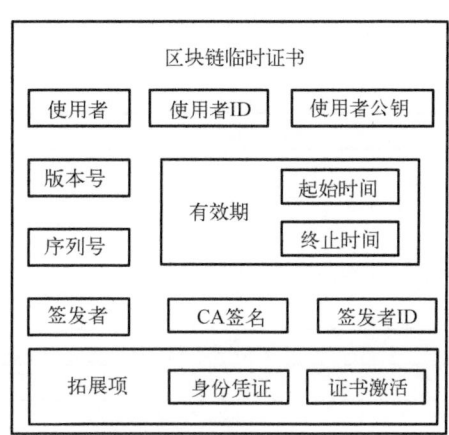

图 5-5 基于 ADS-Bchain 的临时证书
URL 表示统一资源定位符(uniform resource locater)

该证书用于由不同地面机构的根 CA 自行生成,用于飞机身份信息证明,作为无法修改的信任凭证,存入区块链网络中。与 X.509 标准证书相比,它主要在以下方面对证书进行适应性修改。

(1)取消了数字签名中的签名和签名算法模块。区块链本身就已经采用密码学的方法实现了链上数据完整性和真实性的保障,不需要通过签名算法去验证证书是否被篡改。地面机构作为可信的根 CA 自动生成区块链证书,并通过哈希加密,将证书存入区块链网络中,作为信任凭证。用户的临时证书也被记录在链上,通过简单验证,即可在链上查询,提高了认证效率,替代了传统 X.509 数字证书的签名和验证过程。

(2)取消了证书撤销检查服务的 URL 模块。区块链利用哈希函数进行加密,所有写入的数据不能被更改。区块链原本就是按时间顺序排列的存储技术,而且在本方案中,对于证书有效期的处理,明确将证书起始时间和终止时间与飞机飞行计划时间相匹配,证书的有效期仅限于飞机飞行过程中,结束飞行后,证书则失效,待下次飞行时,重新提交新的飞行计划,更新证书时间,激活证书。存储在区块链上的证书信息随时可以通过检索区块中的信息来获取,且每次生成新的区块、进行信息存储时都可以获取证书信息,因此不再需要提供在线证书状态协议(online certificate status protocol,OCSP)和证书吊销列表(certificate revocation list,CRL)管理服务,减少了额外的开销。

5.2.3　ADS-Bchain 认证协议

在我们提出的 ADS-Bchain 模型的基础上，设计了其中关于身份认证过程中的协议[1,3]。在协议运行的初始状态下，默认所有地面节点都是诚实可信的，且各可信节点之间已经完成了实体间的认证，联盟链上的节点证书可查询证书的状态。表 5-4 定义了协议过程中用到的符号。

表 5-4　协议中的符号说明

符号	含义
$A \rightarrow B: M$	实体 A 向实体 B 发送消息 M
G_X	地面站 X
U_X	飞机 X
ID_{U_x}	飞机 X 的身份信息
ICAO-24	ICAO 颁发的 24 位地址码
TaI	起降机场
AP	飞机飞行计划
Hash-X	指定的哈希算法
GD	机场/地面站数据库
$\text{Cert}U_X$	飞机 X 的临时证书
BCSer	区块链服务器
CA	证书颁发机构
N_x	随机数

1. 第一阶段：飞机临时证书获取

(1) G_A: {CertG_A, Hash-X}。

默认机场为可信的根 CA，同时作为监视域，根据自身信息，自动生成区块链证书 CertG_A，并把证书用指定 Hash-X 函数加密，将结果 Hash(CertG_A) 存储到地面区块链网络中作为各监视域的信任凭证。机场作为可信的根 CA 根据飞机提交的身份信息，实现联盟链成员进入和退出的批准。

(2) $U_A \rightarrow G_A$: {Requset$_1$}。

各飞机在起飞前向所在的机场发送 Requset$_1$，请求获取临时身份证书 Cert$X$。

(3) $G_A \rightarrow U_A$: {N_1, Hash-A}。

机场收到飞机的请求后，响应请求并向飞机发送随机数 N_1、指定加密函数 Hash-A。

(4) $U_A \rightarrow G_A$: {Hash(N_1), N_1}。

飞机 U_A 接收到机场 G_A 发送来的消息，通过加密函数对随机数进行加密，得到 Hash(N_1)，并将随机数 N_1 一起发送给机场 G_A。

(5) G_A: {Hash(N_1), N_1}。

机场 G_A 接收到飞机 U_A 发送来的消息，首先验证接收到的随机数与发送出的随机数是否一致。

① 随机数验证一致，则通过加密函数 Hash-A 对随机数进行加密，验证结果与飞机发送来的 Hash(N_1) 是否一致。若一致，则飞机所处环境安全，可进行证书颁发。

② 若接收到的随机数、加密结果有一项验证不通过，则飞机所处环境不可信，需要重新进行验证。

(6) $G_A \rightarrow U_A$: {N_2}。

通过验证后，机场 G_A 向飞机 U_A 发送随机数 N_2，用于告知飞机已获得证书颁发资格，提交信息即可获得证书。

(7) $U_A \rightarrow G_A$: {ID$_{U_A}$, ICAO-24, AP, TaI, Hash(N_2), N_2}。

飞机 U_A 向机场 G_A 提交自身信息 ID$_{U_A}$、飞机 24 位地址码(作为飞机的唯一身份标识) ICAO-24、飞行计划 AP、起降机场 TaI，其中，飞行计划时间主要用来确定飞机身份的可验证时间，当飞机结束飞行后，其身份证书失效，等待下次飞行过程中再次激活，防止非运行阶段身份被冒用；此阶段同样需要飞机 U_A 利用步骤(3)中的加密函数 Hash-A 对随机数 N_2 进行加密。

(8) G_A: {GD, Hash(ID$_{U_A}$, ICAO-24, AP, TaI)}。

机场 G_A 接收到飞机 U_A 的信息，首先核验随机数 N_2 和通过加密后 N_2 的结果，确保信息在传递过程中没有受到攻击，验证完成后，机场 G_A 查询存储在地面数据库中的飞行数据，对飞机的身份进行核验，如果查询结果与飞机提交信息一致，则将这些信息通过 Hash-X 加密，存入区块链网络中，供后续查询，并响应 Requset$_1$，反之，需要飞机重新提交信息。

(9) $G_A \rightarrow U_A$: {CertU_A}。

机场 G_A 向飞机 U_A 颁发临时证书 CertU_A，飞机收到地面机场发送来的临时身份证书，妥善保管，防止泄露，准备起飞。

(10) G_A: {Hash(CertU_A)}。

作为可信的根 CA，机场在向飞机颁发了临时证书后，将颁发的证书以及通过 Hash-B 加密后的整数哈希值存入区块链网络，飞机申请访问区块链时，进行身份认证时使用。

2. 第二阶段：报文消息源身份确认

(1) U_A: {ADS-B OUT(Message)}。

飞机 U_A 向外广播 ADS-B 数据，对应监视范围的地面站和附近空域安装有

ADS-B IN 的飞机接收这一消息，解码，得到具体 ADS-B 报文信息。

(2) $U_X \to \text{BCSer}: \{\text{Requset}_2\}$。

接收到飞机 U_A 向外广播的 ADS-B 消息的每架飞机 U_X 请求访问区块链服务器，进行消息源身份的验证。

(3) $\text{BCSer} \to U_X: \{N_3, \text{Hash-}C\}$。

区块链服务器收到 U_X 的访问请求后，响应请求，并向用户发送随机数 N_3 和新的 Hash-C 算法。

(4) $U_X \to \text{BCSer}: \{\text{Cert}U_X, \text{Hash}(N_3), N_3\}$。

飞机收到区块链服务器的响应，使用区块链服务器给定的 Hash-X 函数对随机数 N 进行运算，将自身证书 $\text{Cert}U_X$、随机数 N_3 以及 $\text{Hash}(N_3)$ 发送给区块链服务器。

①区块链服务器接收到用户消息，检查随机数 N_3 是否有效，利用发送给飞机的 Hash-C 算法，对随机数 N_3 进行加密，验证结果与用户发来的 $\text{Hash}(N_3)$ 是否一致。

②确认是飞机方发送来的消息后，再根据飞机提供的临时证书 $\text{Cert}U_X$，区块链服务器首先通过第一阶段步骤(10)中的 Hash-B 对飞机临时身份证书进行加密，验证证书是否正确，验证通过后区块链服务器查询根 CA(机场)存储在区块链的用户信息、证书激活时间，若与区块链服务器中的信息一致，则飞机 U_X 身份安全可信，授予用户访问权限，可在线查询相应信息。

③飞机 U_X 获得查询权限后，根据存储在区块链中的飞机信息验证机载设备结算出来的飞机身份，即可确定消息发送源身份的真实性，从而进行飞机 U_A 发送的 ADS-B 报文有效性判断。

5.2.4 ADS-Bchain 认证方法

ADS-Bchain 的设计基于区块链网络，需要地面和飞机上具有承载网络的载体，随着航空电信网和机载网络的发展，区块链网络在民航业中的应用和实现成为可能。

航空电信网期望通过快速发展的通信技术和计算机技术，构建全球化、地空一体化的综合新型网络，改变目前分散、相互隔离的航空通信网络现状。ATN 主要由计算机系统和中间系统组成，其中，计算机系统包括机载端和地面端两部分，中间系统则主要包括路由器和网络。地面、机载和网络相互连接，实现信息的互通，类似于互联网的结构。与现有的通信系统相比，ATN 具有以下特点：是全球范围的一种通信网络，适应多个不同国家和组织的通信；对于现有的通信网络设备和架构具有集成性；拥有专门的网络，只为航空相关的部门和企业提供服务，安全性更高；会根据消息的优先级、消息的质量采取相应的方式来传递消息，具有更强的适航性。

机载网络是一种新型的自组织网络，主要通过组合来自不同传感器、空中平台和地面站的数据来缩短传感器到发送方的时间，是一种无线通信网络。基于各种网络结构的不同的通信协议和通信链路都能够被机载网络技术所支持，并形成不同的动态拓扑结构。由于机载网络有无线网络的特点，被广泛应用在跨洋飞行、监视、跟踪等领域，保证通信设备的正常使用。

本节讨论的认证过程基于 ADS-Bchain 认证协议，其认证流程如图 5-6 所示[1,3]，主要分为两个阶段，分别是临时身份证书获取阶段(地面)和新区块生成之前的身份认证阶段(空中)。

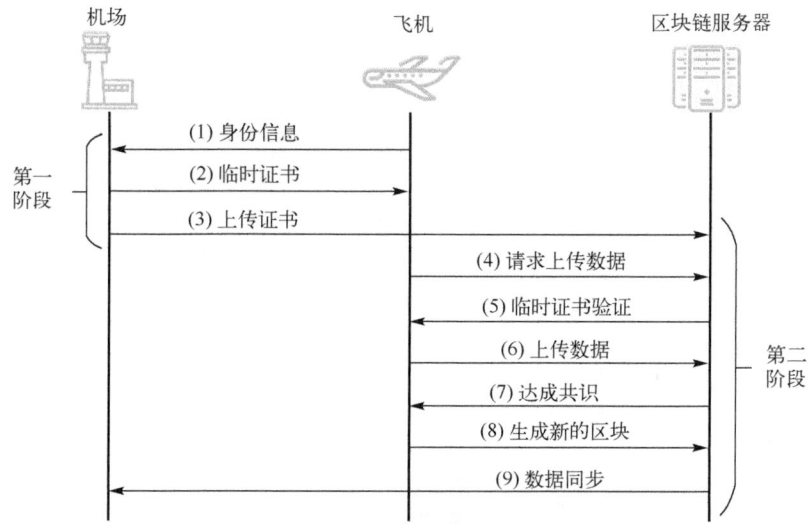

图 5-6 ADS-Bchain 身份认证流程

飞机通过认证流程后，身份得到核实，随后网络进行数据处理过程，对数据通过对比验证，获得可靠消息，进行上链存储，详细过程如图 5-7 所示[1,3]。

拥有授权的地面站作为可信机构和处于该地面监视范围内的飞机通过机载网络组成一个区块链网络，作为该地面站域内的区块链网络，各架飞机充当区块链中各节点的角色。当一架飞机向外广播 ADS-B 数据时，邻近空域的飞机将会接收到这一数据，收到该广播的飞机将计算当前最新的区块链的头部。当某架飞机解出符合要求的结果后，就向外广播，本节点已经率先计算出了这一个满足条件的随机数，获得此次数据的记录权，告知其他飞机准备计算下一个哈希头部。获得记账权的飞机将会获得一定的可信分数，可信分数越高，在身份认证阶段越快得到认证，甚至是免认证(类似于区块链中矿工"挖矿"获得的奖励机制)。各飞机将本机接收到的

ADS-B 报文上传至域内区块链网络(机载区块链服务器),域内区块链网络收到上传数据后,将这些数据与获得记录权的节点上传的数据进行对比,如果多个节点(飞机)的数据能够达成共识,即超过半数飞机收到的消息是一致的,则判定为通过共识。之后,再由获得记录权的节点生成新的区块,对数据进行存储。航空电信网与地面站服务器组成的区块链网络进行区块链数据同步。此时,地面站通过 1090MHz 的链路收到了 ADS-B 报文,地面站对接收到的数据进行处理(进行相同的算法,得到一个哈希值),与地面区块链网络中记录的数据进行对比,如果数据一致,则证明接收到的数据完好,没有遭受到攻击和干扰,反之丢弃数据,并继续接收下一时刻的消息,同步最新区块,进行验证。由于 ADS-B 系统每 1~2s 就会向外广播一次消息,因此,受到攻击而被迫单独丢弃一次或几次数据包,并不会影响对飞机飞行的监视。

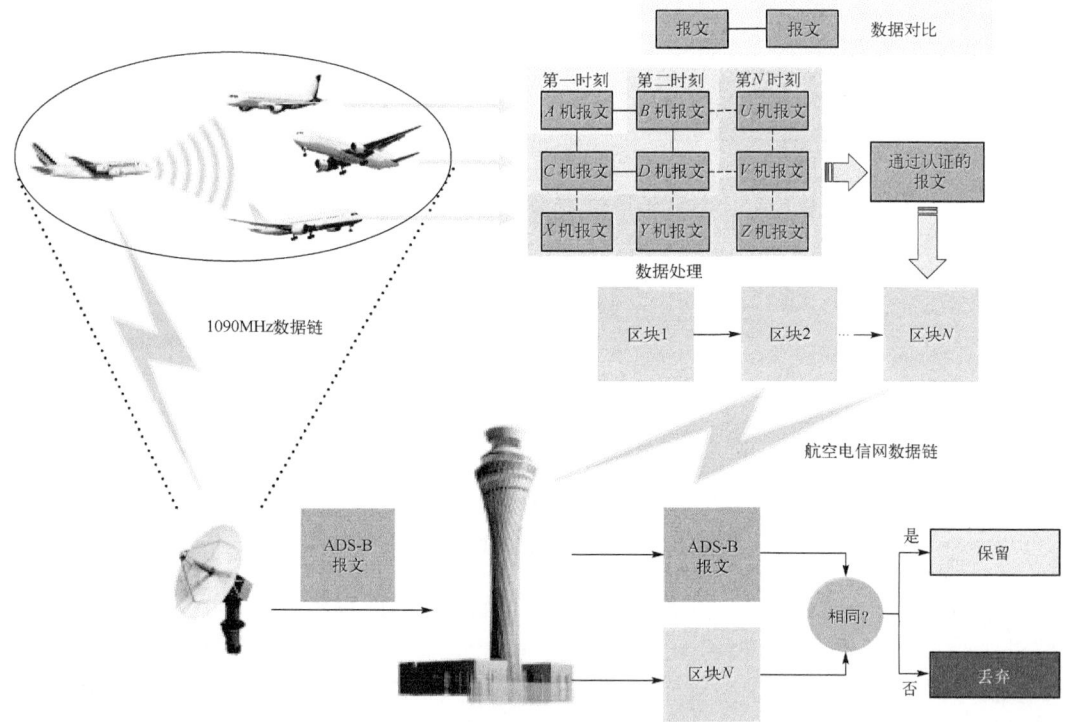

图 5-7 ADS-Bchain 抗欺骗检测模型

5.2.5 性能分析

本章提出的安全方案主要建立在区块链的基础之上,通过认证协议来验证消息收发双方身份的真实性,之后通过区块链的共识机制,数据存储结构(Merkle 树)对数据进行存储,实现 ADS-B 报文传输过程中的双重保护。

(1) 哈希函数的安全性。本章方案系统的安全性主要体现在两个方面。第一方面，在身份认证过程中，多次使用随机数和不同哈希函数的方法，来验证收发消息的双方所处环境的合法性和传输消息的合法性(第一阶段的步骤(1)、步骤(3)等)，而且可以通过身份信息来追溯任意的数据攻击，找到消息攻击的源头(区块链的可追溯性)。另外，记录在区块链中的数据都以不变性保存在区块链服务器中。第二方面，在数据存储中应用 Merkle 树原理，对数据进行分块处理，分层加密，最后递归成一个数据，存储在区块链中。这个过程中主要用到了 SHA-256 算法，利用其单向性，确保存入区块的数据无法反向计算，防止攻击者从加密结果中获得原数据；利用其抗碰撞性，避免了存入的消息出现相同的加密结果，从而导致认证失败。

(2) 防止内部攻击。本章方案以联盟链为基础，参与其中的各节点均需要进行合法性验证(第一阶段飞机获取临时身份证书和第二阶段获取区块链网络访问权限)，尤其是在空域中由飞机群组成的支链网络，每架飞机在进行数据传输之前都需要上传身份信息，认证通过后，才会被批准进入联盟链，才可进行消息的通信。通过身份证书、哈希函数等提供了数据信任机制，帮助抵抗 ADS-B 系统数据传输过程中的内部攻击。

(3) 防止假冒攻击。不论在地面还是空中，攻击者想要通过假冒发送者的身份来实现攻击都是不可行的。首先地面机构对飞机身份进行验证，验证通过后，向飞机颁发临时身份证书(第一阶段的步骤(9))。在空域中，飞机接收到数据后，同样需要对消息发送方的身份进行核对，在这之前，首先需要通过获得区块链网络的访问权限，验证自身身份，获得访问权限后，才可进行消息查验(第二阶段的步骤(4))。对于一架飞机来说，需要进行地面、空域两个阶段的身份认证，且其中通过非对称加密算法进行保护(地面和空域中所用到的哈希函数作为公私钥对)，攻击难度较大，攻击者无法进入系统。

(4) 防止重放攻击。在飞机获取临时身份证书的过程中，就会提交飞机运行计划，其中包括了飞机运行的起止时间(第一阶段的步骤(7))，而这一时间段也决定了临时证书的时效性，该时间保证了证书和消息的新鲜性，该时间无法修改，如果攻击者利用拦截的历史证书，就会因时间无效而无法进行攻击。其次，认证协议采用询问-应答的握手方式，多次发送随机数，在每次验证、提交信息之前，首先验证随机数，只有随机数验证通过后，才可进行信息的传递，起到了防止重放攻击的效果。

(5) 抵抗分布式拒绝服务攻击。本章利用区块链去中心化架构，拥有冗余性、分布性，并拥有一定的容错率。个别节点因受到攻击或其他原因无法工作，也不会影响网络中的其他节点。由于采用 PoW 作为共识机制，可根据区块链"最长链"原则来抵抗攻击，否则个别节点的失效根本无法对网络造成影响。

(6) 匿名性。区块链网络利用独有的加密机制，存储在网络中的都是数据的哈希值，数据完整性验证也是采用系统预定的相同算法运算后进行哈希值对比。每个节点的身份识别也都是根据特定的算法进行哈希值验证，整个过程没有数据泄露。

本节针对 ADS-B 系统设计了基于 ADS-Bchain 的可信任模型。首先对本章中的预备知识进行了介绍，主要是区块链技术和算法中用到的密码学相关加密算法。密码学算法主要包括密码学定义、对称加密算法、非对称加密算法、哈希算法、身份证书和 X.509 证书协议。

之后，对我们提出的 ADS-Bchain 方案进行了详细的介绍，主要包括 ADS-Bchain 飞机身份认证体系结构、ADS-Bchain 证书设计、ADS-Bchain 认证协议、ADS-Bchain 认证方法。

最后，对于本章提出的方案，主要依靠区块链技术和密码学，对方案的安全性进行了分析。

5.3　基于 ADS-Bchain 的抗假冒方法

本节通过设计实验、验证实验，实现了基于区块链的 ADS-Bchain 的抗假冒方法。根据不同的攻击场景，设计不同的攻击模型，根据实验结果，对方案的性能进行分析，并根据当前同领域的研究，与其他算法进行了对比分析。

5.3.1　方法实现

本章所提出的基于区块链的可信任服务的安全认证方法的核心就是利用区块链技术的不可篡改、可追溯的特点，因此我们设计了相应的实验，具体流程如图 5-8 所示。

实验首先通过 Python 读取从 OpenSky Network 上下载的飞机历史 ADS-B 报文，得到的报文已经经过 Asterix 算法进行解析，从十六进制数据转换为可以直接读取的十进制数据。报文内容主要包含的参数为时间、世界协调时(universal time coordinated, UTC)、ICAO 地址码、航班号、高度、速度、航向、纬度和经度。根据这些数据，进行 ADS-B 真实环境模拟，设置报文发送方、接收方等，模拟报文传播过程，模拟攻击，对数据进行攻击。数据传输过程中，通过将数据上传至区块链网络，进行数据的鉴别、存储，最后通过航空电信网链路将数据同步到地面服务器，地面服务器将接收到的区块链中的数据发送给地面接收站，地面接收站对比接收到的报文数据和区块链中存储的数据，检测数据是否被攻击，也可直接访问区块链中存储的数据，但由于区块链技术并未普及应用，所以仅限于提供可信任服务，为地面站提供数据验证服务。

第 5 章 基于区块链可信任模型的 ADS-B 信号抗假冒方法

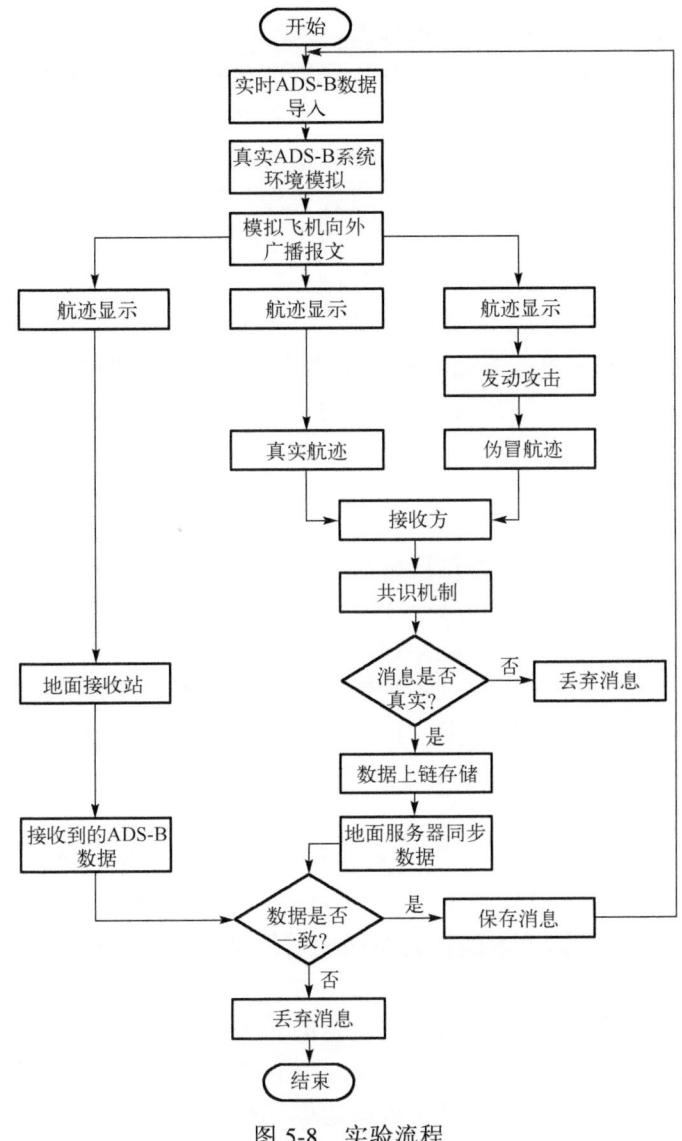

图 5-8 实验流程

1. 共识机制

在区块链系统中,共识机制是保证区块链各种特点的关键技术,是区块链建立信任的基础。本节主要采用共识机制中的 PoW 机制,这种机制规定完成一定量的哈希值计算后,就可以获得一定的奖励。在区块链网络中,当需要生成新区块时,各个节点就会消耗自身算力,进行随机数的计算,以满足区块要求。这种共识机制较为简单,去中心化程度高,破解系统需要掌握至少整个网络中半数的算力才有可能实现，需要极高的算力和消耗很高的成本，安全性高。

基于 PoW 的以上特点，根据 ADS-B 系统的运行原理与真实环境，本章对其进行了修改，以使该共识机制更加适合本章方案。在我们的方案中，我们为每架飞机都配备了机载服务器，用以求解哈希函数。所有机载服务器将各自接收到的报文上传至区块链网络，对数据按照时间顺序进行排序，通过遍历对比和相关值、方差的计算，根据数据的差值对数据进行分类，根据 51% 的原则，对真实数据进行存储，对异常数据（被怀疑受到攻击的数据）进行抛弃，达成共识的目的，并告知上传该消息的服务器，检查异常情况。在本章方案中，我们认为在不受到攻击的情况下，各架飞机接收到的 ADS-B 报文是相同的，但当报文在传输过程中受到干扰或修改后，数据会与原始数据不同，并且，根据攻击的特性，攻击者只能对某一范围的数据进行攻击，不可能对全部的数据进行攻击，因此我们认为该共识机制是可行的。

2. 阈值设定

根据飞行计划，飞机在飞行过程中，在一个固定空间中，是允许飞机有一定的飞行偏差的。对于 ADS-B 报文也是一样，在传输过程中必然会受到天气、多径效应等因素的影响。因此，我们需要根据实际情况，对 ADS-B 报文中传输的数据设定相应的阈值，以保证在正常范围内浮动的数据不会被误判为假冒数据。如果众多在阈值区间内的数据被判定为假冒数据，也会对共识机制的判定结果造成很大的影响，导致结果不准确。针对 ADS-B 报文中经纬度、高度、速度以及航向这几个参数，根据调查，我们设定了相应的门限值。

根据调查得知，飞行员在进行手动飞行的过程中，高度容差为 ±60m。为了简化计算，我们将表示位置和距离的数据都以弧度表示，在此基础上，高度对应的门限值设置为 0.00054°。由于未调查到经纬度的标准，我们在方案中设定一个正方体为飞机的安全飞行空间，以飞机飞行计划中某一时刻的经纬度及高度为中心，在此正方体空间内任意一点的飞机都认为是安全的。因此，相应的经纬度门限值与高度的门限值设定相同，都为 0.00054°。实验所选取的飞行阶段中，飞机的飞行速度为 800km/h，相当于 222m/s。我们以飞机的速度和横向偏移为直角三角形的直角边，假设飞机 1s 横向偏离 60m，则速度（斜边）需要达到 230m/s，即 828km/h，所以设速度门限值为 28km/h。至于航向这一参数，在正常飞行阶段，都是通过自动驾驶进行控制的，出现偏差时，自动驾驶会进行自动修正，没有一个严格的标准，因此在本方案中，设置航向的门限值为 1°。

3. 数据存储

针对数据的存储，我们重新设计了 Merkle 树，如图 5-9 所示。

第 5 章 基于区块链可信任模型的 ADS-B 信号抗假冒方法

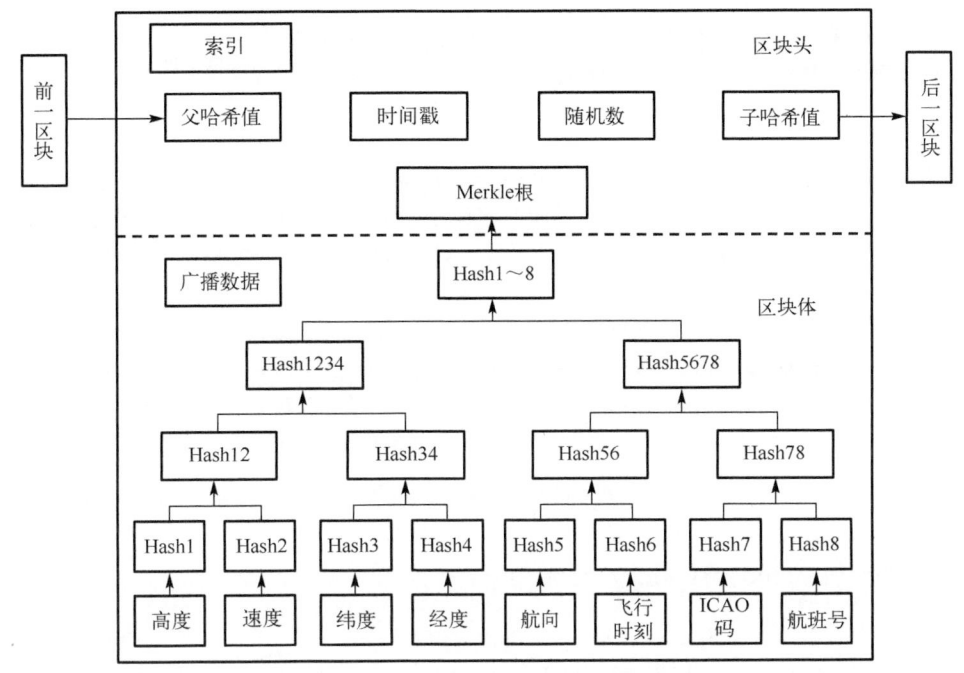

图 5-9 基于 Merkle 树的数据加密结构

根据数据内容，对数据本身进行分块，从而执行 Merkle 树的运算。Merkle 树结构在区块链系统中用来整合一个时间段所产生的数据信息，即一个区块内的数据信息。每条交易作为 Merkle 树的一个根节点，向上递归，最终得到一个数字证明，存储在区块头中。具体做法为：对每个根节点进行哈希值计算，随后两两结合，生成新的节点，再对新节点进行哈希值计算，最终就只剩下一个结果——Merkle 树的根。假设有 N 个元素作为 Merkle 树的输入，经过加密后得到一个 Merkle 根，那么，需要验证数据时，最多只需要经过 $2\log_2 N$ 次计算，就能够确定某个元素是否在该区块中，是一种效率很高的数据存储结构。

根据解算得到的 ADS-B 报文结果，将高度、速度、纬度、经度、航向、飞行时刻、ICAO 24 位地址码和航班号作为 Merkle 树的叶子节点，利用 SHA-256 算法，采用 Merkle 树的方法，进行数据存储。我们将一条 ADS-B 报文作为一次交易进行存储，主要对八个主要参数进行加密。首先对八个参数分别进行一次 SHA-256 加密：

```
1.  h_1 = hashlib.sha256(ah.encode('utf-8')).hexdigest()
2.  h_2 = hashlib.sha256(bh.encode('utf-8')).hexdigest()
3.  h_3 = hashlib.sha256(ch.encode('utf-8')).hexdigest()
4.  h_4 = hashlib.sha256(dh.encode('utf-8')).hexdigest()
5.  h_5 = hashlib.sha256(eh.encode('utf-8')).hexdigest()
6.  h_6 = hashlib.sha256(fh.encode('utf-8')).hexdigest()
```

```
7. h_7 = hashlib.sha256(gh.encode('utf-8')).hexdigest()
8. h_8 = hashlib.sha256(hh.encode('utf-8')).hexdigest()
```

加密结果如下：

```
1. 98214062b352e6b3bdffed115f1f2a52930df5b36d39cbe03b0dec4262a508de
2. 95332308f73c066fb38c8199e92b95515aa1f46ddfe2b6ad972dd1fc999c50df
3. 1cd854047aa482bd6cf1da91553c3fcf6a9bdd461de068fc9edb04bd7a8246a1
4. 7162dae0e5aefd9d7a4dc2d9d1a6fc27efdfae9940bc4b3217fb60a6c693f77e
5. 82c01ce15b431d420eb6a1febfba7d7a2b69e5bcdcb929cb42cd3e9179d43fc4
6. d8f8251b899607d306b4e69a1222f66e24fedf122e52f9003e12c7a44e05931e
7. 316d225dfc06af482a0bc64c052c2fd38e25abfad3f094f8c9aba9fdb256d2ea
8. 60bec71bcbcbb6344e052a4bdae210b05ab54353915598c09afb50fd5afdefc0
```

第一步 SHA-256 加密之后，我们将高度和速度的计算结果相加，对其结果进行一次加密处理，即 Hash12 = Hash(Hash(Height) + Hash(Speed))，其中 Hash(Height) = Hash，Hash(Speed)=Hash2，结果如下：

```
1. h_1+h_2=98214062b352e6b3bdffed115f1f2a52930df5b36d39cbe03b
0dec4262a508de95332308f73c066fb38c8199e92b95515aa1f46ddfe2b6ad972dd1fc
999c50df
2. h_12=1b30dd450cd953cc4736938145e241c8823070901b1a859f74f77
e2ed188120a
```

使用同样的方法，我们可以得到 Hash34、Hash56 和 Hash78 的值。接着继续计算出 Hash1234 和 Hash5678，我们得到的最终 Merkle 根如下：

```
1. 3cc5412e970cb9c0d465ccc3a07521113e383edf252851cfb1b81ab76cffdded
```

通过共识机制验证的 ADS-B 数据，经解算后，提取出八个特征属性，经过三层递归相加，并进行了 15 次 SHA-256 算法、7 次哈希值之间的加法运算，最终得到了 Merkle 根，即要存储在区块链网络当中的 ADS-B 报文最终结果，根据数据存储的时间即区块内的其他内容，生成新的区块。接收到下一条消息后，经历上述过程，生成新的区块。下面展示了三条 ADS-B 报文生成的三个区块链（此时设置哈希头以 00000 开头）。

```
1. Index: 345
2. Previous_Hash:
000006d76ad779cc1333e9bef1287fc4f157e3a6c618 f6b2f6222f3fa74f7173
3. Self_Hash:
00000b646eb0dfde1f741b81790e0d3db008d5b7a8afbf 7ad89ebeac8fe52a55
4. Data:
```

21cb6778d781beeb79a1a04d4109554d37e05929d3c22805d81f 4a31752fe095

5. Nonce:79709
6. Timestamp: 2022-01-24 21:27:33
7.
8. Index: 346
9. Previous_Hash:
00000b646eb0dfde1f741b81790e0d3db008d5b7a8a fbf7ad89ebeac8fe52a55
10. Self_Hash:
000001150fa9c56f9961b5cf5f13e63563cf70a03f46738 e3c344a6fd4f31ecc
11. Data:
3cc5412e970cb9c0d465ccc3a07521113e383edf252851cfb1b 81ab76cffdded
12. Nonce:2035254
13. Timestamp: 2022-01-24 21:27:38
14.
15. Index: 347
16. Previous_Hash:
000001150fa9c56f9961b5cf5f13e63563cf70a03f 46738e3c344a6fd4f31ecc
17. Self_Hash:
000004907b45a7d50d0db1caa1560e780c271f600f53ea 1eeda252a6cc5a8f0d
18. Data:
ccd0758ccc83ce16ab4855f8319b2f97d7bcfe93b7a023eb 919103a00248cdea
19. Nonce:470691
20. Timestamp: 2022-01-24 21:27:44

新区块产生后，地面接收站通过 ATN 和机载网络同步得到相同的报文信息。此时，地面也接收到了飞机发来的 ADS-B 报文，通过解算报文，对报文内容进行分类，对八个特征数据进行同样的迭代运算，运用相同的哈希算法，得到 ADS-B 报文对应的哈希值，与存储在区块链网络中的哈希值即上述 Data 一栏中的数值进行对比，即可验证由飞机通过 1090MHz 链路传输的 ADS-B 报文在传输过程中有没有遭受到攻击。

5.3.2 实验场景设计

根据飞行推出滑行、起飞离场、巡航、下降进近、落地复飞五个飞行阶段，我们选择了巡航阶段作为实验的背景。在推出滑行和落地复飞阶段，飞机还在地面上，地面站并不需要过于依靠 ADS-B 系统就能够确定飞机位置信息。相比于其他阶段，在这两个阶段，即使机载 ADS-B 系统受到攻击，影响也不会很大。而起飞离场和下降进近阶段是飞机飞行过程中最重要的两个阶段,除了 ADS-B 系统,还有很多相关的系统用于保障飞机的安全,而在这两个阶段,各部门、各设备对飞机的保护措施也是最高级别的。综上,我们选择飞机离地面最远的、保护相对最薄弱的巡航阶段作为我们的实验场景。

设计的实验场景如图 5-10 所示。飞机在巡航阶段,假设攻击者通过对某一架飞机的历史航线研究,总结得到飞机的航线,并在飞机航线地面投影的某一位置设置了攻击设备,对飞机进行数据干扰和攻击。由于飞机在巡航阶段高速运行,所以攻击者无法对飞机进行锁定并跟随攻击。因此,我们设定攻击者在地面固定位置发动攻击,其攻击能够影响的范围如图 5-10 的灰色区域所示,进入该区域的报文都会受到攻击。当飞机按照航路进行正常飞行时,我们设置了三种情况,分别是飞机接近攻击圈、飞机进入攻击圈和飞机离开攻击圈,在这三种攻击场景的基础上展开实验。

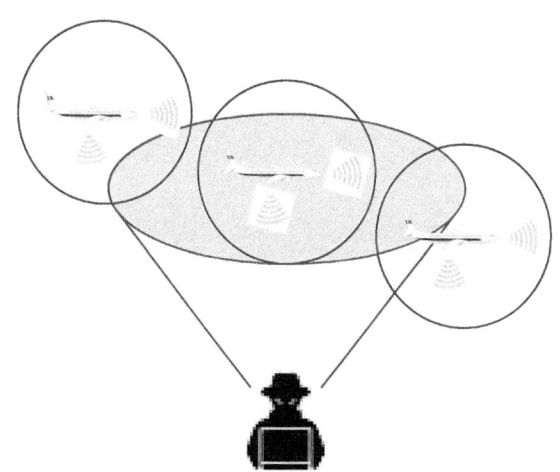

图 5-10　实验场景(飞机巡航阶段)

1. 固定偏差注入场景

固定偏差注入攻击,即对飞机飞行轨迹中的一段数据加一个固定偏差,使其航线出现偏离。在实验中,我们选择 150 条数据作为实验数据,其中前 50 条、后 50 条数据保持不变,对中间的 50 条数据进行攻击注入,来模拟攻击者的攻击范围,通过设置参数,模拟攻击者的攻击强度(即攻击设备的功率大小),实现不同的固定偏差注入。图 5-11 显示的是在某一固定值注入攻击下,飞机经度、纬度、高度受攻击影响的结果。可以看出,受到攻击后,飞机的航迹发生了明显的整体偏移,说明攻击对监视系统已经造成了影响。

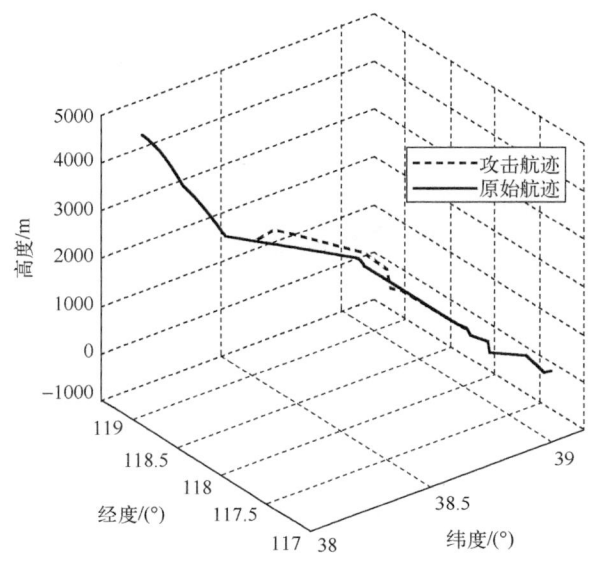

图 5-11 固定偏差注入对 ADS-B 报文的影响

2. 增量偏差注入场景

增量偏差注入与固定偏差注入的实现原理相似,即对飞机飞行数据加一个等差数列,使飞机飞行航迹出现偏离。其与固定偏差注入的不同之处在于,当进行固定偏差注入时,很可能会出现攻击强度过小,攻击后的数据仍处于安全飞行阈值内,导致无法正常识别出攻击的情况,而增量偏差注入攻击,即使在攻击强度较小的情况下,随着时间的推移,注入攻击的数据数值也会越来越大,使监视系统能够发现异常。然而,如果起始攻击数值就很小,增长速度缓慢,等到攻击后期,数值突然增大,才被检测出来。但这种低强度的攻击,始终都未超过安全飞机阈值,就不会对飞机造成伤害,也达不到攻击的目的,因此,强度较小的这种情况,并不需要着重考虑。这种偏移攻击类似于"温水煮青蛙"的原理,可能在短时间内无法被识别,如果放任不管,当发现这种攻击时,飞机可能已经偏离航线很远。增量偏差注入攻击对 ADS-B 报文的影响如图 5-12 所示,说明攻击已经成功影响到了正常的监视系统。

3. 随机信号干扰场景

通过对飞机的三维信息施加攻击,采用服从高斯分布的随机函数来达到随机信号干扰的效果,攻击结果如图 5-13 所示。通过结果可以看出,随机信号干扰使飞机飞行轨迹呈现剧烈波动,无论经度、纬度还是高度,都出现了较大的偏移,数据的精度下降,严重影响 ADS-B 系统的性能。这种攻击实现起来最为容易,但其造成的影响也是最大的。干扰攻击、消息修改、消息注入等都可以归于这一类模型来进行仿真实验。

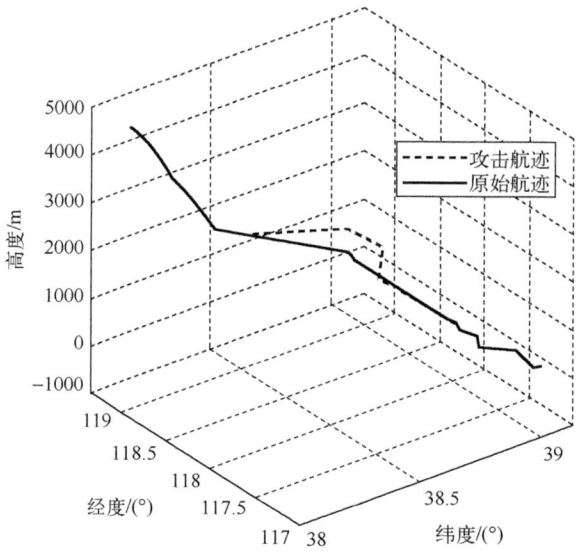

图 5-12 增量偏差注入对 ADS-B 报文的影响

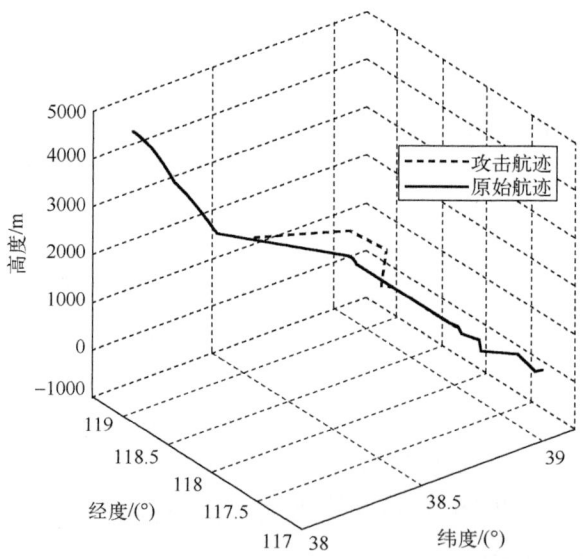

图 5-13 随机信号干扰对 ADS-B 报文的影响

5.3.3 实验验证

本节将介绍具体实验过程,首先介绍实验平台,说明我们的实验环境、所用的数据和设备。然后根据实验流程、实验场景进行实验,实现我们的可信任机制。

1. 仿真平台及参数设置

本章在 Windows 10 操作系统上,采用 Python 编程语言实现算法。算法采用的实验平台如图 5-14 所示。

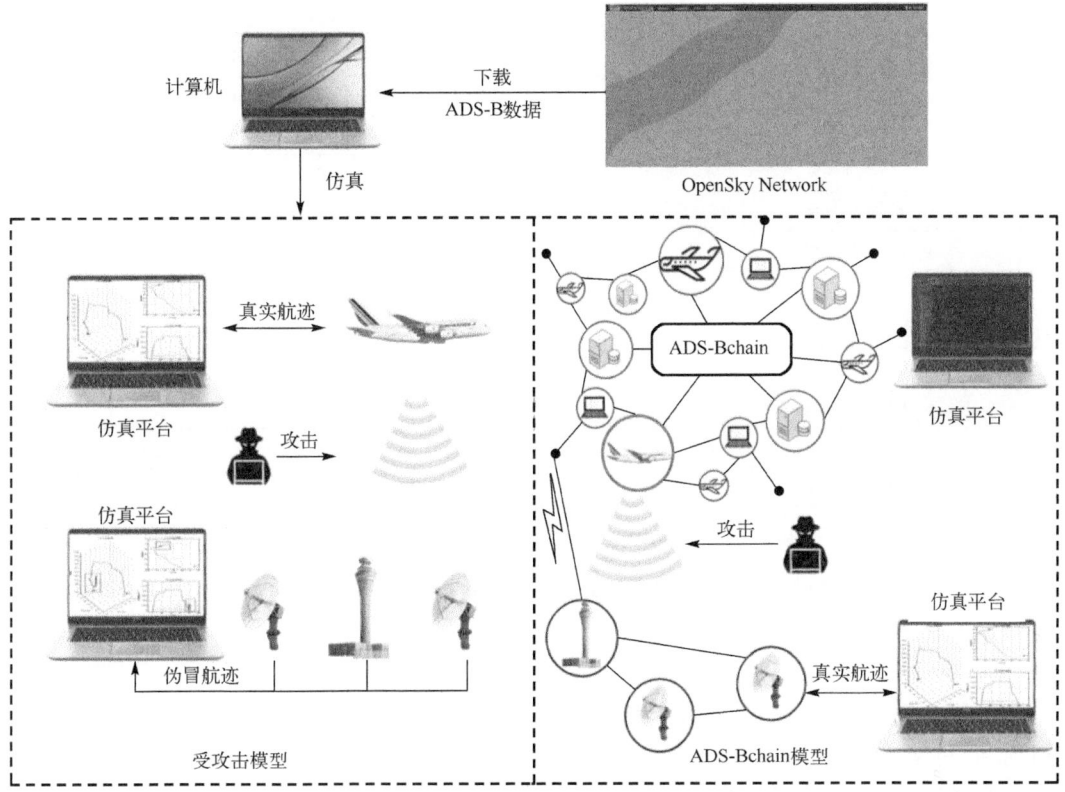

图 5-14 实验仿真平台

首先从 OpenSky Network 网站上下载实验所需的数据,通过仿真软件复现飞机航迹,模拟飞机信号收发。然后进行攻击测试,调整攻击参数,达到攻击目的,仿真飞机受攻击后的航迹。再通过 Python 实现区块链算法的编写,该算法是从 GitHub 上获取的,并根据本章算法的需求进行了改进,实现了 ADS-Bchain 的模型。实验过程中使用的数据来源于 OpenSky Network 2021 年 1 月 4 日 CDG8779 航班的 ADS-B 报文。OpenSky Network 是同类型提供 ADS-B 数据的网站中最大的数据集。

整个实验过程中,模拟单架飞机向外广播消息,在飞机周围设置一定数量的飞机和地面站,验证 ADS-B 报文的完整性和安全性。设置的攻击者为地面固定攻击,仿真参数设置如表 5-5 所示。

表 5-5 仿真平台参数及实验参数设置

对象	描述
操作系统	Windows 10
编程语言	Python
计算机 1	Intel Core i5-6500 3.2GHz/(8GB RAM)
计算机 2	Intel Core i7-7700 3.6GHz/(8GB RAM)
数据源	https://opensky-network.org/
飞机数量	20～50 个
地面站数量	2 个
攻击者数量	1 个
飞机分布	随机分布
地面站分布	平面中心点
攻击者分布	飞机航迹必经点(地面站 5km 范围内)
飞机飞行高度	9～10km
地面站高度	0km
攻击者高度	0km

本实验中涉及的实体如下。

地面站：用以检测、接收和解码其监视范围内的 ADS-B 消息，并作为地面节点构成地面区块链网络，将 ADS-B 消息存储在区块链中；同时，做飞机临时身份颁发的工作。

飞机：配备有全套 ADS-B 的飞机，以一定周期向外广播数据的同时，能够通过 ADS-B IN 接收周围飞机广播的 ADS-B 消息。

服务器：一种通用服务器，位于地面站和飞机上，用来作为区块链运行的服务器，可看作区块链的载体；能够记录区块链中存储的数据，能对数据进行智能计算，满足区块链系统的运算要求。其中机载服务器具有体积小、运算速度快的特点，属于航空电子设备。

攻击者：位于地面，通过无线电设备攻击 ADS-B；不仅能够发动干扰攻击，妨碍其他方获得飞机的正确定位，还能够发送消息修改、消息删除、消息注入等攻击，生成虚假消息。

2. 实验内容

我们将从 OpenSky Network 上下载的 ADS-B 数据通过 Python 进行读取，根据三维数据，得到飞机的原始航迹，图 5-15 完整地展示了航行过程中的高度和位置变化情况。

第 5 章 基于区块链可信任模型的 ADS-B 信号抗假冒方法

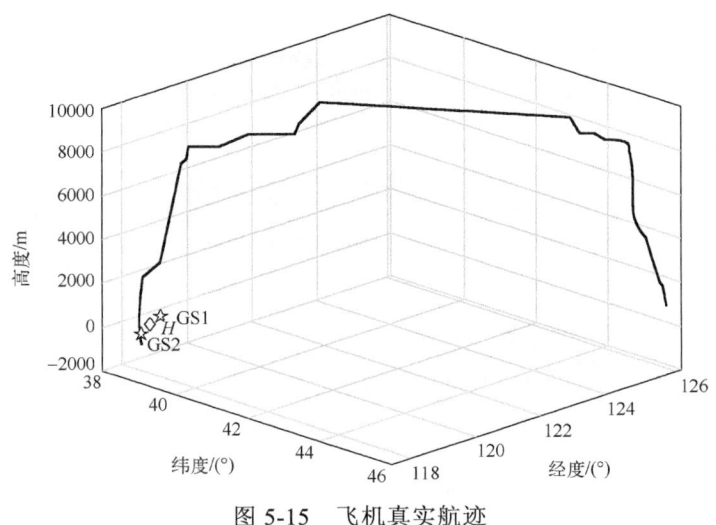

图 5-15 飞机真实航迹

考虑到攻击者的位置、可攻击的范围等情况，攻击者不可能对飞机在整个航行过程中进行攻击，所以我们从完整航迹中选择一部分飞行阶段进行模拟实验。选中的航迹中有 150 条 ADS-B 报文，数据更新周期为 5s，航迹如图 5-16 所示。

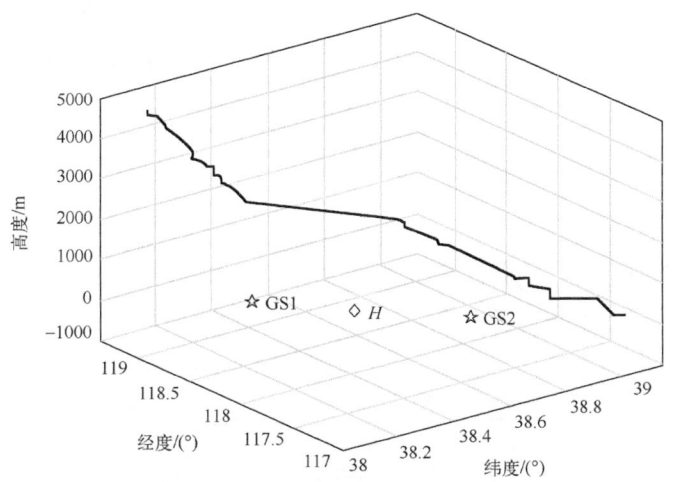

图 5-16 实验所选取的飞行阶段

在原始航迹确定的情况下，我们进行攻击模拟，两个地面站的位置如图 5-16 中的 GS1 和 GS2 所示，攻击者的位置则如图 5-16 中 H 所示。地面站 GS1 和 GS2 接收数据，地面攻击者 H 对发送方飞机广播出的报文进行干扰。

由于实验次数有限，不能保证实验数据的准确性和真实性，因此在一定次数的实验后，本章采用了蒙特卡罗随机方法，即统计模拟方法，对受攻击的飞机数量进行确定，如图 5-17 所示。

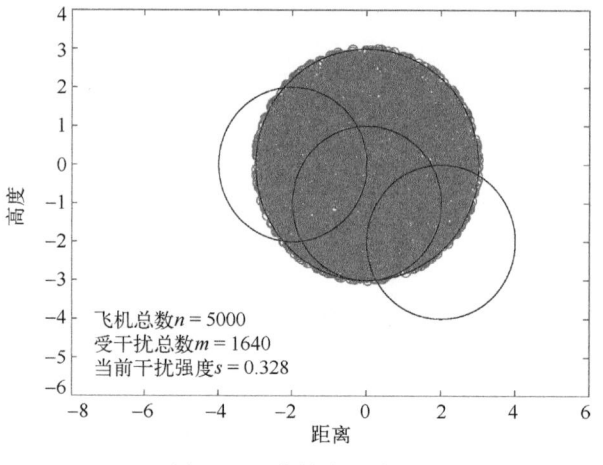

图 5-17 蒙特卡罗实验

蒙特卡罗实验本质上是用部分估计整体,采样越多,则越接近最优值。图 5-18 是对实验场景中 50 架飞机进行随机信号干扰攻击,把干扰放在 (0, 0) 的圆心处的一个范围内,通过蒙特卡罗实验模拟 100 次的结果。

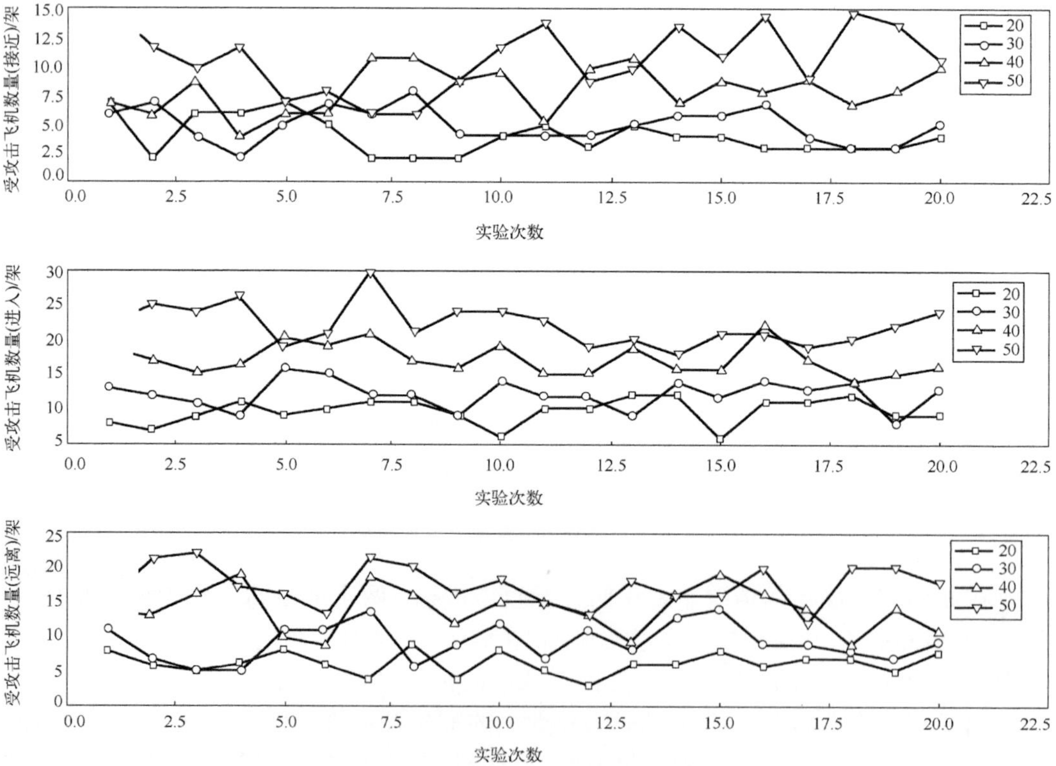

图 5-18 受攻击飞机数量统计

进行 20 次实验后，施加随机信号干扰攻击时，在飞机接近攻击范围、进入攻击范围和离开攻击范围三种情况下，设置飞机总数分别为 20 架、30 架、40 架和 50 架的情况下，受攻击的飞机数量的统计结果如图 5-18 所示。从图中可以看出，飞机的受攻击率在飞机进入攻击范围内是最高的，其次是离开攻击范围时，最后是接近攻击范围时。为了说明本章的实验具有普遍性和代表性，我们通过蒙特卡罗实验，对实验的结果进行了验证，消除实验的偶然性。

如图 5-19 所示，前四组数据是飞机接近攻击范围的统计结果，中间四组和后面四组分别是飞机进入和离开攻击范围的统计结果，纵轴以百分比表示在横轴所示飞机总数的情况下，受攻击飞机的占比。横轴中，20/2000 代表 20 架飞机，飞行高度为 2000m 时的情况。可以看出，实验结果与统计结果接近，平均浮动约为 2 个百分点，以 20 架和 50 架飞机的总数为基准，误差都在一架飞机以内。这说明了我们的实验结果的真实性，能够代表多数情况下的攻击结果。

在上述数据的支撑下，为了使实验结果更具代表性，我们设置实验条件为：发送的飞机进入了攻击者的攻击范围，50 架飞机接收 ADS-B 报文。以下展示的实验结果均是在这一条件下实现的。发动随机信号干扰攻击，50 架飞机中将有部分飞机遭受到攻击，也有一部分飞机将接收到正常数据，将所有数据展现在同一坐标系中，结果如图 5-20 所示。

数据包含了发送报文的飞机附近空域所有飞机接收到的数据，由于地面攻击者距离飞机飞行高度较远，其干扰范围有限、实施攻击的难度较高，所以接收到消息的飞机主要分为两类，其中一类是接收到假冒消息的飞机，另一类是接收到正常消息的飞机。目前，受攻击飞机数量和未受影响的飞机数量未知。各架飞机进行哈希头随机数的计算，得到结果后，各飞机访问区块链网络，经过身份验证后，将解算后的 ADS-B 报文结果上传至区块链网络。此时，区块链网络的共识机制发挥作用，各个机载服务器将接收到的数据进行遍历对比。以区块链网络收到的发送方上传的数据作为基准，用其他飞机上传的数据与基准数据逐一对比，验证消息是否一致，初步确定被攻击的飞机范围。然后再将收到的第一组上传数据作为基准，与后续的数据进行比对，经过遍历对比后，所有数据都被验证，重复次数最多的数据即可认为是较为安全的数据，与原数据进行对比后即可确定，而互不相同的，则认定该数据在传播途径中受到了攻击。

通过互相关系数来衡量被攻击数据和未被攻击数据之间的线性关系、相关程度，通过协方差来说明被攻击数据相比于未被攻击数据的总体误差。利用共识机制对数据进行分类，分为完好数据和被攻击数据两种。根据分类，通过共识机制验证后，接收到完好数据的飞机有 34 架，接收到假冒消息的飞机有 16 架。由于接收到完好数据的飞机数据一致，航迹相同，所以图 5-20 中的多条消息重合，显示结果为一条航迹。

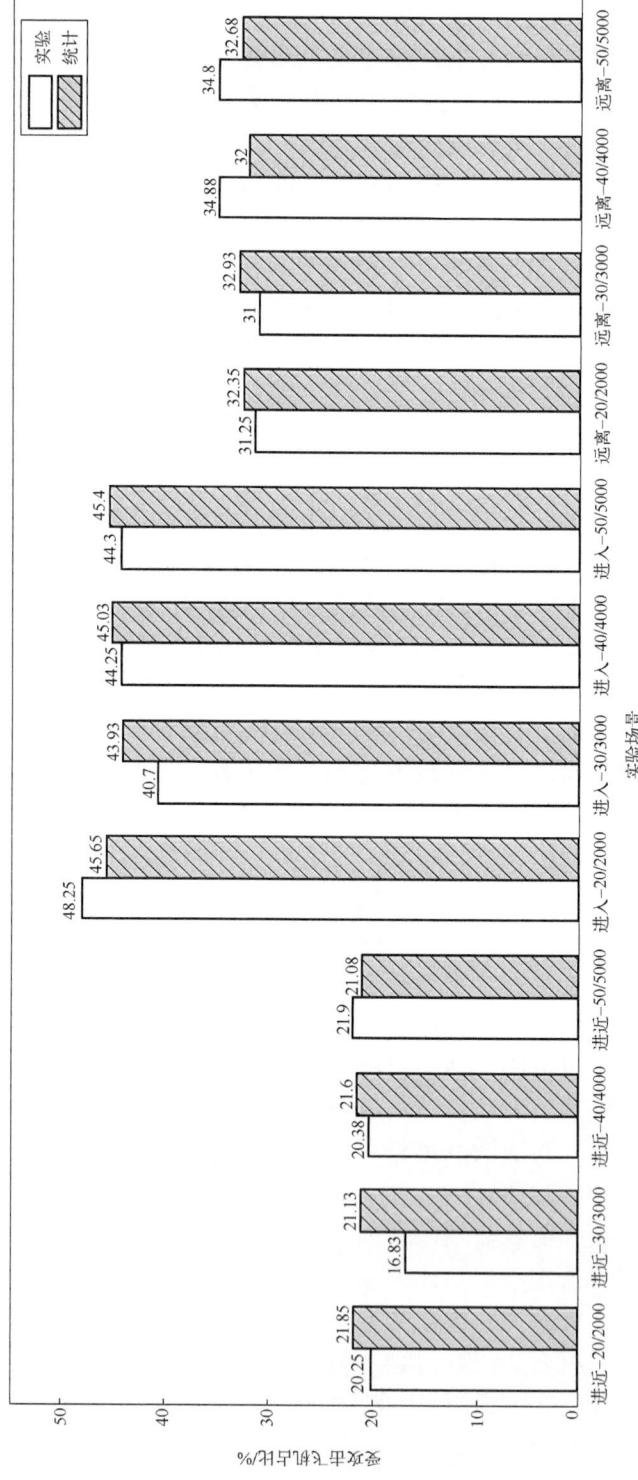

图 5-19 实验结果与统计结果对比图

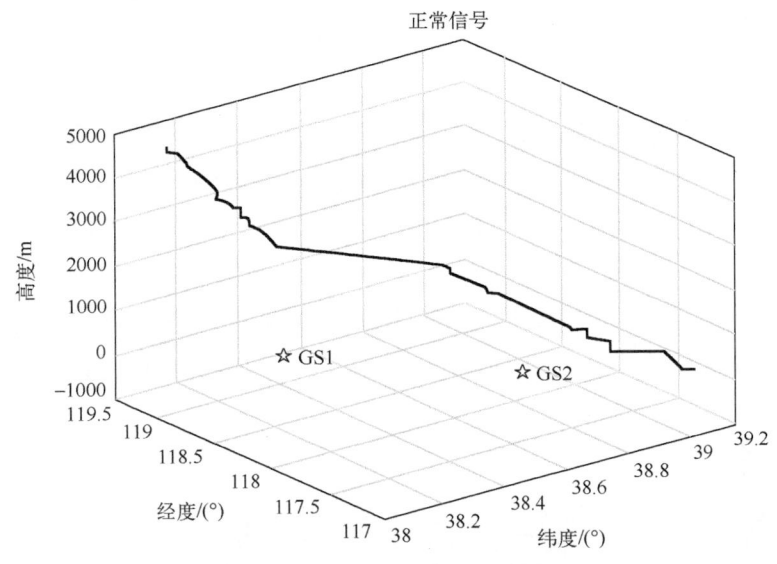

图 5-20 接收到正常报文的飞机

图 5-21 是部分接收到攻击报文的飞机解算出的航迹结果。可以看出,虽然是同一个干扰源,但由于距离等因素,不同飞机接收到的报文也是不同的。

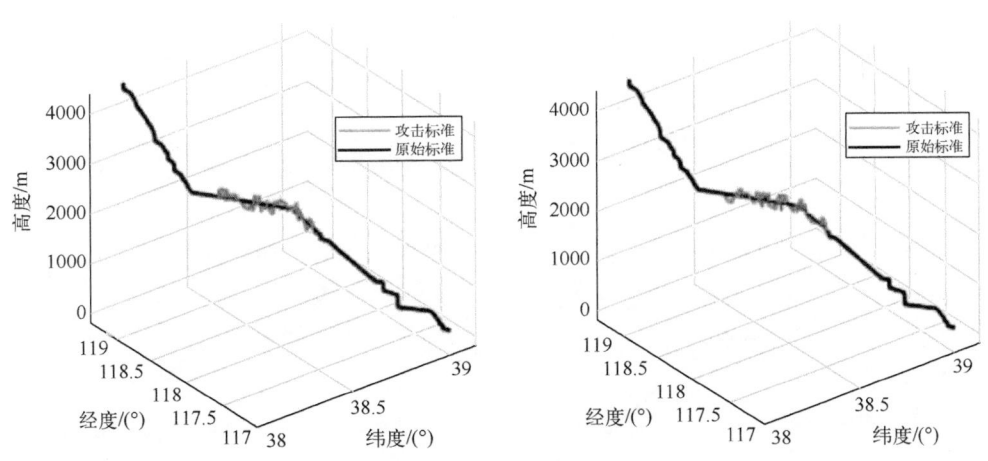

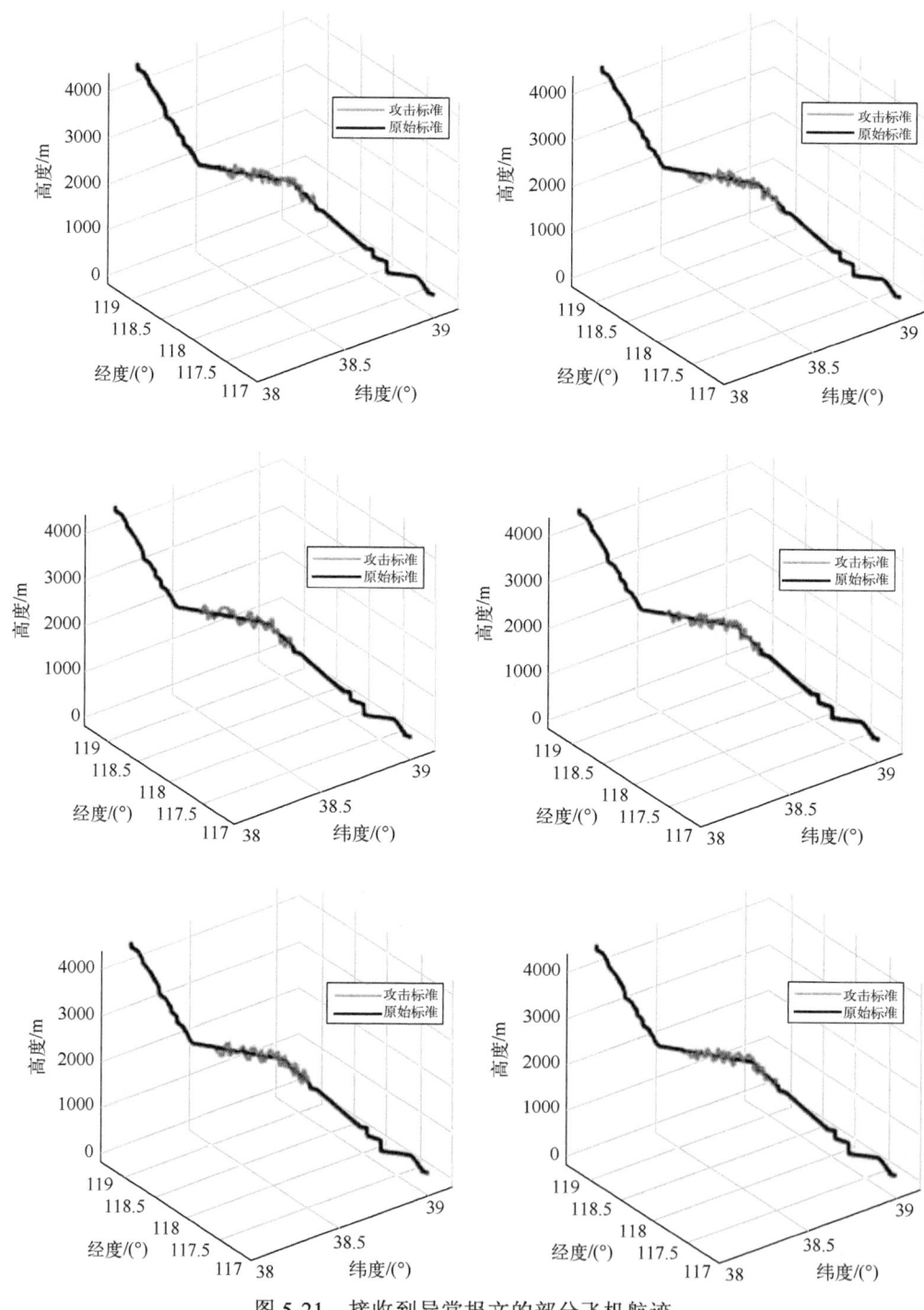

图 5-21 接收到异常报文的部分飞机航迹

由于实验的特殊性和实验本身设计的原因，对数据位要求较高，正常数据和异常数据差别并不大，因此需要一种能够反映数据之间的相关程度的方法来衡量不同数据之间的差异。

于是，我们选用了可以表达数值线性相关程度的相关系数，来反映我们的数据。相关系数是按照积差的方式运算，以两个变量之间及各自平均值的离差作为基数，通过计算两个离差的乘积来反映两个变量之间的相关程度；一般用字母 r 表示，其数学表达式为

$$r(X,Y) = \frac{\text{Cov}(X,Y)}{\sqrt{\text{Var}|X|\text{Var}|Y|}} \tag{5-1}$$

其中，$\text{Cov}(X,Y)$ 为 X 与 Y 的协方差；$\text{Var}|X|$ 为 X 的方差；$\text{Var}|Y|$ 为 Y 的方差。相关系数定量地刻画了 X 和 Y 的相关程度，$r(X,Y)$ 越大，相关程度越大。

我们将经纬度合成一组二维向量，对经纬度的相关值进行计算，结果如表 5-6 所示。

表 5-6 接收数据与发送数据相关系数

序号	相关系数	序号	相关系数	序号	相关系数	序号	相关系数	序号	相关系数
1	1.00	11	1.00	21	1.00	31	1.00	41	0.9999997316
2	1.00	12	1.00	22	1.00	32	1.00	42	0.9999997317
3	1.00	13	1.00	23	1.00	33	1.00	43	0.9999997166
4	1.00	14	1.00	24	1.00	34	1.00	44	0.9999997472
5	1.00	15	1.00	25	1.00	35	0.9999997249	45	0.9999997286
6	1.00	16	1.00	26	1.00	36	0.9999997167	46	0.9999997353
7	1.00	17	1.00	27	1.00	37	0.9999997319	47	0.9999997271
8	1.00	18	1.00	28	1.00	38	0.9999997218	48	0.9999997453
9	1.00	19	1.00	29	1.00	39	0.9999997175	49	0.9999997247
10	1.00	20	1.00	30	1.00	40	0.9999997385	50	0.9999997307

从表 5-6 可以看出，数据通过共识机制的判别后，未被攻击的数据与原数据的相关系数计算结果都为 1.00，即拥有相同的线性关系，说明未被攻击的数据与原数据具有相同的轨迹。而被攻击的数据，其相关系数无限接近于 1，但不等于 1，也说明了这些航迹发生了变化，相比于原始航迹，虽然拥有无限接近的线性关系，但是航线大致相同，对地面管制人员具有很强的误导作用。

针对表 5-6 中的数据，为了更直观地体现数据的变化，采用图 5-22 的方式体现攻击对数据的影响。

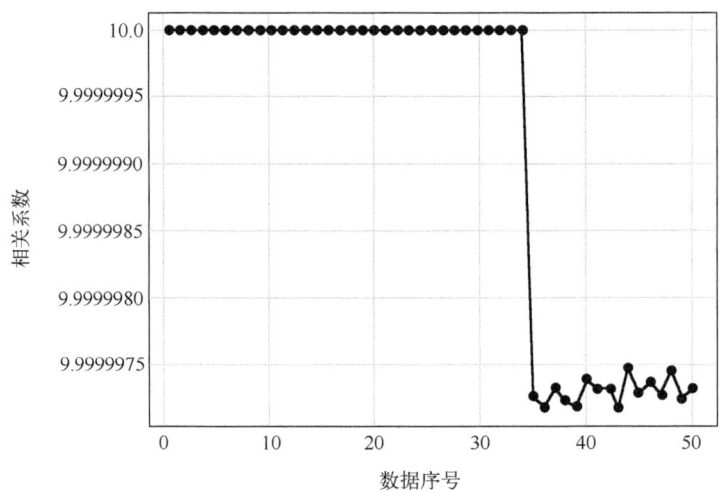

图 5-22 相关系数变化

变量之间的总体误差通过协方差来衡量，其数学表达式如下：

$$\begin{aligned} \text{Cov}(X,Y) &= E[(X-E[X])(Y-E[Y])] \\ &= E[XY] - 2E[Y]E[X] + E[X]E[Y] \\ &= E[XY] - E[X]E[Y] \end{aligned} \tag{5-2}$$

当两个变量的变化趋势相同时，即两者均超过了各自的期望值时，两变量之间的协方差为正值。但当两个变量的变化趋势完全相反时，即一个超过自身期望值，另一个低于自身期望值时，其协方差为负值。

经过同样的处理，对经纬度的相关系数进行计算，我们发现，不论数据是否遭受到了攻击，其与原数据的相关系数计算结果都接近于 1，因此，我们采用协方差来判断数据与原数据的偏离程度。为了更好地展示结果，我们对各组数据与原数据计算所得的协方差进行了处理，将原数据本身的协方差（即方差）与各协方差计算结果作差。协方差矩阵为二阶矩阵：

$$C = \begin{pmatrix} \text{Cov}(X,X) & \text{Cov}(X,Y) \\ \text{Cov}(Y,X) & \text{Cov}(Y,Y) \end{pmatrix} \tag{5-3}$$

其中，X 指原始 ADS-B 数据；Y 指接收到的数据，已知 $\text{Cov}(X,Y) = \text{Cov}(Y,X)$，$\text{Cov}(X,X) = D(X)$，$\text{Cov}(Y,Y) = D(Y)$，所以我们利用公式 $|\text{Cov}(X,X) - \text{Cov}(X,Y)|$ 来计算偏离程度。

采用协方差差值进行计算的结果如表 5-7 和图 5-23 所示。

表 5-7 接收数据与发送数据协方差

序号	差值	序号	差值	序号	差值	序号	差值	序号	差值
1	0	11	0	21	0	31	0	41	0.0004926092
2	0	12	0	22	0	32	0	42	0.0000866349
3	0	13	0	23	0	33	0	43	0.0010679461
4	0	14	0	24	0	34	0	44	0.0064721118
5	0	15	0	25	0	35	0.0014612067	45	0.0009554218
6	0	16	0	26	0	36	0.0007299679	46	0.0000633269
7	0	17	0	27	0	37	0.0073682519	47	0.0032494375
8	0	18	0	28	0	38	0.0017202140	48	0.0034166867
9	0	19	0	29	0	39	0.0041887373	49	0.0041444282
10	0	20	0	30	0	40	0.0039327501	50	0.0026097083

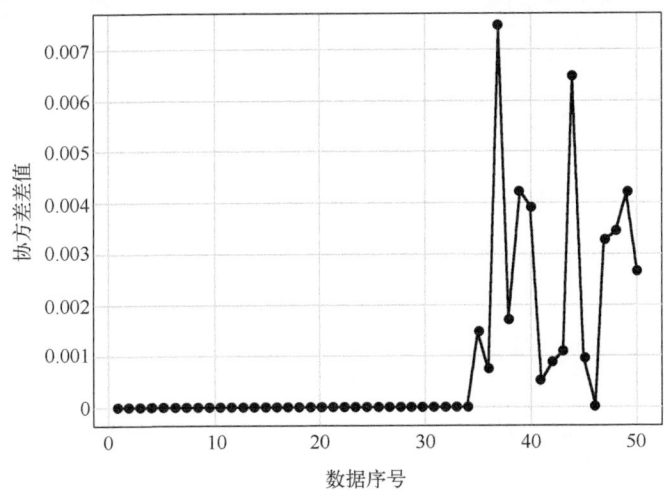

图 5-23 协方差差值变化

可以看出协方差差值更加明显地体现了被攻击数据与原数据之间的差别。经过计算，原数据的方差为 0.0052，而被攻击的数据在此基础上上下浮动。这说明与原数据相比，被攻击数据的偏离程度更大，数据更加不稳定，数据波动更大，直接说明了攻击对数据的影响还是比较明显的。

将数据分离开后，对数据进行门限(threshold)检测，针对经度、纬度、高度、速度和航向进行测试，16 条攻击数据的部分实验结果如图 5-24～图 5-28 所示。图 5-24～图 5-28 展示的是在攻击强度为 2 的情况下，五个参数在门限检测下的结果。可以看出在此强度的随机信号干扰攻击下，50条报文中，五个参数的虚警概率(false alarm probability，FAP)都在50%左右，图中的 num 为低于门限值的报文个数，这些数据都是受攻击的数据，如果虚警概率过高，就会出现将受攻击数据错判成正常数据的情况，因此，我们进行了更多的实验。

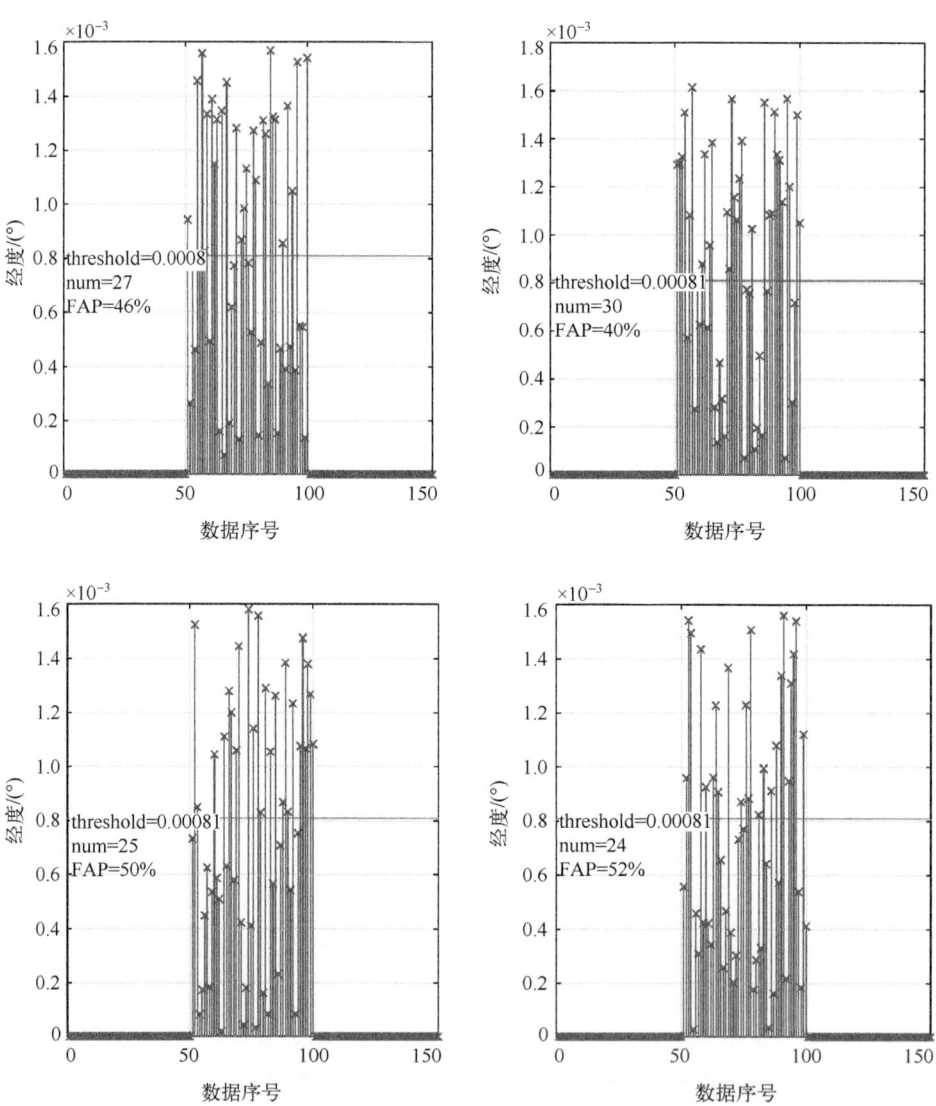

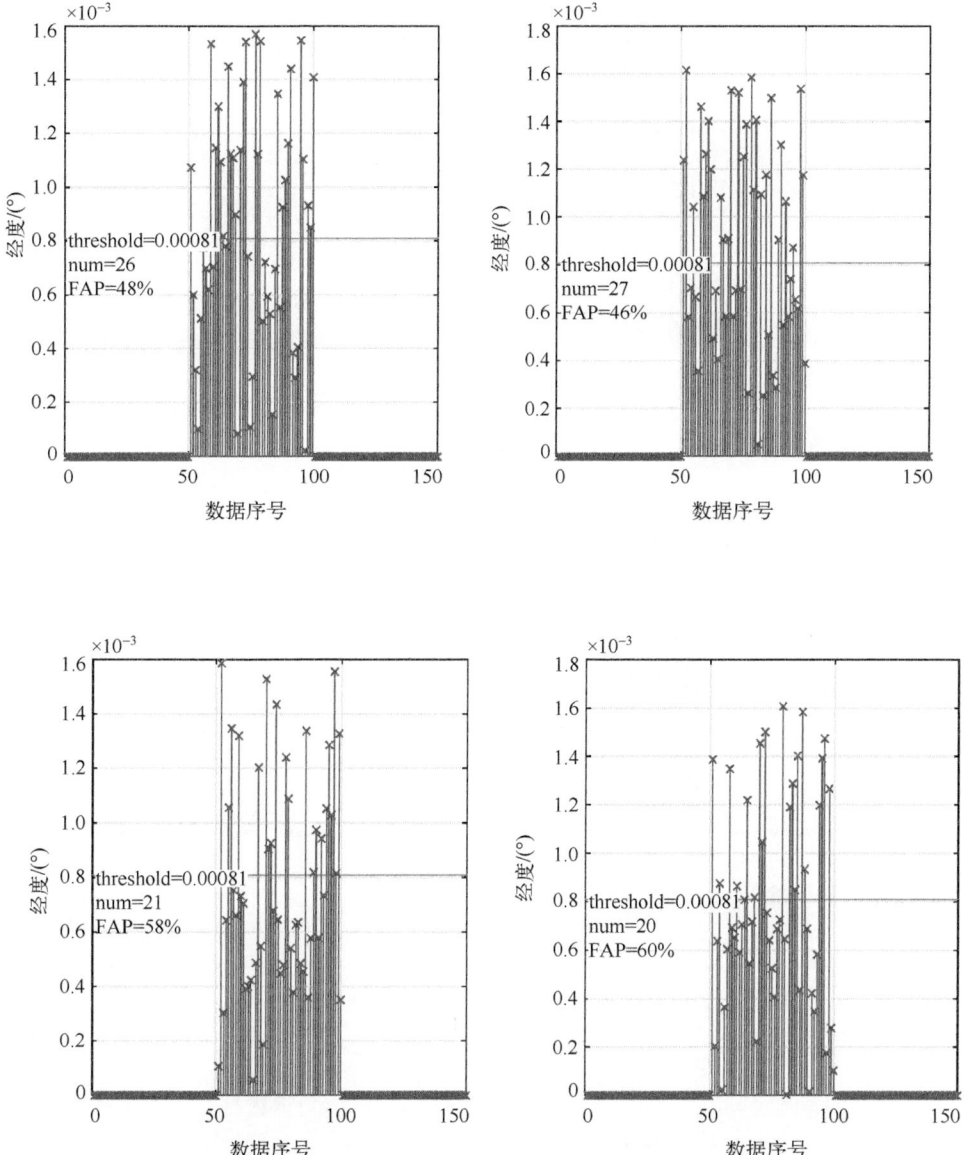

图 5-24 随机信号干扰时门限检测——经度

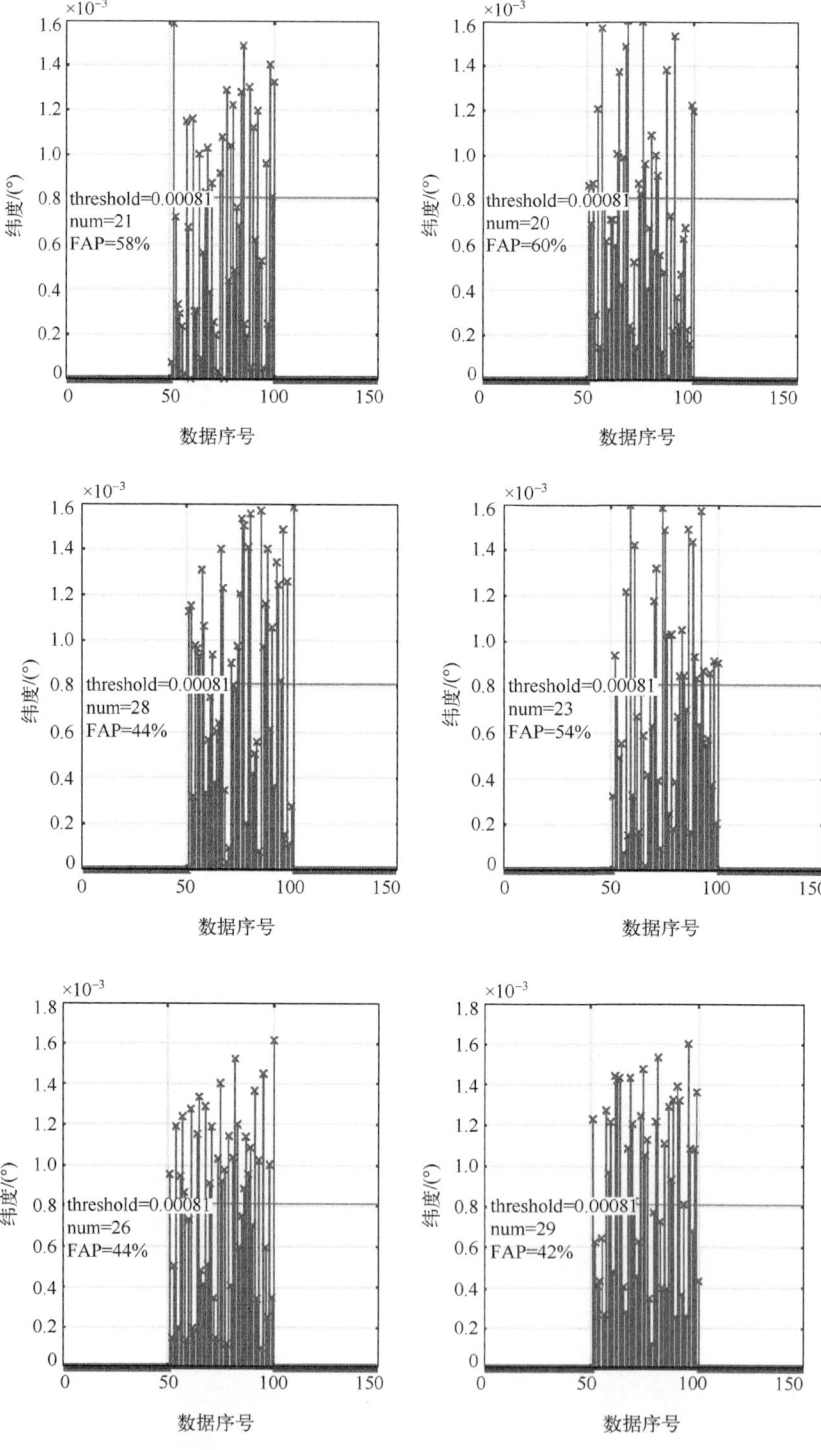

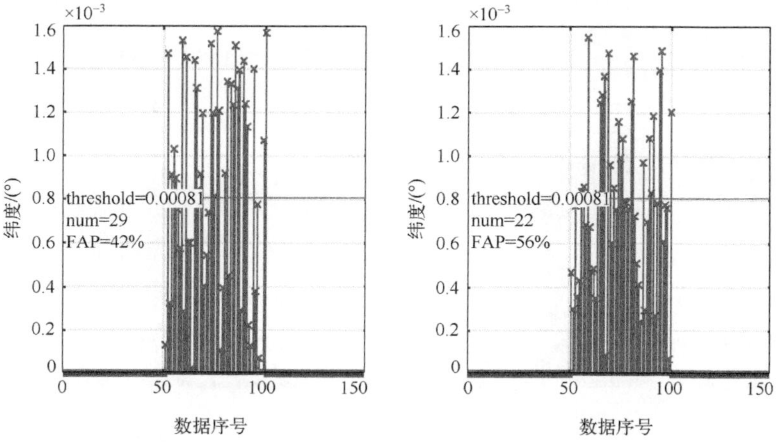

图 5-25 随机信号干扰时门限检测——纬度

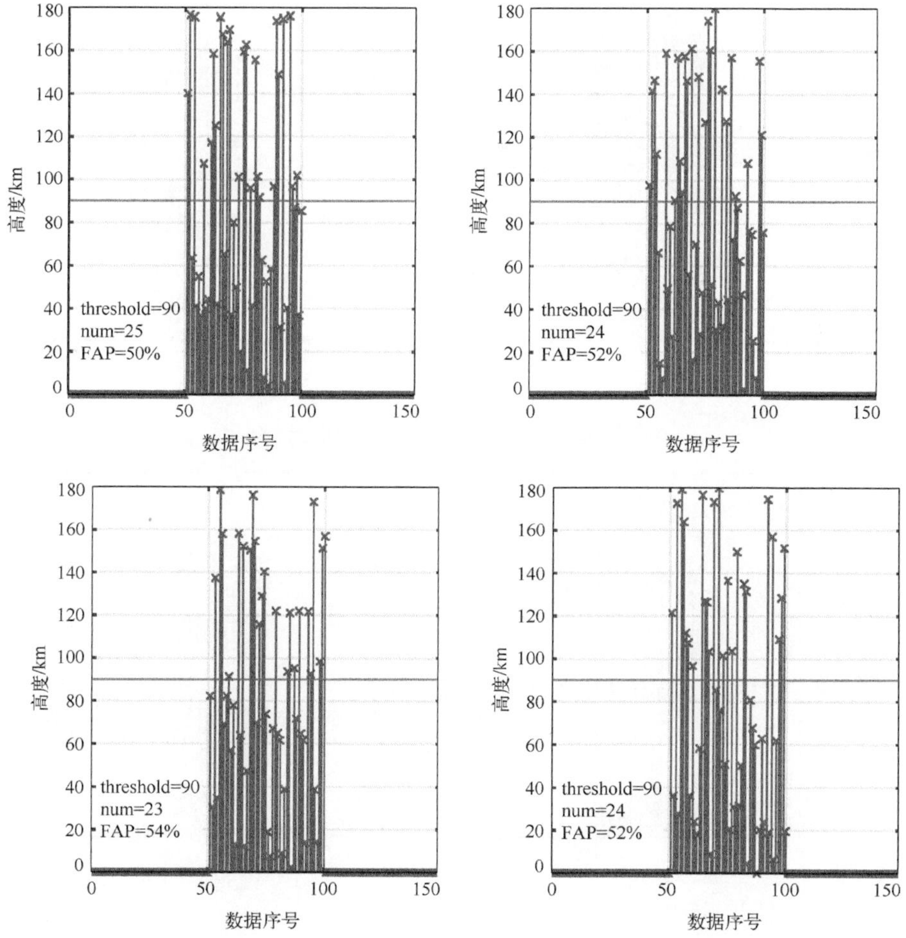

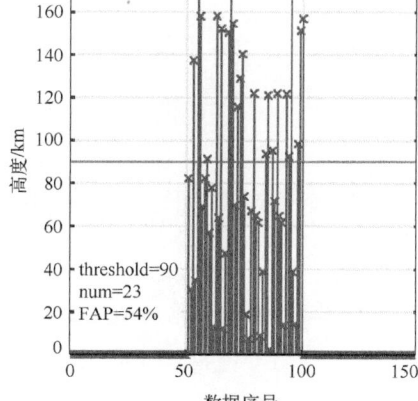

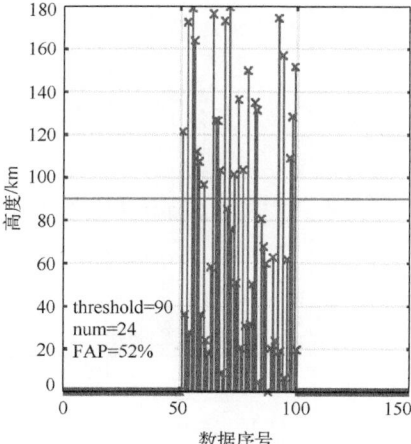

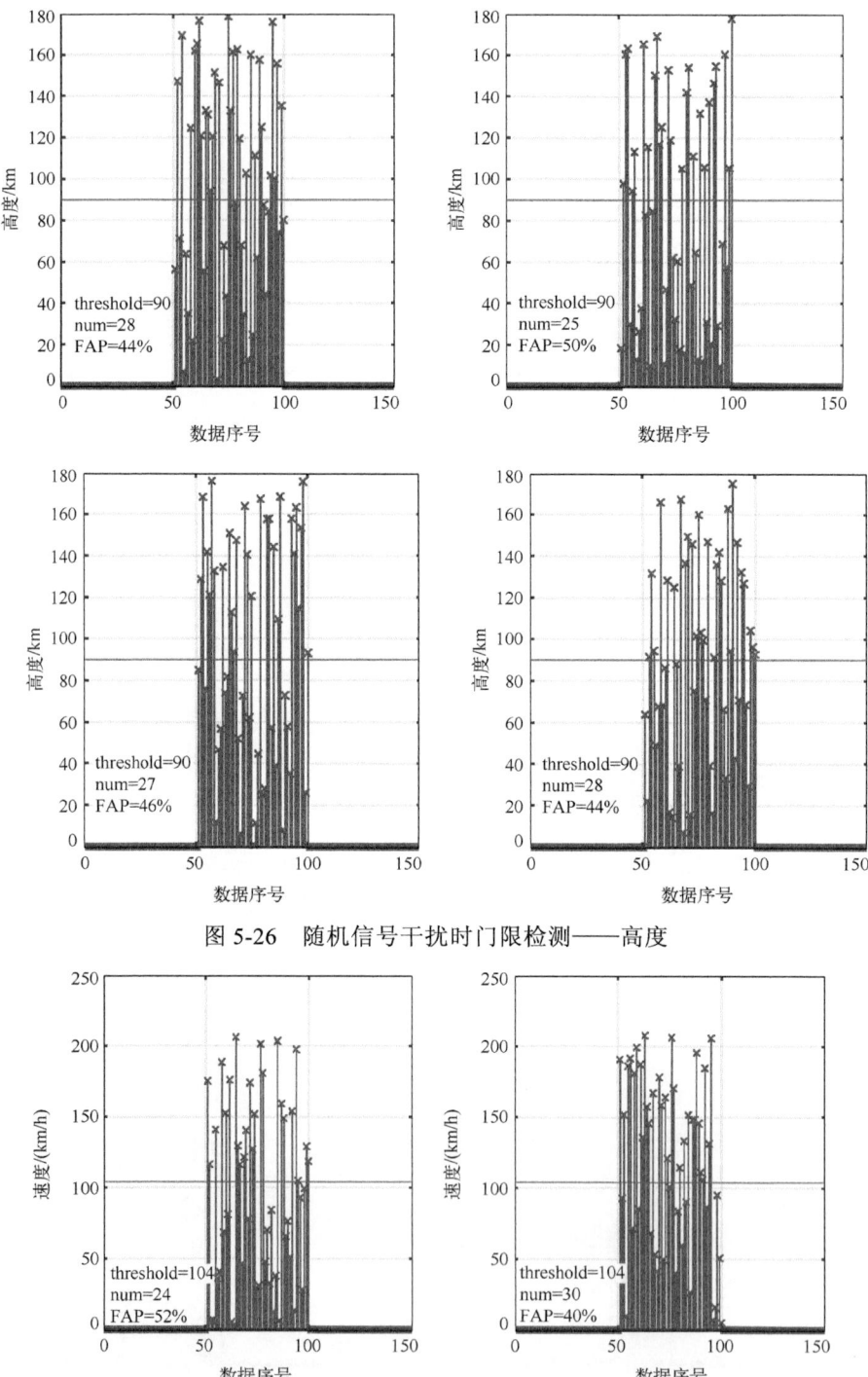

图 5-26　随机信号干扰时门限检测——高度

第 5 章 基于区块链可信任模型的 ADS-B 信号抗假冒方法

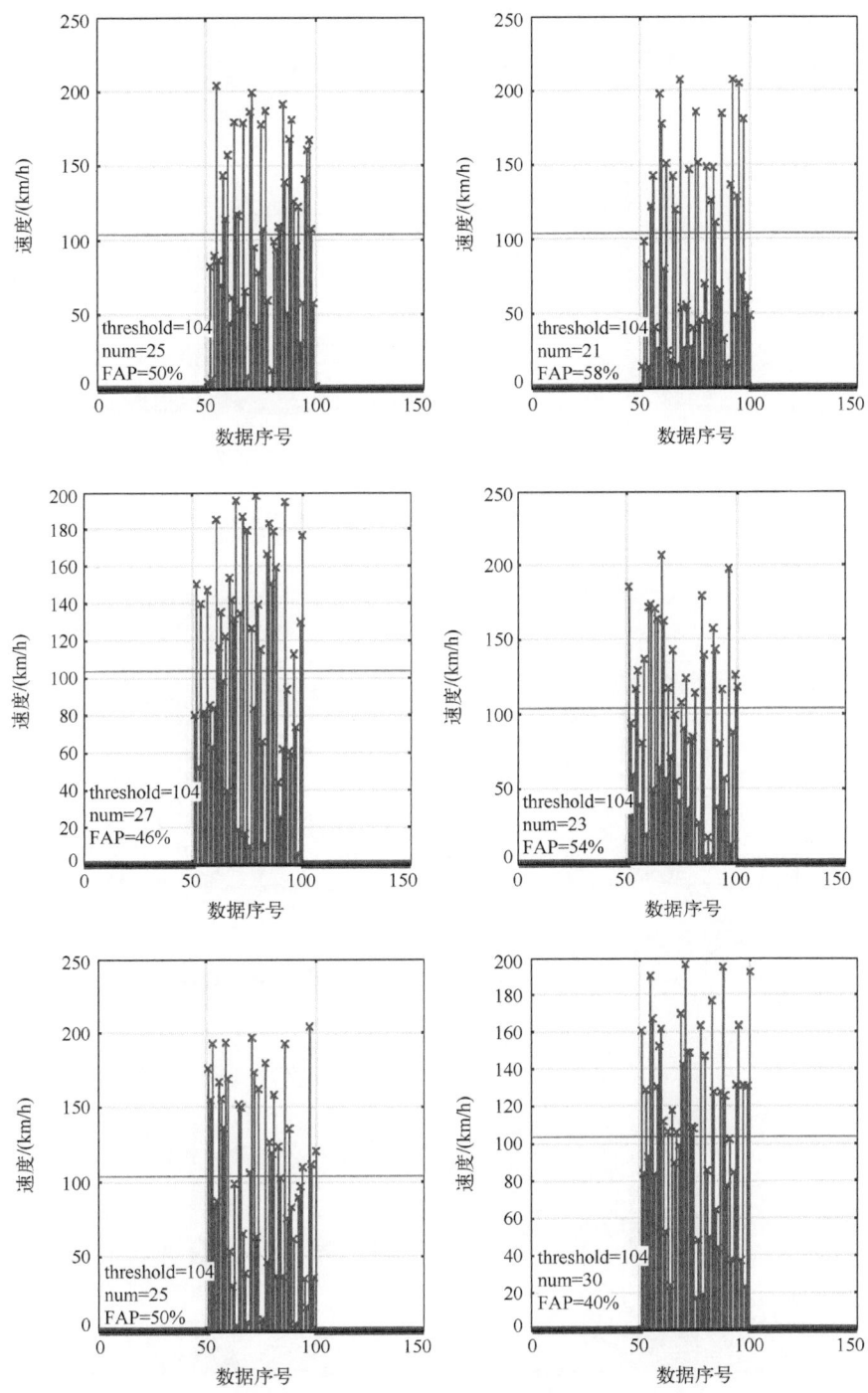

图 5-27 随机信号干扰时门限检测——速度

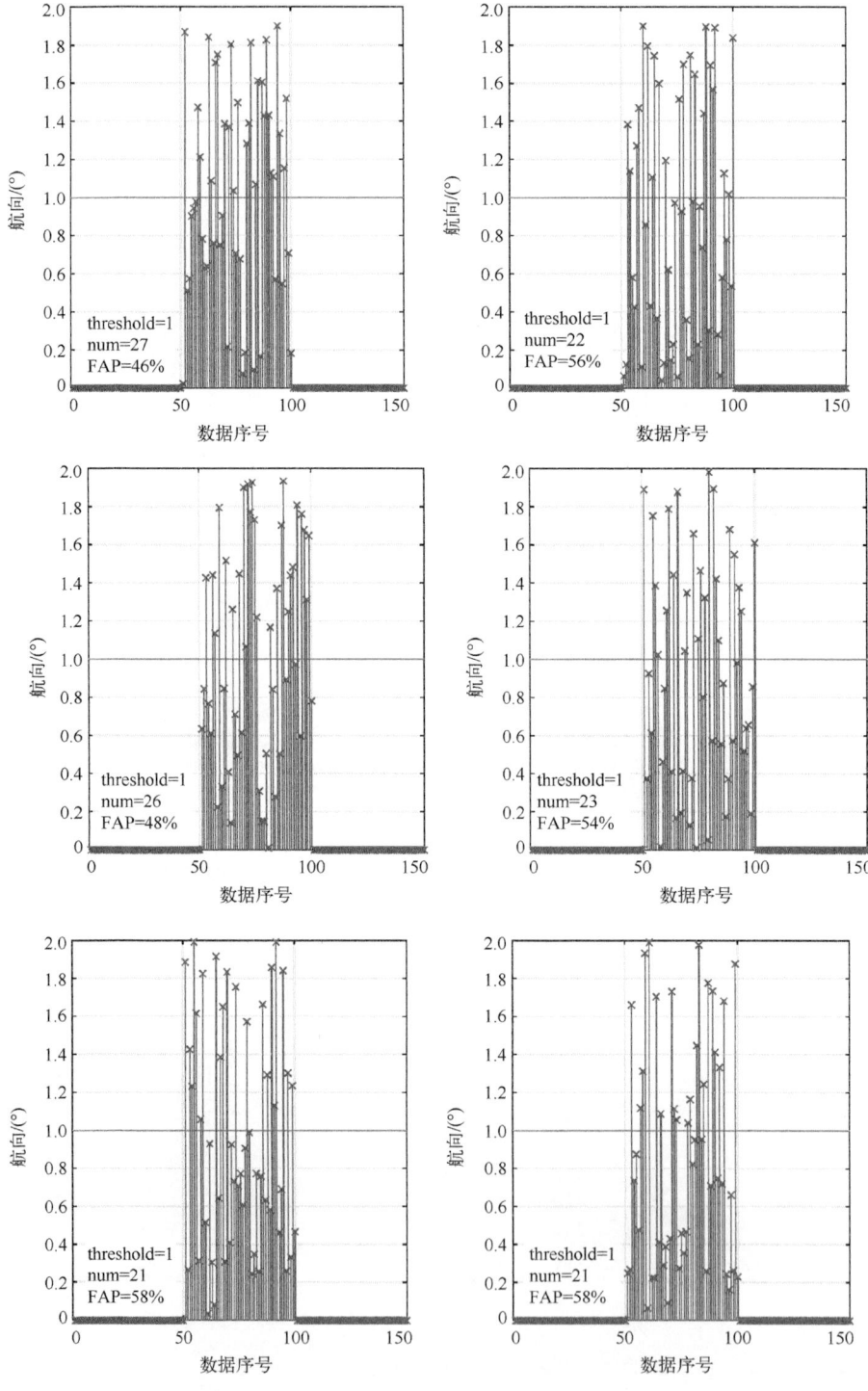

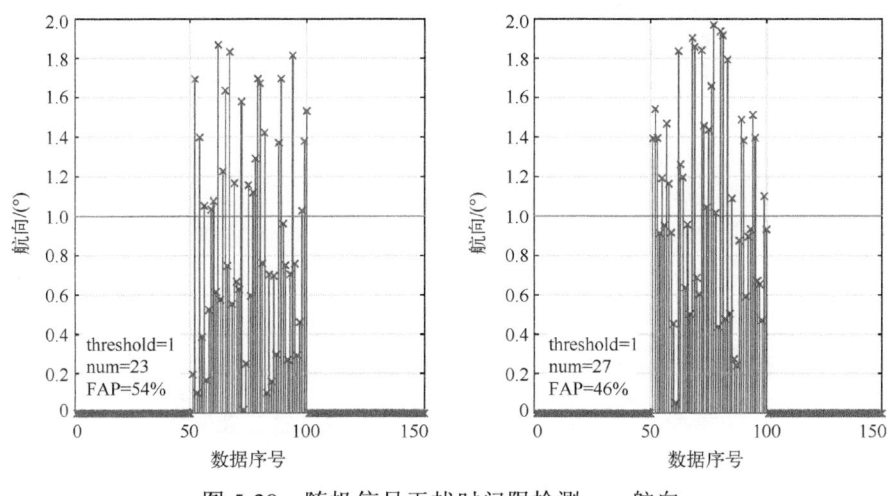

图 5-28 随机信号干扰时门限检测——航向

5.3.4 性能测试及结果分析

本节将对实验得出的结果进行分析，主要分为对本实验结果的分析部分（即性能分析）和与其他研究者的工作的对比分析部分。

1. 性能分析

固定偏差注入攻击在整个攻击强度增加的过程中，只有小于门限和大于门限两种情况。强度较小时，固定偏差叠加在原始信号上，总是小于设定的门限值，虚警概率始终是 100%，只能通过相关值和协方差值的计算来区分受攻击数据，而无法通过门限值检测出结果。当攻击强度较大时，固定偏差叠加在原信号上，不论强度如何增大，结果始终是大于门限值的，虚警概率全部为 0。因此，对于固定偏差注入攻击，我们只进行相关系数和协方差的计算，就可以分辨出假冒数据和真实数据。

针对增量偏差注入攻击和随机信号干扰攻击，在不同攻击强度下，其虚警概率是不同的。因此，除了提到的数学计算外，我们可以通过门限值的结果对这两种攻击进行进一步的确认，增量偏差注入攻击的门限分析的结果如图 5-29 所示。从图 5-29 中可以看出，随着攻击强度的不断增加，五个参数的虚警概率逐渐降低，整体来看，经度和纬度的虚警概率远小于其他三个参数。这主要是由于经纬度的变化范围相比其他三个参数要小很多，而加入的增量偏差相对于经纬度的变化范围要大很多，所以经纬度的虚警概率很小。变化范围最大的就是速度和高度，小强度的偏差对这两个参数的影响较小。因此，这两个参数的虚警概率也是最高的，航向的虚警概率曲线居中。随着攻击强度的增加，速度和高度的虚警概率也可以控制在 10%，其他三个参数的虚警概率更低。

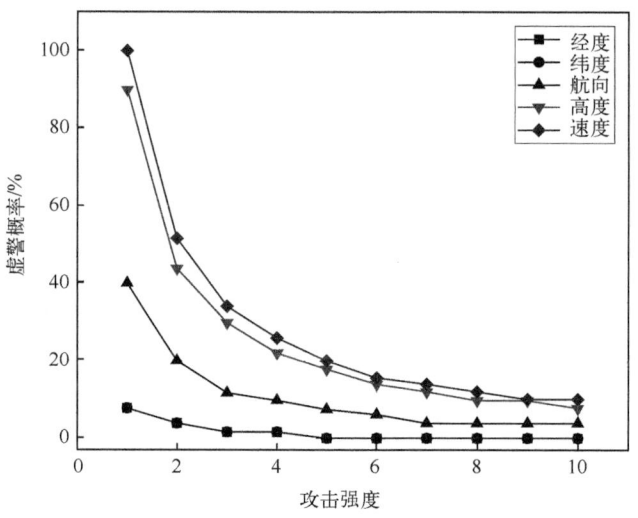

图 5-29 增量偏差注入攻击时门限检测

随机信号干扰攻击下,不同攻击强度下,五种参数虚警概率的变化如图 5-30 所示。

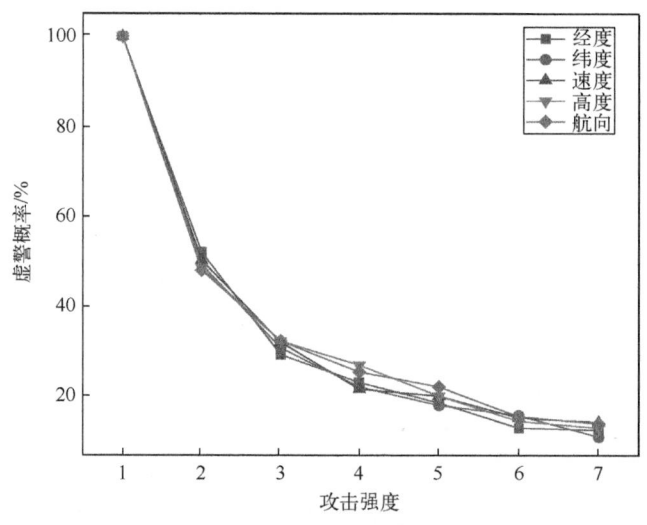

图 5-30 随机信号干扰时门限检测

随机信号干扰攻击的虚警概率与增量偏差注入攻击的虚警概率,从整体来看,都是随着攻击强度的增加而减小。但不同的是,在随机信号干扰攻击下,五个参数的虚警概率在每个强度下都很接近。这是因为这种攻击方式服从高斯分布,在确定的函数下,造成的攻击效果相近,我们根据不同的参数设定了不同的高斯函数,使假冒数据在原始数据上波动,因此得到了近似的虚警概率结果。在 56bit 的 ADS-B 报文中,当出现 5bit 以上的错误时,该条报文就要被抛弃,被认为是不可用的。通过图 5-29 和图 5-30 的结果可以看出，当攻击强度达到一定程度时，我们的算法是满足这一要求的，这也证明了本算法的可行性。此外，为了让数据的显示更加明显，我们采用图 5-31 的方法来展示解析的数据结果，以对数据有一个更清晰的掌握。

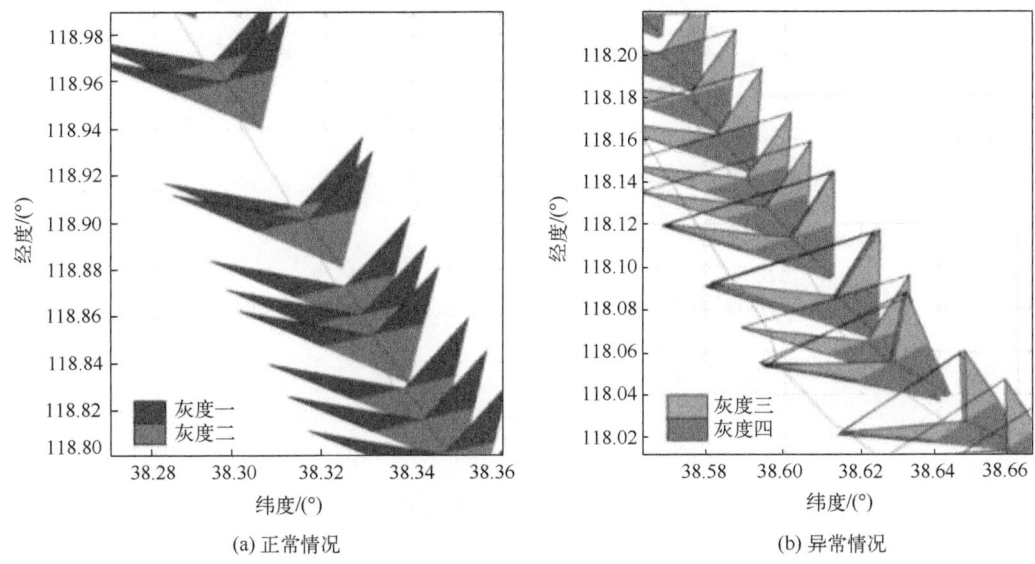

图 5-31 判别结果展示

我们使用飞机的经纬度作为图形的中心坐标，当经纬度正常时，见图 5-31(a) 中的无边框三角形，如果经纬度超过阈值，则飞机表示为图 5-31(b) 中的黑边框三角形。三角形顶角的指向表示飞机的航向，如果航向正常，则由中心连接至顶角的线段为灰度四，反之为灰度一。箭头形状的角用来表示飞机速度，当飞机的速度正常时，箭头显示为灰度一，异常时为灰度三。顶部的三角形用来显示飞机的高度，当飞机的高度处于正常阈值内时，显示为灰度二，反之则为灰度四。这些不同的颜色，尤其是异常情况下，这些颜色可以起到警示作用，及时发现接收到的异常数据，以及在哪些阶段接收到了异常数据。

结束了对数据的分析，接下来通过我们设计的存储方式对数据进行存储。在数据的存储过程中，主要采用了 Merkle 树的方案，针对其中对数据加密采用的哈希算法，现行的哈希算法在安全性上大同小异，我们主要在针对同等安全性的情况下，更多地考虑加密的效率，我们对几种常见的哈希算法进行了对比。

针对 ADS-B 报文中的八个参数，需要对其进行哈希值加密，并通过 Merkle 树的结构，获得 Merkle 根。为了提高运算速度，我们分别使用了 MD5 算法、SHA-256 算法和基于国密的 SM3 算法对 ADS-B 报文中的八个参数进行加密，其运算速度如

图 5-32 所示。可以看出，SHA-256 的运算速度明显高于其他算法。运算速度快，对于 ADS-B 系统来说至关重要。

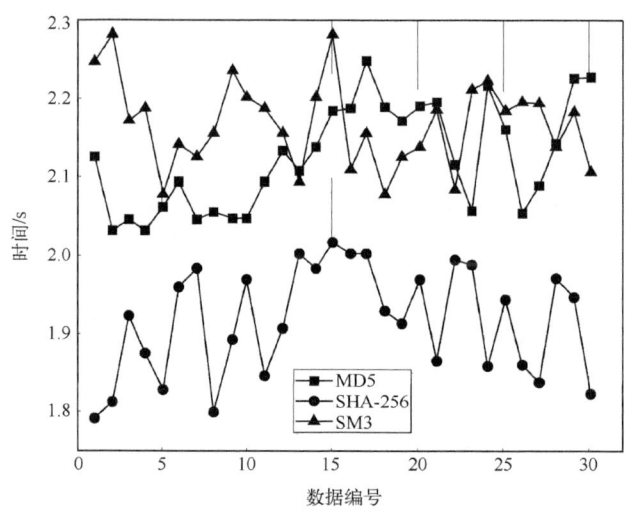

图 5-32　不同哈希算法的运算时间

本章中的算法计算时间主要受到共识机制中 Nonce 值的影响。为了保证数据安全，每个节点都需要计算哈希函数，在区块链网络中，这一要求体现为每个区块的哈希头必须包含一定数量的前导 0（如 000******）。在这一要求下，每个哈希值的计算就较为困难，无法根据输出的形式来反推输入，而当要存入的数据是给定的时，只能通过穷举的方式，从零开始改变 Nonce 值，直到计算出符合条件的值为止。对实验中所选取的 150 条数据进行算法运行速度计算，其运算时间对比如图 5-33 所示。

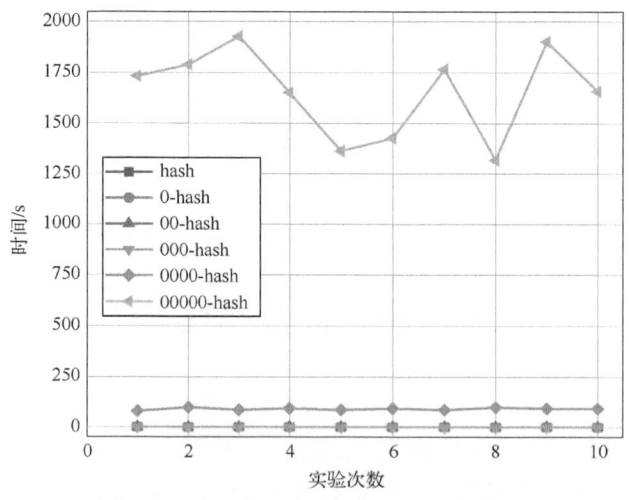

图 5-33　哈希运算难度对运算时间的影响

随着哈希值中开头 0 个数的增加,所需要的运算时间大幅增加。在六种不同的计算难度等级下,创建 150 个区块并计算哈希结果所需的平均时间分别为 0.625s、0.708s、1.011s、5.771s、100.533s、1650.45s。综合考虑安全性和高效性,当以 4 个 0 或更少的 0 为开头进行哈希值计算时,每个区块的生成时间能够控制在 1s 以内。因为 ADS-B 系统每 1~2s 向外广播一次消息,所以,只能选择运算时间在该时间范围内的算法。本算法最佳的方案是使用以 4 个 0 开头去进行哈希值的计算,既不影响算法的运行速度,也能保证安全性。

根据文献[1]中所述,一个不包含交易的区块头大约是 80B,根据本章中的算法模型,每 10min 生成一个区块,每年生成区块需要的存储开销为 80B×6×24×365=4.01MB。ADS-B 系统中定位信息为 112bit,报文更新周期为 1s,假设一个机场的 ADS-B 系统每天早晨 6 点工作到晚上 9 点,共 15h,该机场每天起降的航班有 1500 次,机场在监视范围内能够接收每架飞机 150 条 ADS-B 报文(假设 2s 一条,监视时长为 3min),则每年报文的存储开销为 112bit×150×365×1500 =1.07GB,这对于机载系统来说,也是一个很大的数据量,所以需要在飞机上加装新的服务器,来维持整体网络的运行和实现数据的存储。

2. 比较分析

区块链作为一种新的去中心、分布式账本,在需要进行数据存储的领域具有广泛的应用。本章提出的方案中,ADS-B 数据被安全记录在区块链中,记录在其中的数据能够被访问,但却无法被修改。同时数据是以哈希函数输出的结果存储的,无法通过结果来反推出原本的数据。而且每条数据都有对应的时间戳来保证数据的时效性。当数据出现错误时,也可以根据存储该数据的区块来追溯当时区块的生成者,找到攻击的源头。表 5-8 展示了区块链技术与传统的 ADS-B 抗假冒技术的对比。

表 5-8 ADS-B 抗假冒方法研究

技术	实现难度	成本	可扩展性	兼容性	计算时间
安全广播认证	高	中	中	需要更改报文格式	长
安全位置认证	低	高	高	需要增加硬件	短
本章方法	低	低	高	需要机载服务器	短

现阶段,区块链已经逐渐被用于民航领域,但文献总体的数量还是比较少,所研究的内容也各有侧重点。表 5-9 是区块链应用于民航方向的几篇文献与本章的对比。

表 5-9　区块链方案对比

对比项目	文献[2]	文献[3]	文献[4]	文献[5]	本章方法
攻击模型	未使用	未使用	使用	使用	使用
抵抗内部攻击	可以	可以	不可以	不可以	可以
抵抗假冒攻击	可以	可以	可以	可以	可以
抵抗重放攻击	可以	可以	不可以	不可以	可以
抵抗欺骗攻击	可以	可以	可以	可以	可以
抵抗 DoS 攻击	可以	可以	不可以	不可以	可以
具体实验	有	无	有	无	有
方案性能评估	无	无	有	有	有

其中一些文献只是提出了理论模型，但没有仿真实验，可是却对我们方案的提出提供了指导意义，使我们的方案有一定的可行性。另一些有实验的方案，虽然只是应用于无人机，但通过对这些方法的学习，对飞机和区块链的结合同样很有帮助。将无人机替换为 ADS-B 系统(飞机)，根据系统的特点，将其与区块链技术有机地结合起来，共同促成了本章方案的提出。

Reisman[2]仅提出了一种利用 Hyperledger Fabric 建立存储 ADS-B 系统数据的理论模型。Hasin 等[5]提出了一个基于 ADS-B 的 ATM 系统，从理论上分析了以太坊和 Hyperledger Fabric 的性能。Gai 等[4]开发了一个可信的无人机(unmanned aerial vehicle，UAV)网络，保证了 UAV 网络中的安全数据传输，为区块链应用于民航方面提供了指导。Han 等[7]提出了一种基于区块链的 UAV 系统 GNSS 欺骗检测，提高了飞行自组织网络(flying ad-hoc network，FANET)的安全性，为区块链应用于民航和 GNSS 提供了指导。本章结合区块链在不同领域的应用，提出了一种新的 ADS-B 数据安全验证算法，在该方向上进行了初步、简单的仿真实验。

本节实现了基于区块链可信任模型的 ADS-B 信号抗假冒方法。通过设置不同的实验场景，设置不同的攻击方式进行了方案测试。结果表明，不论算法的安全性还是效率，在这样一个新技术的场景下都优于对比算法，提出了一套比较全面的 ADS-B 信号抗假冒方法。

5.4　本章小结

本章结合当下网络安全方面的热点技术——区块链，提出了 ADS-Bchain 系统安全传输模型，目的是利用区块链网络的特性，对数据的安全性进行保护，用于后期与实际接收数据进行对比验证。当地面站接收到 ADS-B 报文后，通过与区块链中的数据进行对比，即可验证传输过程中数据是否遭受到攻击。实验结果证明，我们的方案能够在一定程度上有效解决当前 ADS-B 系统面临的欺骗问题。本章主要的研究工作包括以下两点。

(1) 本章设计了一种基于区块链技术的 ADS-B 系统对抗伪造信号攻击的可信服务方案，称为 ADS-Bchain。本章将区块链网络与 ADS-B 系统相结合，设计了民用航空监视区块链网络。ADS-B 系统中的每个用户都是区块链网络中的一个节点。区块链网络由机载网络和航空通信网络组成。在 ADS-B 系统中，利用区块链网络的去中心化和不可变特性来保证信息的安全性，达到防伪的目的。

(2) 本章提出了一种基于 ADS-Bchain 方案的 ADS-B 报文防伪方法。ADS-B 消息上传到链的过程中，通过加密的方式将 ADS-B 消息存储在区块链中，以保证信息的完整性。通过设计临时证书，通信内部的任何成员或第三方都可以验证接收到的 ADS-B 消息的完整性，并可以访问区块链网络获取真实数据。此外，证明飞机身份的临时证书以哈希值的形式存储在区块链网络中，避免了证书管理相关的安全问题。

参 考 文 献

[1] Wu Z J, Shang T, Yue M, et al. ADS-Bchain: A blockchain-based trusted service scheme for automatic dependent surveillance broadcast[J]. IEEE Transactions on Aerospace and Electronic Systems, 2023, 59(6): 8535-8549.

[2] Reisman R. Blockchain serverless public/private key infrastructure for ADS-B security, authentication, and privacy[C]//AIAA SciTech 2019 Forum, San Diego, 2019: 2019-2203.

[3] 尚桐. 基于区块链可信任模型的 ADS-B 信号抗假冒方法的研究[D]. 天津: 中国民航大学, 2022.

[4] Gai K K, Wu Y L, Zhu L H, et al. Blockchain-enabled trustworthy group communications in UAV networks[J]. IEEE Transactions on Intelligent Transportation Systems, 2021, 22(7): 4118-4130.

[5] Hasin F, Munia T H, Zumu N N, et al. ADS-B based air traffic management system using Ethereum blockchain technology[C]//Proceeding of the International Conference on Information and Communication Technology for Sustainable Development, Dhaka, 2021: 346-350.

[6] Sciancalepore S, Di Pietro R. SOS: Standard-compliant and packet loss tolerant security framework for ADS-B communications[J]. IEEE Transactions on Dependable and Secure Computing, 2021, 18(4): 1681-1698.

[7] Han R, Bai L, Liu J, et al. Blockchain-based GNSS spoofing detection for multiple UAV systems[J]. Journal of Communications and Information Networks, 2019, 4(2):81-88.

第 6 章　ACARS 数据链数据安全保护方法的研究

ACARS 是采用航空甚高频、高频和卫星通信(satellite communication，SATCOM)系统进行空-地之间的无线通信，主要传输飞行管理、发动机健康状态和气象等数据。由于 ACARS 在开放的环境中通信，传输的报文未经加密处理和没有提供认证措施，无法对 ACARS 报文的完整性和可用性提供保护，面临数据泄露、数据欺骗、实体伪装和拒绝服务攻击等威胁。本章针对 ACARS 的应用，采用国产密码算法，提出了适应性较强的报文加密及签名的解决方案。将对称加密以及数字证书认证方法应用到航空甚高频数据链通信技术中，可以提高报文传输的安全性，对航空地空数据链系统信息安全具有保障作用。

6.1　ACARS 简介

ACARS 数据链在飞机高速移动的过程中实现机载设备与地面设备相连接，保证飞行数据的快速交换和信息的可靠传输，进而加强空管系统和航空公司对飞机的监视管理工作，保证飞机在飞行中及时提供位置、高度相关信息，并可以根据地面所提供的信息做出应有的调整运行。ACARS 组成主要分为三部分：①机载系统；②空-地和地-地通信网络；③地面系统；如图 6-1 所示[1,2]。

1)机载系统

机载系统主要是指机载通信设备，它由通信管理单元(communication management unit，CMU)、显示与输出组件和机载数据库等组成。机载通信设备作为 ACARS 的空中节点，主要将机载系统采集的各种飞行参数信息通过机载的甚高频数字电台发送到远端地面站(remote ground station，RGS)，并接收地面通过 RGS 转发来的信息。CMU(满足 ARINC 758 标准)是机载设备的核心，负责管理数据链上下行信息和路由。

ACARS 机载设备由一个终端和一个路由器组成。终端是 ACARS 消息下行的起点和上行的终点。CMU 作为空中路由器，它的功能是为空地网络通信提供最便捷的下行路由。大多数情况下，CMU 也作为航空公司运行控制(airline operational control，AOC)数据和空中交通服务(air traffic service，ATS)数据的终端使用。典型的终端系统有飞行管理系统，用于发送飞行计划变更请求、位置报告，接收清场及控制塔台指令。

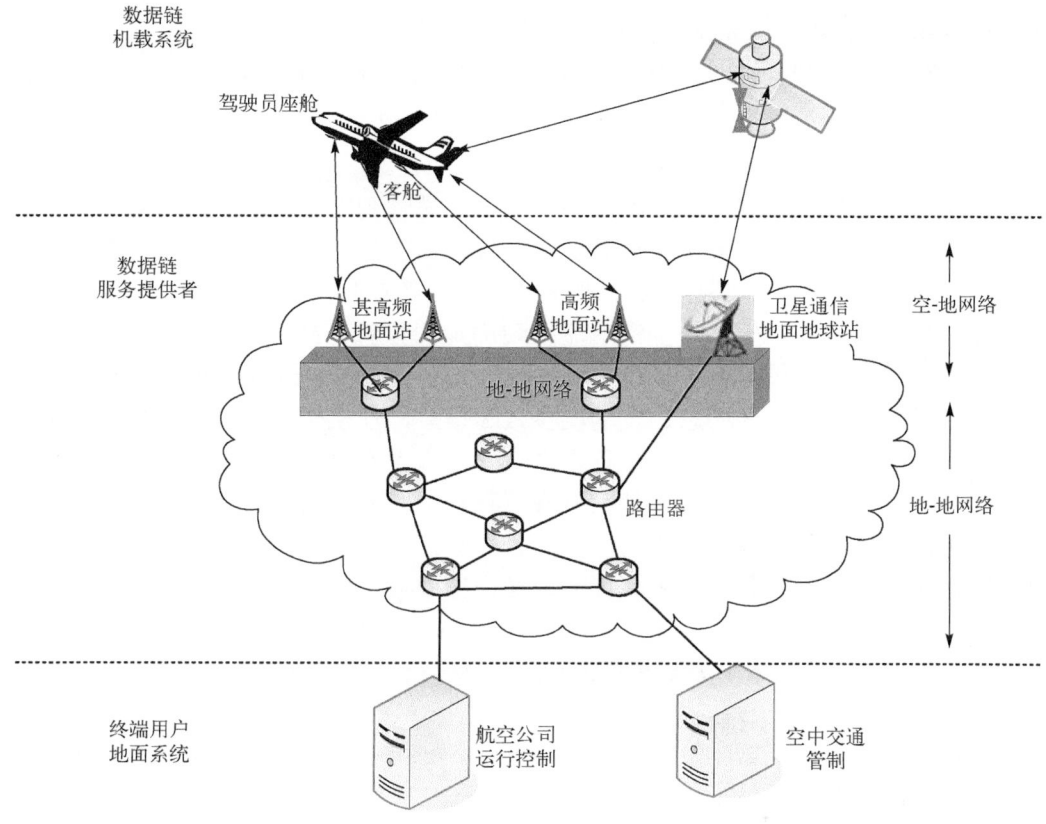

图 6-1　ACARS 组成

2) 空-地和地-地通信网络

ACARS 报文在空-地之间的传输链路(甚高频链路、高频链路和卫星通信链路)的选择需基于当前空域可用的服务情况来确定,如图 6-1 所示。

甚高频链路是中国民航主用的一种通信方式,价格低廉,只能在视距范围内与 RGS 通信。它是由多个 RGS 组成的一个网络,其目的是确保航空器在世界上任何一个地方都能和地面终端系统进行实时通信。甚高频信号的传输范围受高度影响较大,因此仅在设有地面甚高频子网的陆地区域适用,无法跨越海洋传播。高频数据链使安装有高频数据链系统的航空器能够执行极地航路飞行,并保持与地面系统的联系(如空中交通管制中心和航空公司的运行控制中心)。卫星通信链路可以覆盖除地球高纬地区(如极地地区)外的所有地区,但使用费用昂贵。这三种通信方式的存在可以较好地保证 ACARS 的完整性,保证在任何一个空域都实现正常通信。当有报文需要从航空器上发往地面时,CMU 的路由功能将根据航空公司提供的路由表自动选择合适的子网进行报文传递。

地-地通信网络由 RGS 系统和网络管理与数据处理系统(network management data

process system，NMDPS）组成。其中，NMDPS 是地面通信网络的核心，通常称为数据链服务提供商(DSP)，它负责空-地之间的消息分发，采用中央集中处理的方式，通过地面站网络将 ACARS 消息路由到合适的终端设备。

3）地面系统

地面系统主要由航空公司应用系统、空中交通管制系统和公共服务系统组成。航空公司应用系统是下行数据的目的地和上传数据的起始地。空中交通管制系统提供放行等空中交通管制服务，而公共服务系统中，航空公司提供登机门分配、维护、满足乘客需求等服务。例如，上海航空公司的地面信息处理系统 SKYLINK，它为航空公司空-地、地-地数据通信提供服务。一方面，它可以使飞行的飞机为航空公司地面应用系统提供飞行动态、发动机参数等信息，使航空公司从自己的应用系统上获得飞机的实时的、不间断的飞行数据，及时掌握本公司飞机的动态，实现对飞机的实时监控，以满足航务、运营、机务等管理的需要；另一方面，地面可向空中飞行的飞机提供气象情报、航路情况等多种服务，提高飞行安全保障能力，这种双向的数据通信系统可显著地改善和提高地面、空中通信保障能力。

6.2 ACARS 信息保障框架设计

早在 1996 年，ICAO 的航空电信网专家组(Aeronautical Telecommunication Network Panel，ATNP)就指出"在空中交通管理中，通过地空数据链传输的空管信息均面临数据泄露、数据欺骗、实体伪装和 DoS 攻击等安全威胁"。为了保障 ACARS 通信过程安全，需要在空-地通信实体之间建立安全的会话连接，然后进行安全的数据交换。建立安全会话时，通信实体间要相互认证，保证信息来源准确，并通过协商确定具体采用的安全算法；建立安全连接后，报文要经过加密、消息认证后再进行传输，保证传输中报文的保密性和完整性；报文传输结束后，断开安全会话连接。

在分析 ACARS 安全隐患的基础上，根据 ARINC 823 规范，本章设计了一种 ACARS 信息安全(ACARS message security，AMS)保障框架[3,4]。

6.2.1 ACARS 数据安全隐患

由于 ACARS 数据链数据在通信过程中面临数据泄露、数据欺骗、实体伪装和 DoS 攻击四个安全威胁，具有相应的安全隐患。引起 ACARS 数据链安全隐患的主要原因有两个[5]。

(1)数据未加密，容易被窃听。ACARS 数据信息内容在空对地和地对空的通信过程中均是以明文形式传输的，未经过任何手段对其进行加密处理，因此无论是谁都可以通过无线电收发设备窃听 ACARS 报文，并且可以根据对外公开的相关协议规定标准分析得到报文中所要传输的确切内容，有意者可能会试图伪造 ACARS 报文，并通过发送设备发出,进而干扰地-空通信。ACARS 数据信息不仅包括飞机的航班号、起降时间、当前所处经纬度以及高度位置,还包括气象信息等。ACARS 不仅应用于民用航空,还应用于军用航空。若相关军事情报被不法分子所盗取甚至干扰破坏相关任务活动,将会严重影响国家安全。目前数据泄露是航空地空数据链通信过程中的最大安全隐患,本章对此进行研究,采用国产密码算法对其进行数据加密。

(2)数据链没有接入认证措施,容易造成实体伪装攻击。实体伪装就是伪装者通过一定的设备设施伪装成航空器。在当代,数据链路网络首先验证航空公司接口路由器的 IP 地址,但它只会为认证合法的 IP 地址提供服务,进而为航空公司的用户提供服务。当航空公司的用户登录时,该用户名将会被验证,只有通过了该验证,DSP 网络控制中心才会停止对该用户身份的认证,然后向该用户传递它所需要的信息。但这两种安全措施的实施并不在同一个网络层,所以没有办法通过相关信息来认证登录用户的信息,这就可能存在航空公司用户假冒的情况。未被授权的实体可能不仅通过认证得到了访问权,还篡改了资源信息内容,破坏了系统工作。一个正在与空中进行通信的地面站如果遇到了这种情况,将会遭到巨大的危险,但就目前掌握的技术手段而言,并不能从根本上真正解决这个问题。

6.2.2 ACARS 安全架构

根据 ARINC 823 标准规范的设计[3],ACARS 主要有三种安全架构:基于 DSP 的安全架构、端对端的安全架构和基于可信第三方的安全架构。这三种架构各有利弊,需根据具体情况进行选择。下面将分别介绍三种安全架构的特点及选取依据。

(1)基于 DSP 的安全架构。基于 DSP 的安全架构是由 DSP 来保障 ACARS 数据链空-地之间无线链路的信息安全的。DSP 作为 ACARS 的 PKI 密钥管理实体和地面实体,由它负责分发密钥、报文加解密和路由。加密、认证等安全操作仅限于飞机和 DSP 之间。基于 DSP 的安全架构如图 6-2 所示[3,6]。

基于 DSP 的安全架构特别适用于以下几种情况:DSP 必须能读懂 ACARS 报文、飞机与空管系统之间的信息交换(需要 DSP 进行格式转换和路由)、与没有加装 AMS 设备的终端进行通信。

这种安全架构的优点是:安全操作对于操作机构(包括航空公司和军方等)来说是透明的;由 DSP 进行 ACARS 信息的集中路由。缺点: DSP 必须进行大面积的升级来提供安全性服务;地面网络中没有内在的信息安全保护;数据对 DSP 来说是不保密的,DSP 对明文进行保存,不能够防止来自 DSP 的内部攻击。

(2)端对端的安全架构。端对端的安全架构是由通信实体自己进行密钥分发及管理,确保整个 ACARS 通信链路的安全。航空公司、空管中心和军用航空(简称军航)作为地面实体与飞机建立起安全的通信链路。系统架构如图 6-3 所示。这种架构能有效保护包含敏感信息的 ACARS 报文在传输过程中的安全性[3,6]。

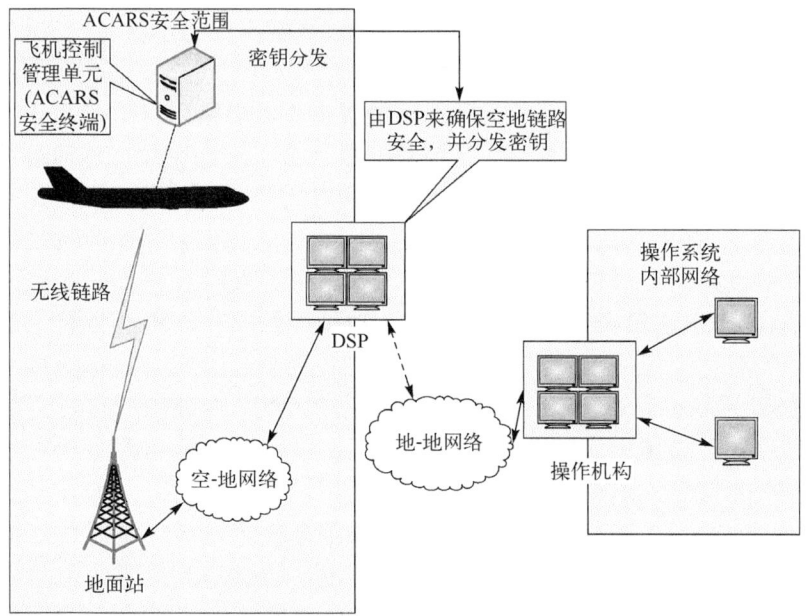

图 6-2 基于 DSP 的安全架构

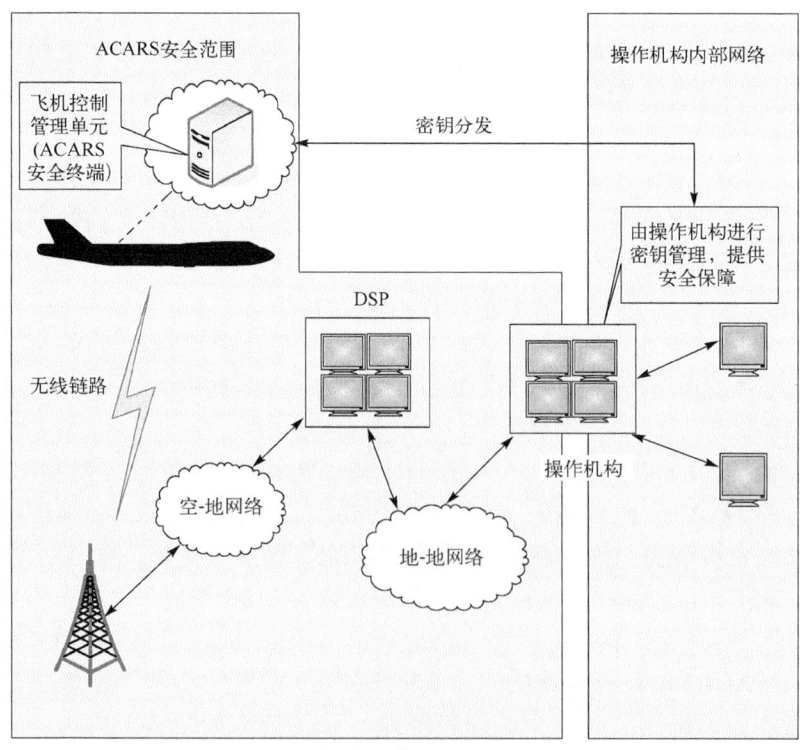

图 6-3 端对端的安全架构

这种架构提供端到端的安全,保障空-地之间整条链路(即空-地链路和地-地链路)的安全。架构针对每个会话进行安全保护,可以通过不同的安全机制保障多重目的地会话的安全;加密对于 DSP 来说是透明的,DSP 处保存密文信息,可以有效地避免 DSP 内部攻击。

端对端的安全架构可以达到较高的安全水平,却需要终端系统本身有较高的安全性。地面实体要同时管理数据通信和安全密钥,不利于系统集成,所以尝试把密钥管理部分分离出来,由一个可信第三方统一管理。

(3)基于可信第三方的安全架构。端对端的安全架构可以达到较高的安全水平,却需要终端本身进行密钥管理,这一点限制了它的可行性。所以这里选择由可信第三方统一提供密钥管理服务的架构,如图 6-4 所示。即由第三方提供密钥分发、管理,由操作机构进行关键参数设置[3,6]。

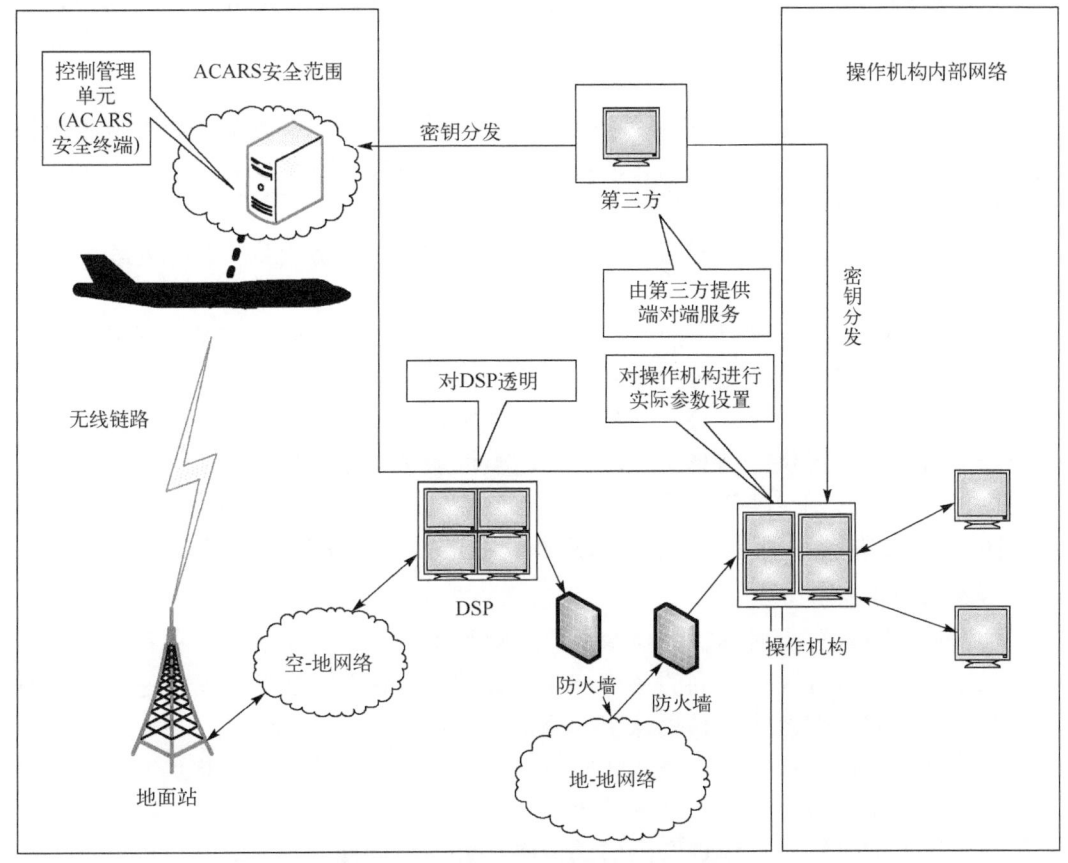

图 6-4 基于可信第三方的安全架构

这样不但可以实现终端实体之间的安全通信,达到较高的安全等级,同时安全操作对于终端来说是简单有效的。这种模式具有很好的向下兼容性，它对 DSP 来说也是透明的，防止了 DSP 内部的攻击，所以本章采用这种安全架构。

1. 安全服务

防止数据泄露最常用的方法就是数据加密。数据加密可以有效地保护 ACARS 数据链信息，不会暴露给未授权的用户。为了保证数据能够正确传送，其路由信息不能够加密，即报文报头部分不能加密，只对报文的自由文本进行加密。另外还要通过身份认证来控制对系统的非法侵入，防止数据泄露。

信息认证能保证消息来源准确，即消息与它的身份标识是对应的，因此通过采用数据完整性服务，便可以有效地防止对飞机实体和地面实体的伪装，确保信息的真实性和有效性。

数据欺骗包括伪造、篡改和重放。数据完整性服务能有效防止非授权用户发送伪造报文和篡改正常报文，抵抗重放攻击，保护 ACARS 数据链信息不受数据欺骗攻击。

信息认证服务确保 DSP 的服务对象都是真实有效的终端，数据完整性服务确保链路中传输的报文也都是真实的合法报文，这两种服务阻断了 DoS 攻击的基础，从而有效地防止了 DoS 攻击。

密钥管理服务为信息加密服务、消息认证和完整性服务提供支持，对安全密钥进行管理。

综上，系统需要提供以下的服务来保障 ACARS 的安全性：①数据加密服务；②信息认证服务和完整性服务；③密钥管理服务[7]。

在以上服务的基础上，每种服务都可以使用不同的技术，数据加密服务可以使用数据加密算法来提供，信息认证服务和完整性服务可使用数字签名或消息认证码来提供，还需要密钥交换等算法提供支持。然而具体实现时，受 ACARS 通信设备和 VHF 空地数据链路的带宽限制，应选择合适的技术以使整个系统的性能最优化。

1) 数据加密服务

数据加密技术分为对称加密技术和非对称加密技术。对称加密又称秘密密钥加密，加密和解密过程使用相同的密钥；非对称加密又称公开密钥加密，它使用一对相互独立但又联系的密钥，私钥保密，公钥公开。

这两种加密技术都可以对 ACARS 数据链进行加密。相比非对称加密技术，对称加密技术由于计算开销小、加密速度快，更适合资源和带宽受限的 ACARS。但对称加密技术的密钥必须通过安全信道传送，且加密周期较短，这一点可以通过密钥管理、动态建立会话密钥来解决。

鉴于 ACARS 数据采用面向字符的方式进行传输，而加密通常是比特加密，加密后密文有可能不在 ACARS 数据链的 95 个可传输字符集之中，无法被 ACARS 数据链传输，这种传输方式可以通过编码技术来解决这个问题，并进一步采用数据压缩来减小报文载荷规模。

2) 信息认证服务和完整性服务

信息认证服务主要实现通信实体的身份认证和报文完整性检验，防止发送方和接收方之间的欺骗和抵赖。ACARS 中的信息认证需要对等实体双方的相互认证，以保证通信的可靠性。

对于多实体的通信系统，一般使用非对称密钥加密技术进行信息认证，保证数据的完整性。公开密钥加密技术的典型数字签名算法有基于整数的因式分解问题的 RSA 算法、基于离散对数问题的 DSA 和基于椭圆曲线问题的 ECDSA 算法，密钥协商算法有椭圆曲线(elliptic curve Diffie-Hellman，ECDH)等。

另外，基于对称加密技术的 MAC 也可以进行身份认证并提供完整性服务。报文发送之前，计算 MAC 后附加到报文附录中；接收者重新计算接收报文的本地 MAC，通过对比本地生成 MAC 和报文携带 MAC 来对报文进行鉴别。MAC 的安全性依赖于采取的算法和密钥的长度。MAC 算法基于对称加密技术，计算更高效，更适合在 AMS 机制中使用。

因此，在使用共享密钥进行安全会话初始化和安全数据传输时，可以选择 MAC 来提供信息认证和完整性服务。在使用公私钥进行安全会话初始化时，使用数字签名保证数据完整性和信息源的准确。

3) 密钥管理服务

AMS 安全体系支持使用公/私钥和共享密钥进行会话密钥初始化和建立密钥，这样用户和可信的第三方可以根据自己的安全策略和运行方式自由选择密钥管理方式。用户可以选择使用基于公/私钥的非对称密钥管理体制或基于共享密钥的对称密钥管理体制。

飞机和地面实体之间存在两类密钥：一类是用来进行数字签名或认证的非对称密钥；另一类是用来进行链路加密和提供完整性服务的对称密钥。

为了管理非对称密钥，PKI 提供了全面的生命周期管理服务，认证服务作为 PKI 的核心服务，为通信实体提供非对称密钥的生成、分发、更新和销毁等管理，并为通信实体提供数字证书，将通信实体的公开信息与其身份联系起来。公钥证书本身不含敏感的加密信息，且 CA 签名能保护公钥不被修改，所以公钥可以在无保护信道上公开发布。在使用公钥证书前，AMS 实体要先验证 CA 的数字签名，保证证书已经通过认证且未被修改。

在进行数字签名验证时，接收方需要发送方的公钥进行验证，这就需要保证发送方的公钥能够安全地传输到接收方。数字证书可以解决公钥的分发问题。数字证书功能和结构类似于公民的身份证。通信实体 A 向其信任的 CA 申请证书认证时，CA 核查准确后，采用 CA 自身私钥对实体 A 的公钥等信息进行签名，生成 A 的公钥证书。当实体 B 需要 A 的公钥时，向 A 申请其公钥证书，为证明 A 的公钥证书的准确性，B 可以采用 CA 的公钥对 A 的证书进行验证，若验证成功，则证明证书准确，可以自证书中提取 A 的公钥。这种认证的前提是 CA 要被认证方 A、B 所信任。为了防止密钥泄露，还可以使用时间标记和证书有效期，而且 CA 也有必要保存一个合法的证书清单，有认证要求的一方可以定期查看它。因此，为了保证密钥管理的安全性，CA 可以由军航组织建立。

解决对称密钥分配安全性的一般方法是采用密钥交换算法。密钥交换算法提供了一种安全的方式来建立 ACARS 通信实体之间的当前会话密钥，会话结束后密钥失效，间接实现了一次一密。采用基于公开密钥技术的密钥交换算法可以解决会话密钥的产生、分配问题。

2. AMS 协议栈

AMS 协议栈根据现有的 ACARS 协议栈（图 6-5），在 ACARS 数据链的应用层增加了安全 ACARS 层[3,6]。

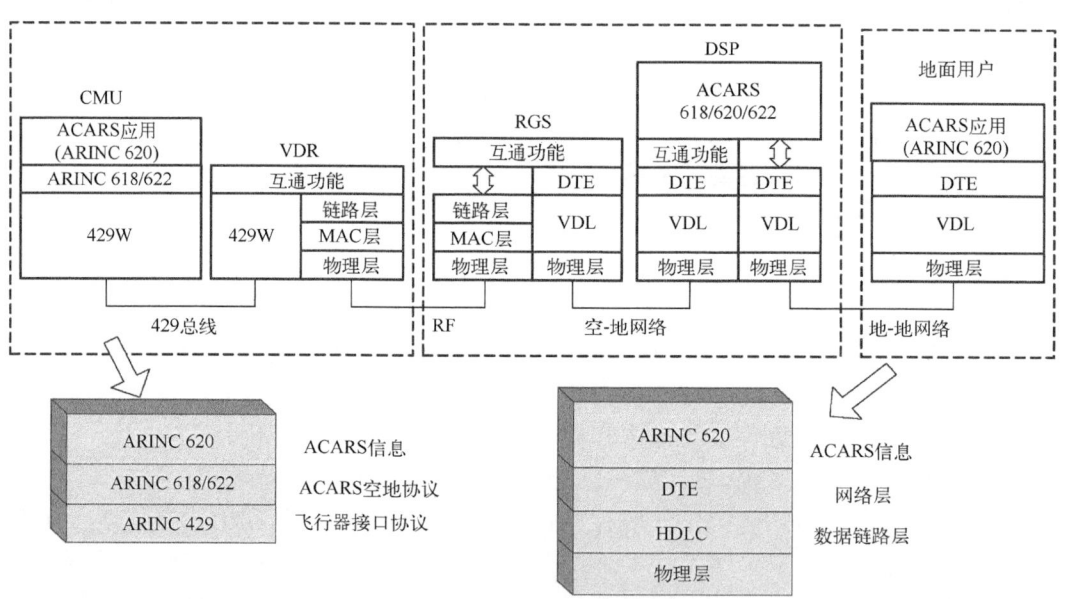

图 6-5　ACARS 协议栈结构

VDR 表示 VHF 数传电台（VHF digital radio）；429W 表示 ARINC 429 位导向协议（威廉斯堡）（ARINC 429 bit oriented protocol（Williamsburg））；DTE 表示数据终端设备（data terminal equipment）；HDLC 表示高级数据链路控制（high-level data link control）

安全 ACARS 层主要是针对 ACARS 数据链的安全性分析，采取加密、认证等安全服务保证通信过程的安全。可信的 CA 作为安全 ACARS 层的一部分，它为加密、认证等安全机制提供支持。AMS 协议栈结构如图 6-6 所示[3,6]。

第 6 章　ACARS 数据链数据安全保护方法的研究

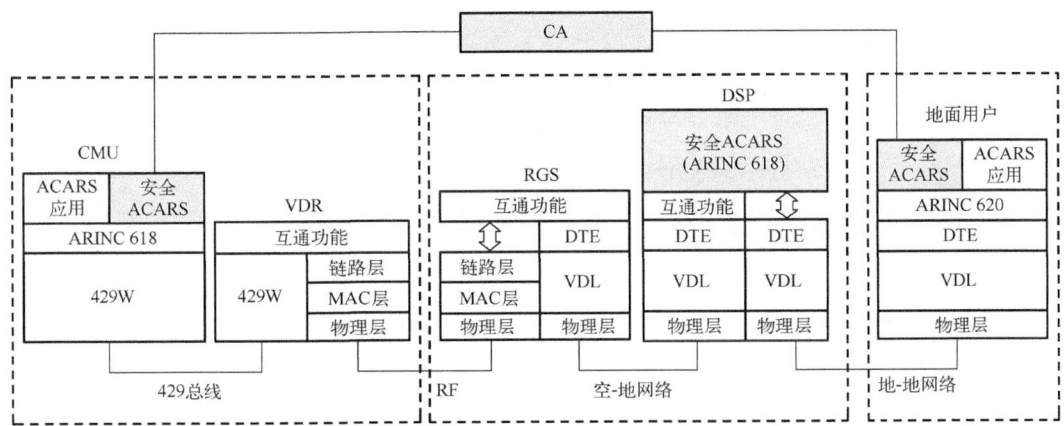

图 6-6　AMS 协议栈结构

为了保护用户的数据，机载 CMU 必须添加一个安全 ACARS 层，地面实体 DSP 或终端用户必须至少有一个添加安全 ACARS 层，根据不同的网络架构来决定，以实现空-地间的安全通信。CMU 和地面站之间通过 RF 信道相连，链路层负责实现数据帧的传输，MAC 层采用载波侦听多路访问（carrier sense multiple access，CSMA）方式，物理层协议负责频率控制管理、信道监听和物理数据传输，与现有的 ACARS 相同。RGS 与 DSP 之间可以通过 TCP/IP 网络或卫星链路相连接。DSP 和用户之间可以通过 X.25 相连。CA 与通信两端可以通过安全信道连接，如专线、IP 隧道，也可以采用物理复制的方法传输密钥和证书。

安全 ACARS 层作为一个应用层协议，它负责安全会话的建立/终止、数据的编/解码、压缩、解压、信息加/解密、消息认证和完整性验证以及密钥管理服务。ACARS 应用层的结构如图 6-7 所示[3,6]。

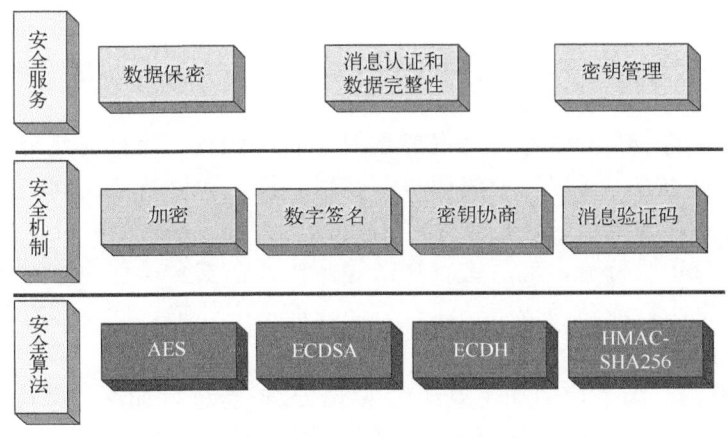

图 6-7　ACARS 应用层的结构

安全ACARS层又可以分为安全算法、安全机制和安全服务三个子层。这三个子层提供了自下向上的完善的安全架构。安全机制提供相应的安全服务，安全算法又为安全机制提供算法支持，安全机制和安全服务的关系如表6-1所示。

表6-1 安全机制和安全服务的关系

安全服务	安全机制
数据保密	密钥协商 加密
消息认证和 数据完整性	密钥协商 数字签名 消息验证码
密钥管理	公钥基础设施 密钥管理设施

3. ACARS报文处理及AMS报文结构设计

ACARS安全架构包括两个部分：ACARS报文处理和AMS报文结构设计[3,6]。

1) ACARS报文处理

通用的加密算法是比特加密，需要对ACARS报文载荷编码，将字符流数据转换为比特流，然后进行加密操作。数据加密后，为了保证加密后数据仍是可传输字符，发送之前要进行信息编码。为了同时支持对称密钥加密机制和非对称密钥加密机制，需要进行密钥协商和建立密钥管理实体进行密钥管理。

ACARS安全方案涉及三个方面：加密、消息完整性以及身份认证。这三种机制结合起来可为ACARS提供比较完整的保护，通信实体之间能安全地通信。载荷编码、信息编码、数据压缩能有效减小报文长度，提高信道利用率，也为加密、认证提供支持。

AMS机制的安全算法，如加密、认证，都预留了一定的扩展空间，以便于安全算法的更新以及支持多种算法。

(1) 编码。由于ACARS信道中传输的是字符型数据，而目前几乎所有加密算法都是面向比特的加密，所以需要编码机制实现字符流和比特流之间的转换。

发送方要先对载荷信息进行载荷编码(payload encode)，将8bit字符流转换成6bit比特流或7bit比特流，然后进行加密等操作，在安全操作完成发送之前，再进行信息编码，将比特流转换成字符流，方便在信道中传输，同时能有效减小报文规模、提高传输效率。

(2) 载荷编码。为了使用加密算法对ACARS信息进行加密，要对ACARS报文进行字符到比特的转换，ACARS使用美国信息交换标准代码(American Standard Code for Information Interchange，ASCII)字符集，除去无法出现在用户数据流中的控制字符,对大量 ACARS 报文进行分析,将报文中最常用的 64 个字符组成编码表,如表 6-2 所示,表中 HEX 表示十六进制(hexadecimal)。由此可将一个 8bit 字符转换为 6bit,连接形成比特流,如此可将有效载荷降低 25%。

表 6-2 有效载荷 6 位编码表

字符		6bit 编码	字符		6bit 编码	字符		6bit 编码
ASCII	HEX		ASCII	HEX		ASCII	HEX	
sp	0x20	000000	6	0x36	010110	L	0x4C	101100
!	0x21	000001	7	0x37	010111	M	0x4D	101101
"	0x22	000010	8	0x38	011000	N	0x4E	101110
#	0x23	000011	9	0x39	011001	O	0x4F	101111
$	0x24	000100	:	0x3A	011010	P	0x50	110000
%	0x25	000101	;	0x3B	011011	Q	0x51	110001
&	0x26	000110	<	0x3C	011100	R	0x52	110010
'	0x27	000111	=	0x3D	011101	S	0x53	110011
(	0x28	001000	>	0x3E	011110	T	0x54	110100
)	0x29	001001	?	0x3F	011111	U	0x55	110101
*	0x2A	001010	@	0x40	100000	V	0x56	110110
+	0x2B	001011	A	0x41	100001	W	0x57	110111
,	0x2C	001100	B	0x42	100010	X	0x58	111000
—	0x2D	001101	C	0x43	100011	Y	0x59	111001
.	0x2E	001110	D	0x44	100100	Z	0x5A	111010
/	0x2F	001111	E	0x45	100101	LF	0x5B	111011
0	0x30	010000	F	0x46	100110	\	0x5C	111100
1	0x31	010001	G	0x47	100111	CR	0x5D	111101
2	0x32	010010	H	0x48	101000	^	0x5E	111110
3	0x33	010011	I	0x49	101001			0x7C	111111
4	0x34	010100	J	0x4A	101010			
5	0x35	010101	K	0x4B	101011			

如果出现编码表以外的字符,则将 8bit 字符的最高位 0 去掉,形成 7bit 字符流,可将有效载荷降低 12.5%。不论使用哪种编码方式,最终都要使比特流长度为 8 的整数倍,不足时需要按位进行零填充(zero pad)。载荷编码过程示例如表 6-3 和表 6-4 所示。

表 6-3 8bit—6bit 编码过程

载荷(ASCII)	A	C	A	R	S
载荷(16 进制)	0x41	0x43	0x41	0x52	0x53
6bit 编码	100001	100011	100001	110010	110011
对齐、填充后		10000110	00111000	01110010	110011**00**

注：加粗部分的 0 为填充字符。

表 6-4 8bit—6bit 编码过程（对编码表以外的字符）

载荷(ASCII)	a	m	S
载荷(16 进制)	0x61	0x6D	0x73
8bit 编码	01100001	01101101	01110011
7bit 编码	1100001	1101101	1110011
对齐、填充后	1100011	10110111	1001**000**

注：加粗部分的 0 为填充字符。

(3) 载荷解码。载荷解码过程示例如表 6-5 和表 6-6 所示。在接收方，报文解密后得到比特流，需要知道发送方是按何种方式进行编码的，所以需要设置一个标志来指示编码方式。当标志指示采用 8bit—6bit 编码方式时，解密后的比特流对照编码表进行解码，即可得到原始的 ACARS 报文数据。对编码表以外的字符，当标志指示采用 8bit—6bit 方式进行编码时，依次取解密后比特流前 7bit，最高位填充 0 后，8bit 转换成其对应的 ASCII 字符。对不满 6bit 或 7bit 的情况，作为填充字符丢弃。

表 6-5 6bit—8bit 解码

比特流		10000110	00111000	01110010	110011**00**
取前 6bit	100001	100011	100001	110010	110011
载荷(16 进制)	0x41	0x43	0x41	0x52	0x53
载荷(ASCII)	A	C	A	R	S

注：加粗部分的 0 为填充字符。

表 6-6 7bit—8bit 解码

比特流		1100011	10110111	1001**000**
取前 7bit		1100001	1101101	1110011
8bit 载荷		01100001	01101101	01110011
字符(16 进制)		0x41	0x4D	0x73
字符(ASCII)		a	m	s

注：加粗部分的 0 为填充字符。

(4) 信息编码。为了将比特信息流转换成字符流，且保证所有报文字符都是可传输字符，所有使用了 ACARS 安全服务，包括数据加密和携带 MAC 的 ACARS 信息报文，在通过 ACARS 网络进行传输之前，都需要进行信息编码。信息编码同样使用一个 64 位字符的编码表，信息编码表与载荷编码表基本相同，除了字符 LF(0x0A) 和 CR(0x0D) 使用 "[" (0x5B) 和 "]" (0x5D) 代替。

信息编码时，将报文转换为比特流，从高位开始，先读出 8bit，判断是否为可传输字符，如果不是可传输字符，则将前 6bit 按照信息编码表编码为一个 8bit 字符；如果是可传输字符，则继续判断是否在信息编码表中。如果在表中，则将前 6bit 按照信息编码表编码为一个 8bit 字符；如果不在表中，则 8bit 字符原样编码。按照此步骤反复进行，直到所剩比特数小于或等于 6bit 时，直接按照信息编码表进行编码（小于 6bit 时补 0），信息编码表见表 6-7，得到最终结果。详细过程如图 6-8 所示[6]。

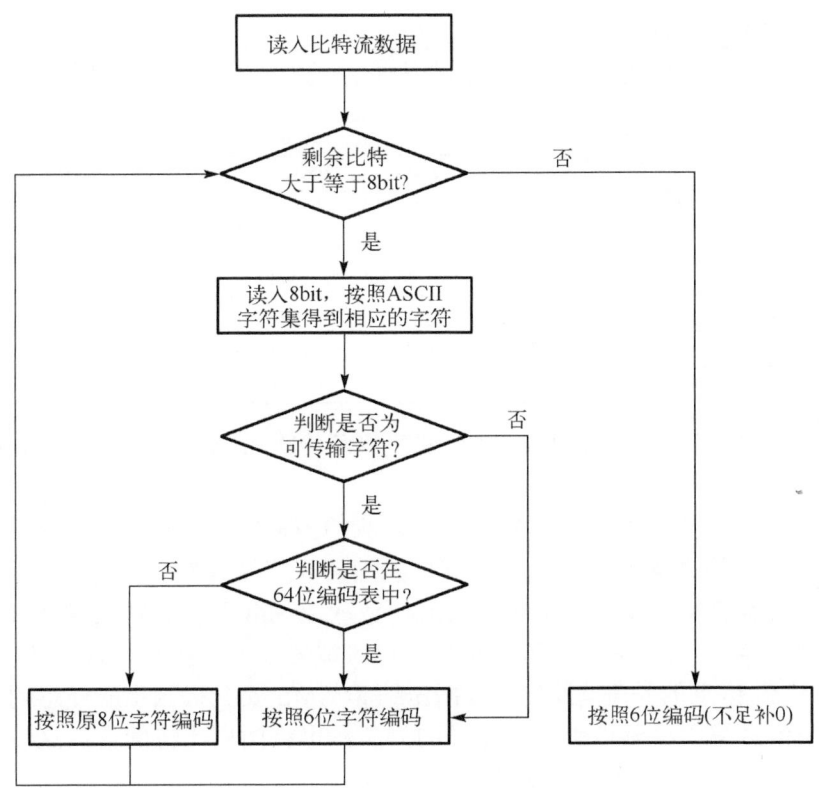

图 6-8　信息编码流程

表 6-7　信息编码表

字符 ASCII	HEX	6bit 编码	字符 ASCII	HEX	6bit 编码	字符 ASCII	HEX	6bit 编码
sp	0x20	000000	6	0x36	010110	L	0x4C	101100
!	0x21	000001	7	0x37	010111	M	0x4D	101101
"	0x22	000010	8	0x38	011000	N	0x4E	101110
#	0x23	000011	9	0x39	011001	O	0x4F	101111
$	0x24	000100	:	0x3A	011010	P	0x50	110000
%	0x25	000101	;	0x3B	011011	Q	0x51	110001
&	0x26	000110	<	0x3C	011100	R	0x52	110010
'	0x27	000111	=	0x3D	011101	S	0x53	110011
(	0x28	001000	>	0x3E	011110	T	0x54	110100
)	0x29	001001	?	0x3F	011111	U	0x55	110101
*	0x2A	001010	@	0x40	100000	V	0x56	110110
+	0x2B	001011	A	0x41	100001	W	0x57	110111
,	0x2C	001100	B	0x42	100010	X	0x58	111000
—	0x2D	001101	C	0x43	100011	Y	0x59	111001
.	0x2E	001110	D	0x44	100100	Z	0x5A	111010
/	0x2F	001111	E	0x45	100101	[	0x5B	111011
0	0x30	010000	F	0x46	100110	\	0x5C	111100
1	0x31	010001	G	0x47	100111	]	0x5D	111101
2	0x32	010010	H	0x48	101000	^	0x5E	111110
3	0x33	010011	I	0x49	101001	|	0x7C	111111
4	0x34	010100	J	0x4A	101010			
5	0x35	010101	K	0x4B	101011			

经过信息编码后，得到的最终报文全部为可传输的 ACARS 字符，此结果最终将通过 ACARS 网络进行传输。

(5) 信息解码。信息解码时，先检查字符流的当前字符，若字符是编码表外的额外 31 个字符，则原样解码，否则，根据信息编码表将 8bit 字符解码为 6bit。如此重复，直到将所有字符转换为比特流，然后，依次取 8bit 并将其转换成 ASCII 字符。

(6) 数据压缩。进行编码和压缩是为了尽可能降低安全操作对数据传输的影响，可以减小 AMS 信息的长度。此外，数据压缩和 AMS 安全机制生成任意的二进制比特流，一个信息编码机制提供一个无损的方法，可将面向比特的信息流转换为面向字符的信息流，以便在 ACARS 网络传输。

在会话建立阶段，AMS 提供压缩算法协商机制。通信的两端提供各自支持的压缩算法，最后经过协商选择一种最优算法。对于一个给定的压缩算法，压缩率的高低取决于原始信息的大小。一般来说，长度较大的信息和重复率高的信息比长度小、随机性高的信息压缩率要高。AMS 提供两种默认的压缩算法，分别是马尔可夫动态压缩(dynamic Markov compression,DMC)算法和DEFLATE压缩算法。

2) AMS 报文结构设计

采用 AMS 机制时,ACARS 链路中除了传输 ACARS 应用报文外,还需要相应的 AMS 控制报文来对安全会话进行管理。ACARS 应用报文和 AMS 控制报文在传输时仍采用 ARINC 618 和 ARINC 620 格式。采用 AMS 机制的 ARINC 618 报文的标签(label)为 PX,ARINC 620 报文的源消息标识符(source message identifier,SMI)为系统错误代码(system error code,SEC)。

由于 ARINC 618 和 ARINC 620 报文的报头中含有与路由功能和收发控制相关的信息,所以不对报头进行处理,AMS 机制主要对报文的载荷部分(即自由文本)进行一系列安全保护。发送方在对载荷编码、压缩、加密以后,前后添加头部和附录等信息对安全机制进行控制,然后计算消息认证码和进行信息编码,最后再将处理后的信息作为 ARINC 618 或者 ARINC 620 的载荷进行传输。安全消息部分有特定格式,它作为文本字段出现在现有 ACARS 报文中,而现有 ACARS 报头、报尾的其他字段并没有改变。

因此,AMS 信息可以被现有的网络传输,达到系统兼容的要求。以 ARINC 618 为例,AMS 信息格式如图 6-9 所示[3,6]。

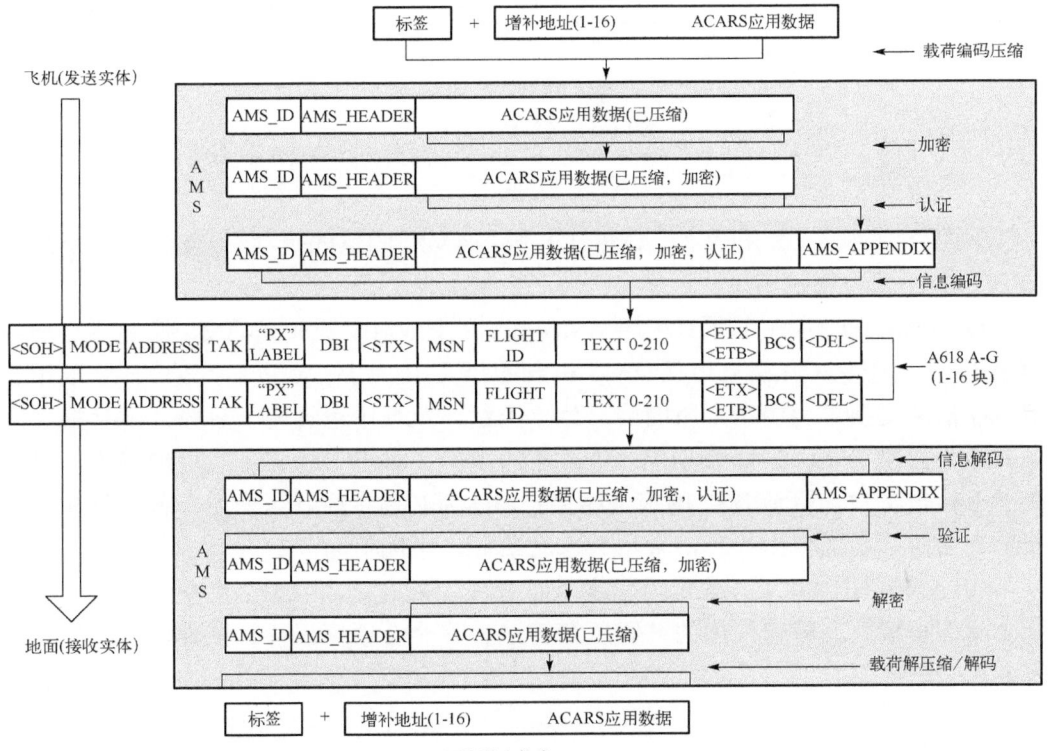

(a) AMS下行信息格式

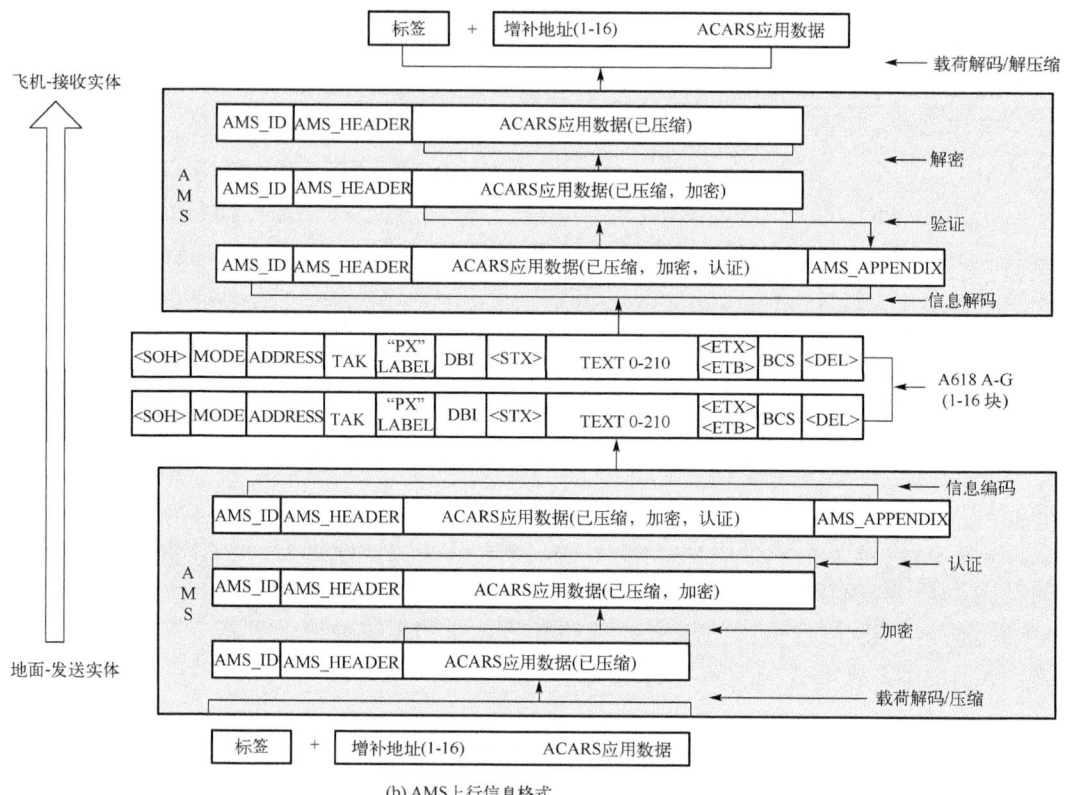

图 6-9 AMS 信息格式

A618A-G(1-16 块)表示符合 ARNIC 618 所规定的包含 1~16 个补充地址的空-地数据报；增补地址(supplementary address)是一种可变长度类型，用于传递一个可选的消息功能标识符以及最多 16 个可选的补充地址

下面分别对 AMS 报文的 AMS_ID 域、AMS_HEADER 域、载荷域和 AMS_APPENDIX 域进行说明。

(1) AMS_ID：存在于所有采用 AMS 机制的报文中，无论是 AMS 控制报文还是 ACARS 应用报文，在所有遵循 AMS 机制的报文中，均包含一个字段，该字段用于指示在信息交换过程中所采用的会话建立方法。此域中包含两个字段，下行报文的目的地址字段 DstAddr 和会话建立方式字段 PID，其中 DstAddr 为可选字段，只存在于下行报文中，用于 DSP 的报文路由；PID 为必选字段，当采用公私钥方式建立安全会话时，字段值为"1"，采用共享密钥时，字段值为"2"。

(2) AMS_HEADER：固定为两字节，存在于所有采用 AMS 机制的报文中，指示会话保护模式、载荷采用的编码压缩算法、安全会话标识符、控制报文类型，见表 6-8。

表 6-8 AMS_HEADER 结构

字段	长度	描述
未用位	1bit	暂定为 0，留待扩展
保护模式 （ProtectMode）	2bit	00 为 SIGN（数字签名）；01 为 AUTH（消息认证码）； 10 保留未用；11 为 BOTH（同时采用加密和消息认证码）； 其中，SIGN 只用于 Init_IND 和 Init_REQ 报文
编码模式 （Encode）	2bit	00：无载荷编码； 01：无填充位的 8bit 转 6bit 载荷编码； 10：有填充位的 8bit 转 6bit 载荷编码； 11：8bit 转 7bit 载荷编码
安全会话标识符（SID）	3bit	000：未建立安全会话； 001～101：标识 1 对安全会话连接，一个飞机实体最多能与 5 个地面实体同时建立安全连接； 110 和 111：保留
压缩模式 （CompMode）	4bit	0000：OFF，不作压缩，默认为 OFF； 0001～1111：对应可用的 15 种压缩算法
控制报文类型 （Cmd）	4bit	0，4，5，6，E：保留； 1：Data_IND，安全连接下传输 ACARS 应用报文； 2：Info_IND，安全连接下传输 AMS 控制报文； 3：DataCnf_IND，类似 Data_IND，但需要信息确认； 7：Release_REQ，确认的连接释放请求； 8：Release_RSP−，响应 Release_REQ，拒绝释放连接； 9：Release_RSP+，响应 Release_REQ，同意释放连接； A：Init_IND，地面实体触发飞机实体进行初始化； B：Init_REQ，飞机实体请求与地面实体建立安全连接； C：Init_RSP−，响应 Init_REQ，拒绝建立安全连接； D：Init_RSP+，响应 Init_REQ，同意建立安全连接； F：Abort_IND，已发出无须确认的连接释放指示

（3）载荷：域长度是可变的，包含标签和应用数据两个字段，应用数据可以是 ACARS 应用报文数据或 AMS 控制报文数据。如果应用数据是 ACARS 应用报文数据（AMS_Header.Cmd=Data_IND 或 DataCnf_IND），标签字段为对应 ACARS 报文的标签；如果应用数据为 AMS 控制报文数据，标签为 PX。应用数据可以是字符流数据或比特流数据，只要总体长度不超过 ARINC 规范规定即可。

AMS 控制报文的标签不同于正常情况下的 ACARS 应用报文的标签，所以在软件的实现上要添加对新标识符的识别。另外，加密后的报文有可能不是 ACARS 可传输字符，所以采用信息编码技术编码为可传输字符。

（4）AMS_APPENDIX：在进行会话初始化时，此域的内容见表 6-9；在进行安全数据交换时，此域的内容见表 6-10。

表 6-9 AMS_APPENDIX 结构（会话初始化时）

字段	长度	描述
AlgID	共 16 bit，其中 MAClen 4bit，AuthID 4bit，EncrID 8bit	MAClen 为 MAC 长度标识 0001：MAC 长度 32bit； 0010：MAC 长度 64bit 0100：MAC 长度 128bit； 其他：错误 AuthID 为认证算法标识 0000：错误； bbb1：HMAC-SHA256； bb1b,b1bb,1bbb：保留给其他算法 EncrID 为加密算法标识 00000000：错误 bbbbbbb1：AES128-CFB128； bbbbbb1b～1bbbbbbb：其中 b 为任意的 0 或 1，保留给其他算法
初始化时间	YYMMDDHHMNS2 格式，32 bit	YY，7bit，表示 21 世纪第几年，0000000～1111111 MM，4bit，表示月份，0000～1100 DD，5bit，表示天，00000～11110 HH，5bit，表示小时，00000～01100 MN，6bit，表示分钟，000000～111100 S2，5bit，表示秒，00000～11110，每 2 秒递增
数字签名或初始 MAC	256 bit	采用公私钥方式建立安全会话时，此处为数字签名； 采用共享密钥时，此处为初始消息认证码 MAC0

表 6-10 AMS_APPNEDIX 结构（会话建立后）

字段	长度	描述
AlgSel	MAClen 4bit，AuthSel 4bit，EncrSel 8bit	MAClen 见表 6-9 AuthSel 结构同 AuthID EncrSel 结构同 EncrID
InitTime	YYMMDDHHMNS2 格式，32 bit	结构见表 6-9
Random	32bit	地面实体产生的随机值
MsgCount	两个 16 进制数	消息计数值，0x00～0xFF，即 0～255，计到 255 后自动断开安全连接，需重新建立连接
MAC	32bit、64bit 或 128bit	此条报文的消息认证码，根据 Keccak 消息认证码（Keccak message authentication code，KMAC）计算得来

4. PKI 技术及安全服务

PKI 是一种利用非对称密码算法理论和第三方认证技术来实现并提供安全服务的具有通用性的安全服务设施。用户可以利用 PKI 平台提供的安全服务进行安全通信。PKI 建立在统一的标准和规范基础之上，为网络应用提供实体鉴别、数据的保密性、数据的完整性和不可否认性等安全服务，是信息安全的关键技术。

作为一项基础设施，PKI 不仅包含技术问题，还涉及组织管理、法律法规等方面，是一个宏观体系。理论上需要密码学算法和密码协议的支持，这是 PKI 的理论基础；技术上，需要制定相关的标准，如证书和数字签名的格式、各个实体间的通信协议，以保证 PKI 的互操作性；管理上，需要规范参与各方的行动；法律上，要对电子签名赋予法律效力。

从广义上讲，所有提供非对称加密和数字签名服务的系统都可以称为 PKI。PKI 不仅提供了可信的信息，还包括建立在密码学基础上的安全服务，如实体认证和消息完整性服务等。从狭义上讲，PKI 可以理解为证书管理的工具，包括创建、管理、存储、分发、撤销公钥证书的所有硬件、软件、人、政策法规和操作规程。利用证书可以将用户的公钥与身份信息绑定在一起，利用一定的管理设施可以保证公钥和身份信息的真实性。

AMS 中采用公钥证书进行公钥管理，通过第三方的可信任机构（即 CA），把用户的公钥和用户的其他标识信息捆绑在一起，并通过管理设施确保证书和用户信息的准确性。它可以作为支持身份认证、完整性、机密性和不可否认性的技术基础，从技术上解决通信双方身份认证、信息完整性和抗抵赖等安全问题，为网络通信应用提供可靠的安全保障。其主要包含的内容如下。

（1）认证机构：公正、权威、可信的第三方认证机构是 PKI 的核心。它负责数字证书的签发、撤销和生命周期的管理，还提供密钥管理和证书在线查询等服务。

（2）数字签名：利用发信者的私钥和可靠的密码算法对待发消息或其电子摘要进行加密处理，这个过程和结果就是数字签名。收信者可以用发信者的公钥对收到的信息进行解密从而辨别真伪。经过数字签名后的信息具有真实性和不可否认（抵赖）性。

（3）数字证书：把实体与它的公钥联系在一起，是 PKI 的基本元素。数字证书是由 CA 经过数字签名后的一段电子文档。数字证书包括主体名称、认证机构名称、证书序列号、证书有效期、密码算法标识、公钥等信息。利用数字证书，可以在通信过程中获取对方的公钥，并进行实体身份认证。

PKI 主要提供认证、数据保密性和数据完整性三种服务。

（1）认证服务：它是 PKI 中的核心内容，负责数字证书签发、发布、查询和用户身份验证，以及证书撤销列表的维护和发布。主要提供以下两种认证：实体认证和信息源认证。

（2）数据保密性服务：PKI 的保密性服务是一个框架结构，通过它可以完成算法协商和密钥交换，而且对通信实体是完全透明的，这样就可以使用协商好的加密算法对机密数据进行保护。

（3）数据完整性服务：就是确认数据在产生、传输和存储过程中没有被添加、删除和替换过。PKI 中实现数据完整性服务的主要方法是数字签名，它既可以提供实体认证,又可以保障被签名数据的完整性。在 AMS 中,安全会话建立之前采用数字签名,在随后的安全数据交换中,主要依靠对称加密机制中的消息认证码提供认证和数据完整性服务。

结合以上分析,可以看到 PKI 所提供的安全服务都可以很好地应用于 AMS 中,详见表 6-11。

表 6-11 PKI 安全保障服务

服务	数据泄露	数据欺骗	实体伪装	DoS 攻击
数据保密性服务	√			
数据完整性服务		√		
认证服务			√	√

针对数据泄露的一般防护手段就是加密,PKI 提供的数据保密性服务可以很好地协助安全会话完成公开信道上的密钥协商,防止数据泄露。

针对数据欺骗,PKI 提供的数据完整性服务能保证数据在传输过程中的完整性。认证服务能验证通信双方的真实身份,防止实体伪装的发生,进而阻止 DoS 攻击出现的可能性。

5. 通信实体

根据 ACARS 通信模型和互联方案,ACARS 数据链的安全通信实体可划分为飞机实体、地面实体和密钥管理实体三部分[6]。

1) 飞机实体

飞机实体主要是指实现 ACARS 通信和 AMS 机制的机载航空电子设备。飞机实体在与一个或多个地面实体交换信息时,它作为地面实体的对等通信实体和安全终端。飞机实体一般是指 CMU 或其他可完整实现通信管理功能的设备,本节的飞机实体为 CMU。每个飞机实体都以飞机尾号作为唯一的标识。军航飞机可采用类似的编号作为实体的唯一标识。在采用 AMS 机制时,飞机实体要完成加解密、消息认证和完整性验证等操作。

2) 地面实体

一个地面实体是一个逻辑上可实现 ACARS 通信和 AMS 机制的地面系统。在与一个或多个飞机实体交换信息时,地面实体作为 AMS 对等通信实体和安全终端。根据安全架构的不同,地面实体可以是数据链服务提供商或者管制中心和航空公司等终端,在互联方案中,军航、民航和联合管制中心都可以是地面实体,地面实体的具体选择根据安全架构的不同而不同。地面实体具有数据采集、计算和存储等功能,同时能够对 ACARS 报文进行加解密、信息认证和完整性检验。

3) 密钥管理实体

在建立安全会话时,根据选择的加密体制的不同,有使用公私钥对(非对称密钥)和共享密钥(对称密钥)建立安全会话两种方式。

AMS 机制中,PKI 提供安全会话中公私钥对的生命周期管理。CA 作为可信的 PKI 实体,为通信实体签发公钥证书。公钥证书将公私钥对的公开部分信息与实体的身份标识信息绑定,绑定在 CA 对实体公钥证书的内容进行签名时进行。

密钥管理基础设施(key management infrastructure,KMI)提供安全会话必需的共享密钥的生命周期管理,负责为每一对通信实体进行共享密钥的生成和分发。共享密钥通过独立于 ACARS 数据链路的安全信道进行分发。

对称密钥的管理与非对称密钥的管理相似,军航和民航要建立相应的密钥管理策略配合安全技术的实施和应用。

在已知或怀疑密钥泄露时,首先要进行影响的安全评估,然后进行系统恢复。采用公私钥对时,每对公私钥都只与一个唯一的实体相关,一个实体的安全威胁对其他实体没有不利的影响;而采用共享密钥时,密钥的泄露会危及所有共享此密钥的实体。系统的恢复补救推荐以下措施:①影响评估;②在可能的情况下,通知出现密钥威胁的实体操作者(对 AMS 的使用持怀疑态度,直到恢复完成);③撤销有威胁的密钥相关的公钥证书(若采用公私钥对);④在每个受影响的实体上更换掉有威胁的密钥(更换相关公钥证书、私钥);⑤在保持数据时,将有威胁的密钥存档;⑥销毁受影响的实体中的威胁密钥,同时销毁所有威胁密钥的备份;⑦受影响实体的密钥恢复完成后,重新启用 AMS 操作。

6. 安全会话管理

安全会话管理主要分为三部分:安全会话初始化(又称安全会话建立、密钥建立)、安全数据交换和安全会话结束。安全会话过程如图 6-10 所示[6]。

1) 安全会话初始化

在安全会话初始化时,有公私钥对和共享密钥两种方式。安全会话初始化的主要目的是在飞机实体和地面实体之间建立会话认证密钥 KMAC 和会话加密密钥(key encryption,KENC),用于安全数据交换过程中的 MAC 生成、验证和 AES 加密、解密。安全会话总是由飞机通过发送初始化请求报文 Init_REQ 来初始化的,但是地面实体也可以通过发送初始化指示报文 Init_IND 来触发飞机实体进行初始化,前提是地面实体有飞机实体的地址信息。

在采用公私钥对的方式时,每个通信实体都有自己的一对公私钥,公钥可以公开,私钥要保密。可以通过 ECC 算法来进行飞机和地面实体间的安全会话初始化。ECC 是基于椭圆曲线离散对数问题的,与 RSA 相比,同等安全性下开销更小。采用共享密钥时,通信实体对之间共享一个秘密密钥,会话初始化过程通过对称加密算法完成。

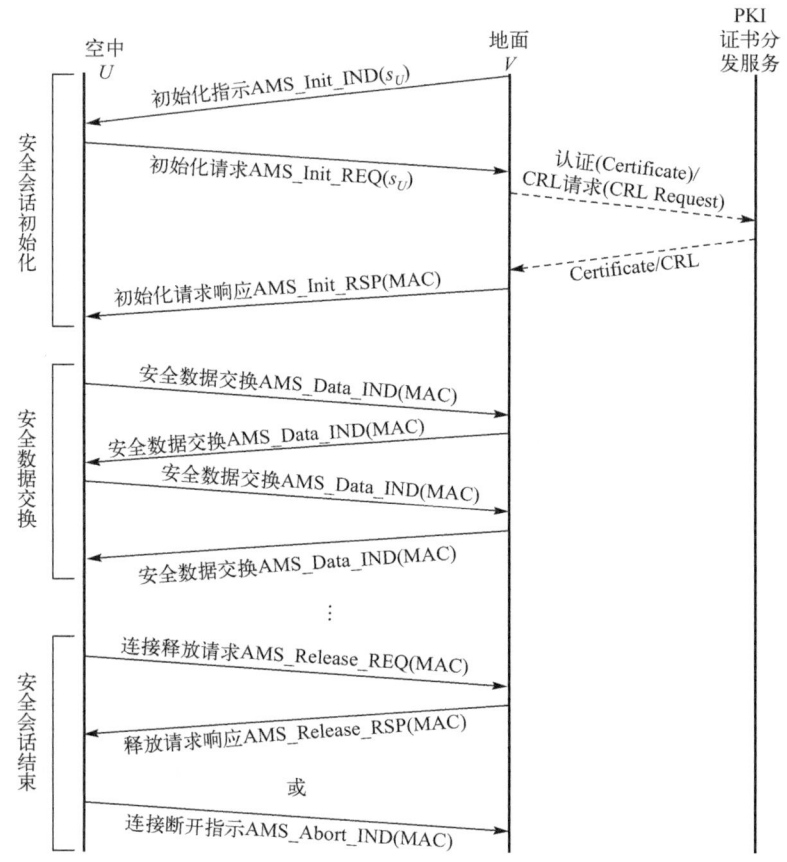

图6-10 安全会话过程

安全会话初始化时,飞机实体向地面实体发送一个会话初始化请求报文 Init_REQ,附录中携带数字签名或者初始消息认证码,能进行实体认证和保证消息的完整性。Init_REQ 中携带了飞机实体支持的加密算法、数据压缩算法和初始化时间。地面实体在收到 Init_REQ 后,首先对报文的数字签名或初始消息认证码进行验证,验证通过后,地面实体提取相关信息来协商加密算法、数据压缩算法,生成 KMAC 和 KENC,用于随后的安全数据交换。至于加密算法和数据压缩算法的协商,地面实体将根据自身的安全配置,从算法优先级列表中选择飞机实体和本身都支持的算法,当不存在飞机实体和地面实体共同支持的加密算法时,明文传输,当不存在共同的压缩算法时,不压缩。

地面实体向飞机实体回复 Init_REQ 的响应报文 Init_RSP-或 Init_RSP+。当接受安全连接请求时,回复 Init_RSP+,报文中包含地面实体算法协商后选择的加密和压缩算法,以及一系列用于密钥建立的值,并且地面实体用 KMAC 计算消息认证码后附于报文附录中,对报文进行保护。拒绝时回复 Init_RSP-,报文包含拒绝的原因,同样采用消息认证码进行保护。

飞机实体在收到 Init_RSP 后，若是 Init_RSP+，则飞机实体即可提取足够的信息完成密钥协商和会话密钥建立，获知地面实体采用的加密算法、数据压缩算法，计算得到与地面实体相同的 KMAC 和 KENC，至此，安全会话初始化完成。

安全会话初始化一般在 ACARS 初始化时完成，也可以在飞行过程中重新进行初始化。

2) 安全数据交换

某一时刻，一个飞机实体最多能同时与 5 个地面实体建立安全会话连接，安全会话连接之间相互独立，安全机制可以各不相同，如可以采用不同的加密算法、认证算法、压缩算法。通过会话标识符(session identifier，SID)来唯一标识每一对安全会话。

安全会话建立后，每个通信实体可以根据配置的安全策略，采取相应的安全服务来对 ACARS 信息进行保护。发送实体在对 ACARS 信息进行保护的同时，还要有相应信息指示数据编码、数据压缩算法和数据采用的其他安全机制，接收实体采用这些信息进行保护机制验证和解码、解压缩。会话初始化过程中生成的 KMAC 被用来计算和验证消息认证码，KENC 被用来进行信息的加密、解密，AMS 安全机制除了用来保护 ACARS 应用数据的传输外，还被用于 AMS 控制报文的传输，如公钥证书、会话统计信息等，能更协调、更安全地管理安全会话。

3) 安全会话结束

安全会话结束有两种方式：确认的结束和非确认的结束。确认的结束方式是指通信的任意一方向另一方发送安全会话连接释放请求 Release_REQ，等待另一方 Release_RSP+确认后结束安全会话，半连接状态能继续进行数据的收发。非确认的结束方式是指通信一方直接向另一方发送一个连接释放指示报文 Abort_IND 后立即释放安全连接，无须另一方确认。具体的选择可根据航空公司或军航的配置而定。Release_REQ 和 Abort_IND 报文传输过程中仍使用 AMS 机制。

6.3 ACARS 数据链加密方法

当前 ACARS 数据链多采用明文传输，数据泄露的风险极大。一些公司为了防止重要数据泄露而造成损失，采用置换密码等经典密码体制进行加密。但是，这种加密无法抵挡来自专业人士的攻击。1974 年，国际商业机器公司(International Business Machine Corporation，IBM)正式提出 DES 对称密码体制加密算法，标志着对称加密算法正式进入应用领域。对称密码体制具有在保持高加密效率的情况下，密文载荷小的优点，对于带宽较为有限的 ACARS 数据链，可应用性非常高。

6.3.1 ACARS 数据加密过程

本节采用国家密码管理局在 2012 年发布的国产分组密码 SM4 标准算法对 ACARS 数据链进行加密。

1. 负载转码

由于 ACARS 数据链正文部分所使用的字符限制于 ASCII 低 128 位中的非控制字符，且报文中很少使用小写英文字母，考虑将常用的 64 个字符以 6bit 的形式进行负载转码[6,7]。经过如表 6-2 所示的负载转码后，在保证 ACARS 正文部分的高可读性的情况下，其有效载荷可以降低 25%。

2. 数据填充算法

SM4 分组密码算法的最小单位是 128bit，为了保证经过负载转码后的正文（6bit 的整数倍）可以正常加密，还需要对其进行数据填充。

常用的数据填充算法包括 ZeroPadding、PKCS7Padding 以及 PKCS5Padding。鉴于 ZeroPadding 算法单纯使用 0 进行填充，当元数据尾部也为 0 时，unPadding 过程会出现问题，所以不对该方法进行讨论。

PKCS7Padding 算法对元数据按块长度（block size）进行取模。当模为 0 时，表示已经对齐，需填充一个长度为块长度，且填充数据中每字节的值均为块长度的值；当模不为 0 时，表示未对齐，需要填充一段长度为块长度和模的差值，且填充数据中每字节的值均为该差值的数值。这样，在还原时就可以根据填充后数据的最后一字节及该字节出现的次数将元数据完整复现。

PKCS5Padding 算法是 PKCS7Padding 算法的子集，块大小固定为 8bit，利用该算法可将负载转码后的正文填充为适用于 SM4 分组密码算法的信息。

3. SM4 分组密码算法

SM4 分组密码算法是我国完全自主设计的分组对称密码算法，其密钥长度和数据分组长度为 16B，密钥扩展算法与加解密算法以字为单位且采用 32 轮非线性迭代进行运算。

1）参量产生

SM4 算法密钥表示为 MK=(MK_0,MK_1,MK_2,MK_3)，长度为 128bit。密钥扩展算法可生成轮密钥 rk =(rk_0,rk_1,rk_2,rk_3)，需要系统参数 FK=(FK_0,FK_1,FK_2,FK_3) 和固定参数 CK =(CK_0,CK_1,CK_2,CK_3) 参与运算。上述参数 MK_i、rk_i、FK_i、CK_i 均为字。

2）轮函数 F

整体轮函数公式为

$$X_{i+4} = F(X_i, X_{i+1}, X_{i+2}, X_{i+3}, \mathrm{rk}_i) = X_i \oplus T(X_i \oplus X_{i+1} \oplus X_{i+2} \oplus X_{i+3} \oplus \mathrm{rk}_i)$$

其中，$\oplus$ 表示异或运算。

非线性变换 τ 和线性变换 L 复合形成式中的合成置换 T，即 $T(\cdot)=L(\tau(\cdot))$。

非线性变换中的 S 盒是一种在分组密码中用于置换运算的基本非线性结构，采用 16 进制数据。由 4 个并行的 S 盒构成非线性变换。经过非线性运算后的输出值作为输入值进行线性变换，公式为

$$C = L(B) = B \oplus (B \ll 2) \oplus (B \ll 10) \oplus (B \ll 18) \oplus (B \ll 24)$$

3) 密钥扩展算法

根据已知的加密密钥、系统参数和固定参数可生成轮密钥 rk_i：

$$(K_0, K_1, K_2, K_3) = (\mathrm{MK}_0 \oplus \mathrm{FK}_0, \mathrm{MK}_1 \oplus \mathrm{FK}_1, \mathrm{MK}_2 \oplus \mathrm{FK}_2, \mathrm{MK}_3 \oplus \mathrm{FK}_3)$$

$$\mathrm{rk}_i = K_{i+4} = K_i \oplus T'(K_{i+1} \oplus K_{i+2} \oplus K_{i+3} \oplus \mathrm{CK}_i)$$

这里的 T' 是将合成置换中的 T 进行线性变换 L'：

$$L'(B) = B \oplus (B \ll 13) \oplus (B \ll 23)$$

4) 加解密算法

SM4 加密算法由 32 次迭代运算和 1 次反序变换构成。设明文输入 $(X_0, X_1, X_2, X_3) \in (Z_2^{32})^4$，输出的密文为 $(Y_0, Y_1, Y_2, Y_3) \in (Z_2^{32})^4$，此处 Z_2^{32} 表示一个具有 2^{32} 个元素的有限域，加密算法即可表示为

$$X_{i+4} = F(X_i, X_{i+1}, X_{i+2}, X_{i+3}, \mathrm{rk}_i), \quad i = 0, 1, \cdots, 31$$

$$(Y_0, Y_1, Y_2, Y_3) = R(X_{32}, X_{33}, X_{34}, X_{35}) = (X_{35}, X_{34}, X_{33}, X_{32})$$

SM4 解密算法和加密算法具有相同的结构，逆向使用加密过程中的轮密钥即可进行解密。

6.3.2 ACARS 数据加密实验及结果分析

基于 6.3.1 节采用国产分组密码 SM4 标准算法对 ACARS 数据链进行加解密的原理，本节设计与实现了 ACARS 数据的加解密技术，搭建了一套操作演示平台界面，使用真实的 ACARS 报文进行 SM2 和 SM4 的加密和解密测试，并比较了两种加密算法的性能[7]。

1. 测试环境

本节演示平台的搭建使用的是 C#编程语言，利用 C#的集成开发环境 Visual Studio 实现 SM 算法对 ACARS 报文的加密和解密功能，同时结合 Windows 展示基础（Windows Presentation Foundation，WPF）桌面应用程序开发插件，编程实现实验

操作界面中报文明文信息输入、弹窗提示相关功能。加密时，由飞行员通过多功能控制显示单元（multifunction control display unit，MCDU）输入生成应用数据，通过机载总线发送给 CMU，CMU 将接收到的数据封装成 ACARS 报文，对其报文信息进行 SM2 或 SM4 算法加密后提交给甚高频收发信机，进而传输至地面站；解密时，由甚高频收信机接收到来自地面站的 ACARS 数据信息密文，对该密文信息先进行对应的解密处理后由 CMU 从明文中提取应用数据，进而分发到相关机载单元进行处理。具体测试环境如图 6-11 所示[5]。

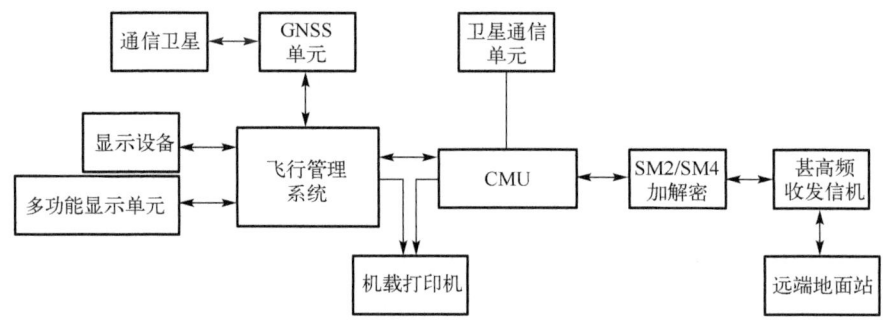

图 6-11　具体测试环境

该测试环境基于 Windows 10 系统，实验过程中使用硬件设备 RTL-SDR（RTL2832U）接收射频通道中传输的 AM 调制、频率为 131.45MHz 的信号，如图 6-12 所示[5]。

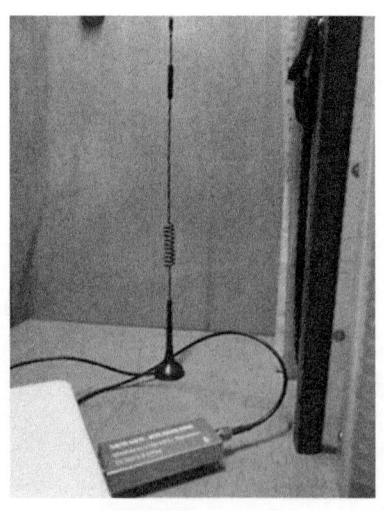

图 6-12　硬件设备 RTL-SDR（RTL2832U）

通过软件 SDR#和 PlanePlotter 设置相应参数对信号进行相关解调处理，提取到想要的 ACARS 真实报文数据，软件处理界面如图 6-13 和图 6-14 所示。

第 6 章　ACARS 数据链数据安全保护方法的研究

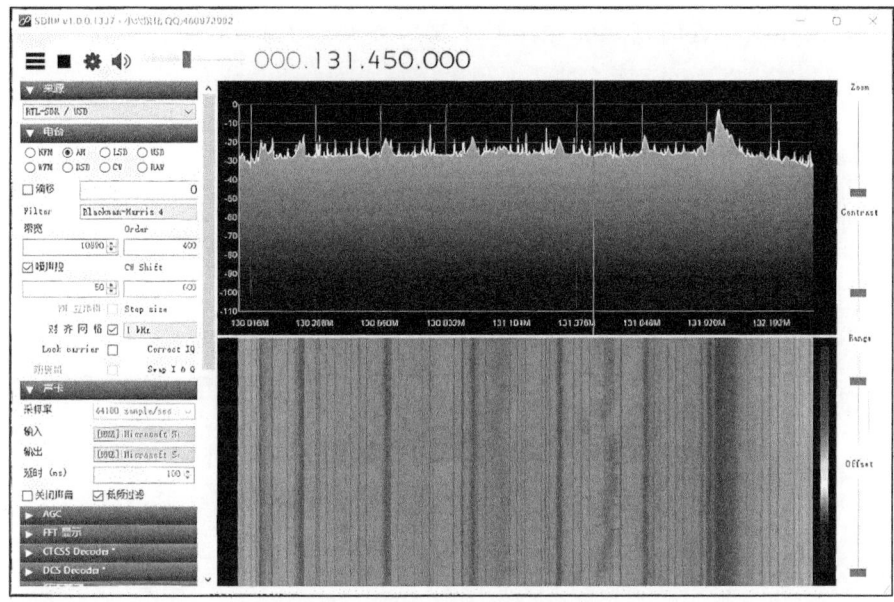

图 6-13　软件 SDR#处理界面

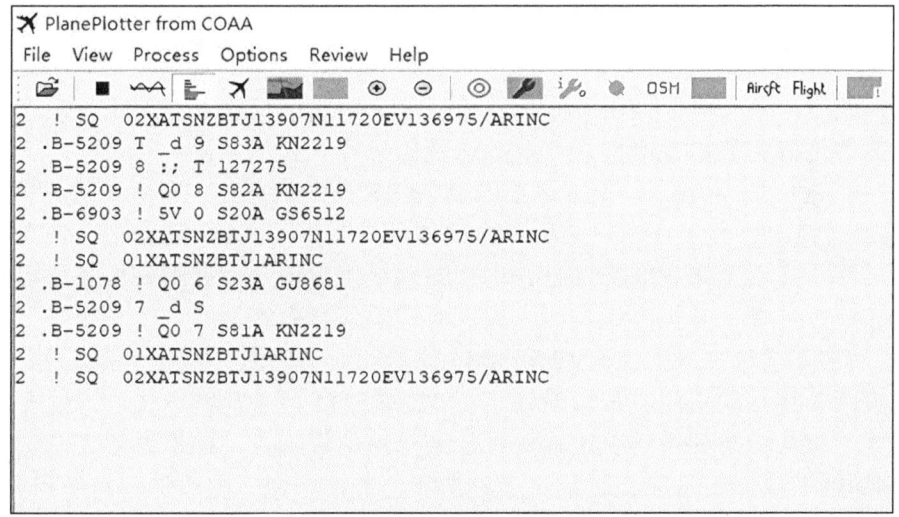

图 6-14　PlanePlotter 处理界面

具体操作为：首先在计算机的通用串行总线(universal serial bus, USB)端口接入硬件设备 RTL-SDR，确定安装驱动程序后，下载 SDR#软件并打开，调到 ACARS 频率 131.45MHz，设置接收模式为 AM 并关闭所有降噪过滤器，同时设置 SDR#到选择的音频管道设备。然后打开 PlanePlotter 软件，设置 Input/output settings 界面的参数，如图 6-15 所示。

基于测试环境，进而完成的操作演示平台界面如图 6-16 所示。

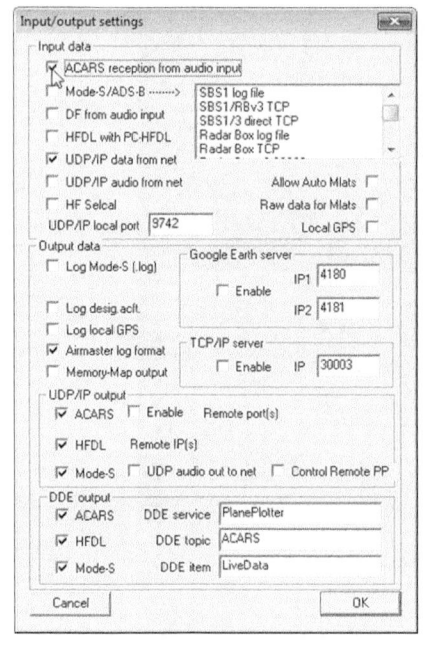

图 6-15　PlanePlotter 参数设置

图 6-16　操作演示平台界面

操作演示平台主要分为以下五个部分：报文明文信息输入、加密方式选择、加解密报文的生成和显示、所有内容清除以及信息填写提示弹窗。

（1）报文明文信息输入。根据之前的 ACARS 报文信息内容和格式的分析，已知空-地通信链路上行和下行的报文所包含的信息是有所不同的，因此平台将上行链路和下行链路报文根据相应的格式分开进行输入，用户可以根据所要加密的明文信息格式内容进行选择，并按照格式要求输入对应的信息内容。

（2）加密方式选择。因为 SM2 和 SM4 均能够对 ACARS 的报文信息进行加密，为了比较两种算法的性能，平台设计了 SM2 和 SM4 两种加密方式进行选择，便于我们在同一报文信息的基础上比较两种加密算法的优缺点，操作方便。

（3）加解密报文的生成和显示。当单击灰色方框按钮"生成加密解密报文 V.V"后，会在加密报文和解密报文后对应的空白处显示相应的报文内容，此区域用户只能查看，不可更改，同时在生成加密和解密报文的过程中会出现弹窗显示加密和解密两个过程分别运行所耗费的时间，易于比较两种算法的性能。

（4）所有内容清除。当单击灰色方框按钮"清除 T.T"后，之前在演示平台界面上所输入的报文信息内容和显示的加解密报文会被一键清除，便于用户对新的报文内容进行输入并进行加解密的操作。

(5)信息填写提示弹窗。由于 ACARS 报文有其规定的格式,所以需要对指定内容进行加解密,为了使用户能够在较短的时间内按照正确的报文格式输入相应内容,平台设置了信息填写提示的弹窗来帮助用户填写输入。如果操作用户填写内容有误,弹窗将会提示对应字段的关键词或字段长度。

2. 数据测试

测试的数据如下。

1) 测试数据 1

明文:

```
<SOH>2.B-1847<NAK>SA1<STX>S74ACZ53360EV021137V<ETX><BCS><DEL>
```

SM2 密文:

```
<SOH>2.B-1847<NAK>SA1<STX>04FA029CE7A4817676F90CCF700FF3E46781
25D3C887EF06D1FF8BF1069315DB68CEBF9D540A92ABDACCE3F8159FDC98A9DA5C9B1C
26B264835D8CF43C9EA7879586DF5BF52A10C1F5FCFED529D2C3C707CB9B416B31D3A7
44E3FD8B9590F13BCC866CCC6448E40BF982A7CE54DFAEF77DC234B9E1<ETX><BCS><D
EL>
```

SM2 加密时间:第一次为 12.2409ms;第二次为 15.4719ms;第三次为 10.816ms。
SM2 解密时间:第一次为 6.0971ms;第二次为 6.3255ms;第三次为 5.3314ms。

SM4 密文:

```
<SOH>2.B-1847<NAK>SA1<STX>3ac859859323ea3bdd60e48d6cbc0d303917
296fff53a1e02dd84742416c074c<ETX><BCS><DEL>
```

SM4 加密时间:第一次为 0.0328ms;第二次为 0.0592ms;第三次为 0.0663ms。
SM4 解密时间:第一次为 0.0586ms;第二次为 0.0424ms;第三次为 0.0658ms。

加密性能分析:原报文中需要进行加密的明文字符数是 20,SM4 加密后密文字符数是 64,SM2 加密后密文字符数是 234,是 SM4 加密后的字符数的三倍还要多。对同一报文多次加密后,SM2 加密时间主要稳定在 10~20ms,解密时间主要稳定在 5~8ms;SM4 加密时间主要稳定在 0.03~0.09ms,解密时间主要稳定在 0.03~0.07ms,显然 SM2 加密和解密时间远远长于 SM4。

2) 测试数据 2

明文:

```
<SOH>2.B-1962<NAK>QQ6<STX>M69ABK2975ZBTJZPPP02110202<ETX><BCS>
<DEL>
```

SM2 密文：

<SOH>2.B-1962<NAK>QQ6<STX>049718A0AB983D61EB6028759831E4143939F418A3E017849676D30CA29B935F45EC606C3359DE35ABD338F43B473BE97158A08AA15B018C08904FE747F12F33786DEEA68489F7561CAA61CDC6619941685299D951CDB4AB30FAEA363A1E607C7022A85EC3EB31597111DFEB237D7FA8338494B845B1AD85E364539<ETX><BCS><DEL>

SM2 加密时间：第一次为 11.4202ms；第二次为 18.9059ms；第三次为 10.2006ms。
SM2 解密时间：第一次为 6.2298ms；第二次为 5.664ms；第三次为 6.7091ms。
SM4 密文：

<SOH>2.B-1962<NAK>QQ6<STX>1d08c9fa8aff9d837ba642ef1826a4c9999a18421cf9b06c053ad77631e3d019<ETX><BCS><DEL>

SM4 加密时间：第一次为 0.0666ms；第二次为 0.0759ms；第三次为 0.0762ms。
SM4 解密时间：第一次为 0.0516ms；第二次为 0.0593ms；第三次为 0.0381ms。
加密性能分析：原报文中需要进行加密的明文字符数是 26，SM4 加密后密文字符数是 64，SM2 加密后密文字符数是 247，是 SM4 加密后的字符数的三倍还要多。对同一报文多次加密后，SM2 加密时间主要稳定在 10~20ms，解密时间主要稳定在 5~8ms；SM4 加密时间主要稳定在 0.05~0.09ms，解密时间主要稳定在 0.03~0.06ms，显然 SM2 加密和解密时间远远长于 SM4。

3）测试数据 3
明文：

<SOH>2.B-1847<NAK>H10<STX>D07ACZ5336#DFBA56/A32156,1,1/OPP,22,0210,ZGGG,ZBTJ,　5479,<ETX><BCS><DEL>

SM2 密文：

<SOH>2.B-1847<NAK>H10<STX>04378F9F57A3408657F969EDF518682BF062B25BB19C29C84BD05C6BE5ECE30139D713C748D5E5D3F69BE3B34244F345554FE1AD4A2B5219DF91FD2A31047F19FDCA9145B94FFE1413051F70C1050E8EF7FDF763110C7C95652033197F84D2102BFEF2CC77BDDAD27C7820732DDF84D4F7ABC2A7908A42214F66A8EDA42178DAEB6BA32E7195ABFDB328FB28B3C3C4E113890C8726EA5B0A4A3843<ETX><BCS><DEL>

SM2 加密时间：第一次为 18.5242ms；第二次为 10.6482ms；第三次为 14.4892ms。
SM2 解密时间：第一次为 5.3543ms；第二次为 6.4423ms；第三次为 5.4145ms。
SM4 密文：

```
    <SOH>2.B-1847<NAK>H10<STX>c512a664a4dbc1156719b1cf9d0e7c276acb
5a104a966510f80b28cff43995209f156fb045ac1a7e93e4ed17f90d70c2ea170a8941
cabc41c90260dc7294f4bb<ETX><BCS><DEL>
```

SM4 加密时间：第一次为 0.0481ms；第二次为 0.0899ms；第三次为 0.053ms。

SM4 解密时间：第一次为 0.0751ms；第二次为 0.0771ms；第三次为 0.0791ms。

加密性能分析：原报文中需要进行加密的明文字符数是 58，SM4 加密后密文字符数是 128，SM2 加密后密文字符数是 309，是 SM4 加密后的字符数的两倍还要多。对同一报文多次加密后，SM2 加密时间主要稳定在 10～20ms，解密时间主要稳定在 5～8ms；SM4 加密时间主要稳定在 0.04～0.09ms，解密时间主要稳定在 0.05～0.09ms，显然 SM2 加密和解密时间远远长于 SM4。

4）测试数据 4

明文：

```
    <SOH>2.B-1415<NAK>H18<STX>D67BDZ6273#DFB 0001100281.3455.4N38.
3837N38.3837E115.6457E115.6457 22-17 65063 10.1<ETX><BCS><DEL>
```

SM2 密文：

```
    <SOH>2.B-1415<NAK>H18<STX>04C7EB2F8CD6C74B9E0CBD2CD73F4B770D6E
01F455DB961C5B216D628843D6E652980FDB77D7959370995A591AA24732831D483A9
34F26632B1B75D3EF7CC33AC2E279ECDF2D7B65995C0564B3D6B9B93557674CCB3E70D
281344D338CA9B921D7608B318E17CE1F9B53CF3D019D3FA85CD15B2A2D629C472409C
876FED9CE1B380EBB36CCC32F4EC51C9A4F7B232DD72C7C9AAB202BC27909554CEC0C9
7F9BB9D4B51709381407A806659A9A4BF95C79082EC5BC68<ETX><BCS><DEL>
```

SM2 加密时间：第一次为 13.1167ms；第二次为 13.2797ms；第三次为 12.2614ms。

SM2 解密时间：第一次为 6.5801ms；第二次为 5.354ms；第三次为 6.0912ms。

SM4 密文：

```
    <SOH>2.B-1415<NAK>H18<STX>09b7ffc35082b6282462c2883a3f7fb09d95
6110d017bfd6f9b5b549ca737191f11881b8060be4eb09451d167656f0dd99246c2ea4
de0e34858b1fa4dcd355996c126ee0a0ece53bbd60f460f9540a72e55b2b3859c93526
2df63a811d2981f6<ETX><BCS><DEL>
```

SM4 加密时间：第一次为 0.1184ms；第二次为 0.0602ms；第三次为 0.1234ms。

SM4 解密时间：第一次为 0.1092ms；第二次为 0.1071ms；第三次为 0.0713ms。

加密性能分析：原报文中需要进行加密的明文字符数是 85，SM4 加密后密文字符数是 192，SM2 加密后密文字符数是 364，显然比 SM4 加密后的字符数多。对同一报文多次加密后，SM2 加密时间主要稳定在 10～20ms，解密时间主要稳定在 5～

8ms；SM4 加密时间主要稳定在 0.05～0.15ms，解密时间主要稳定在 0.05～0.15ms，显然 SM2 加密和解密时间远远长于 SM4。

5）测试数据 5

明文：

  <SOH>2.B-1739<NAK>294<STX>M04ABK2931025536<ETX><BCS><DEL>

SM2 密文：

  <SOH>2.B-1739<NAK>294<STX>04E5204EE1E1F8E276CF85F8022D5BA74AB7
7907C83E907D2DF90136818C3D829618C00E46997C550A2814CE9ABF266B1A5E0B9950
84883A44AAF6EE832F3B373F942EA714DE65FF129CC6A854681BF2AECF6E72AAB9E0D1
2E6E5A548D06A37FC1863DA784AE1202870880624F54E2D5C7<ETX><BCS><DEL>

SM2 加密时间：第一次为 10.5669ms；第二次为 10.4634ms；第三次为 14.6479ms。
SM2 解密时间：第一次为 6.6363ms；第二次为 10.6505ms；第三次为 6.5312ms。

SM4 密文：

  <SOH>2.B-1739<NAK>294<STX>ebf9f9e7e8c8bf7b339fb5eb621a15236f76
4c9599d30c469c4f1b038f3c97f1<ETX><BCS><DEL>

SM4 加密时间：第一次为 0.0623ms；第二次为 0.0593ms；第三次为 0.0603ms。
SM4 解密时间：第一次为 0.0413ms；第二次为 0.0604ms；第三次为 0.0385ms。

加密性能分析：原报文中需要进行加密的明文字符数是 16，SM4 加密后密文字符数是 64，SM2 加密后密文字符数是 226，是 SM4 加密后的字符数的三倍还要多。对同一报文多次加密后，SM2 加密时间主要稳定在 10～20ms，解密时间主要稳定在 5～11ms；SM4 加密时间主要稳定在 0.05～0.09ms，解密时间主要稳定在 0.03～0.07ms，显然 SM2 加密和解密时间远远长于 SM4。

6）测试数据 6

明文：

  <SOH>2.JA879J<NAK>H18<STX>D82AJL0021#DFBPNT**0029 A312202122
8N38519E117157021217673-10010 12 519 328367359W 0 00701<ETX><BCS><DEL>

SM2 密文：

  <SOH>2.JA879J<NAK>H18<STX>04267022232826893878655F5565755280C33
84940934906884F37FCB190C8198C64AD748899D189968D3E3A5B62A147FC9E0E7E9AF
BA7D2AA1ECAFFSED301A1E5D2DC4D6D2022EDD2BE3CF6034829EFE7798AFAD0C6CFAE6
F6332A582EB274844F05E4DEF44D18052A472A0752BE23E2086BAED65E222472838F68
A2274D16198A165F7C66904DCB18F21A19DEA56FF3CC9A89BD22782CBF831905CB5838
47FD8FC820B48C95900C3ECCD51198F76897C3A70653D6CC1CF3EE7CC521CDA9EEFF16

```
<ETX><BCS><DEL>
```

SM2 加密时间：第一次为 10.2923ms；第二次为 18.5745ms；第三次为 20.762ms。
SM2 解密时间：第一次为 5.0027ms；第二次为 6.1021ms；第三次为 5.3758ms。
SM4 密文：

```
    <SOH>2.JA879J<NAK>H18<STX>a754b1226cb95ed916d2e7bb5d82e0419a42
0b8e26ce2565bc48e6cb72da844c9bd4b702b027817f14c3479093006ee04f13890808
0ec807f23ea9c9931f9d576355dc8f641a064c99588ed8a6197eb7c8134213219606f3
1efb5a65c069cf9921b5921cbf5dcb4e1a22e18144bde519<ETX><BCS><DEL>
```

SM4 加密时间：第一次为 0.1433ms；第二次为 0.1443ms；第三次为 0.0726ms。
SM4 解密时间：第一次为 0.1119ms；第二次为 0.1058ms；第三次为 0.0724ms。
加密性能分析：原报文中需要进行加密的明文字符数是 97，SM4 加密后密文字符数是 224，SM2 加密后密文字符数是 386，显然 SM2 加密后的密文字符数比 SM4 多。对同一报文多次加密后，SM2 加密时间主要稳定在 10～21ms，解密时间主要稳定在 5～8ms；SM4 加密时间主要稳定在 0.05～0.15ms，解密时间主要稳定在 0.06～0.15ms，显然 SM2 加密和解密时间远远长于 SM4。

6.3.3 性能分析

本节根据搭建的操作演示平台界面的测试数据，进行了 SM2 和 SM4 加密后密文字符长度的统计和两种算法加解密运行时间的统计，基于统计的数据结果，对两种加密算法加密性能进行具体分析。

1. 密文长度分析

加密密文的长度是比较加密算法性能的一个重要的性能参数，加密后的结果会作为报文数据传输至甚高频信道中，不同长度的传输密文会占用信道不同的带宽，根据香农公式 $C = B\log_2(1 + S/N)$（其中 C 为倍道容量，B 为带宽，N 为噪声功率），不同的带宽会影响信道的传输速率，进而会影响传输的实时性。

本节统计了 SM2 和 SM4 两种算法对不同长度密文加密得到的密文结果的长度，并绘制了折线，如图 6-17 所示。

从图 6-17 中可明显看出，SM2 加密密文长度折线始终在 SM4 加密密文长度折线的上方，随着明文字符数的增加，SM2 和 SM4 加密的密文字符数也在增加，所以，SM2 和 SM4 两种算法加密密文的长度可以近似看作与所需加密明文的长度成正比，并且 SM4 加密密文长度要小于 SM2，因此，在密文长度上，SM4 算法的加密性能要优于 SM2 算法。

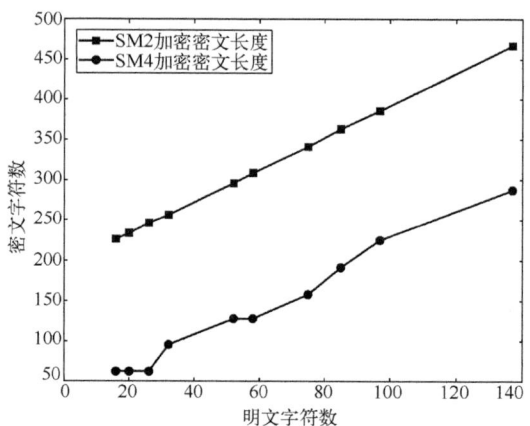

图 6-17　SM2 和 SM4 加密密文长度对比

2. 加解密效率分析

加解密效率是比较加密算法性能的另一个重要的性能参数,加解密如果效率足够高会使传输的实时性更好,地面与飞机间的通信将会更安全自主可控。本节将根据加解密运行的时间来分析加解密的效率,比较两种算法的性能。

SM2 算法属于非对称加密算法,需要公钥和私钥两个密钥。在进行加密和解密的过程中,加密的过程要比解密的过程复杂,所以加密和解密的运行时间并不相同。本节统计了对同一明文进行 SM2 加密和解密的 8 次数据结果,绘制出折线如图 6-18 和图 6-19 所示。

图 6-18 是对明文长度为 20 字符的 SM2 加密和解密运行时间所绘制的折线图,图 6-19 是对明文长度为 26 字符的 SM2 加密和解密运行时间所绘制的折线图。

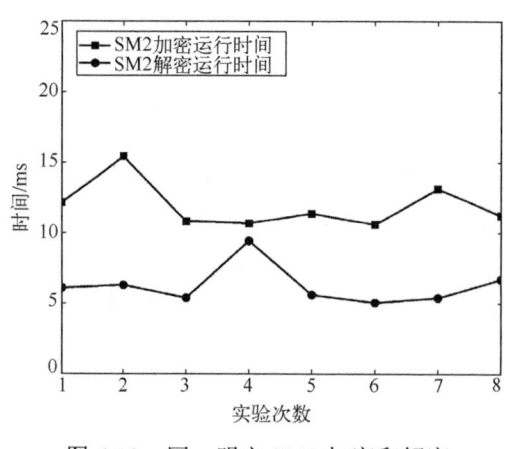

图 6-18　同一明文 SM2 加密和解密运行时间(20 字符)

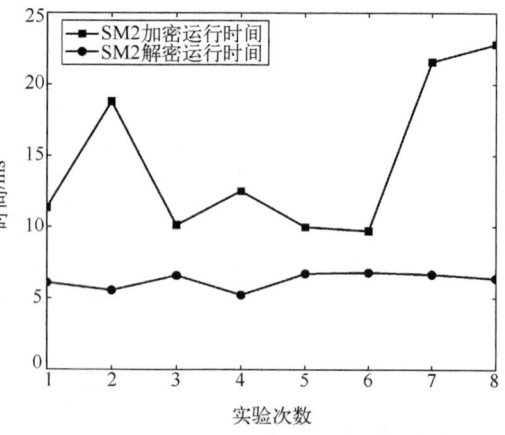

图 6-19　同一明文 SM2 加密和解密运行时间(26 字符)

无论 20 字符还是 26 字符,均可明显看到,每次使用 SM2 进行加密和解密,SM2 加密运行时间的折线都是在解密运行时间折线的上方,运行过程中所耗费的时间均是加密时间大于解密时间的,而且加密时间在 10~25ms 这个区间内,解密时间在 5~10ms 这个区间内,加密时间约为解密时间的 2 倍。

SM4 分组密码算法是一种迭代密码的对称算法,加密和解密的过程顺序是相反的,但是原理都是使用轮密钥 rk_i 进行 32 次迭代。本节也统计了对同一明文进行 SM4 加密和解密的 8 次数据结果,绘制出折线图如图 6-20 和图 6-21 所示。

图 6-20 是对明文长度为 20 字符 SM4 加密和解密所绘制的折线图。图 6-21 是对明文长度为 26 字符 SM4 加密和解密所绘制的折线图。

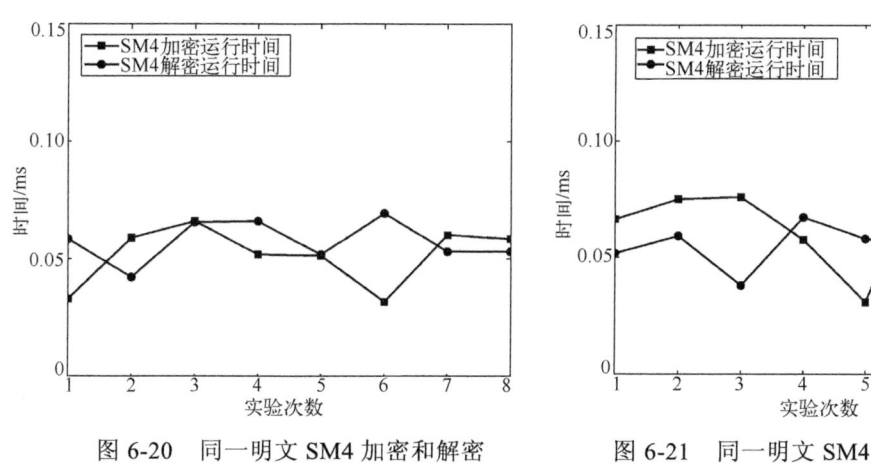

图 6-20　同一明文 SM4 加密和解密运行时间(20 字符)

图 6-21　同一明文 SM4 加密和解密运行时间(26 字符)

无论 20 字符还是 26 字符,均可明显看到,每次使用 SM4 进行加密和解密,SM4 加密运行时间的曲线和解密运行时间的曲线都是交错的,并没有出现恒定的哪条折线在上方,哪条折线在下方的现象,根据时间的数值,也可以大致看到加密和解密的时间相差并不大,两者都在 0.1ms 内。

对比 SM2 和 SM4 算法的原理,SM2 算法是比 SM4 算法复杂的。从数据测试得到的结果可明显看出,SM2 加密和解密运行的时间是远远大于 SM4 对同一需要加密的明文加密和解密的运行时间的,为了使所得出的结论更具有说服力,本节统计了同一明文分别进行 SM2 和 SM4 加密和解密的 8 次数据结果,绘制出折线图如图 6-22 和图 6-23 所示。

图 6-22 是对同一明文进行 SM2 和 SM4 加密运行时间对比的折线图,图 6-23 是对同一明文进行 SM2 和 SM4 解密运行时间对比的折线图,从两个图中可看出,无论加密还是解密,SM2 算法的折线总在 SM4 算法折线的上方,SM4 加密和解密

时间在 SM2 的对比下接近于 0,由此可得出在加密和解密时间上,即加解密效率上,SM4 的性能优于 SM2 的性能。

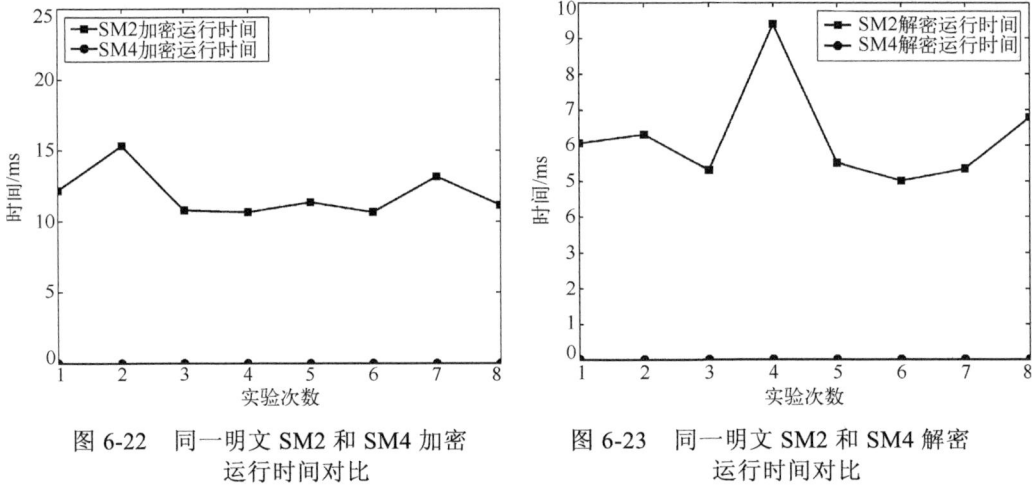

图 6-22　同一明文 SM2 和 SM4 加密运行时间对比

图 6-23　同一明文 SM2 和 SM4 解密运行时间对比

为了比较 SM2 和 SM4 加密、解密运行时间是否和明文的长度有关,本节还统计了不同明文长度下两种算法的加密和解密时间,并绘制了加密和解密时间与明文长度相关的折线图,如图 6-24 和图 6-25 所示。

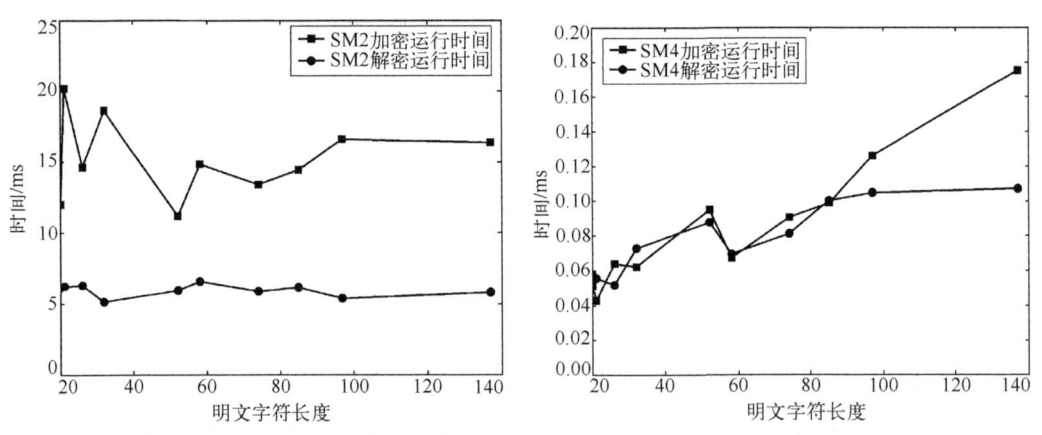

图 6-24　不同明文长度 SM2 加密和解密运行时间

图 6-25　不同明文长度 SM4 加密和解密运行时间

图 6-24 是不同明文长度下 SM2 加密和解密运行时间的折线图,图 6-25 是不同明文长度下 SM4 加密和解密运行时间的折线图。从图 6-24 和图 6-25 中可明显看出,SM2 和 SM4 的加密和解密时间与字符长度是没有显著关系的。

图 6-26 和图 6-27 是不同明文长度下对 SM2 和 SM4 耗费时间的对比。从图 6-26

和图 6-27 中可明显看出，无论明文的字符长度为多少，SM4 的加密和解密运行时间都远远小于 SM2 的加密和解密运行时间，所以，SM4 的加密性能优于 SM2 的加密性能。

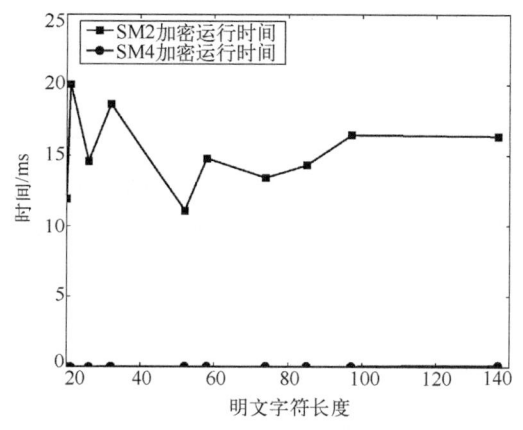

图 6-26　不同明文长度 SM2 和 SM4 加密时间对比　　图 6-27　不同明文长度 SM2 和 SM4 解密时间对比

综上所述，采用国产密码算法 SM4 和 SM2 加密后得到的 ACARS 报文密文均为不具有可读性的字符型密文，但在加密密文长度和加密及解密时间效率方面，SM4 算法相比于 SM2 算法通常具有更好的表现，SM4 分组进行迭代的加密算法对 ACARS 明文数据信息进行加解密时，迭代的过程和使用的轮密钥基本上都是相同的，只是改变了密钥的使用顺序，这就降低了算法的复杂度，所以运行的时间在这个基础之上就得到了缩减；与 SM4 不同的是，SM2 加密算法不仅用到了公钥，还要用到私钥与公钥进行配对运算才能得到解密结果，这就使加密算法变得十分复杂，而且实现较为困难。随着交通运输业的发展，飞机也越来越成为人们选择出行使用的工具，各大航空公司会购买更多的航空器促进民航业的发展，这就会使空中交通运输网越来越复杂，每架飞机所能分配到的频率资源和频带宽度越来越少，在保证地空数据链 ACARS 安全性的情况下，国产密码 SM4 算法就有了更高的可用性，它所占用的资源更少，加解密速度更快，提高了系统的安全自主性，可以使 ACARS 在数据进行加密的情况下运行，效果最佳。

6.4　ACARS 数据链认证方法

ACARS 数据链由于缺少实体认证和消息认证的方式，无法检测和抵挡数据伪造、数据重放以及同步(synchronize，SYN)洪泛攻击。将数字签名和公钥数字证书技术应用于数据链通信中，在抵御上述攻击的同时，还可以保证数据链传输的机密性、完整性和不可否认性，为地空通信安全提供有效保障。本节将引入国产 SM3 密码哈希算法以及国产 SM2 椭圆曲线公钥密码算法实现 ACARS 数据链的认证。

6.4.1 数字证书

数字证书作为数字通信中标识各方身份信息的一种数字认证，是经过可信证书颁发机构认证并使用该机构私钥签名后所生成的文件，其中包含了证书所有者的公钥及相应的信息。本节使用的 ACARS 数据链的数字证书均遵循公钥基础设施标准。

1. 数字证书的颁发

数字证书申请过程如图 6-28 所示[7]。

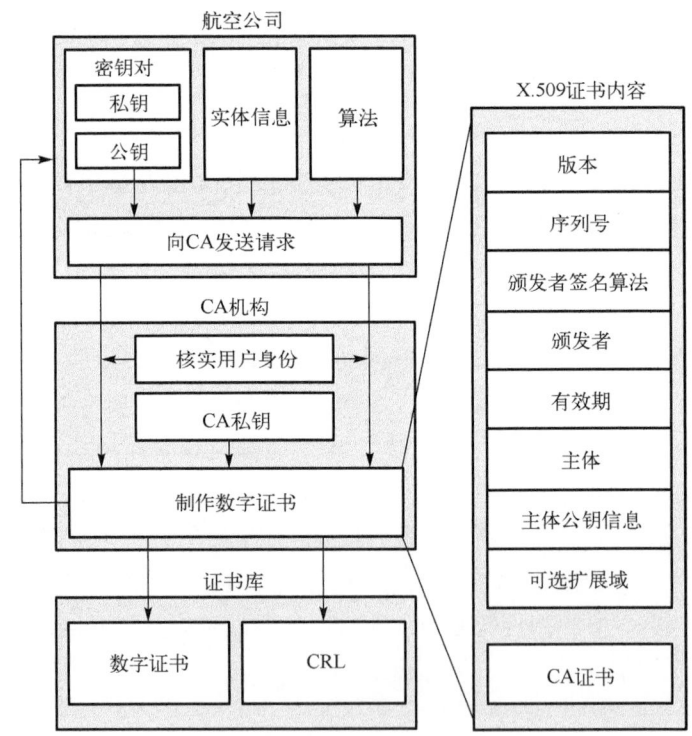

图 6-28　数字证书申请过程

在建立 ACARS 数据链会话之前，航空公司需要分别为地面站 DSP 以及机载 CMU 设备生成密钥对，并将设备及航空公司的实体信息和公钥一起发送给 CA 以申请实体证书。

当 CA 接收到申请请求后，会对请求信息进行审核。审核通过后，会根据公钥和对应的实体信息制作符合 X.509 标准的数字证书并返回给航空公司，同时将该数字证书及 CRL 一并存入证书库中。航空公司收到 CA 返回的数字证书后，开始监听地面和飞机以确认二者是否建立 ACARS 数据链会话，一旦建立，将私钥和对方的数字证书分别发送给地面站 DSP 和机载 CMU 设备。至此，完成了数字证书颁发的整个流程。

2. 数字证书的验证

在航空公司将数字证书传送给双方前，还要验证证书是否仍然有效，需要进行以下几个检查步骤。

(1) 验证证书中的 CA 签名是否正确。
(2) 验证证书有效期并确定其是最新的。
(3) 根据数字证书扩展项中的 CRL 地址，检查证书是否被吊销；或将证书的序列号组织成 OCSP 请求包发送给 OCSP 服务器以请求证书的当前状态。

如果检测均通过，可继续建立空地安全会话；否则，航空公司将重复证书的颁发步骤。

6.4.2 数字签名

当地、空均持有对方的有效数字证书后，意味着双方已获知对方的公钥，利用非对称密码体制的特性，即可通过数字签名构建安全会话。其中，上行报文签名及验证过程如图 6-29 所示[7]，下行报文签名及验证过程同理。

1. 生成签名

使用 SM2 算法生成签名之前，需要进行预处理，即利用用户身份标识 ID，系统曲线参数 a、b 身份标识，基点 x_G、y_G 以及利用公钥得出的 x_A、y_A 来获取用户的可辨别标识哈希值：

$$Z = SM3(ENTL \| ID \| a \| b \| x_G \| y_G \| x_A \| x_B)$$

其中，ENTL 为用户身份标识的长度信息。并经过以下数个步骤即可获取消息 M 的签名。

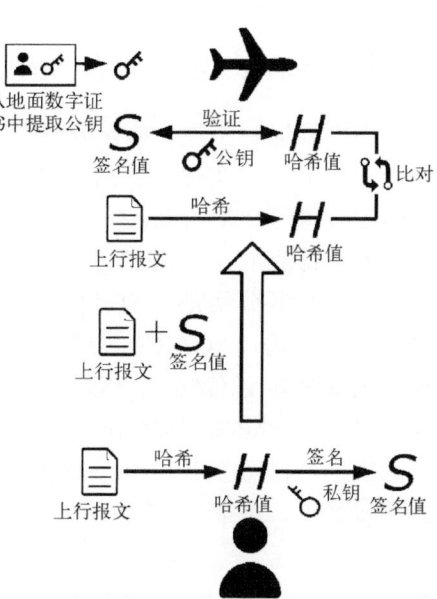

图 6-29 上行报文签名及验证过程

(1) 置 $\bar{M} = Z \| M$。

(2) 计算 $e = H_v(\bar{M})$，这里 H_v 是哈希值长度为 $v$bit 的密码哈希函数，本节使用 $v = 256$ 的 SM3 密码哈希算法。

(3) 产生随机数 $k \in [1, n-1]$。

(4) 计算 $(x_1, y_1) = [k]G$（$[k]G$ 为椭圆曲线上点 G 的 k 倍点，G 为椭圆曲线上的一个基点，其阶为素数），并将 x_1 的数据类型转化为整数。

(5) 计算 $r = (e + x_1) \bmod n$，若算得 $r = 0$ 或 $r + k = 0$，那么回到步骤 (3)。

(6) 计算 $s = ((1 + d)^{-1} \cdot (k - r \cdot d)) \bmod n$，若 $s = 0$，那么回到步骤 (3)。这里的 d 是签名者的私钥。

(7) 将算得的 r、s 转化为字节串得 (r, s)，即为针对消息 M 的签名。

2. 验证签名

验证签名同样需要数个步骤。

(1) 检验 $r \in [1, n-1]$ 和 $s \in [1, n-1]$ 是否成立，不成立则验证失败。

(2) 置 $\bar{M} = Z \| M$。

(3) 计算 $e = H_v(\bar{M})$，这里的 H_v 和生成签名时一样使用 SM3 密码哈希算法。

(4) 将 r、s 转化为整数，并计算 $t = (r + s) \bmod n$，若 $t = 0$，那么验证不通过。

(5) 计算 $(x_1, y_1) = [s]G + [t]P$，其中，$P(x_p, y_p)$ 是椭圆曲线上除 O 之外的一个点，其坐标 (x_p, y_p) 满足椭圆曲线方程。

(6) 将 x_1 转化为整数，并计算 $R = (e + x_1) \bmod n$，若 $R = r$ 则条件成立，通过验证[6]。

6.4.3 ACARS 数据链认证实现与验证测试

为了验证将上述内容应用于空地数据链通信的合理性，本节将对 ACARS 数据链报文的加密和实体验证进行软硬件模拟，并针对有效载荷损失、报文处理效率和传输效率进行比对分析。

每次得到的加密后的正文和对应的签名值长度都存在差异，直接替换原有报文会导致无法区分两部分内容而造成验证、解密失败，所以需要重新设计 ACARS 数据链正文格式。ACARS 数据链正文限制在 220B 内，1B 由 8bit 组成，8bit 二进制数可表征至多 2^8(256) 个不同状态的数值。由于 ACARS 正文长度限制在 220B 内，因此可使用 8bit（即单字节）表示任意 ACARS 正文长度，可使正文的前两字节分别存入加密后的数据长度和该数据对应的签名值长度。从第三字节开始，存储加密数据和签名值，如表 6-12 所示。

表 6-12 新的正文格式

加密长度 m/B	签名长度 n/B	加密数据/B	签名值/B
1	1	m	n

1. 实验环境

根据 ARINC 618 和 ARINC 620 规范,当终端发送上行报文时,地面会将符合 ARINC 620 规范的报文发送至 DSP,DSP 将该报文转化为 ARINC 618 格式并发送至 RGS,并随即向机载 CMU 设备传输。下行报文传输是上行的逆过程。

本实验在该流程的基础上,结合本章所要达成的目标,对发送和接收过程进行相应改进,如图 6-30 所示,并据此构建了模拟环境。

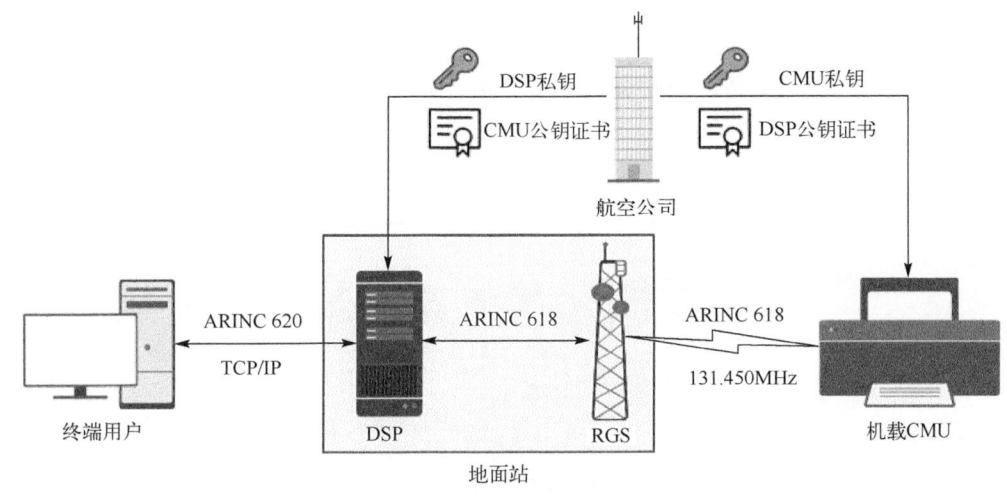

图 6-30 仿真模拟环境

2. 模拟实现

软件端模拟使用 Java 语言开发,利用 Swing 搭建图形用户界面(graphical user interface,GUI)。整套实验环境包含两个独立的程序:地面站和机载 CMU,通过 TCP/IP 模拟报文的双向传输。硬件端使用软件定义无线电技术对报文进行调制解调,并利用 HackRF 设备进行模拟传输。

1) 报文处理

在机载 CMU 设备连接到 DSP 之前,航空公司分别为 CMU 和 DSP 生成对应的密钥对并申请数字证书,确定双方用于对称加解密的密钥,在建立地空数据链会话后分发给各设备。

处理原始报文时,设备提取该报文有效载荷进行负载转码、填充并通过 SM4 分组密码加密,再利用私钥对密文进行数字签名得到签名值,最后按照表 6-2 的格式整合成新的有效载荷对原内容进行替代。

当对方设备接收到报文后,首先从有效载荷提取出密文和签名值进行验证。如果验证失败,则代表报文已遭到攻击,直接抛弃该报文;如果验证成功,则根据建立会话时协议的对称密钥对密文进行解密并进行填充还原和转码还原，以得到原始明文。以上过程可简化为如图 6-31 所示的流程图。

```
原始报文                    报文
   ↓                  ↙    ↓
负载转码          数字签名 ⟷ 密文
   ↓                         验证
                      一致  ↙    ↘ 不一致
PKCS5Padding        填充还原      抛弃报文
   ↓                   ↓
 密文 → 数字签名      转码还原
   ↓                   ↓
  报文               原始报文
```

图 6-31 报文处理流程

2) 可视化

地面站包含了两部分的模拟：航空公司和地面站 DSP。航空公司可根据具体的地面站 DSP 和 CMU 设备信息进行证书申请，如图 6-32 所示。

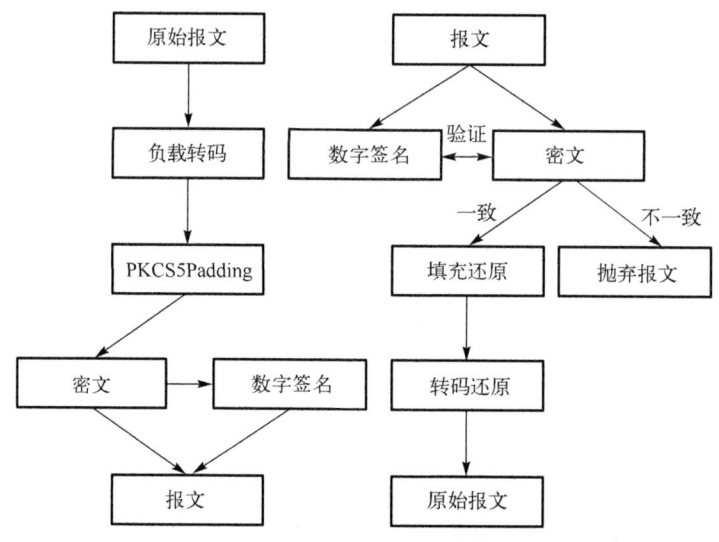

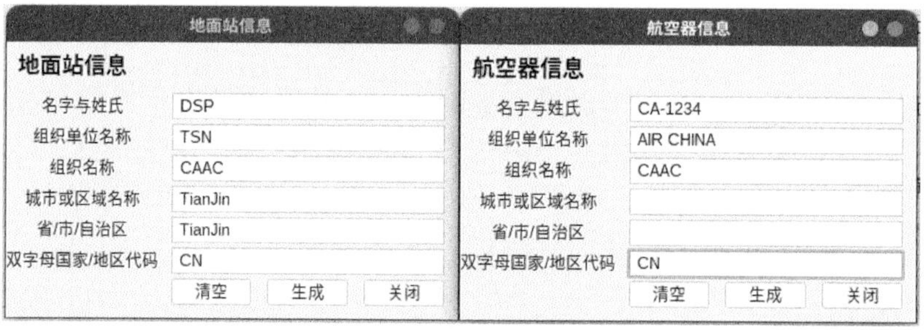

图 6-32 模拟证书的申请

航空公司建立安全会话的工作完成后，机载 CMU 设备即可和地面站 DSP 进行连接和通信，如图 6-33 所示。发送方可以对待发送报文进行预览，接收方接收报文并将报文以 ARINC 620 规范格式输出以方便终端用户浏览关键信息。

当接收方检测到报文被篡改或被重放时，弹出图 6-34 所示的提示，同时直接丢弃该报文。

第 6 章　ACARS 数据链数据安全保护方法的研究

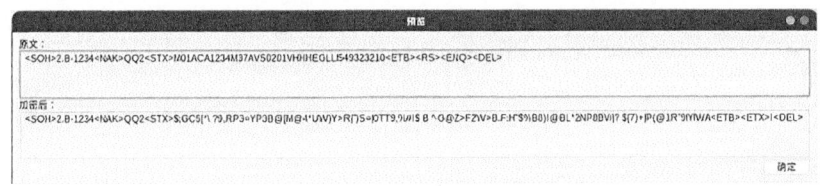

(a)预览

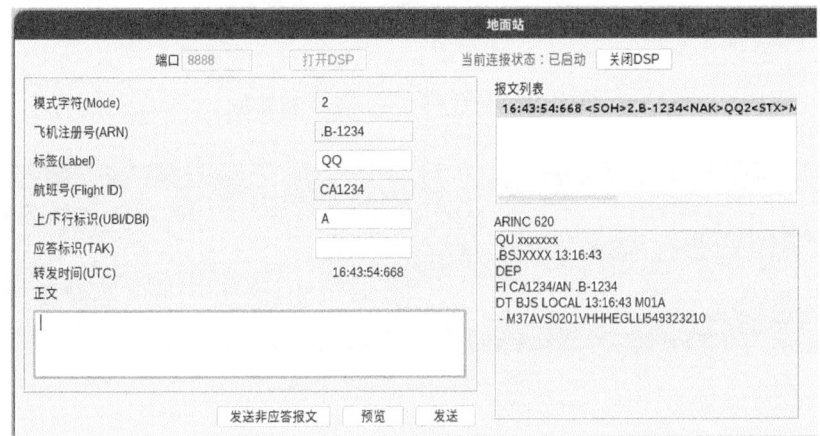

(b)接收

图 6-33　报文的预览和接收

3) 报文收发

在软件模拟的基础上，使用软件定义无线电平台模拟 ACARS 数据链报文的传输。

图 6-35 为发送报文的 GRC (GNU radio companion) 流程图。首先读取软件生成的报文，由编码器将该报文包装成带有标头、访问代码以及前导数的数据

图 6-34　验证失败警告

包并通过高斯最小频移键控 (Gaussian minimum frequency-shift keying, GMSK) 方式调制，最后通过 HackRF 设备以 131.450MHz 频率将该数据包输出。

图 6-35　发送报文的 GRC 流程图

接收报文是发送报文的逆过程，其流程图如图 6-36 所示。

在通过 GMSK 解调并解码出数据后，将其以二进制存储在文件中。由脚本对该

二进制文件进行处理并得到 ACARS 报文。经过实体认证、解密，最后以图 6-37 的方式进行打印。

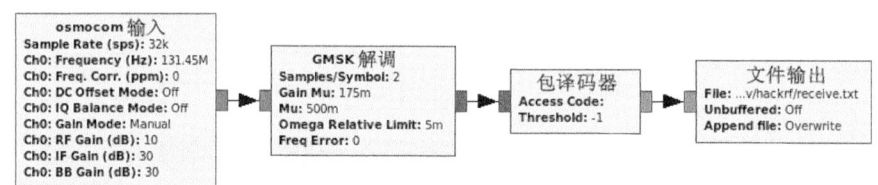

图 6-36　接收报文的 GRC 流程图

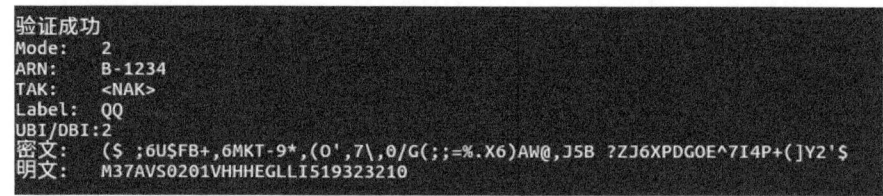

图 6-37　打印报文内容

3. 性能分析

为了检验处理效率并评估处理后有效载荷的损耗情况，对不同长度的报文正文进行多次测试。同时，引入公钥加密算法进行比对，结果如表 6-13 所示。

表 6-13　效率测试

算法	原始长度/B	处理后长度/B	转码、加密时间/s	签名时间/s	解密、转码时间/s
SM4 加密	20	90	0.23545	0.002049	0.26666
	50	120	0.23591	0.002712	0.27368
	100	153	0.22297	0.002611	0.27067
	150	201	0.21623	0.002502	0.28509
	190	217	0.22931	0.002784	0.26616
	200	超出长度限制			
SM2 加密	20	超出长度限制			
	50				
	100				
	150				
	190				
	200				

通过实验结果可以看出，利用 SM4 分组密码进行加密时，当原始正文长度较短

时，处理后的载荷相对较大。随着原始正文长度的增长，差距逐渐缩小。当处理后的正文即将达到最大载荷限制时(220B)，可承载的原始信息可达到 190B，损耗仅为 14%。使用 SM2 公钥密码算法对报文进行相同的处理时，在原始载荷很短的情况下，处理后的数据也超过了正文长度限制，需拆分成多个报文进行传输，无法对单一报文的安全性起到保障作用。

效率方面，对于不同长度的正文，其转码、加密时间，签名时间以及解密、转码时间较为稳定，分别保持在 0.21～0.24s、0.002～0.003s 和 0.26～0.29s，不会使报文处理效率产生明显降低。

综合以上实验分析，充分说明了相较于明文传输，将 SM4 分组密码算法和数字签名技术引入 ACARS 数据链，在可接受的效率损失下，空地通信的安全性具有了较大幅度的提升。

6.5 ACARS 数据链系统实现与测试

本系统采用基于 DSP 的安全框架，在此基础上进行改进，将密钥分发和密钥管理交由独立的第三方完成，从而提高了方案的可行性，并进一步提高了整个系统的安全性。

6.5.1 系统总体设计

本系统的目的是按照 ACARS 报文的传输规则，验证 ACARS 可能存在的安全威胁，演示效果；然后通过相应的安全文档所规定的安全措施对数据链进行保护。在受保护的情况下，展示一个安全运行的系统。

1. 系统概述

ACARS 数据链安全性研究的平台包括：1 个飞机航路演示、1 个机载模拟 CMU、两个 RGS(1 个可靠，1 个非法)、1 个 DSP、1 个报文解析器、1 个数据链终端用户(航空公司)、1 个攻击端(具备空-地通信能力)、1 个第三方(CA)。系统框架如图 6-38 所示[6]。

2. ACARS 安全系统运行流程

本系统模拟 ACARS 安全系统工作流程，可模拟正常飞行模式下 ACARS 报文发送应答、解析等流程，以及添加安全防护措施后，在基于 DSP 的安全模式下 ACARS 的工作流程。同时可通过攻击端在 ACARS 实施安全协议前后的攻击效果对比安全协议有效性，以及各算法的安全性、可行性等进行评估，进而在此基础上进行更进一步的分析与改进。

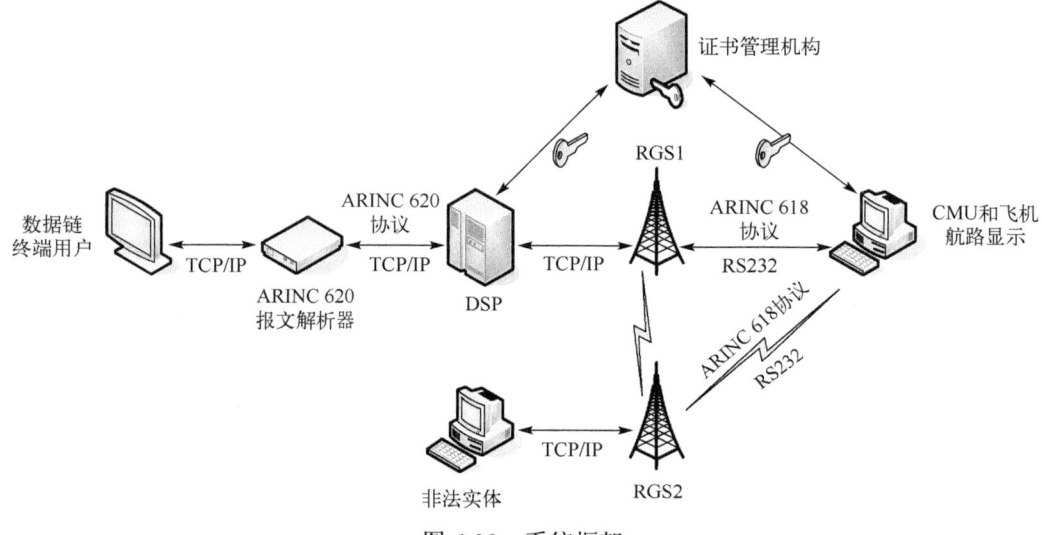

图 6-38　系统框架

一次安全的 ACARS 通信过程如图 6-39 所示[6]。

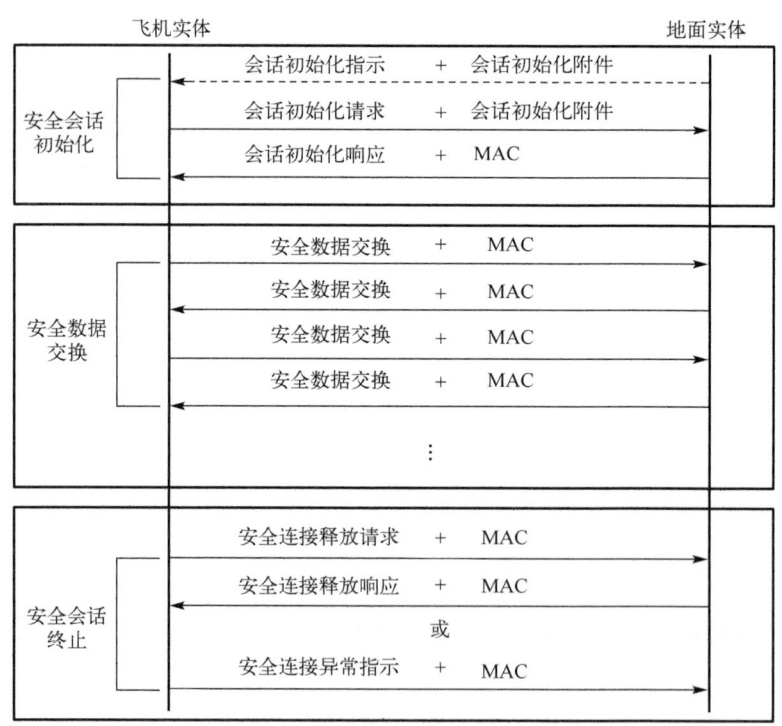

图 6-39　一次安全的 ACARS 通信过程

一次安全的 ACARS 通信过程主要包括以下几个阶段[6]。

1) 安全会话初始化阶段

在本阶段，ACARS 安全系统主要完成安全连接的建立，并通过密钥确立机制使用密钥交换算法生成会话密钥，以便使用高效的对称加密算法和消息认证算法。安全连接的建立可以通过两种方法，分别是使用公/私钥和使用共享密钥。

当使用公/私钥实现时，密钥确立机制使用非对称加密技术来建立会话密钥，这个机制要利用私钥(用 d 表示)和公钥(用 Q 表示)。安全会话初始化期间，通信实体双方各交换一个公共数值(飞机用时间，而地面实体用一个随机数)，实体双方使用各自的私钥和对方的公钥，以及实体双方给出的公共数值生成相同的会话密钥，一个用来进行数据加密，一个用来进行消息认证，尽管交换的公共数值可能被中途截获，但如果不知道私钥，攻击者便无法计算出本次的会话密钥。

当使用共享密钥来实施时，密钥确立机制使用对称加密技术建立会话密钥，这个机制使用一个共享密钥(用 K 表示)，它预先装备在飞机与地面实体上，并且必须被保护好不能泄露，在安全会话初始化期间，对等通信实体双方交换一个公共数值(飞机提供时间，地面实体使用随机数)，使用共享密钥和实体双方给出的公共数值来生成相同的会话密钥，一个用来进行数据加密，另一个用来进行消息认证，尽管公共数值可能被中途截获，但如果不知道共享密钥，攻击者便无法得到本次的会话密钥。

安全会话初始化阶段如图 6-39 所示，应注意，一个安全会话总是由飞机一方发起请求，然而地面实体可以发送一个连接指示，指示飞机发起安全连接初始化请求，飞机发送请求后，地面实体可选择接受或拒绝，当选择接受后发送初始化连接响应，双方建立安全连接。当使用公/私钥时，附件是一个数字签名，而当使用共享密钥时，附件是一个初始的消息认证码。

2) 安全通信阶段

当安全会话初始化后，安全连接建立，接下来就进入安全通信阶段，通信实体双方发送的报文经过一系列处理后成为受保护的 ACARS 信息，确保双方进行安全的数据交换，处理步骤主要包括：载荷编码、数据压缩、数据加密、消息认证码生成与携带、信息编码。其中消息认证码的处理以及信息编码是必需的，其他均为可选。

载荷编码可有效降低载荷量，同时生成比特流以便下一步数据压缩和数据加密的进行，按具体情况可以将每个字符按照载荷编码表转换为 6bit 或按照 ASCII 编码表去掉首位的 0 转换为 7bit，然后连接形成比特流。

压缩算法可使用 DEFLATE 或 DMC0 与 DMC1，加密算法主要使用 AES128-CFB128，这些算法的具体使用是在安全连接建立时协商好的。

无论报文是否进行加密，都需要生成并携带 MAC，MAC 算法通常采用 HMAC-SHA256，该算法能够生成一个 256bit 的消息认证码。在传输过程中，根据之前协商好的安全连接参数，对生成的 MAC 进行截断，截断位数可以是 32 位、64 位或

128 位。截断后的 MAC 会被加到报文的自由文本尾部，然后与加密后的报文一起发送，由于 MAC 可能为 ACARS 不可传输的字符，所以传输之前要进行信息编码。

3) 安全连接释放

当飞机抵达目的机场或中途出于某种需要可以释放安全连接时，结束本次安全会话，安全连接的释放可以由飞机实体发起，也可以由地面实体发起，当安全连接被释放后，飞机与地面的 ACARS 报文通信回归普通模式。

6.5.2　各功能模块设计

本节将简要介绍 ACARS 安全仿真以及演示系统中各个模块功能、设计及基本工作流程。

1. 机载 CMU 模块

机载 CMU 模块具体工作流程如图 6-40 所示[6]。

CMU 是 ACARS 安全仿真系统中的重要部分，该模块实现模拟机载 CMU 的各功能特性，包括六大功能，即地-空通信前安全连接的建立、报文的加密/解密、消息认证码的生成与携带、报文的自动/手动发送、人机交互界面(航线管理和飞机运行状态显示)和标准接口的仿真实现。

CMU 模块在飞行过程中与航线管理模块联动进行飞机自动报文发送，可发送 OOOI 报文(OUT——推出、OFF——起飞、ON——着陆、IN——开舱门，简称 OOOI)(共 19 种)及其他种类报文(共 25 种)，总计 44 种正常空地通信报文，以及安全连接请求报文(使用公/私钥和使用共享密钥两种)、安全连接断开报文等。

此外，CMU 模块是 ACARS 安全框架中安全协议在空中一方的执行终端，具备对报文进行载荷编码、数据压缩、加密/解密、消息认证码的生成/验证等功能，以及对实施安全协议的报文进行封装及解析的功能。

2. RGS 模块

RGS 是甚高频数据链系统的地面节点，用于连接飞机与地面数据通信网，并可实现地面数据通信网节点间的数据通信。它能提供飞机与地面网之间的双向数据通信。RGS 的功能表现在对上行、下行数据信息的处理和监视，并且能有效、快速、准确地将数据分发给飞机和地面数据通信网。

RGS 模块主要具备以下功能。

(1) 收发上行、下行信息报文。

(2) 判断报文类型并选择相应的方式进行传输。

(3) 对需要确定应答的下行报文进行自动应答。

(4) 对接收到的上行和下行报文进行分类显示，以便观察空地通信状况。

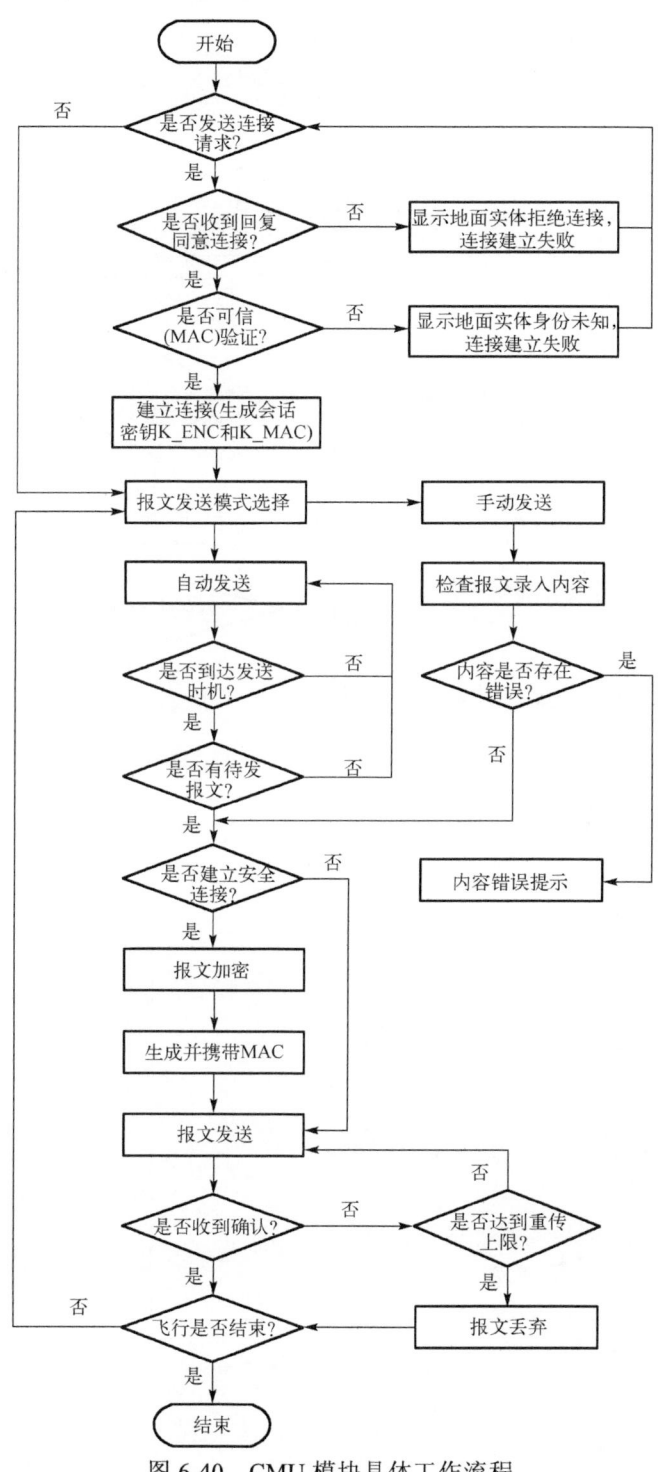

图 6-40 CMU 模块具体工作流程

RGS 模块工作流程如图 6-41 所示[6]。

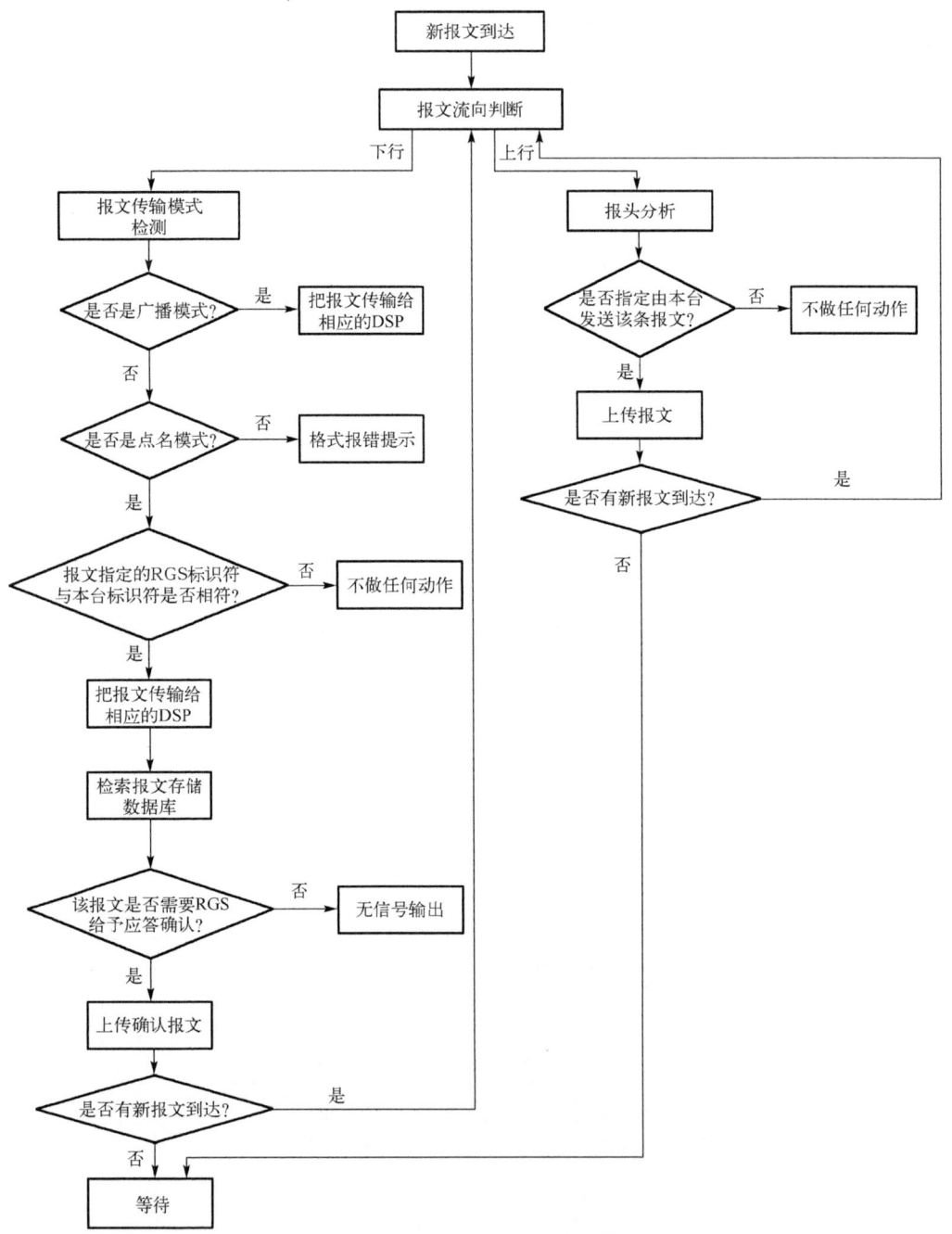

图 6-41　RGS 模块工作流程

3. DSP 模块

DSP 模块是整个 ACARS 安全仿真环境中地面实体的中枢，主要包括三大核心模块：①实现 ARINC 618 与 ARINC 620 两种报文格式的双向互转；②实现双向的信息路由；③实现地面实体的数据链安全功能。

DSP 模块的具体功能如下。

(1) ARINC 618 报文转换为 ARINC 620 报文功能。

(2) ARINC 620 报文转换为 ARINC 618 报文功能。

(3) 路由选择功能。针对上行链，模拟实现 DSP 与 RGS 的信息路由；针对下行链，模拟实现 DSP 与 ARINC 620 报文解析终端的信息路由。

(4) 报文分发功能。模拟实现 DSP 与 RGS 和 ARINC 620 报文解析终端之间的报文传输流程。地空 ACARS 数据链网络报文收发逻辑控制符合民航现有 ACARS 网络报文收发相关规定。

(5) 安全连接功能。模拟实现与飞机实体建立安全连接的全过程，包括由地面主动发起（连接指示）和飞机主动发起，接收到连接请求可以接受或拒绝连接请求，并具备释放连接的功能。安全连接建立后可以显示连接状态，包括本次安全会话所使用的各种算法的信息以及本次安全会话使用的加密密钥 KENC 和 MAC 密钥 KMAC。

(6) 加密与认证功能。采用 AES128-CFB128 算法，可进行报文的加解密，并可以按要求生成消息认证码，消息认证码使用 HMAC-SHA256 算法。

DSP 模块工作流程如图 6-42 所示[6]。

4. ARINC 620 报文解析器

报文解析器工作流程如图 6-43 所示[6]。当系统接收到 DSP 发出的报文后，自动进行解析，根据 ARINC 620 协议，将报文转换成元格式（使用 XML 格式），并且自动发送给它的下位机，通知已接收到报文，并且转换完成。

报文解析及自动播报系统不仅为下行数据链提供支持，还需要为上行数据链提供支持，报文通过报文编辑界面设置好相应值后生成 XML 格式传输到报文解析及自动播报系统，然后按 ARINC 620 转换成相应的报文。

5. 攻击端模块

攻击端模块是 ACARS 安全演示系统中的重要部分，它具备对正常空地通信进行通信监视的功能，包括飞机与 DSP 之间所有的报文通信，并将收到的上行与下行报文在界面中进行原文和十六进制的显示，如图 6-44 所示。同时攻击端还具备进行数据欺骗、实体伪装与 DoS 攻击的能力。

具体功能如下。

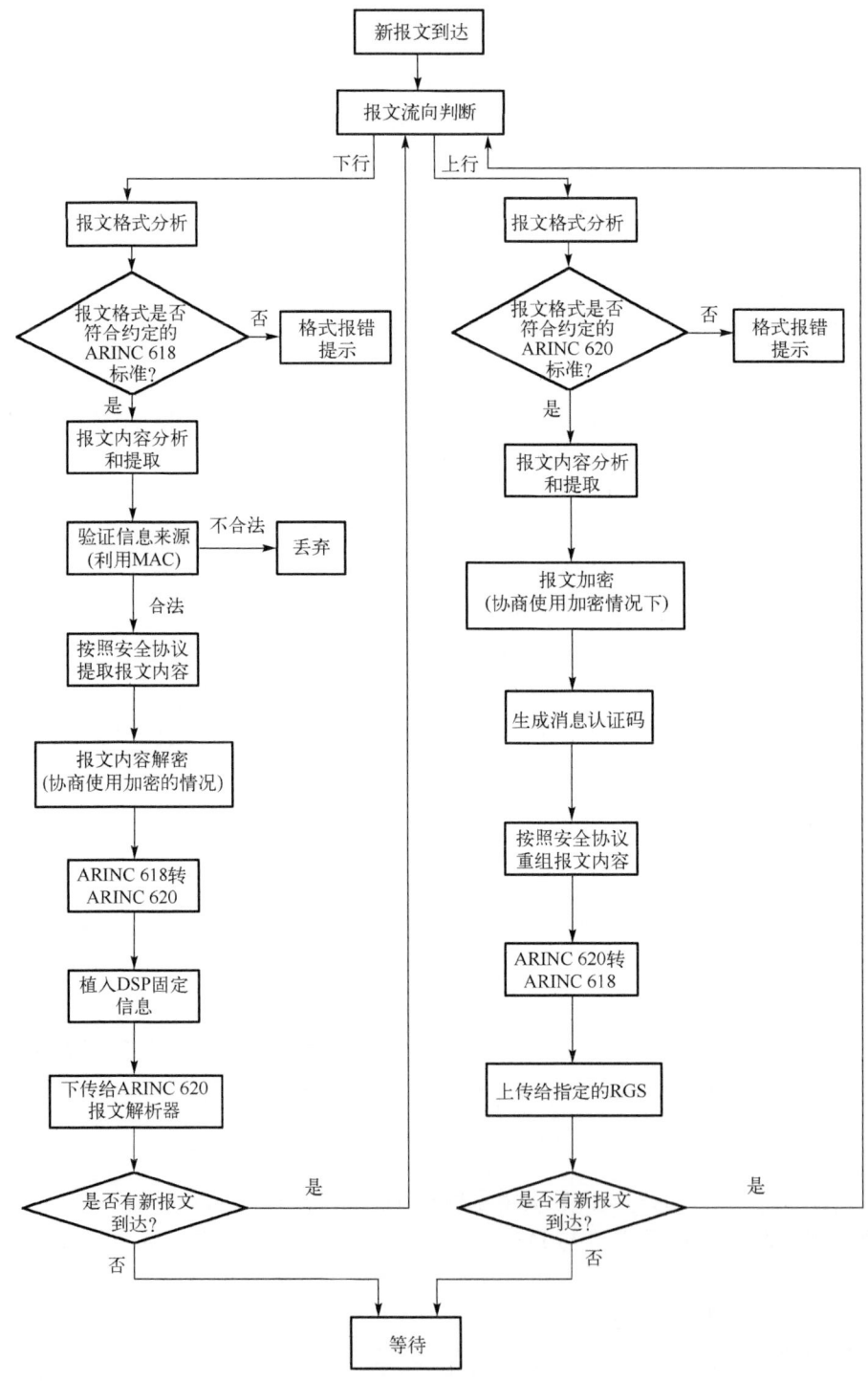

图 6-42 DSP 模块工作流程

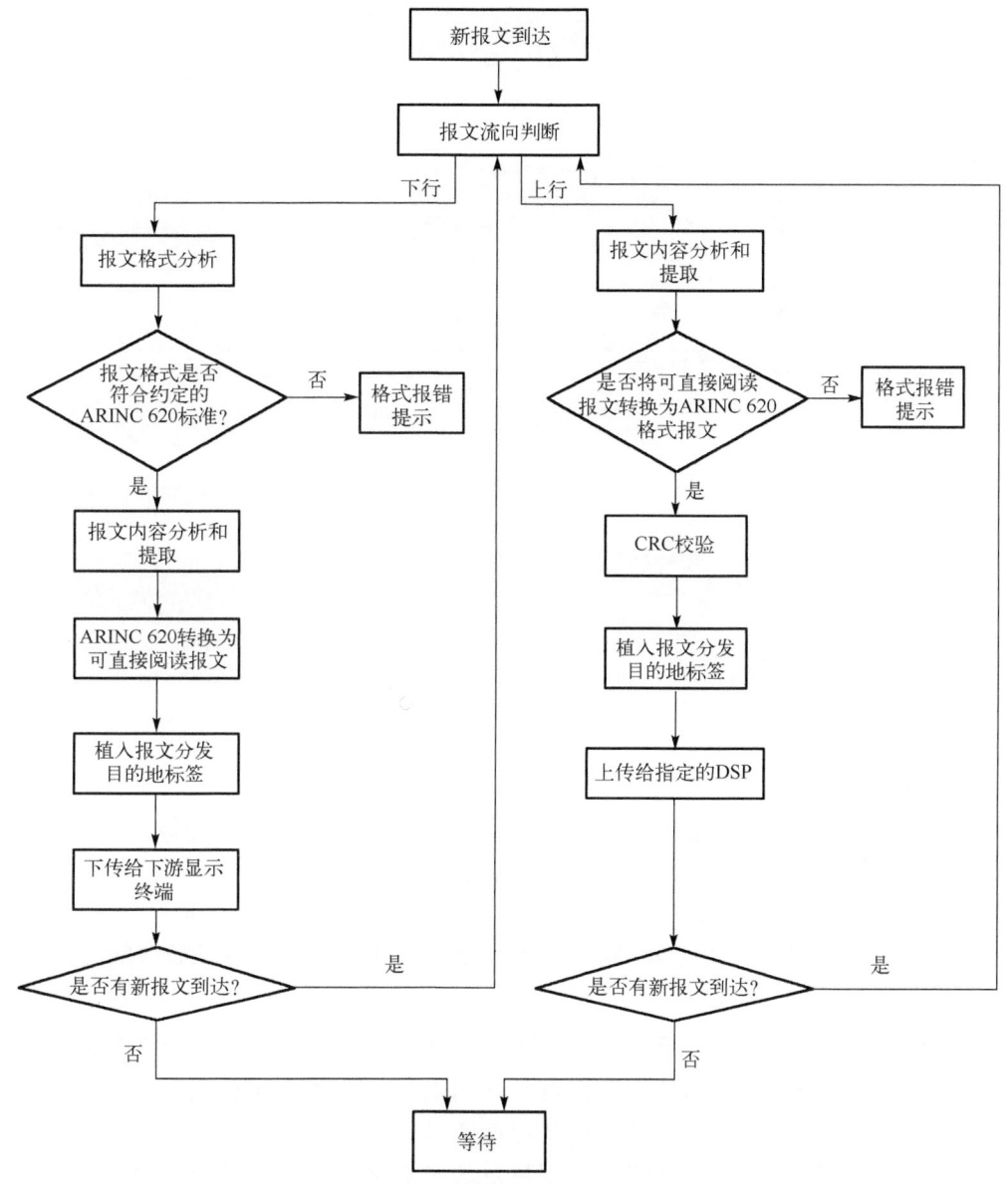

图 6-43 报文解析器工作流程

1) 地空通信监视

通信监视部分分为关闭状态与监视状态,界面初始化后为关闭状态,无法收到正常的空地通信 ARINC 618 格式报文,单击图标变为监视状态后,将接收空地通信报文,并对报文进行初步解析,按照上行或下行在通信监视栏中显示,同时左下方显示报文的十六进制数据。

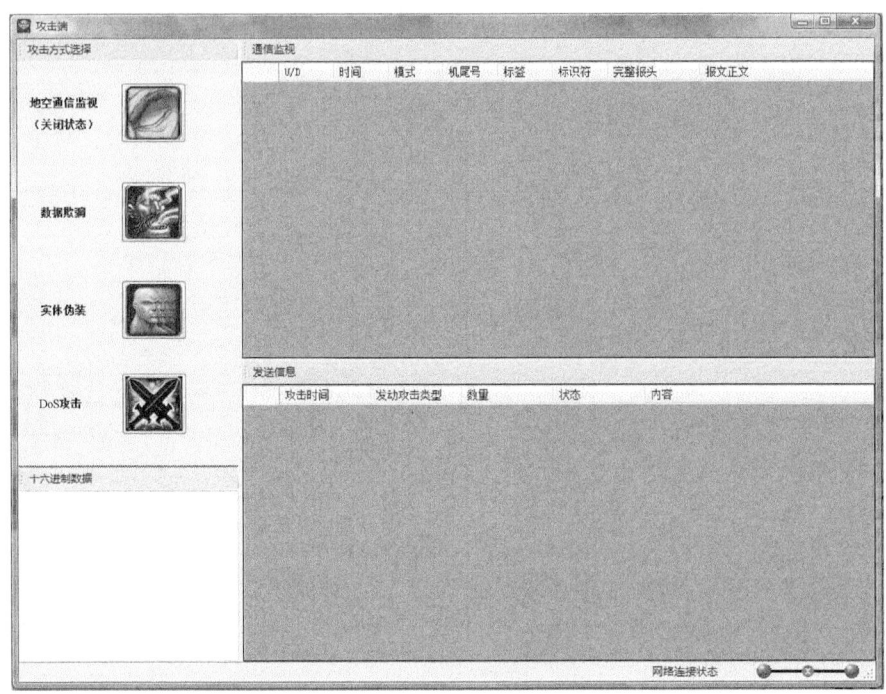

图 6-44 攻击端模块

2) 数据欺骗

攻击端可对空地数据链进行数据欺骗攻击，单击"数据欺骗"图标，在弹出的对话框中输入要替换或修改的文本可对空地通信的报文数据进行替换或修改，从而起到对通信双方进行数据欺骗的效果（如更改其目的地机场等）。在发送之后会在右下方"发送信息"一栏显示攻击时间、发动攻击类型、数量、状态以及替换或修改的内容等。

3) 实体伪装

实体伪装是一种会对飞行安全造成严重威胁的安全隐患，本系统具备模拟实体伪装的功能，单击"实体伪装"图标可在弹出的界面中填入飞机注册号、标签及伪造的将要发送的数据等，从而伪装合法通信实体使接收方进行应答或报文回复，以达到与对方进行数据通信的目的。在信息发送之后会在右下方"发送信息"一栏显示攻击时间、发动攻击类型、数量、状态以及发送的报文。

4) DoS 攻击

在 DoS 攻击中，攻击端伪装成终端向数据链路发送大量无用的 ACARS 信息，使信息处理中心服务器负载过重，资源耗尽，不能够响应正常的信息，从而造成服务器的拒绝服务。DoS 攻击会造成正常通信的中断，严重威胁到飞行的安全。本系统具备进行 DoS 攻击效果演示的功能。单击"DoS 攻击"图标后，可在弹出的界面中输入机尾号、标签以及内容等,并可以输入发送信息的数量,确认后攻击开始,结束后在右下方"发送信息"一栏中会显示本次攻击的一些基本信息。

6. 航空公司显示终端模块

该模块用于模拟航空公司对报文的使用过程。对报文的操作分布在两个界面上,即报文编辑录入界面和报文输出显示界面,如图 6-45 所示。

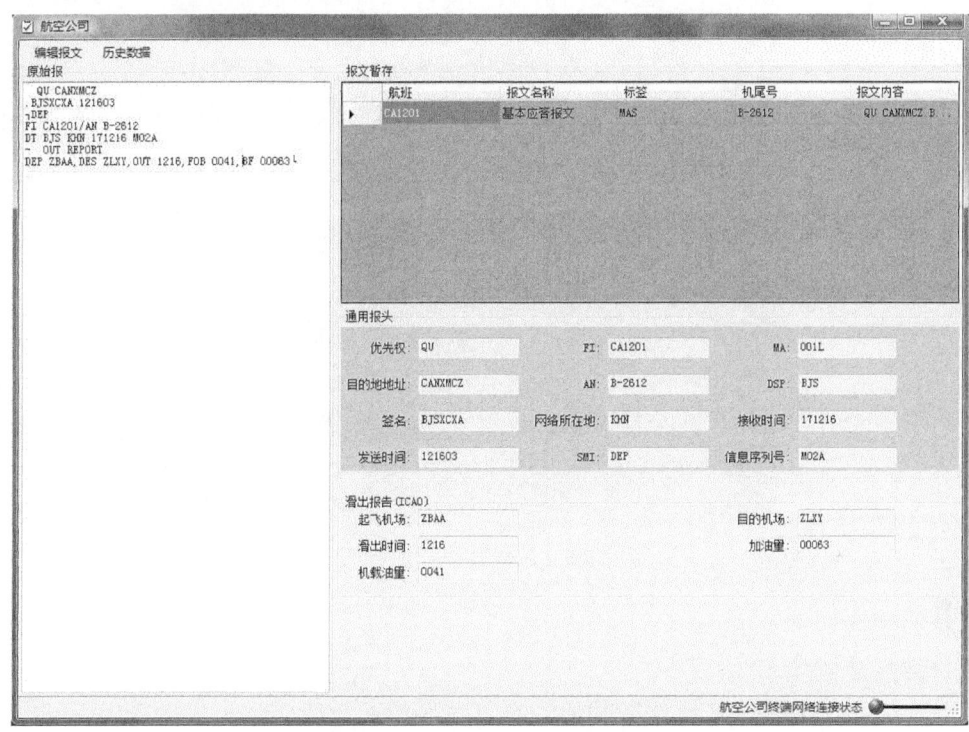

图 6-45 航空公司终端界面

具体功能包括对中国民用航空局飞行标准司所规定 ACARS 报文的以下功能。

(1) 接收显示功能:动态显示报文的接收情况,内容包括接收时间、上下行状态、传输模式等全部要素,并提供原始报文与解析后报文的对比显示。

(2) 编辑功能:根据报文格式框的提示,录入待传输的内容。

(3) 报文管理功能:提供对历史报文的查询、存储等功能。

(4) 历史数据和解析后的数据存储管理功能。

(5) 数据处理功能:在数据存储量过大时,提供批量数据的导出功能。

7. 航线管理模块

该模块旨在把属于某航空公司的某架飞机在某条确定航线上的运行状态呈现给

航空公司的相关管理部门,如图 6-46 所示。另外,它为整个地面仿真环境提供统一的时钟基准。

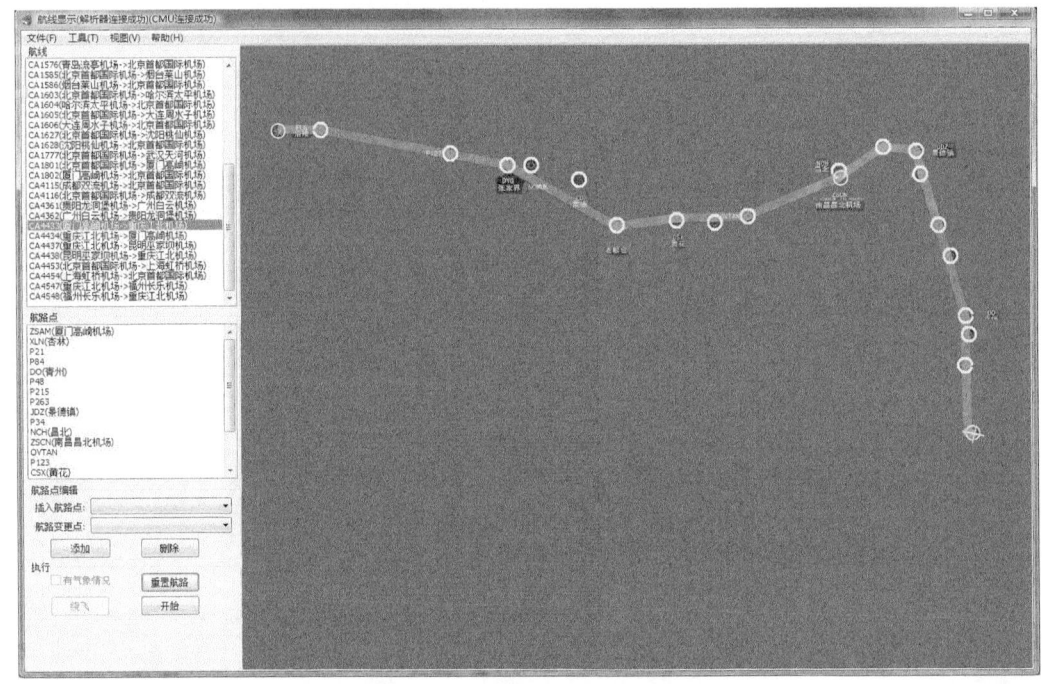

图 6-46 航线管理模块界面

具体功能如下。

1) 常规功能展示

(1) 20 条航线历史飞行数据回放动态显示功能。

(2) 20 条航线所涉及的导航台和地形信息显示功能。

(3) 根据飞行计划,支持在统一模拟地形信息下的航线编辑生成功能,同时,具备飞行计划的生成,航路点插入、删除等功能并在统一模拟地形信息下动态显示。

(4) ACARS 数据链典型应用演示功能。

2) 特色功能展示

能够演示出以下典型应用。

(1) 变更飞行计划后的运行显示。

(2) 由气象条件引起的绕飞后的运行显示。

(3) 由特殊条件引起的着陆机场更改(含特殊情况下的紧急着陆)后的运行显示。

8. CA 模块

CA 模块实现对第三方认证机构的功能的模拟，为 ACARS 提供相应的 PKI 安全服务。CA 模块完成对地面实体和飞机的认证，颁发密钥对和 X.509 v3 证书，定期对密钥对和证书进行更新，并定期发布 CRL，接受密钥泄露等原因的证书撤销申请，及时撤销证书和更新 CRL 并发布。其工作结构图如图 6-47 所示。

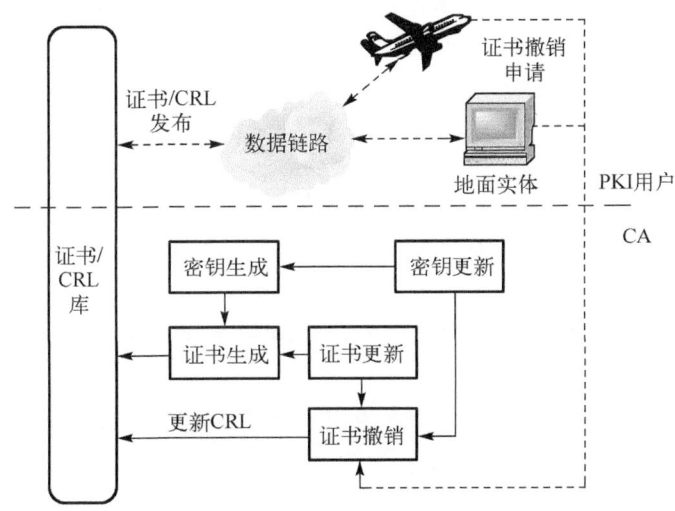

图 6-47　CA 工作结构图

CA 模块主要包含密钥管理、证书管理、CRL 管理三大核心模块，具体功能如下。

（1）生成 AMS 密钥对功能：按照 ARINC 823 标准的规定，使用椭圆曲线密码学算法生成一个 233bit 的密钥对。为了符合安全协议的要求，密钥在存储或传输时可能会使用 0 进行填充，使其达到 240bit 的长度。在实际应用中，这个密钥被分割成 8bit(1B) 的 30B(240bit) 的数据块进行表示或传输。

（2）生成 X.509 v3 证书功能。

（3）证书更新功能：地面实体和飞机的密钥对生存期最长为 3 年，其证书生存周期远小于密钥生存周期。如果飞机不使用 CRL 策略，则设定地面实体的证书生存周期最长为 8 天。

（4）证书撤销功能：接受证书撤销请求，更新发布 CRL。

（5）证书查询功能：定期发布 CRL。

6.6　ACARS 数据链安全性测试

本节将利用攻击端的功能通过各种攻击方式对 ACARS 数据链系统现存的安全

威胁进行直观的验证。特别说明：本节数据均是模拟数据，报文数据中出现的机场名称等信息均是为了说明方便而杜撰的代码，如果与真实的名称一致，则纯属巧合。

6.6.1 ACARS 安全威胁演示

依次打开 CMU 模块、RGS 模块、DSP 模块、报文解析器模块、航空公司模块、航线管理模块、攻击端模块，确保各模块之间已经连通，观察右下角图标是否显示已连接，确保系统之间全部正常连通之后，演示系统搭建完毕，当前为未进行安全保护的普通 ACARS 数据链。

1. 数据泄露演示

首先单击攻击端模块的"地空通信监视"图标，打开通信监视功能，使攻击端模块处于监视状态，然后在航线管理模块中选择一条航路，单击"开始"按钮，飞机开始滑出，并陆续开始发送报文，观察攻击端模块可以看到空地通信双方发送的报文都可以被接收到，如图 6-48 所示，并且未经过数据加密，为明文 618 格式报文，可直接进行解析。

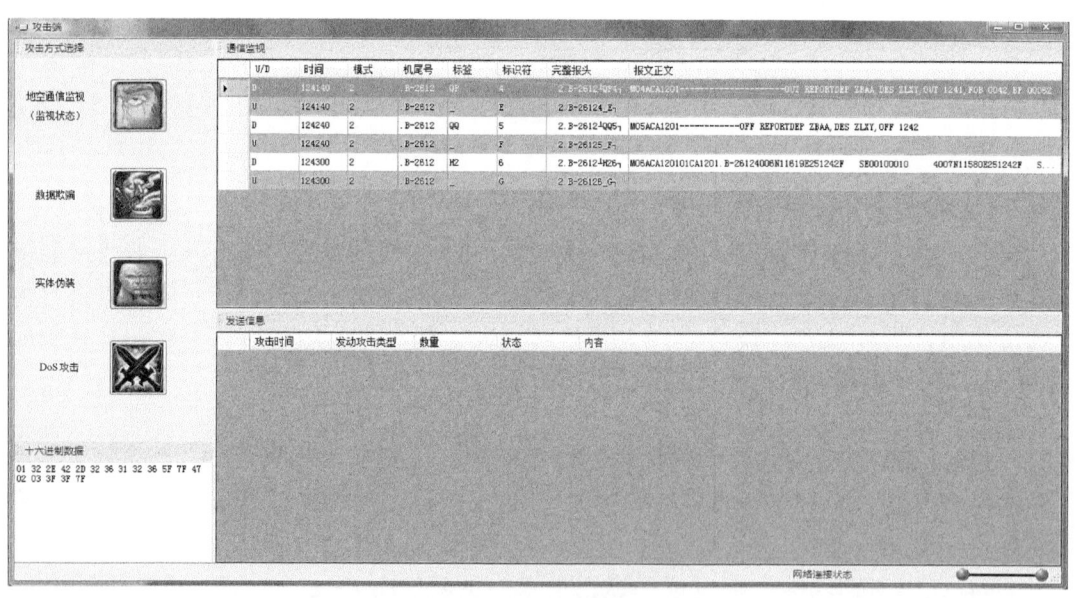

图 6-48 空地通信双方发送的报文

通过攻击端收到的 ACARS 报文可以看到，发送数据为明文，如图 6-49 所示。由图 6-49 可知该报文为滑出报告，起飞机场为 ZBAA，目的机场为 ZLXY，滑出时间为 12 时 41 分，机载燃油量为 4.2t，加油量为 6.2t。

第 6 章　ACARS 数据链数据安全保护方法的研究

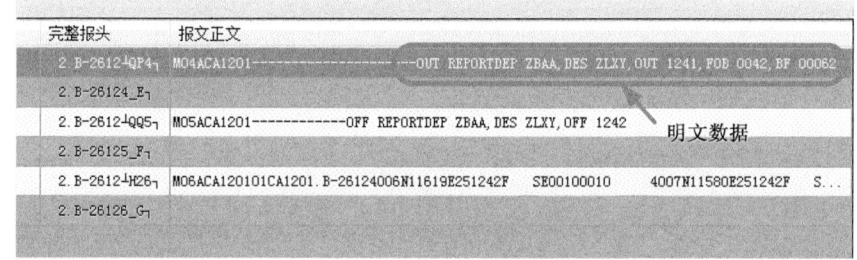

图 6-49　明文数据

可以看出，目前 ACARS 没有任何安全措施，空地通信直接使用明文发送信息，容易被监视，信息泄露会给飞行安全带来巨大的隐患，综上可知，ACARS 空地数据的数据泄露问题亟待解决。

2. 数据欺骗演示

ACARS 链路中，缺乏有效的安全保护，有效的 ACARS 信息很有可能在传输过程中被篡改或重新发送，导致数据错误，对飞机的安全性产生直接的影响。

重置航线管理模块开始飞行，单击攻击端中的"数据欺骗"图标，在输入界面中填入要更改的内容，本次对目的机场进行更改，单击"确定"按钮开始进行数据欺骗演示，首先观察飞机发送的滑出报文如图 6-50 所示，可见滑出报告中目的机场为 ZLXY。

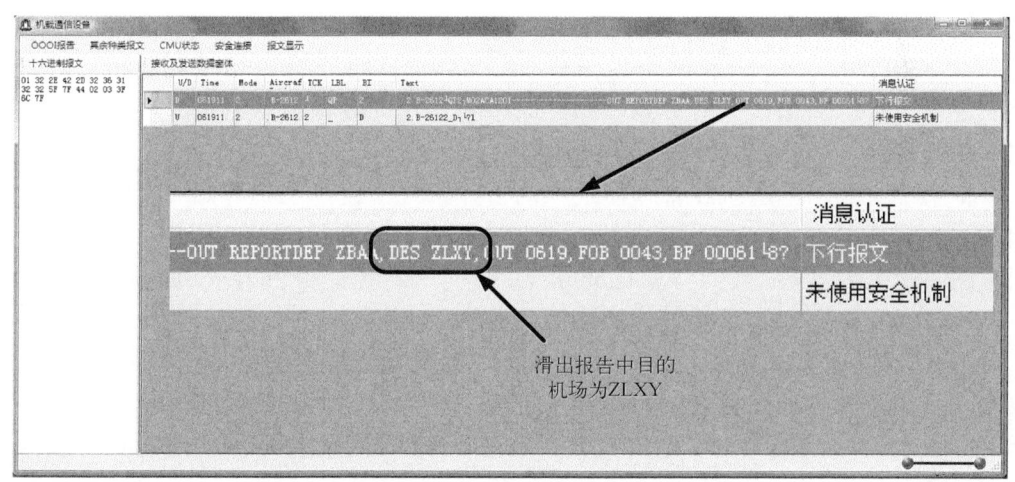

图 6-50　飞机发送的滑出报文

再观察 DSP 端接收到的 ACARS 数据报文，发现原本在滑出报告中的目的机场由 ZLXY 被更改为 ZHCC，如图 6-51 所示，且 DSP 端未发现任何异常，正常接收了滑出报告，并做出应答。

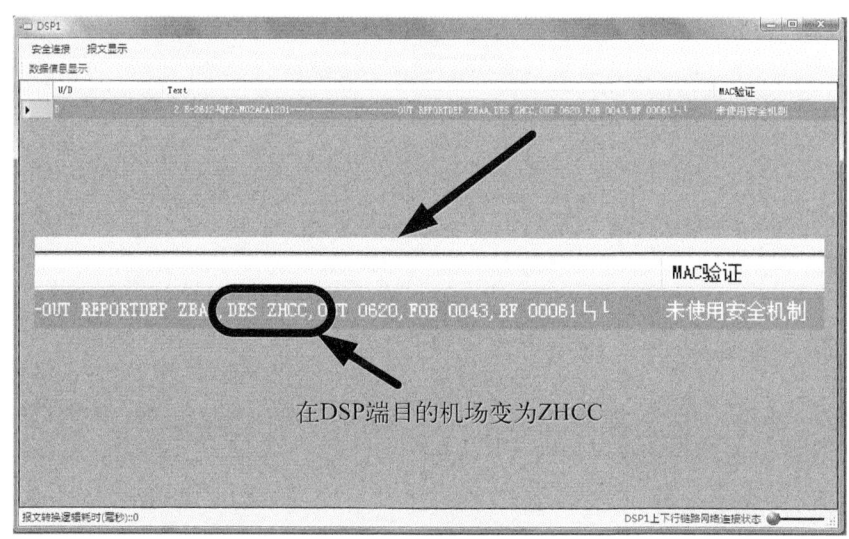

图 6-51　数据篡改

目前的 ACARS 报文只有 CRC 校验机制,其中并不包含加密或认证等安全措施,只能够对传输过程中的误码进行检验,并不能发现人为的故意篡改,由于缺乏对消息完整性的确认机制,无法判断消息是否为发送方原文。数据欺骗会对飞机飞行安全造成直接的影响,因为消息接收方无法判断消息是否真实可信。

3. 实体伪装演示

ACARS 中,一个实体很容易伪装成某个终端,使空地通信受到破坏,阻碍系统的正常运行。例如,一台计算机经过简单装备便可以模拟管制员,向空中飞机发送非法消息。

将系统重置,单击航线管理模块中的"开始"按钮,飞机开始飞行,现在攻击端伪装为合法 DSP 向飞机发送报文,单击攻击端的"实体伪装"图标,在弹出的界面中输入报文内容等,输入标签(Label)为 S1 的网络统计报告请求,如图 6-52 所示,单击"发送"按钮,开始伪装地面终端向飞机发送信息。

CMU 模块显示 CMU 正常接收了请求,并做出应答,如图 6-53 所示。再观察攻击端可知攻击端已经截获了网络统计报告,攻击端使用同样的步骤再发送标签为54 的 ACARS 频率上行话音通信报文,要求在 123.456MHz 频率上进行话音通信,观察 CMU 模块可见,同样被正常接收并接受了话音通信请求。

由上述测试结果可见,ACARS 数据链在没有安全防护措施的情况下,无法检测实体伪装,一台计算机经过简单装备便可以模拟管制员,向空中飞机发送非法控制消息,这极易造成撞机等重大事故。

第 6 章 ACARS 数据链数据安全保护方法的研究

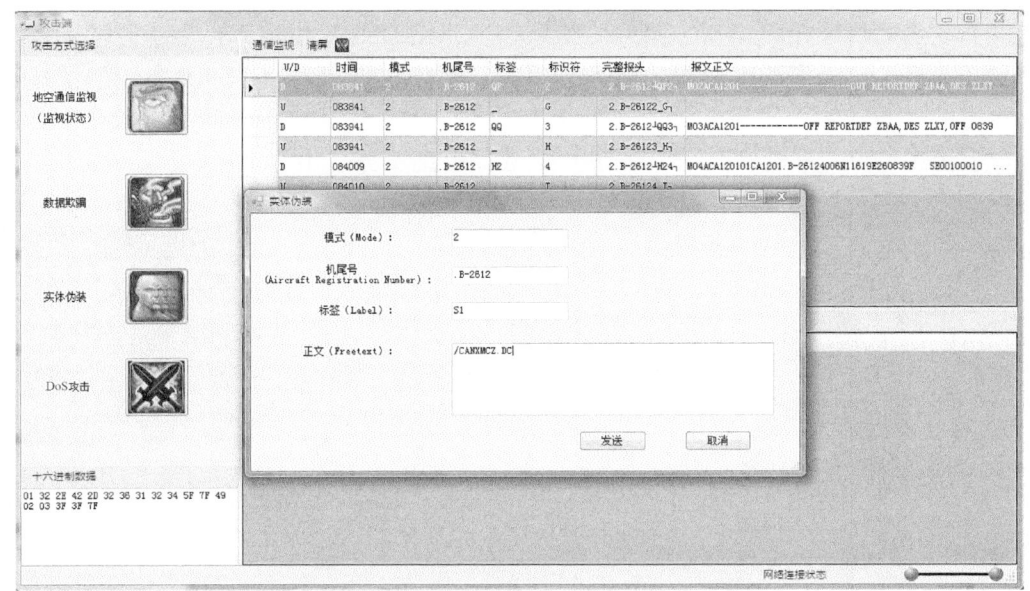

图 6-52　数据篡改网络统计报告请求

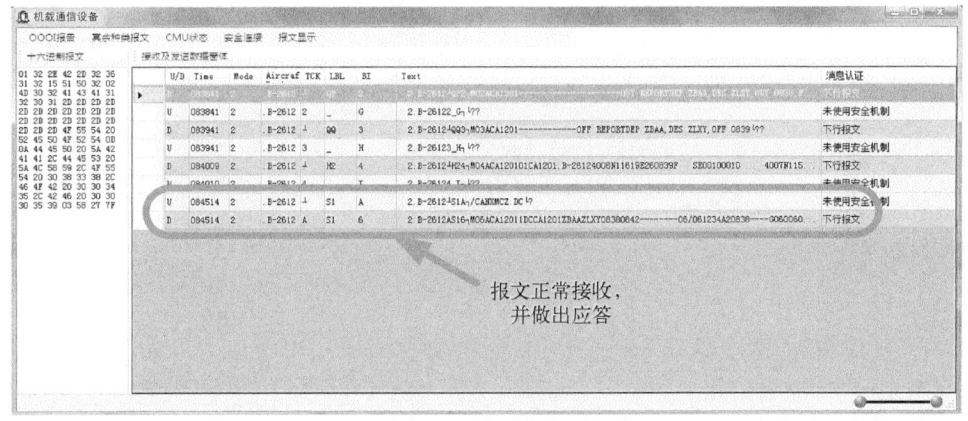

图 6-53　正常应答

目前所采取的一些手段无法从根本上解决实体伪装问题，实体伪装对飞行安全造成了严重威胁，是 ACARS 数据链的主要隐患之一，迫切需要解决。

4. DoS 攻击演示

在 DoS 攻击演示中，主要演示针对 DSP 的 DoS 攻击，攻击者伪装成终端向数据链路发送大量无用的 ACARS 信息，使信息处理中心服务器负载过重，资源耗尽，不能够响应正常的信息，从而造成服务器的拒绝服务。

系统各模块连接完毕后，保持网络通畅，开始 DoS 攻击演示，为了方便观察效果，在飞机 CMU 模块中暂时关闭上行报文，单击攻击端中的"DoS 攻击"图标，在弹出的界面中输入发送数量，如图 6-54 所示，为了保证攻击时间足够长，发送数量暂设为 10000，单击"发送"按钮开始进行拒绝服务攻击。

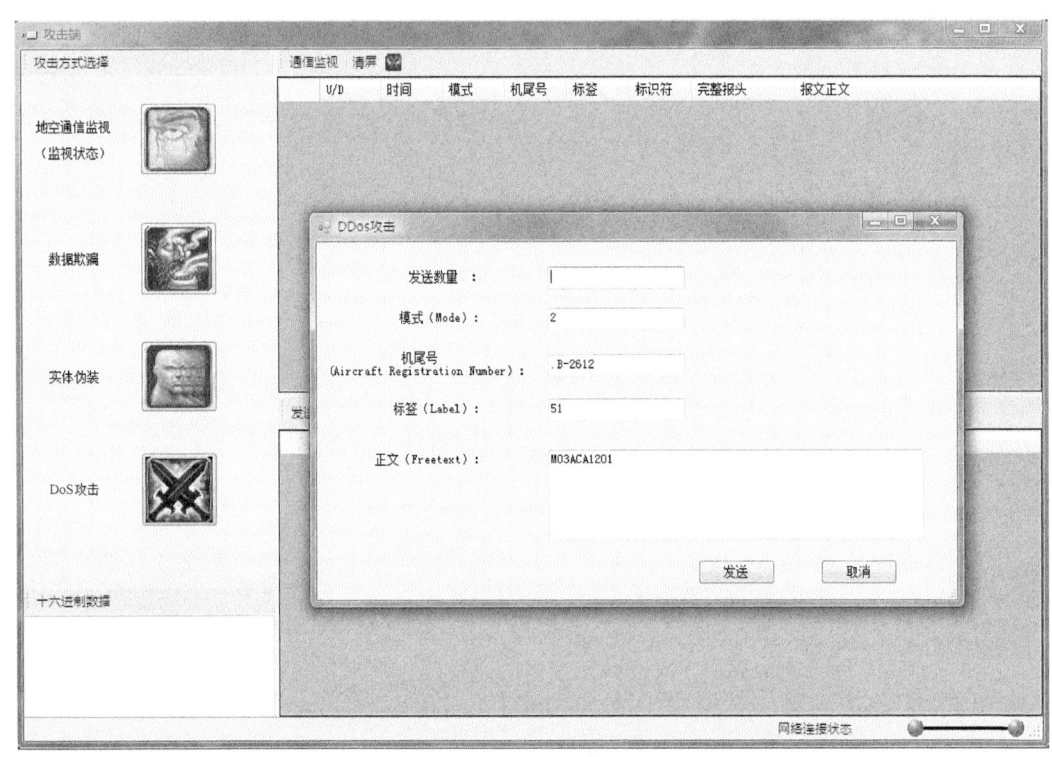

图 6-54　DoS 攻击

现在开始观察 DoS 攻击效果，在飞机航线管理模块中单击"开始"按钮开始飞行，飞机顺序发送滑出报告和起飞报告，观察 CMU 可见，由于遭到 DoS 攻击，DSP 无法为飞机提供正常数据链路服务，飞机发送滑出报告后无法收到 DSP 的响应，重传计时器超时后，系统重传滑出报告，仍无响应，待到达重传计数器上限后，报文被丢弃，接下来飞机发送起飞报告，可以观察到，与发送滑出报告的情形相同，飞机无法正常收到来自 DSP 的响应，不断重传报文直至达到重传计数器上限后丢弃报文，如图 6-55 所示。

观察地面一端的 DSP 模块，如图 6-56 所示，在遭受到攻击后，由于收到大量恶意信息，DSP 终端处理资源被耗尽，从而无法对飞机 CMU 模块发送的正常 ACARS 通信报文做出应答，使整个空地数据链路处于通信中断状态，进而对飞机形成拒绝服务。

第 6 章 ACARS 数据链数据安全保护方法的研究

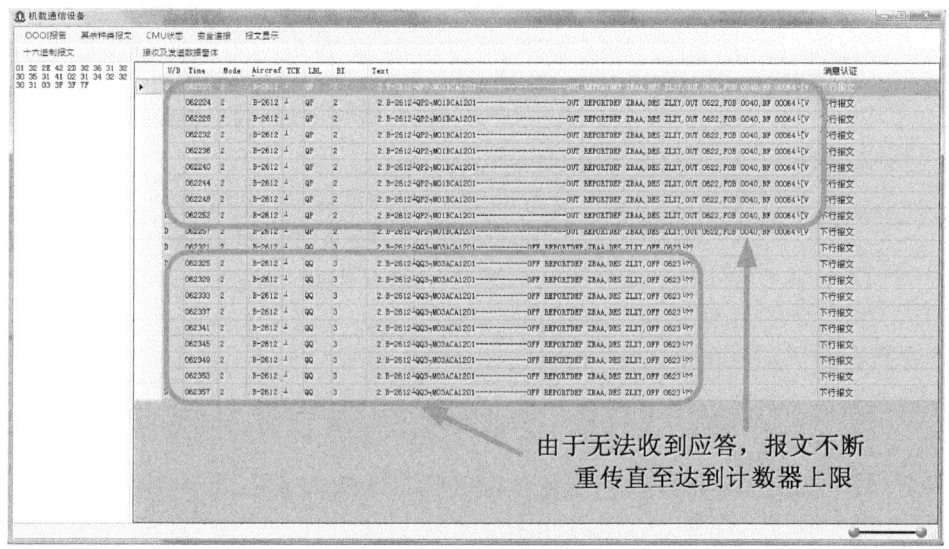

图 6-55 DoS 攻击后结果

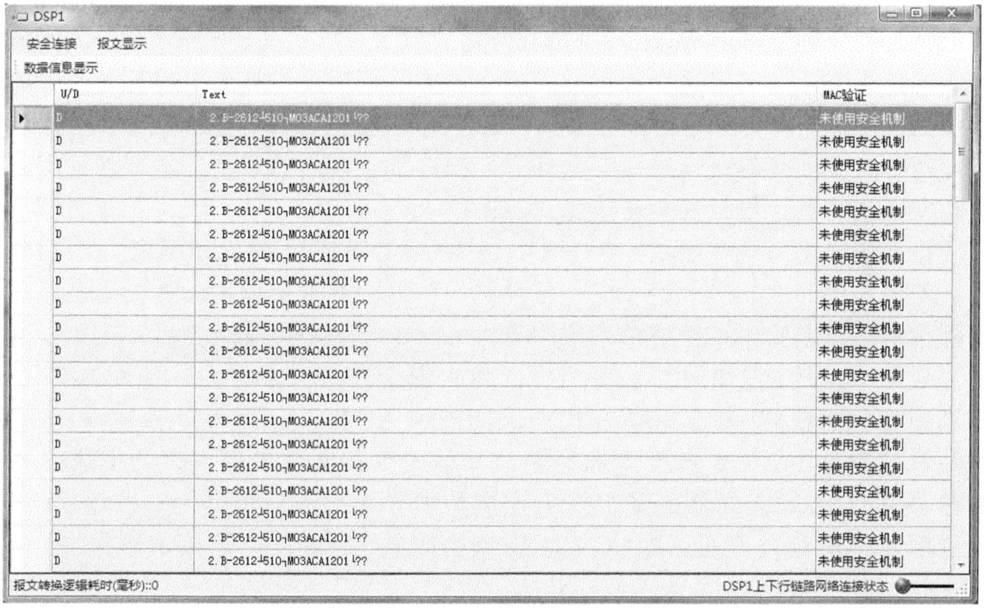

图 6-56 DSP 终端处理资源被耗尽情况

由上述测试可以看出，由于缺乏有效的消息认证机制，无法区分正常的空地通信报文与恶意攻击，DSP 端的处理资源被耗尽，从而引发 DoS 攻击。DoS 攻击会造成正常通信的中断，严重威胁到飞行的安全，DoS 攻击已被 ICAO 认定为航空电信网中数据链通信的主要安全威胁之一。

6.6.2 在基于 DSP 的安全框架下的安全效果演示

本节将在基于 DSP 的安全框架下,对 6.6.1 节所示的几种安全威胁进行效果测试,验证本章的 ACARS 数据链安全机制的有效性。

1. 空地通信安全连接的建立

为了应对 ACARS 数据链所面临的安全威胁,保证空地通信中的信息安全,需要建立一条安全的通信链路,提供数据加密与消息认证机制,以防止人为针对 ACARS 数据链路漏洞的各种攻击,ACARS 数据链安全仿真、演示系统根据 ARINC 823 规范提供了两种安全连接的建立方式,分别是使用公/私钥方式建立连接和使用共享密钥建立连接。

以上两种连接建立方式的不同之处在于安全连接初始化第一步时飞机发送给地面的连接请求中的附件部分,使用公/私钥时附件部分为数字签名,而使用共享密钥时附件部分为 MAC,两者在会话密钥生成时使用的算法也不同。除此之外,使用数字签名时,ACARS 消息携带的附件必须为完整的数字签名,而使用 MAC 时,可不用携带完整的 256bit MAC,可按双方需要截取 32bit、64bit 或 128bit。比较两种连接的建立方法,使用共享密钥方式建立连接更加简单、高效,但需要双方内置共享密钥,在某些场合下显得不够灵活,而使用公/私钥方式则更加灵活,适用范围更广。两种安全连接建立方式在安全性方面都达到了很高的级别。本节以使用共享密钥建立连接为例,进行安全连接建立的演示。

首先初始化系统各模块,检查网络连接,确定各模块 TCP/IP 连接与串口连接通畅,安全连接的建立必须由飞机一方发起,但地面终端可以发送连接指示,飞机在收到指示后发送安全连接请求。单击飞机 CMU 模块中"安全连接"菜单下的子菜单"建立安全连接(使用共享密钥)",弹出安全连接选项界面,如图 6-57 所示,分别指定保护模式(共享密钥方式下只能使用 AUTH 选项)、会话 ID 和压缩算法等,以及附件中 MAC 长度的选择等,其他内容按照要求内部自动生成,并且全部符合 ARINC 823 规范。确定安全连接选项界面无误后单击 OK 按钮,CMU 模块依照所选的选项按照 ARINC 823 规范生成 ACARS 安全连接请求报文,随后进入下行队列后发送。

DSP 端收到连接请求后会弹出连接请求详细内容的界面,如图 6-58 所示。

可以看到飞机发送的连接请求中的所有细节,收到请求后可选择接受请求或拒绝请求。如果拒绝请求,DSP 将回复一个拒绝连接报文,CMU 收到后会弹出对话框告知对方拒绝连接;如果 DSP 端接受请求,则通过飞机提供的信息与 DSP 生成的信息(飞机提供时间而地面提供随机数)利用共享密钥计算出本次会话的数据加密密钥(128bit)和消息认证码计算密钥(256bit),在 ACARS 通信过程中,分别采用报

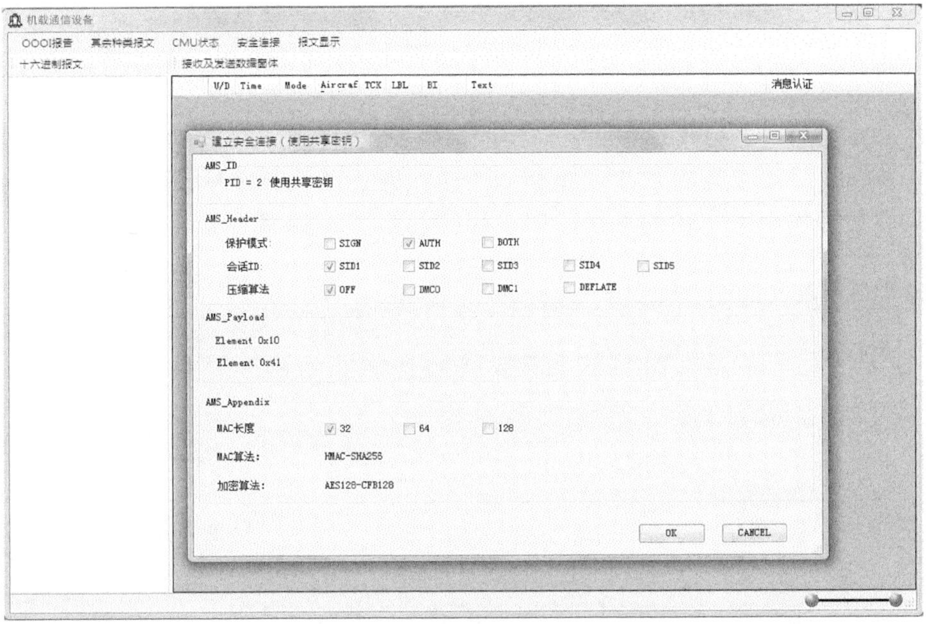

第 6 章　ACARS 数据链数据安全保护方法的研究

图 6-57　初始化系统各模块

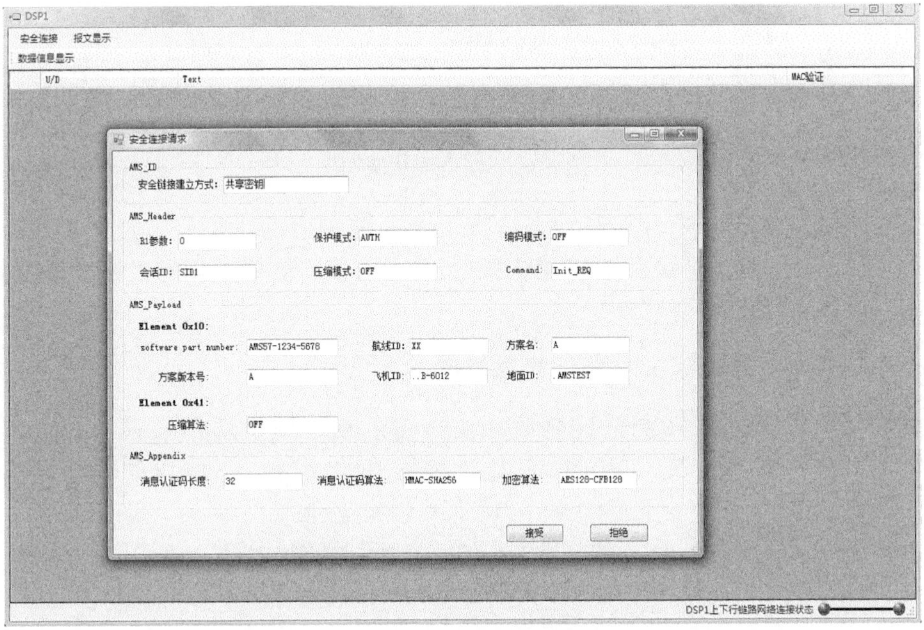

图 6-58　连接请求内容

文数据加密和消息认证码来实现数据的安全传输和消息的认证。飞机收到应答后通过应答报文中的随机数以及飞机第一步发送请求时的消息认证码副本等信息计算出与地面实体终端相同的数据加密密钥和消息认证码密钥。至此，安全连接建立完毕，开始本次安全会话。

连接建立后可通过飞机 CMU 模块或地面 DSP 模块中"安全连接"菜单中的"安全连接状态"子菜单查看本次安全会话的建立方式，协商好使用的各种算法、安全策略以及数据加密密钥和消息认证码密钥等，如图 6-59 所示。

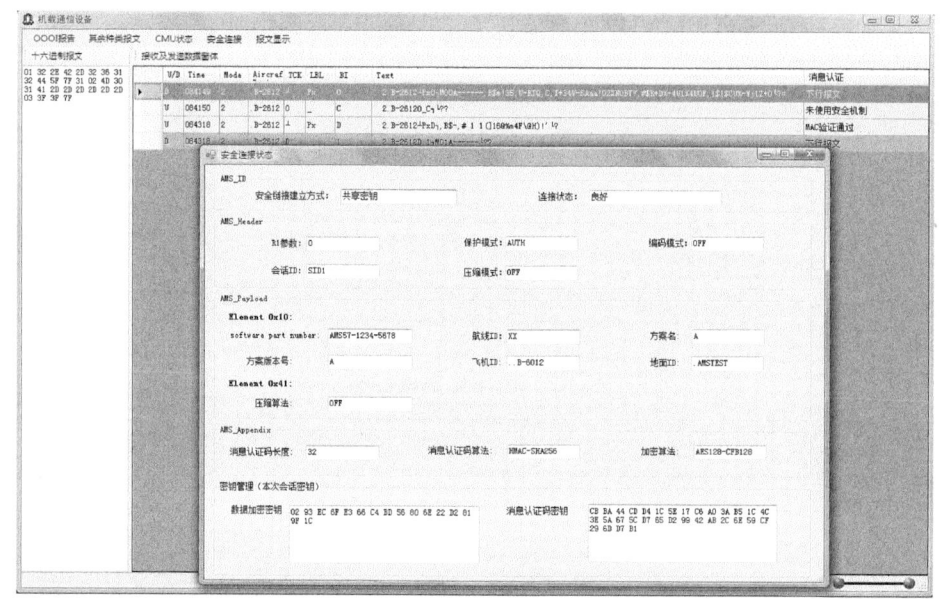

图 6-59 安全连接菜单

安全连接建立后可随时断开安全连接，断开连接可由飞机一方发起，也可由地面一方发起，在 CMU 模块和 DSP 模块中"安全连接"菜单下均有"断开安全连接"子菜单，单击可断开安全连接。

2. ACARS 数据链安全框架下的数据泄露演示

在空、地之间建立好安全连接后，攻击端启动"地空通信监视"功能，进入监视状态，单击航线管理模块的"开始"按钮开始飞行，飞机自动顺序发出滑出报告和起飞报告并于途中每隔 15min 发送一次气象报文。观察攻击端可见，可以正常监视到空地通信的 ACARS 报文，但由于报文经过加密，所以无法解析，如图 6-60 所示。

第 6 章 ACARS 数据链数据安全保护方法的研究

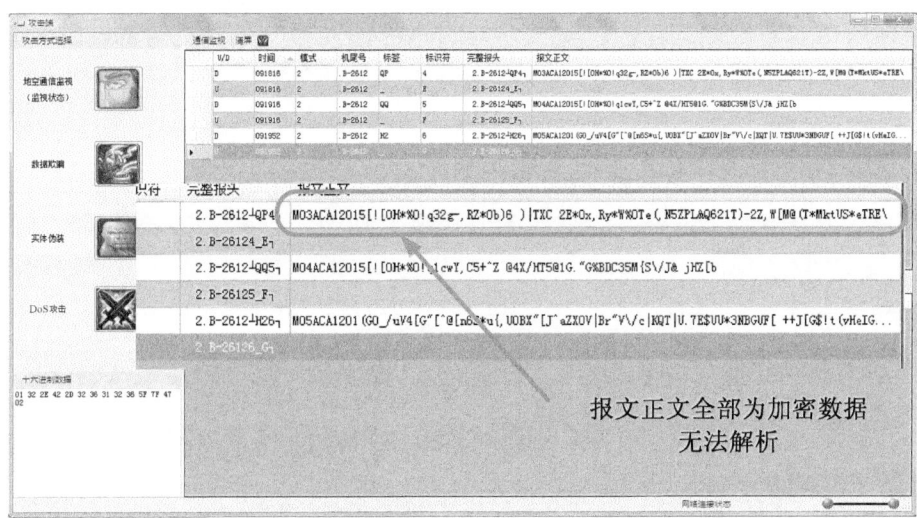

图 6-60 加密的报文数据

以滑出报告为例，虽然可由报头中的 Label 字段判断出报文内容应为滑出报告，但正文信息段全部为密文，无法解析出起飞机场、目的机场、滑出时间、机载燃油量以及加油量等报文信息，依次观察后面所收到的起飞报告和气象报告，情况相同。要解析出有用的信息必须经过报文解密，即需要破解出本次安全会话所使用的数据加密密钥，但由于 AES 算法安全性极高，加上密钥生存周期只限本次飞行（或者更短），要破解出明文信息难度极大，如图 6-61 所示。

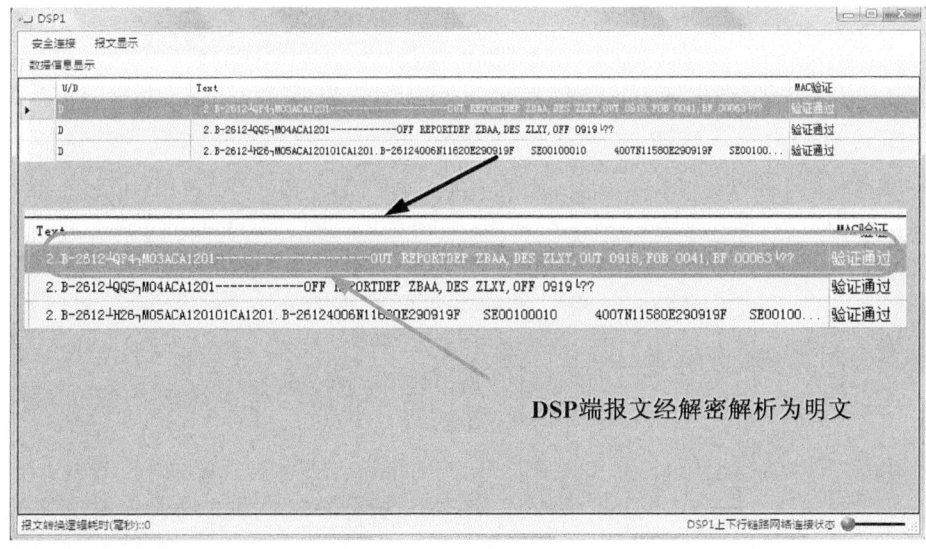

图 6-61 明文解密解析

在使用了安全机制后，经过数据加密的 ACARS 报文不具有可读性，对于攻击者来说已经失去价值，如图 6-62 所示。

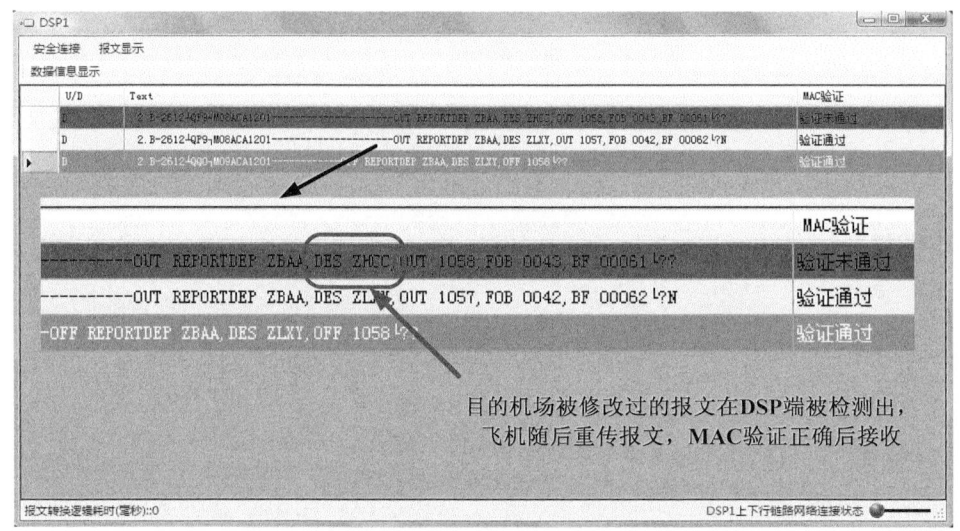

图 6-62　数据欺骗

破解出加密密钥所需的代价极高，难度极大，由此可见，使用 ACARS 安全机制后，对于防止数据泄露效果明显。

3. 数据欺骗

系统建立安全连接后，攻击端进行数据欺骗攻击，使用和 6.6.1 节中同样的手段将目的机场更改为 ZHCC，观察 DSP 端可以看到，篡改后的报文在接收端因 MAC 验证无法通过而被检测出经过了改动，DSP 端丢弃此报文，飞机 CMU 模块计时器超时后重传滑出报告，DSP 端接收后经 MAC 验证判断为飞机所发送，认证身份后接收，如图 6-62 所示。

由以上测试可见，攻击端可以对更改后的报文重新计算 CRC 校验，但由于无法知晓消息认证码密钥，所以无法对更改后的报文进行消息认证码计算，在地面 DSP 端需要验证 MAC 的正确性时，报文被检测出完整性存在问题，由此可见，ACARS 数据链安全机制可以有效应对数据欺骗攻击。

4. 实体伪装

系统各模块连接完成后建立安全连接，飞机开始飞行，攻击端开始向飞机发送实体伪装攻击，与 6.6.1 节中一样，先发送一条网络统计报告请求，要求飞机发送网络统计报告，观察攻击端的数据监视部分，没有像 6.6.1 节中那样收到网络统计报告，再观察机载 CMU 模块，攻击端发送的网络统计报告请求被检测出为未知实体发送，飞机拒绝接收。攻击端再发送 ACARS 频率上行话音通信请求，要求在指定频率上进行话音通信，与之前发送的伪装报文情况相同，此次请求并未收到任何应答。随后，攻击端再次发送上行广播，结果依旧相同。飞机 CMU 模块与攻击端模块情形如图 6-63 和图 6-64 所示。

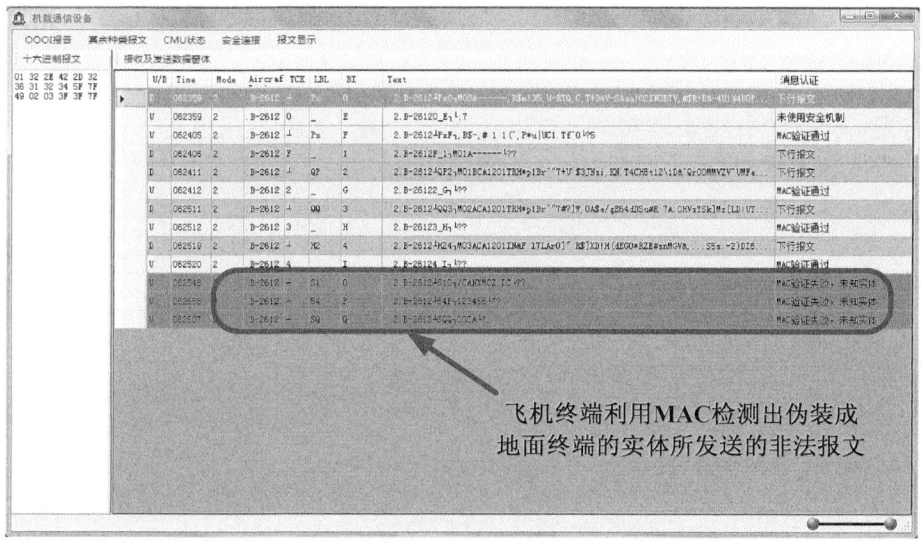

图 6-63　实体伪装攻击的飞机 CMU 模块

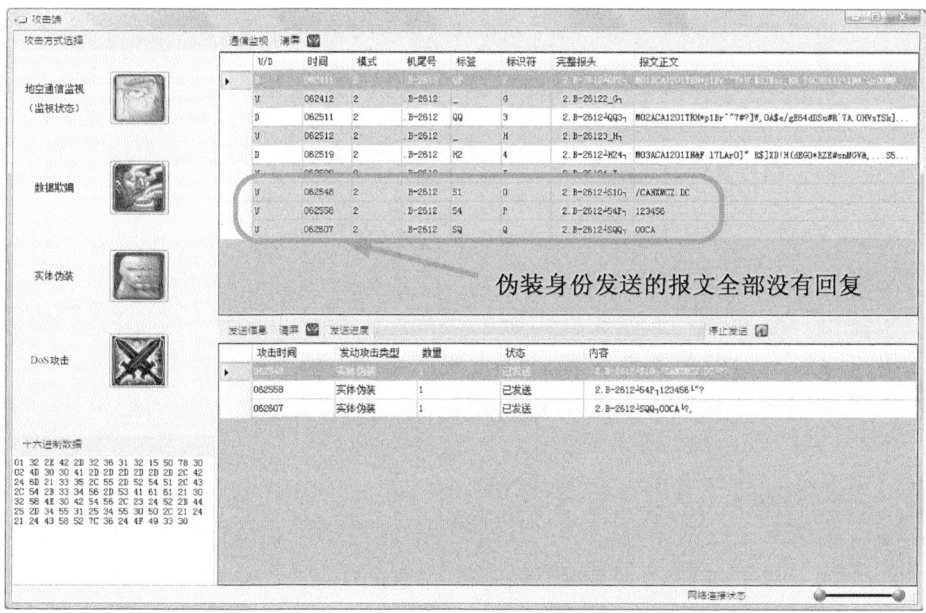

图 6-64　实体伪装攻击的攻击端模块

由测试可见，MAC 认证机制在可以确保数据完整性的同时，也可以确认通信双方实体的身份。在安全连接建立之后，非法未知实体由于没有建立安全连接后生成的 MAC 会话密钥，无法伪装成合法的地面实体与飞机进行通信，从而无法对飞机飞行造成实质性威胁，由此可见，ACARS 数据链安全机制可以有效防止实体伪装攻击。

5. DoS 攻击效果

首先，将系统各模块连接好，建立好安全连接。其次，采取与 6.6.1 节中相同的手段，单击攻击端模块的"DoS 攻击"图标，输入发送数量，开始针对地面 DSP 进行 DoS 攻击。之后飞机一端在航线管理模块重新点击"开始"按钮，开始飞行，观察 CMU 模块，如图 6-65 所示，与正常飞行情况相同，无任何异常反应，全部报文均得到地面 DSP 的正常应答与响应。

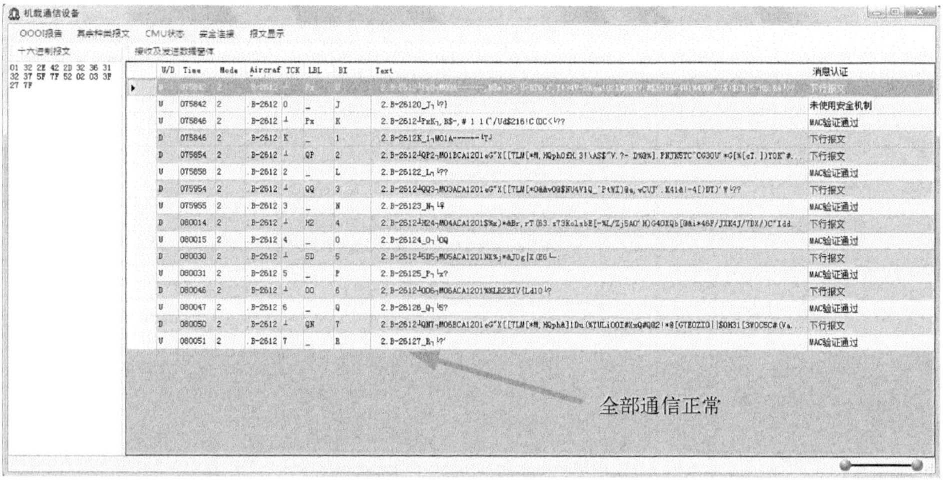

图 6-65　没有 DoS 攻击情况

再观察地面 DSP 端，如图 6-66 所示，可以看到所有的 DoS 攻击发送的恶意报文均被检测出，检测出后不进入处理队列，直接丢弃，从而节省了 DSP 终端的处理资源，使正常的下行报文不会受到任何影响，为了观察方便，可以单击"报文显示"菜单中的"关闭告警显示"子菜单将告警关闭，可以更清楚地看到空地通信通畅无误。

通过上述测试可以看出，在添加了安全机制后，可通过认证机制将恶意攻击检测出，避免恶意报文进入处理队列，占用终端处理资源，从而保障了正常的 ACARS 数据链的通信，有效地解决了 DoS 攻击对空地通信的威胁，使 ACARS 数据链更加安全、高效。

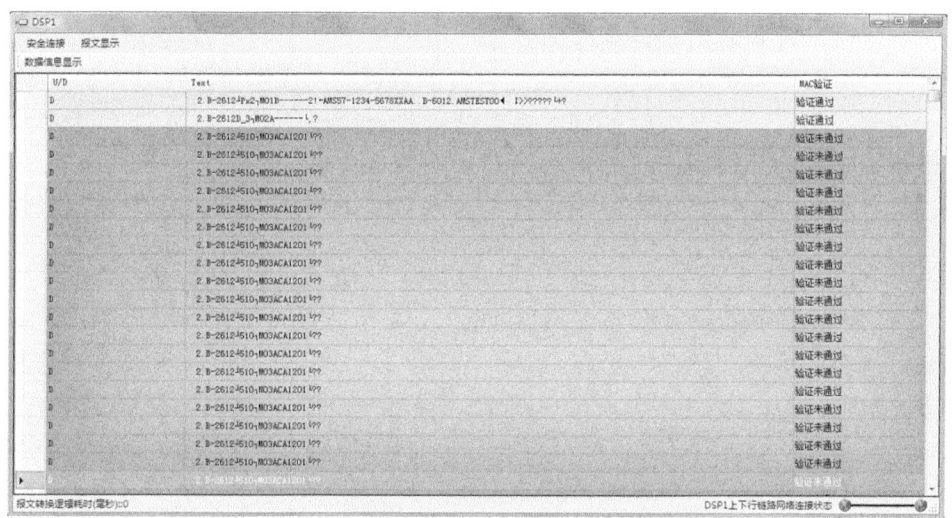

图 6-66　发起 DoS 攻击情况

6.6.3　ACARS 数据链安全机制安全性分析

ACARS 数据链安全机制安全性分析包括安全连接建立过程、数据加密算法安全性分析和 MAC 算法安全性分析。

1. 安全连接建立过程

安全连接的建立是整个 ACARS 安全机制顺利运行的保障，为了兼具高效性和灵活性，这一机制提供了两种建立连接的方式以适应不同的情况和需要，无论使用哪种方式建立连接，都具备较高的安全性。

首先，使用共享密钥方式建立连接，适用于通信双方有条件提前内置共享密钥的情况，尤其适合军航或私人飞机，具备快速、高效的特点。对于攻击者来说，虽然可以截获双方用来生成会话密钥的公共值，以及双方进行密钥协商所需要的信息，但由于攻击者无法获得通信双方的共享密钥，从而无法通过密钥生成函数生成会话密钥。使用这种方式建立连接，由于只在初始化阶段使用内置的共享密钥，攻击者很难取得大量密文样本，破解难度极大。这种方式不涉及证书，不需要第三方的参与，配合恰当的密钥生存周期，在高效、快速的同时，具备了极高的安全性。

其次，使用公/私钥方式建立连接，相比于共享密钥方式更加灵活，适用范围更广，只要有证书机构的支持，便可以与任何实施了 ACARS 安全机制的终端通信。公/私钥方式使用 ECDSA 作为数字签名算法，这种算法主要是基于椭圆曲线离散对数问题的，抗分析和攻击能力强，与其他公钥加密系统相比可用较小的开销（所需计算量、存储量、带宽、软件和硬件实现的规模等）和时延（加密和签名的速度高）实现较高的安全性，特别适用于计算能力和集成电路空间受限、带宽受限、要求高速实现的情况。密钥交换使用 ECDH 算法，相比于普通的 DH（Diffie-Hellman）算法更加安全、高效，在保证安全性的基础上可以减少执行协议的开销，并且不同会话的安全性相互独立，一个会话密钥的泄露不会影响其他会话密钥。这种安全连接建立方式具备极高的安全性，且使用范围极广，对共享密钥方式具有很好的互补作用。

2. 数据加密算法安全性分析

针对 ACARS 资源和带宽受限的特点，本节采用 AES 的加密反馈（cipher feedback，CFB）模式，密钥长度为 128bit，记为 AES128-CFB128。主要原因是考虑到 AES 算法安全性高，而 CFB 模式允许被加密的数据是任意长度的，使用方便、灵活。数据加密使用 AES128-CFB128 算法，解密时只按相应的 CFB 模式解密即可，不需要单独的 AES 解密算法，简单且便于实现。

从安全分析来看，AES 算法能够抵抗强力攻击，AES128 使用的密钥长度为 128bit，即使攻击者每秒能尝试 2^{56} 个密钥，至少也需要约 149 万亿年才能遍历所有可能的密钥组合。因此，AES 算法对强力攻击免疫。此外，AES 算法对于差分分析和线性密码分析、抵抗渗透攻击、扩展系数线性化（extended sparse linearization，XSL）攻击等也具有较强的抵抗能力。综上所述，AES 算法对于资源和带宽受限的 ACARS 来说，计算开销小，加密速度快，可使整个系统工作效果达到最佳。

3. MAC 算法安全性分析

ACARS 数据链安全机制中的 MAC 算法使用的是 HMAC-SHA256 算法，生成 256bit 的 MAC，HMAC-SHA256 算法使用 SHA-256 作为哈希函数，SHA-256 的设计和 SHA-1 类似。它使用一个 256bit 的状态，分为 8 个 32 位的字，用 S[0…7] 来表示。虽然它和 SHA-1 在算法结构上类似，但实际操作更加复杂。SHA-256 使用了两个并行的非线性函数、两个更加复杂的扩散原形以及更多的反馈。这些改变使新的 SHA 算法具有更强的扩展能力，而且不太可能受到目前困扰 MD5 和 SHA-1 算法的同样类型攻击的影响。

HMAC 算法实际上更像是一种加密算法，它引入了密钥，其安全性已经不完全依赖于所使用的哈希算法，HMAC 使用的密钥是双方事先约定的，第三方不可能知道，作为非法截获信息的第三方，能够得到的信息只有作为"挑战"的随机数和作为"响应"的 HMAC 结果，其无法根据这两个数据推算出密钥。由于不知道密钥，所以无法仿造出一致的响应。在目前的计算能力下，可以认为 HMAC 算法是安全的。

6.7 本章小结

航空地空数据链 ACARS 作为在航空器和地面站之间进行双向数据链通信的系统，实现短消息（报文）的传输，使机载航空电子设备能够与对等地面主机交换信息。ACARS 数据传输过程中存在数据未加密，容易被窃听以及数据链没有设计安全认证机制，容易被伪装和没有提供数据保护措施，容易被篡改等安全隐患。为了保护 ACARS 数据的完整性、真实性和可用性，针对 ACARS 数据链通信中的数据泄露问题，本章给出了面向字符的数据编码和加密方案。该方案采用国产密码 SM2 和 SM4 算法实现 ACARS 数据的加密和解密。本章提出了一种基于密码的安全认证方法，即在建立信道前完成认证、协商操作，建立安全信道后可直接传输经协商密钥对称加密后的密文，其长度和原始报文长度大致相同，保障了数据链安全通信服务的自主可控。本章方案在不改变原有数据链通信流程的情况下，应用对称加密算法和数字认证技术处理有效载荷，大幅提高了航空甚高频数据链的安全性。对于潜在的攻击者，成功达到了不可获知、不可篡改、不可重放、不可伪装的效果。同时，没有造成 ACARS 效率的降低和信道的大规模占用。

参 考 文 献

[1] ARINC. Air/Ground Character-Oriented Protocol Specification: ARINC Specification 618-5 [S]. Annapolis: Aeronautical Radio, Inc, 2000.

[2] ARINC. Data Link Ground System Standard and Interface- Specification（DGSS/IS）: ARINC Specification 620-4 [S]. Annapolis: Aeronautical Radio, Inc, 1999.

[3] ARINC. Datalink Security Part1-ACARS Message Security: ARINC Specification 823P1[S]. Annapolis: Aeronautical Radio, Inc, 2007.

[4] ARINC. ARINC Specification 823P1,Datalink Security Part2-Key Management[S]. Annapolis: Aeronautical Radio, Inc, 2008.

[5] 吴滢, 马睿, 邹成智, 等. 基于国密算法的 ACARS 数据保护技术[J]. 信息安全研究, 2021, 7（4）: 342-350.

[6] 刘玉麟. ACARS 数据链安全体系结构及其关键技术的研究[D]. 天津: 中国民航大学, 2011.

[7] 岳猛, 邹嘉旭, 胡玥, 等. 航空甚高频 VHF 数据链安全通信技术[J]. 中国民航大学学报, 2022, 40（3）: 1-7.

第 7 章　基于区块链的 SWIM 共享数据安全认证技术

SWIM 作为航空云（aeronautical cloud）的信息共享平台，采用面向服务的架构实现空中交通管理业务数据的传输和共享[1]。为了保护 SWIM 共享数据的安全和隐私，本章研究了一种基于区块链的 SWIM 共享数据跨域认证方法。主要研究内容包括以下两点。

(1) 从功能角度介绍了 SWIM 系统的概念、架构，并逐层研究了 SWIM 系统面临的主要安全隐患，同时有针对性地设计了安全防护框架，并针对框架中薄弱的部分进行了安全需求分析。

(2) 为了能够使 SWIM 用户高效且安全地访问 SWIM 中不同认证域的服务，本章提出了一种基于联盟链和一致性哈希算法的 SWIM 跨域认证方案。它采用带有虚拟节点的一致性哈希结合联盟链架构，利用认证中心群，同步认证域间用户的认证映射关系，并根据 SWIM 提供的飞行类、航空类和气象类服务分别映射虚拟认证节点来分割一致性哈希环。同时，通过用户认证请求的动态变化来增加或删除虚拟服务认证节点，实现不同服务跨域认证的动态负载均衡[2]。

7.1　概　　述

SWIM 是一个包括 IP 网络层、SWIM 基础设施层、信息交换模型层、信息交换服务层和 SWIM 应用层的五层操作架构，如图 7-1 所示[1]。

接入系统表示与 SWIM 系统建立连接的民航信息系统；适配器主要利用航班信息交换模型、飞行信息交换模型和气象信息交换模型对空中交通管理异构数据进行规范并将统一格式后的数据整合为服务信息；数据引接系统提供了基础设施层的核心功能，包括数据解析、设备安全、服务管理、认证授权等服务。其中，安全网关是接入节点中的一种具体表现形式；虚拟信息池本质上是所有 SWIM 节点所传输的信息集合，其中包含地空通信（ACARS、CPDLC、VHF 等）、地面通信（航空固定业务信息网（aeronautical fixed telecommunication network，AFTN）、航空电文处理系统（aeronautical message handing system，AMHS）、ATS 设备间数据通信（ATS inter-facility data communication，AIDC）等）、导航（GPS、BDS、VOR 等）、监视（ADS-B、雷达、空中防撞系统（traffic collision avoidance system，TCAS）等）、气象等空中交通管理数据。

SWIM 系统五个核心服务层的功能描述如下。

(1) IP 网络层：提供面向 SWIM 的数据传输以及综合通信服务。它是航空公司、航空机场和空管部门的局域网的集合，是专用/公用 IP 网络。在我国 SWIM 系统部署中，该层的主要功能为对民航空管相关单位基础设施数据的引接、通信传输协议和数据格式进行转换。

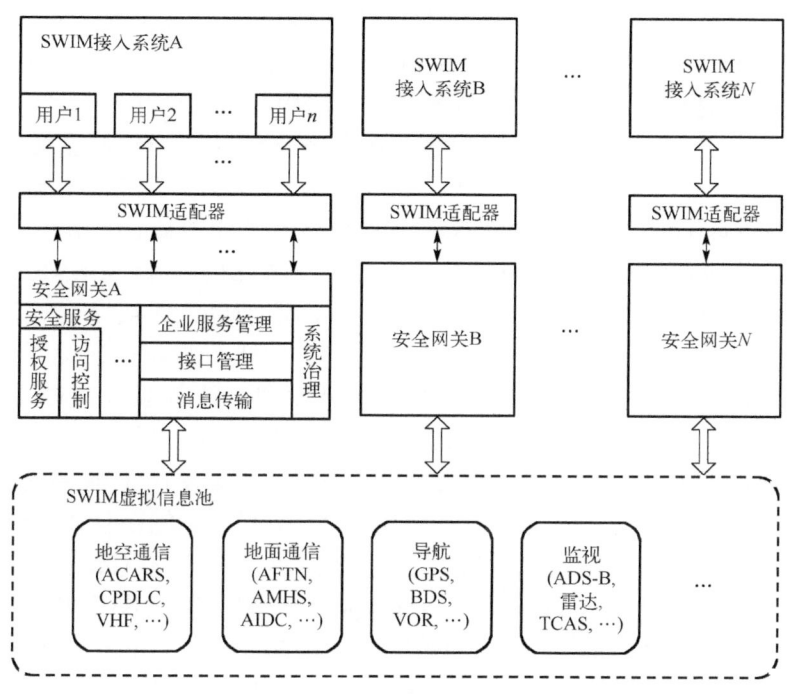

图 7-1　SWIM 架构示意图

（2）SWIM 基础设施层：是 SWIM 的核心，采用 ICN 的架构，为航空交通运输业务信息的共享提供基础结构。SWIM 在基础设施层构建虚拟信息池，由于信息缓存在 ICN 路由内存中，可以快速对兴趣包做出响应，满足民航系统低时延、高并发、高可靠的需求。支持基础设施层信息池形成和流动的关键技术为数据的命名、路由和缓存。另外，基础设施层还提供其他的核心服务，如共享信息管理和综合服务管理。信息管理主要实现数据的订阅/发布、请求/响应以及数据治理功能；综合服务管理主要包括企业服务管理、SWIM 用户的认证授权以及服务的安全性。

（3）信息交换模型层：采用标准的数据模型实现空管信息交换服务的信息共享。信息交换模型定义了应用程序交换的数据的语法和语义，包括对信息内容、结构和格式进行详细的阐述。信息交换模型层和信息交换服务层共同定义了 SWIM 系统中可以交换的应用消息单元。目前主要的交互模型有飞行数据交换模型（FIXM）、航空信息交换模型（AIXM）和气象数据交换模型（WXXM）。

（4）信息交换服务层：包含每一个航空网络的信息域和跨域交互的定义，遵循数据治理规范并由通过 SWIM 互联的航空公司、航空机场和空管部门等达成共识，形成民航 SWIM 系统运行的一套标准。通过 SWIM 互联的航空公司、航空机场和空管部门等作为信息提供者和信息消费者(user)的身份，利用上述达成的共识标准定义的信息交换服务，来通过支持 SWIM 的应用程序进行交互和协同工作。

(5)SWIM 应用层：开发基于 SWIM 系统交互的应用系统和程序，支持航空公司、航空机场和空管部门等组织，以及相关科研人员和技术开发者，作为信息提供者和信息使用者使用通过 SWIM 业务系统的应用程序进行交互。

从 2005 年开始，欧洲和美国相继提出了各自针对下一代航空交通运输系统的研究及实施计划，FAA 提出了下一代空中交通运输系统(next generation air transportation system，NextGen)，欧洲空中交通管理组织提出了单一天空空管研究(single European sky ATM research，SESAR)。NextGen 和 SESAR 作为下一代空中交通管理系统的典型代表，二者均采用 SWIM 平台完成航空交通运输业务信息的高效交互，实现空管业务信息的实时共享，构建智慧航空运输系统。目前美国的 SWIM 项目已度过了概念探讨和技术预研阶段，进入系统建设的第二阶段，已于 2019 年 3 月 6 日在 38 个地点成功完成了 SWIM 终端数据分发系统(SWIM terminal data distribution system，STDDS)的部署。欧洲的"广域系统信息管理"(SWIM-SUIT)计划也已进入工程实施阶段，并且已经与美国的 SWIM 网络开展了互联工作。美国的 SWIM 计划已实现身份和访问管理(identity and access management，IAM)功能，即一种数字证书服务功能，可以在共享信息时颁发和验证数字证书，从而可靠地识别美国国家航空系统(national airspace system，NAS)和应用程序。IAM 提供安全令牌以支持安全声明标记语言(security assertion markup language，SAML)，以交换身份验证和授权信息。欧洲 SESAR 计划提出采用 PKI 体系对用户进行身份认证，建议采用桥证书签发机构的认证体系架构。目前，欧洲和美国在 SWIM 上已经完成对接，同时航空气象等数据的共享交换也逐步实现。SWIM 服务注册以及气象数据服务在第一阶段中计划实施，对航空气象数据能够实现初步的单点安全访问，双方都建议采用 PKI 来实现安全认证。

中国民用航空局空中交通管理局是国内较早开展 SWIM 研究的机构。自 2005 年开始，中国民用航空局空中交通管理局技术中心就参加了欧盟研究的"单一欧洲天空实施支持的验证计划"项目和 SWIM-SUIT 项目合作事宜，与欧洲空中航行安全组织实验中心进行合作研究。

自 2016 年起，中国电子科技集团第二十八研究所空中交通管理系统与技术国家重点实验室依托所内创新课题"面向轨迹运行的空管广域信息管理技术研究"，持续在 SWIM 的技术研究、应用验证、国际合作等方面深入工作，取得了一定的研究成果，目前正致力于跨地区的试验论证。2020 年，中国民用航空中南地区管理局已初步实现基于服务的 SWIM 交换平台原型系统，并完成了民航武汉自研系统引接管制综合信息系统飞行计划数据及民航长沙管制综合信息系统与测试平台的数据引接。目前，中国民航在 SWIM 方面的发展得到了 ICAO 和世界各国的认可。

7.2 基于区块链的 SWIM 安全认证方法

本节针对现有航空网络内部以及 SWIM 系统安全认证领域目前存在的安全隐患，提出基于区块链的 SWIM 安全认证方法，实现了 SWIM 中用户和机构的跨域访问安全认证。本节主要从总体架构和方法设计两方面对 SWIM 安全认证方法进行阐述。首先提出了基于区块链的 SWIM 共享数据认证总体架构，在此基础上结合一致性哈希算法，设计了 SWIM 联盟链跨域认证方案。该方案通过分别设置区域认证中心哈希环和服务认证哈希环，降低了 SWIM 公共认证域扩展的难度，实现了不同 SWIM 认证域间认证映射关系的共识和用户访问服务的跨域认证。同时，结合 SWIM 系统中的 SAML 断言令牌机制，减少身份信息的冗余认证操作，以及面向 SWIM 服务设计了一种一致性哈希环的切割方法，以实现认证请求的负载均衡。最后在一些特定的攻击模式和攻击场景下，将提出的方案与其他安全认证方案进行安全性对比，并逐一分析本节方案在不同攻击和安全隐患中的安全程度[2]。

7.2.1 基于区块链的 SWIM 共享数据认证总体架构

在航空网络内部，通常采用远程连接的方式实现对航空信息的管理和维护，这其中若缺乏完善的认证方式和访问策略，则会导致航空信息的泄露和篡改。目前民航业大部分系统的身份认证方式是用户名与口令，有些甚至没有身份认证模块。有些系统会使用明文传输口令，这就容易被黑客截获，从而遭受中间人攻击。此外，民航各系统独自管理验证本系统的用户账号信息，相互之间没有交互，一方面，这会造成信息的重复管理；另一方面，在实际工作中，为了保证航班的正常飞行，民航工作人员往往需要不同部门的信息，而每次访问都需要重新进行登录认证，造成操作上的不便与烦琐。所以，本章设计了一种基于区块链的 SWIM 跨域认证体系结构作为总体研究方案，首先构建基于区块链的 SWIM-Chain 跨域认证模型作为 SWIM 中 PKI 认证网络模型的基础，再根据 SWIM-Chain 跨域认证模型设计一套面向 SWIM 的一致性哈希跨域认证改进方案，实现在联盟链环境中 SWIM 共享信息的安全跨域认证。

基于区块链的 SWIM 跨域认证体系结构由以下元素组成：①一组远程通信设备；②多个民航单位节点连接的点对点网络；③每个民航单位节点下属部门的接入服务器与访问用户；④身份管理机构。在模型中，每个接入服务器负责管理发布到 SWIM 系统中的数据，并维护日常访问功能正常运行。每个访问用户如果想访问其他认证域中服务器中的数据信息，需要用户部门所在节点与访问对象节点互联，即可信根 CA 互相连接，然后用户通过插入证书向身份管理机构请求安全断言令牌，验证通过后使用得到的安全断言令牌请求要访问的接入服务器，验证通过后即可访问服务资源。身份注册和访问请求生成的密钥和证书应该存储在可以确保安全性和隐私性的信息管理系统中,即身份管理机构。因此,在以下两种情况下要访问身份管理机构。

(1)初始注册:新接入 SWIM 的民航单位节点在加入联盟链网络时,首次参与访问时需要申请区块链证书并调用链码进行初始注册。

(2)更改令牌信息:民航单位节点需要定期更改其断言令牌信息,因此需要联系联盟链身份管理机构来生成一个新的一次性断言令牌来匹配不同的访问请求。基于区块链的 SWIM 共享数据认证总体架构如图 7-2 所示[2]。

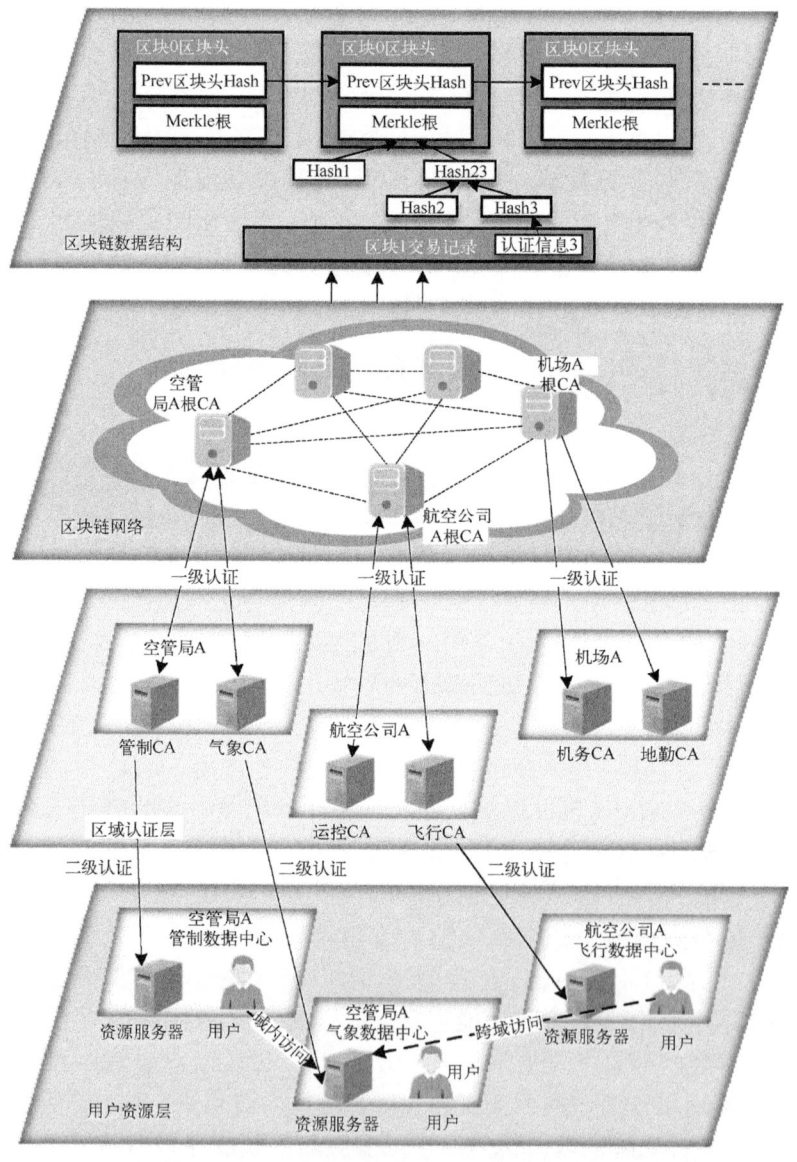

图 7-2 基于区块链的 SWIM 共享数据认证总体架构

7.2.2 基于一致性哈希的 SWIM 联盟链跨域认证方法

本节针对 SWIM 系统跨域认证的需求目标，提出了基于一致性哈希的 SWIM 联盟链跨域认证方法，构建了跨域认证系统模型，设计了面向 SWIM-Chain 跨域访问服务申请场景的区块链证书以及跨域认证协议，并研究了一致性哈希在 SWIM-Chain 中的应用场景和认证负载均衡。

1. 跨域认证系统模型

为了实现 SWIM 跨域认证的目标，我们设计了基于一致性哈希的 SWIM 联盟链跨域认证模型，如图 7-3 所示[2-6]。它由联盟链网络、区域认证中心一致性哈希空间、服务认证一致性哈希空间、域以及域内的认证中心节点、域代理认证服务器、应用服务器和用户组成。

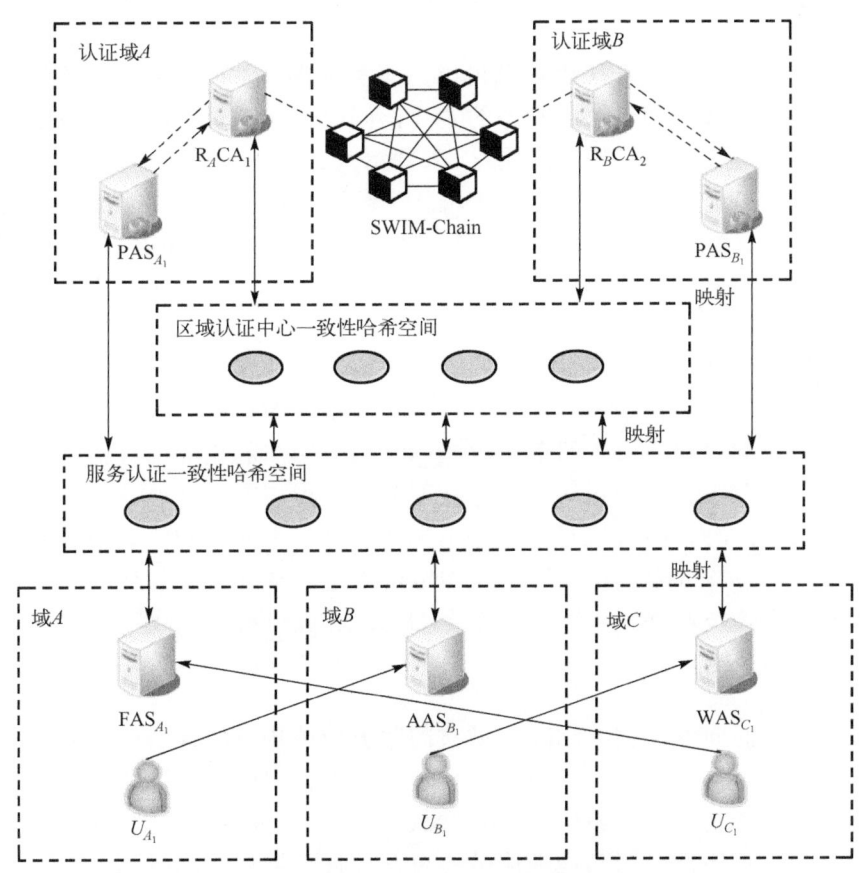

图 7-3 基于一致性哈希的 SWIM 联盟链跨域认证模型

域：将域定义为在同一机构中的用户相互信任的范围，如一个航空公司或分管一个区域的空管局。不同信息域的认证架构和认证关系是独立的。

应用服务器：每个 SWIM 区域根据职能的差别和分管民航网络信息系统的不同，可以提供的服务是不同的，大体可以分为飞行类、航空类和气象类三类服务，例如，空管部门提供航空监视数据服务、航空气象服务；机场提供机场地面信息服务。如图 7-3 所示，域 A 中的飞行应用服务器用 FAS_{A_1} 表示，AAS 提供属性认证服务。

认证中心节点：主要处理来自域内代理认证服务器和域间认证中心节点的查询认证请求，对本域处理的用户注册及跨域认证申请以交易的形式记录上链，并参与其他域认证中心节点交易的共识，以确保跨域认证交易的一致性。如图 7-3 所示，域 A 中的认证中心服务器由 $R_A CA_1$ 表示。

域代理认证服务器：主要处理来自相同域或不同域的用户的认证请求，每个域代理认证服务器针对飞行类、航空类和气象类的应用服务器认证请求分设三类服务认证节点，并根据认证负载分配的具体情况来增减服务器数量。如图 7-3 所示，域 A 中的域代理认证服务器由 PAS_{A_1} 表示。

用户：在 SWIM 中，一个用户既可以为服务提供者，又可以为服务消费者，可以被描述为在一个域中拥有特定资源的实体，同时可能需要访问其他域中的其他服务。如图 7-3 所示，域 A 中的用户用 U_{A_1} 来表示。

区域认证中心一致性哈希空间 CHS_{RPAS}：设计哈希函数计算虚拟认证哈希环的哈希空间，由不同区域认证中心服务器节点通过哈希运算将其映射到认证哈希环中，由下层服务认证哈希空间中服务虚拟节点将跨域认证请求对象映射到 CHS_{RPAS} 并寻找认证中心服务器节点处理。

服务认证一致性哈希空间 CHS_{SC}：设计哈希函数计算虚拟服务哈希环的哈希空间，由域代理认证节点向 CHS_{SC} 中映射三种服务认证虚拟节点以负责分管该域内的三类服务认证，同时应用服务器节点收到的域内外用户的相应服务请求，通过哈希运算将其映射到服务认证哈希环中并寻找服务认证虚拟节点处理。

联盟链网络：由 SWIM 区域认证中心节点组成，不同域的认证中心服务器经过许可后加入 SWIM-Chain，可以通过联盟链网络进行认证信息的交互和共识。本节设计的模型中联盟链网络使用联盟链平台 Hyperledger Fabric 搭建。

2. 区块链证书设计

本节设计了面向 SWIM-Chain 跨域访问服务申请场景的证书，证书包含认证中心节点、用户使用的区块链证书以及域代理服务器使用的域代理临时证书。区块链证书由用户所在的初始注册域生成，由联盟链各节点达成共识后记入区块链账本中，该证书可作为用户申请访问其他域服务的可信凭证。域代理临时证书由本域认证中心注册生成，用于与其他域代理认证服务器交互时验证身份。面向 SWIM 的区块链证书和域代理临时证书如图 7-4 所示[3]。

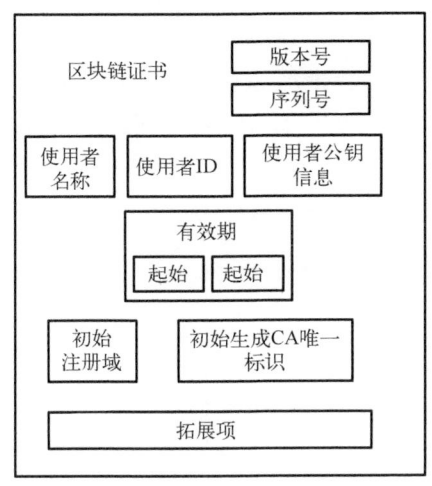 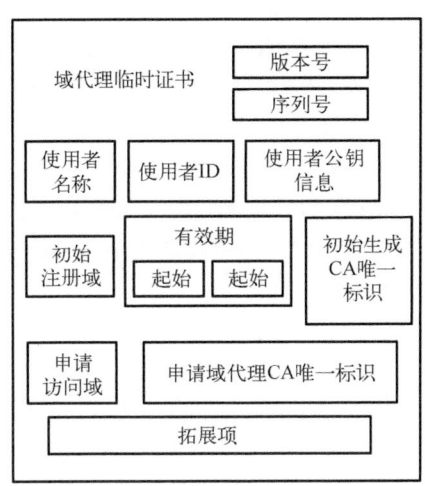

图 7-4 面向 SWIM 的区块链证书和域代理临时证书

本节设计的区块链证书取消了证书撤销检查的功能。由于存入区块链数据库中的数据无法直接进行修改，所以传统 X.509 证书的撤销服务无法应用在区块链场景中。根据文献[1]，本章将证书存储上链的接口定义为 post(action, $Hash_x$(Cert))，其中 action 表示证书当前状态，分别有发行(issue)和撤销(revoke)两种状态；查询证书的接口定义为 query($Hash_x$(Cert))，返回证书详细信息以及证书当前状态。可以通过变更状态参数 action 来改变证书的有效性从而代替 OCSP 和 CRL 的功能。

3. 联盟链跨域认证协议

本节提出的跨域认证协议主要利用一致性哈希算法结合联盟链的方式进行设计。一致性哈希算法的目标是在动态变化的分布式系统上实现负载均衡和动态适应，后来一致性哈希算法概念被运用到多个领域中，跨域认证正是其中之一。姚瑶和王兴伟[4]利用一致性哈希结构提出了一种 Web 跨域认证优化方案，通过认证服务器和应用服务器在相同的一致性哈希空间中映射实现不同认证域中用户的身份认证，但是方案中认证服务器通过内部局域网进行数据同步，没有考虑到遭受"中间人攻击"的问题。基于文献[2]，我们提出了一种基于一致性哈希的联盟链跨域认证方案，该方法不同于传统的 Web 跨域认证方案，在上述基础上增添了区块联盟链认证中心群架构和两部分的哈希环空间。

一致性哈希算法在本方案中的应用场景为合理选取认证服务节点以及分配认证服务对象。通过将认证请求对象对应认证处理对象的存储空间抽象为一个拥有 2^{32} 个点的圆形闭合哈希环，将对象独有的标识通过哈希算法映射到哈希环中，然后按照认证请求映射到的位置沿顺时针方向查找到第一个认证服务器节点并请求处理。我们使用 FNV(Fowler-Noll-Vo)算法作为上述步骤中的哈希算法[3]。

一致性哈希算法在本方案中的应用场景如图 7-5 所示[2]。每个信息域都有一个独立的服务认证哈希环 CHS_{SC}，不同信息域共享一个区域认证中心哈希环 CHS_{RPAS}。服务认证哈希环 CHS_{SC} 中由域代理认证服务器 PAS_{A_1} 的 IP 地址、端口号和服务种类编号作为键映射三种服务认证虚拟节点以负责处理该域内的三类服务认证，区域认证中心哈希环 CHS_{RPAS} 中由不同域内认证中心服务器节点的 IP 地址和端口号作为键通过 FNV 算法映射真实服务节点负责处理跨域认证请求。

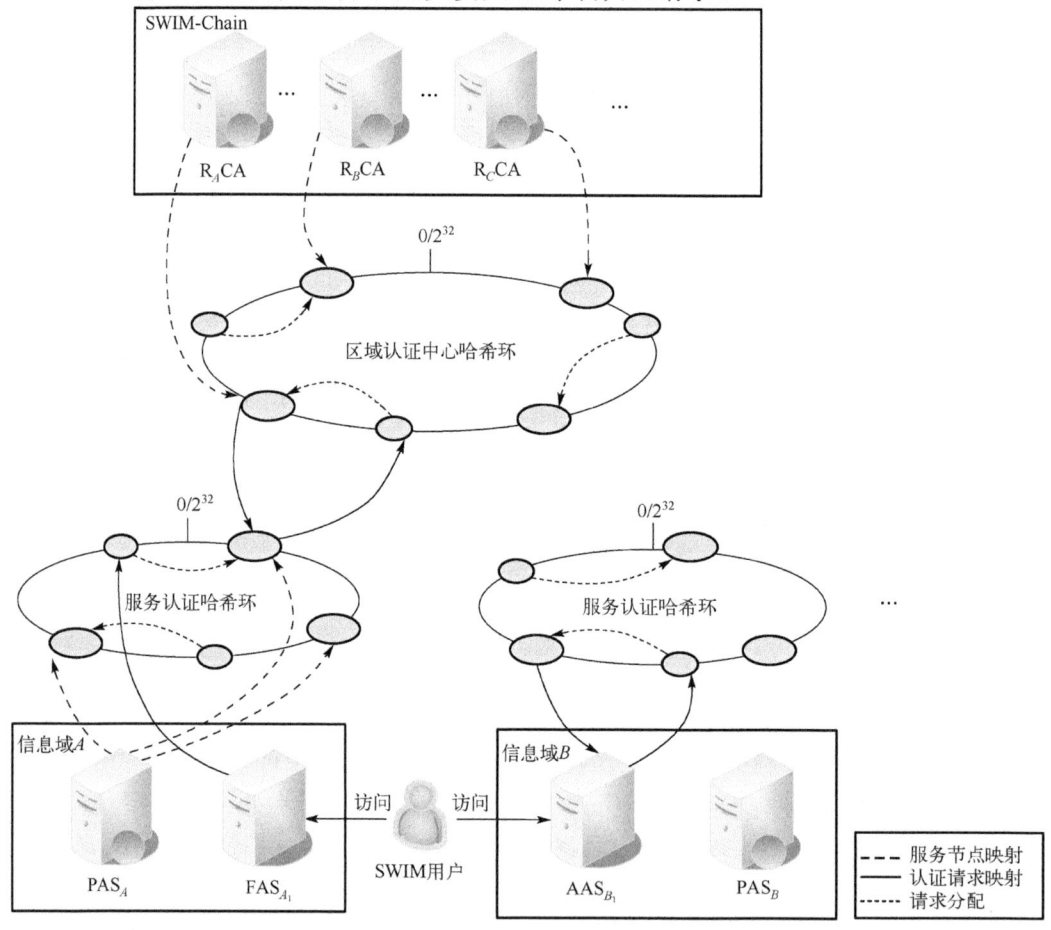

图 7-5 一致性哈希算法在 SWIM 跨域认证中的应用场景

首先用户请求其他域内服务，该域应用服务器节点将收到的域内外用户的相应服务请求，并将用户 IP 地址以及申请服务的类型作为键通过 FNV 算法映射到服务认证哈希环中，顺时针寻找第一个负责相同服务的服务认证节点从而提交认证的请求。若域代理认证服务器本地存有申请用户的身份信息，则向用户返回 SAML 断言令牌。若域代理认证服务器在本地未找到申请用户的身份信息，应通过服务认证虚拟节点将查询认证关系的请求（request for certification relationship，RCR）映射到区域认证中心哈希环上，并按顺时针方向查找第一个服务器，若没有该用户的认证映射信息，则跳过该点，继续寻找下一个节点；若有申请用户认证信息，即一方面给该请求发送方返回区块链证书和签名，请求发送方验证签名和区块链证书通过后向用户返回 SAML 断言令牌，另一方面将该认证关系写进区块事务，根据 PBFT 算法在节点共识时广播到其他节点，以备下次该用户访问其他服务认证节点时，在服务认证节点映射到区域认证哈希环上时，顺时针查询到的第一个节点即可返回正确信息。

根据以上跨域认证模型和一致性哈希在 SWIM-Chain 中的应用场景，本章提出基于一致性哈希的联盟链跨域认证协议。假定通过联盟链准入机制加入的认证域是可信的，跨域认证协议开始之前，各个认证域的认证中心根 CA 证书信息已经存入区块链的区块中。跨域认证协议流程如图 7-6 所示[2,4-6]。

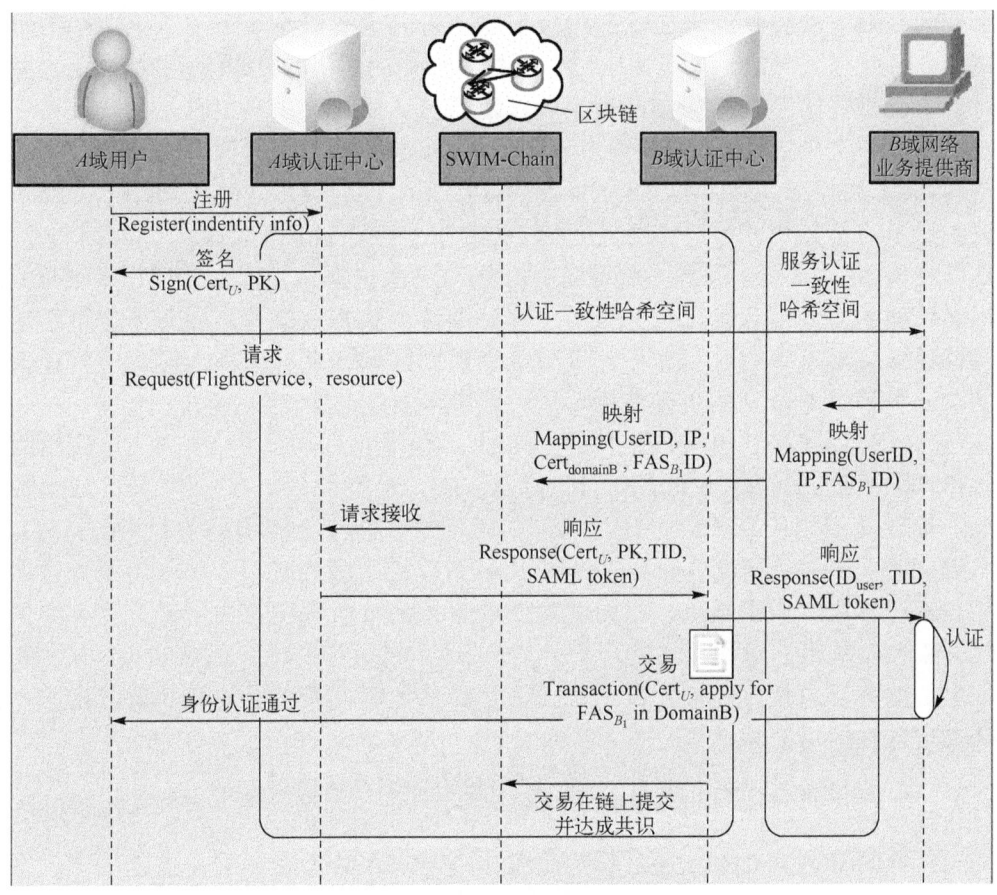

图 7-6 跨域认证协议流程

以 A 域和 B 域进行跨域认证为例，A 域用户 U_A 首先需要在 A 域的认证中心注册，并获得认证中心签发的唯一区块链证书 $Cert_{U_A}$。

(1) $U_A \rightarrow FAS_{B_1}$：$A$ 域用户 U_A 请求访问 B 域飞行应用服务器 FAS_{B_1} 数据资源。

(2) $FAS_{B_1} \rightarrow PAS_{B_1} \rightarrow CHS_{SC}$:Mapping{UserID,IP,$FAS_{B_1}$ID}：$B$ 域飞行应用服务器 FAS_{B_1} 收到 A 域用户 U_A 的访问请求，并将用户的 UserID、访问服务所使用的 IP 地址以及 FAS_{B_1} 的 ID 等信息由域代理认证 FAS_{B_1} 映射到服务认证一致性哈希空间 CHS_{SC}，并顺时针寻找第一个负责相同服务的服务认证虚拟节点来处理认证请求，若服务认证节点在本地数据库查询到该用户的证书信息，则根据用户 U_A 提供的信息解析证书，查看证书有效期。若通过有效性检测，则向 FAS_{B_1} 返回认证成功的信息以及交易标识符 TID；若在本地没有查询到该用户的证书信息，则由域代理认证服务器 FAS_{B_1} 进行下一步的映射传递。

(3) $CHS_{SC} \rightarrow CHS_{RPAS}$: Mapping{UserID,IP,$Cert_{domainB}$,FAS_{B_1}ID}：服务认证一致性哈希空间 CHS_{SC} 若接收到未在本 SWIM 节点映射的虚拟服务认证节点上存档的用户申请，应由虚拟服务认证节点将 RCR 映射到区域认证中心哈希环 CHS_{RPAS} 上，并按顺时针方向查找第一个服务器，若没有该用户的认证映射关系信息，则跳过该点，继续寻找下一个节点；若有相关用户认证信息，即选中该节点作为 RCR 的服务节点。

(4) $R_ACA_1 \rightarrow R_BCA_1 \rightarrow PAS_{B_1}$: Response{$Cert_{U_A}$,PK_{U_A},TID,SAML token}：由 A 域认证中心节点给该请求发送方返回用户 U_A 的唯一区块链证书 $Cert_{U_A}$、公钥 PK_{U_A}、TID 以及 SAML token，另外，将该认证关系写进区块事务，根据 PBFT 算法在节点共识时广播到其他节点，以供其他节点存储到链上状态数据库，以备下次该用户访问其他服务认证节点时，当服务认证节点映射到区域认证哈希环上时，顺时针查询到的第一个节点即可返回正确信息。

(5) $PAS_{B_1} \rightarrow FAS_{B_1}$: Response{ID_{userA},TID}：由域代理认证 PAS_{B_1} 向飞行应用服务器 FAS_{B_1} 返回通过跨域认证的用户 ID 以及 TID，最终向用户 U_A 提供飞行应用数据资源，实现 A 域用户到 B 域应用服务器的跨域认证。

重认证：当 A 域用户 U_A 再次申请 B 域飞行应用服务时，B 域应用服务器通过将用户唯一标识和申请地址，哈希映射到服务认证哈希环中，由于链上存有的带有 B 域认证中心专属标识和签名的用户 U_A 唯一区块链证书 $Cert_{U_A}$ 已被共识，所以 B 域认证中心服务器直接根据用户唯一标识进行哈希运算，查询区块链状态数据库，验证证书有效性即可完成认证。

7.2.3 一致性哈希空间的认证负载均衡

一致性哈希空间 CHS_{SC} 通过调整服务认证节点在哈希空间的覆盖范围来进行服务认证的负载均衡。一个认证中心节点映射出三种服务认证节点，根据该区域所提供的三类服务比重，提供不同数量比重的三类服务认证节点分布到一致性哈希环上。分区的意义是按照所提供服务的数量以及申请服务的次数来动态变换各类服务认证节点的二级虚拟节点数量，增加其在哈希环上的分布范围，从而提升用户的跨域访问认证速度。

考虑到系统运行初期综合负载相对较低，因此在前 m 个周期 T 内不考虑服务器负载情况。m 个周期 T 后，开始计算三类服务提供数量以及单位时间申请服务的次数，从而动态规划服务虚拟节点。假设每个认证中心节点引入的某类服务虚拟节点数为 $k\log_2|\text{SN}|$，其中 k 为常数，SN 为服务虚拟节点总数。假设服务认证节点所提供服务的数量为 A_i，在单位时间 T 内接收到申请服务的次数为 a_i，节点数量为 N，则该服务认证节点需要分配的一致性哈希虚拟节点数量为 $\dfrac{A_i a_i}{\sum a_i} k\log_2|\text{SN}|$，系统中需要分配的一致性哈希虚拟节点总数为 VN：

$$\text{VN} = \sum_{i=0}^{N} \dfrac{A_i a_i}{\sum a_i} k\log_2|\text{SN}| \tag{7-1}$$

当不同服务认证节点单位时间内申请服务次数相差很大时，系统设定的总体虚拟节点数量重心会向单位申请服务次数多的服务认证节点偏移，由于一致性哈希算法的查找过程是基于树形结构的遍历，当虚拟节点数量增加时，该服务认证节点在一致性哈希空间的分布范围也随即增加，查找时间缩短，虽然服务认证节点性能的提升需要牺牲其他服务认证节点的少部分性能，但是也改善了认证服务器处理任务分配不均衡和性能不饱和的状况，系统整体性能得到了有效的提高。

7.2.4 安全性分析

在一些特定的攻击模式和攻击场景下，我们将本章提出的基于一致性哈希的 SWIM 联盟链跨域认证方案通过表 7-1 与之前很多学者提出的有关身份认证的方法进行安全性对比[7-10]，并逐一分析本章方案在不同攻击和安全隐患中的安全程度。

表 7-1 模型协议的安全性对比

方案	安全性				
	抵抗中间人攻击和重放攻击	抵抗女巫攻击	不需要可信的第三方机构	双向实体认证	抵抗分布式拒绝服务攻击
文献[7]	×	√	√	√	√
文献[8]	√	×	√	√	√
文献[9]	√	√	√	×	√
文献[10]	√	√	√	√	×
本章方案	√	√	√	√	√

（1）抵抗中间人攻击和重放攻击：由于通过用户映射到哈希环所需的端口号、ID

等信息不同，映射到哈希环上的位置也不同，从而受理的域代理认证服务器也不同，若同一用户连续两次申请跨域认证在两个不同的域代理认证服务器受理，第二个域代理认证服务器需要核实申请用户的身份信息，如证书等。虽然认证请求映射到域代理认证一致性哈希环上节点的位置随机，即处理跨域请求的代理服务器可能并非处于目标域，但是根据 SWIM-Chain 中认证信息的共识以及全部信息域参与跨域认证的过程，可以确保用户的跨域认证请求被安全高效地处理。因此本章提出的认证协议可以有效抵抗中间人攻击和重放攻击。

(2) 抵抗女巫攻击：在针对区块链系统的攻击中，女巫攻击属于身份管理规则类的攻击，它利用系统中的恶意节点大量请求不正规交易来影响区块链系统的走向甚至控制系统记账权。由于本章方案的实验场景为空管系统内部，所选取的节点相比于公链系统的节点，可信程度比较高，此外，本章方案针对跨域认证模型设计了区块链证书去规范认证中心节点和用户节点身份的注册和管理，进一步降低了系统中恶意节点的比例。因此本章提出的认证协议可以有效抵抗女巫攻击。

(3) 不需要可信的第三方机构：不同于传统的"孤岛式"的民航信息系统网络，本章方案中的联盟区块链架构采用分布式信任的方式，不依赖可信的第三方认证机构，各节点间采用点到点的通信方式，由分布式部署的 SWIM 成员节点共同参与跨域认证过程，每个节点都会存储用户跨域认证的关键数据，以此来避免单一认证机构遭受恶意攻击而导致系统瘫痪的风险，同时保证系统具有较高的安全性和可扩展性。

(4) 双向实体认证：在每个认证域内，通过域内原有的认证方式实现用户和认证服务器的认证。在多认证域联盟链的架构下，用户通过向域代理认证服务器申请区块链证书，目标服务器通过查询申请用户认证映射关系与信任凭证，确认信任关系，实现用户与目标域服务器的认证。

(5) 抵抗分布式拒绝服务攻击：本章设计的 SWIM 联盟链跨域认证模型，对不同认证域认证中心节点以及域内的用户节点有着完善的准入机制，从源头上规范了用户的可信程度。同时方案利用了区块链的去中心化架构和分布式部署的分散性，对认证请求进行负载均衡化，尽量避免在一台服务器上收到过多的认证请求，具备了一定的冗余性和容错能力。因此本章提出的认证协议可以有效抵抗分布式拒绝服务攻击。

7.3 SWIM 跨域认证系统设计与实现

根据 7.2 节设计的 SWIM 共享数据业务场景和跨域认证方法，本节通过 Hyperledger Fabric 实现了 SWIM 跨域认证系统，并对跨域认证方法进行了测试分析，然后将此方法与其他跨域认证方法进行了分析比较，通过实验得出本章提出的方法在满足系统安全性的同时具有很好的负载均衡特性。

本节基于 SWIM 共享数据的业务场景，通过 Hyperledger Fabric 实现了基于区块链的 SWIM 跨域认证系统——SWIM-Chain。首先从 SWIM-Chain 的架构设计和实现流程进行详细介绍。在实验阶段，主要是对跨域认证功能的实现以及基于一致性哈希的联盟链跨域认证方法性能和安全性进行测试和分析，与现有的跨域认证方法相比，本节提出的方法在满足系统安全性的同时具有很好的负载均衡特性，对于分布式部署的 SWIM 系统具有重要意义。

7.3.1 SWIM-Chain 架构设计

本节面向 SWIM 共享数据的业务场景，利用 Hyperledger Fabric 设计了基于区块链的 SWIM 跨域认证系统——SWIM-Chain。本节从 SWIM-Chain 的功能划分、链码设计和实现流程来进行详细介绍。

1. SWIM-Chain 功能划分

SWIM 本身是一个共享的数据发布平台，并没有生产、存储任何业务数据，数据源是空管局、机场和航空公司等航空领域相关单位，是一个分布式网络。本章通过对 SWIM 系统的用户主体及其层次关系进行分析，提出区块链结合信任链的方式来构建面向 SWIM 的信任模型，即基于区块链的 SWIM 安全认证模型——SWIM-Chain。SWIM-Chain 跨域认证模型架构如图 7-7 所示[2]。

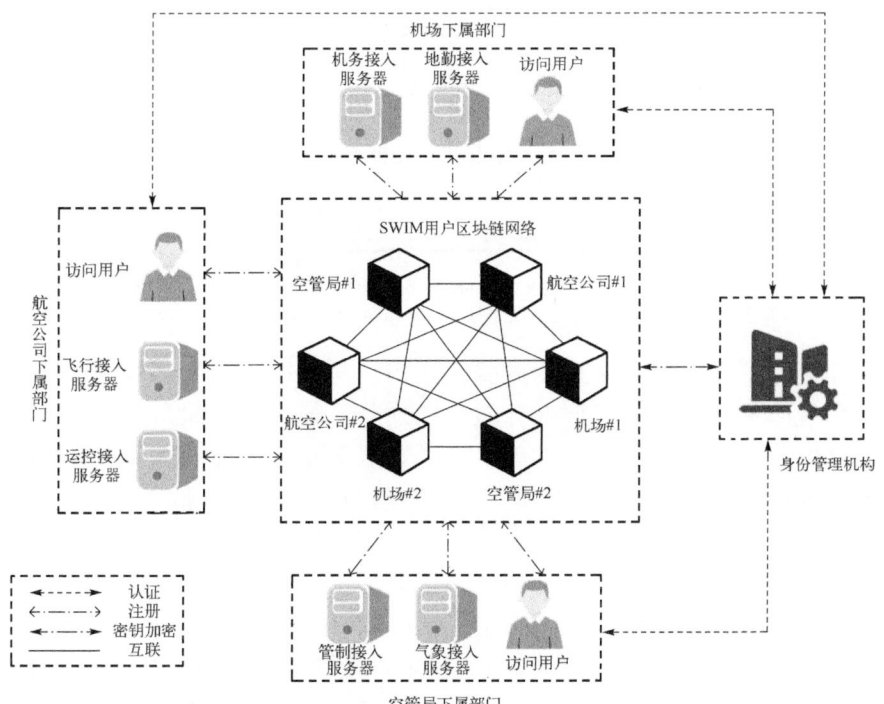

图 7-7 SWIM-Chain 跨域认证模型架构

SWIM 用户主体可分为空管局用户主体、航空公司用户主体、机场用户主体和普通用户主体四个部分，各个部分又细分为多个二级用户主体，如空管局下属塔台管制、气象、区调等部门用户主体，航空公司下属飞行、运控、保障等部门用户主体，机场下属机务、运行指挥、地勤等部门用户主体等。

Hyperledger Fabric 区块链平台提供了一种具有独特的灵活性和可扩展性的体系架构，采用模块化的架构设计，提供对通用模块和接口的复用，帮助用户构建自己的区块链应用，使其不同于其他区块链解决方案。本章所采用的 Hyperledger Fabric 分层架构设计如图 7-8 所示。

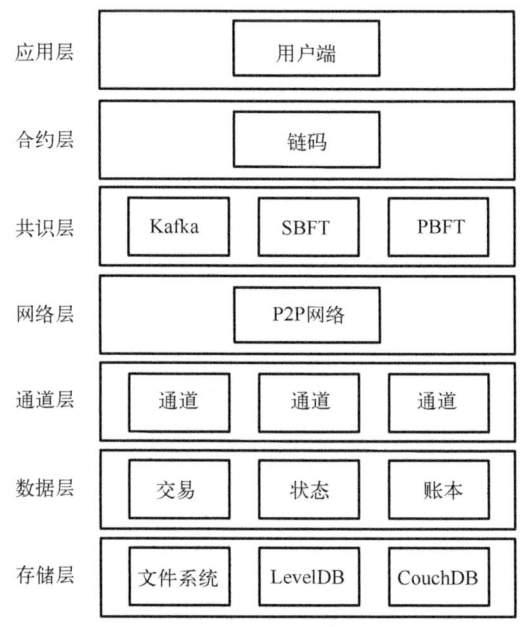

图 7-8　Hyperledger Fabric 分层架构设计

SBFT 表示具有可信执行的区块链框架(scalable blockchain framework with trusted)

在区块链应用系统中主要采用微服务架构，与传统的分层结构相比降低了系统中各个子系统的耦合性。它按照业务服务来划分系统中的组织，通过离散的各个服务模块相互协作来共同完成业务功能，提高了服务支持的灵活性和多样性。区块链应用架构主要包括成员管理、区块链服务、链码服务以及负责底层安全的密码技术，区块链应用的基本架构如图 7-9 所示。

SWIM 中的区块链可信任认证模型系统架构主要按照区块链应用的基本设计过程进行开发，整体架构主要分为区块链平台层、业务层和 Web 应用层。区块链平台层包括链码管理、令牌管理、查询管理和权限管理的链码部分，以及账本维护、CA、成员服务提供者(membership service provider，MSP)和加密等模块；业务层主要包

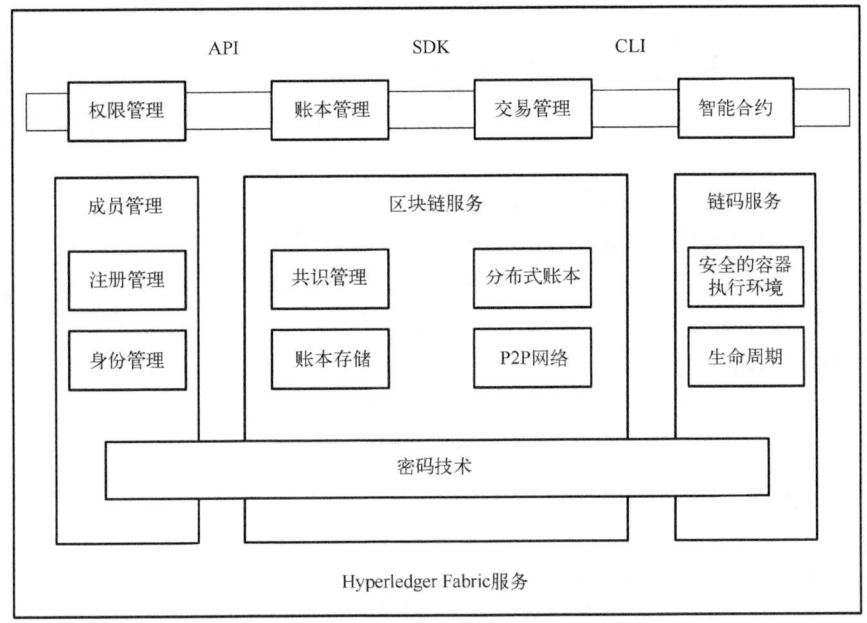

图 7-9 区块链应用的基本架构

SDK 表示软件开发工具包(software development kit);CLI 表示命令行界面(command line interface)

括 Hyperledger Fabric 的相关 SDK 和后端服务;Web 层应用主要包括用户和机构节点的登录/注册,令牌的申请、维护、撤销,链码部署/更新,以及服务的发布/订阅。系统架构如图 7-10 所示。

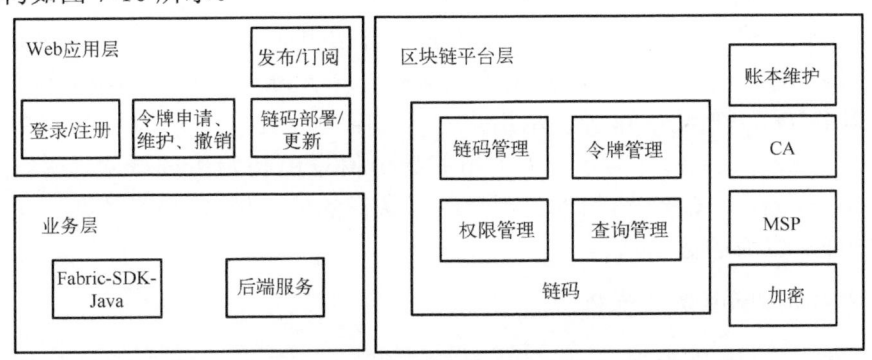

图 7-10 SWIM 共享信息可信认证模型区块链系统架构

2. SWIM-Chain 链码设计

我们设计的链码包括注册、查询和验证三个功能,每个功能都可以用它的功能标识符和特定的输入参数来触发。

(1) NodeRegister($ID_{R_xCA}, pk_{R_xCA}, Hash_X(ID_{R_xCA}, pk_{R_xCA}), Hash_X, sign_X$):该链码函数处理来自预先加入区块链网络的认证服务器节点的注册请求,同时存储认证服务

器预先使用的加密设置信息。它由链码标识符 NodeRegister 和相关输入参数触发，其中 ID_{R_xCA} 为认证服务器 R_xCA 的身份标识，pk_{R_xCA} 为认证服务器 R_xCA 预先生成的公钥，$Hash_X(ID_{R_xCA}, pk_{R_xCA})$ 为 ID_{R_xCA} 和 pk_{R_xCA} 的哈希值，$Hash_X$ 和 $sign_X$ 分别为认证服务器所采用的哈希算法和签名算法。调用链码后，若输入参数信息满足注册条件，则存储到区块链上并向认证服务器节点返回区块链证书 $Cert_{R_xCA}$。

(2) UserRegister($ID_{U_{X_i}}, pk_{U_{X_i}}, Hash_X(ID_{U_{X_i}}, pk_{U_{X_i}}), Hash_X(ID_{R_xCA}, pk_{R_xCA})$)：该链码函数处理来自域 X 的用户身份信息注册请求。它可以通过链码标识符 UserRegister 和相关输入参数触发，其中 $ID_{U_{X_i}}$ 和 $pk_{U_{X_i}}$ 分别表示用户 U_{X_i} 的唯一身份标识和预先生成的公钥，$Hash_X(ID_{U_{X_i}}, pk_{U_{X_i}})$ 和 $Hash_X(ID_{R_xCA}, pk_{R_xCA})$ 分别表示通过域 X 的哈希算法计算的 ($ID_{U_{X_i}}, pk_{U_{X_i}}$) 和 ($ID_{R_xCA}, pk_{R_xCA}$) 的哈希值。调用链码后，若输入参数信息满足注册条件，则存储到区块链上并向用户节点返回区块链证书 $Cert_{U_{X_i}}$。

(3) VerifyCertInfo($ID_{U_{X_i}}, pk_{U_{X_i}}, Cert_{U_{X_i}}, Hash_X(ID_{U_{X_i}}, pk_{U_{X_i}}, Cert_{U_{X_i}}), sign_X(sk_{U_{X_i}}, N)$, N)：该链码函数用于验证来自其他域用户对本域 X 的跨域访问身份验证请求。它可以由链码标识符 VerifyCertInfo 和相关输入参数来触发，其中 $ID_{U_{X_i}}$ 和 $pk_{U_{X_i}}$ 分别表示用户 U_{X_i} 的唯一身份标识和预先生成的公钥，$Cert_{U_{X_i}}$ 为用户通过注册后由初始注册域生成的区块链证书，$Hash_X(ID_{U_{X_i}}, pk_{U_{X_i}}, Cert_{U_{X_i}})$ 为用户 U_{X_i} 相关身份信息的哈希值，$sign_X(sk_{U_{X_i}}, N)$ 为用户私钥 $sk_{U_{X_i}}$ 和随机数 N 由签名算法 $sign_X$ 生成的签名值。若用户通过跨域认证，则向用户节点返回 SAML 断言令牌以供用户节点向应用服务器 AS 请求服务。

(4) CrossdomainAuthInfoShare($ID_{U_{X_i}}, pk_{U_{X_i}}, Hash_X(ID_{U_{X_i}}, pk_{U_{X_i}}, Cert_{U_{X_i}}), sign_Y(sk_{U_{X_i}}, Cert_{U_{X_i}})$)：该链码函数用于本地存储并共享在域 Y 中通过跨域认证的用户身份信息，将该认证关系写进区块事务，在节点共识时广播到其他节点，以供其他节点存储到链上状态数据库。它可以由链码标识符 CrossdomainAuthInfoShare 和相关输入参数来触发，其中 $ID_{U_{X_i}}$ 和 $pk_{U_{X_i}}$ 分别表示用户 U_{X_i} 的唯一身份标识和预先生成的公钥，$Hash_X(ID_{U_{X_i}}, pk_{U_{X_i}}, Cert_{U_{X_i}})$ 为用户 U_{X_i} 相关身份信息由初始生成域哈希算法生成的哈希值，$sign_Y(sk_{U_{X_i}}, Cert_{U_{X_i}})$ 为通过用户跨域认证的信息域 Y 的签名算法 $sign_Y$ 对用户区块链证书生成的签名值。

3. SWIM-Chain 实现流程

在系统的初始化阶段，生成航空信息域中所有实体的公钥和私钥，建立 SWIM-Chain 区块链网络，在节点部署链码，并将航空信息域中实体的区块链证书信息存储在区块链网络中，此阶段只执行一次。

1) 公私钥对的生成

接入 SWIM 的所有航空信息域中的全部实体，包括认证中心服务器、域代理认证服务器、应用服务器以及全部用户，都根据本域中已采用的加密机制初始化它们的公私钥对。

2) SWIM-Chain 区块链网络的建立以及链码部署

当域 A 和域 B 的认证中心通过联盟链准入机制获得许可后，R_ACA 和 R_BCA 加入 SWIM-Chain 网络，同时链码将部署到所有节点上。我们设计的链码包括注册、查询和验证三个功能，每个功能都可以用它的功能标识符和特定的输入参数来触发。

3) 将航空信息域中实体的区块链证书信息存储在 SWIM-Chain 中

当认证服务器节点或用户注册加入区块链后，需要将实体身份信息以及生成的区块链证书存储到区块链中，调用 NodeRegister 和 UserRegister 链码，将身份信息以键值对的形式存储到区块链状态数据库中，例如，对应认证服务器节点和用户节点的键值对数据结构分别为 $(\text{Hash}_x(\text{ID}_{R_xCA}, \text{pk}_{R_xCA}), \text{Cert}_{R_xCA}, \text{Hash}_x, \text{sign}_x)$、$(\text{Hash}_x(\text{ID}_{U_{X_i}}, \text{pk}_{U_{X_i}}), \text{Cert}_{U_{X_i}})$。

7.3.2 测试及结果分析

本节针对跨域认证功能的实现以及基于一致性哈希的联盟链跨域认证方法性能和安全性进行了测试和分析，并与现有的跨域认证方法进行了对比分析。与现有的跨域认证方法相比，本章提出的方法在满足系统安全性的同时具有很好的负载均衡特性，对于分布式部署的 SWIM 系统具有重要意义。

1. 实验环境及配置

由于功能及结构相似，平台拓扑图中以空管局、机场及航空公司三个域为例进行描述。SWIM 实验平台拓扑图如图 7-11 所示。

在此拓扑结构中，身份管理中心中存储本域中的用户信息，并同步 CA 证书颁发中心颁发或撤销的证书。认证中心则主要实现证书验证以及跨域访问功能。机场、空管局以及航空公司接入服务器则负责部署本域中的相关 Web 服务，并将服务注册到 SWIM 服务注册中心，同时处理用户发来的访问或订阅请求。整个实验平台以 IntelliJ IDEA 作为开发环境，基于 Java 语言编程实现。

1) SWIM-Chain 区块链网络部署

通过 docker-compose.yaml 文件配置组织(org)、通道(channel)和成员(peer)的 ID、CA 证书、MSP、端口等详细信息，并为每一个节点配置一个 Docker 容器，以配置文件的方式启动区块链网络，状态数据库使用 CouchDB 来实现，启动界面和 Docker 容器的运行情况如图 7-12 和图 7-13 所示。

2) SWIM-Chain 中 Fabric-SDK 的创建和链码的安装

链码使用 Go 语言编写，所以需要利用 Fabric-SDK-Go 软件开发工具包。通过配置 config.yaml 配置文件来为应用程序所使用的 Fabric-SDK-Java 设置相关参数，同时 Fabric 组件的通信地址也通过 config.yaml 文件来配置。创建 SDK 后，利用 Fabric-SDK 提供的接口安装链码并进行实例化，同时创建通道客户端，通过客户端调用链码进行查询或执行事务。具体操作页面如图 7-14 所示。

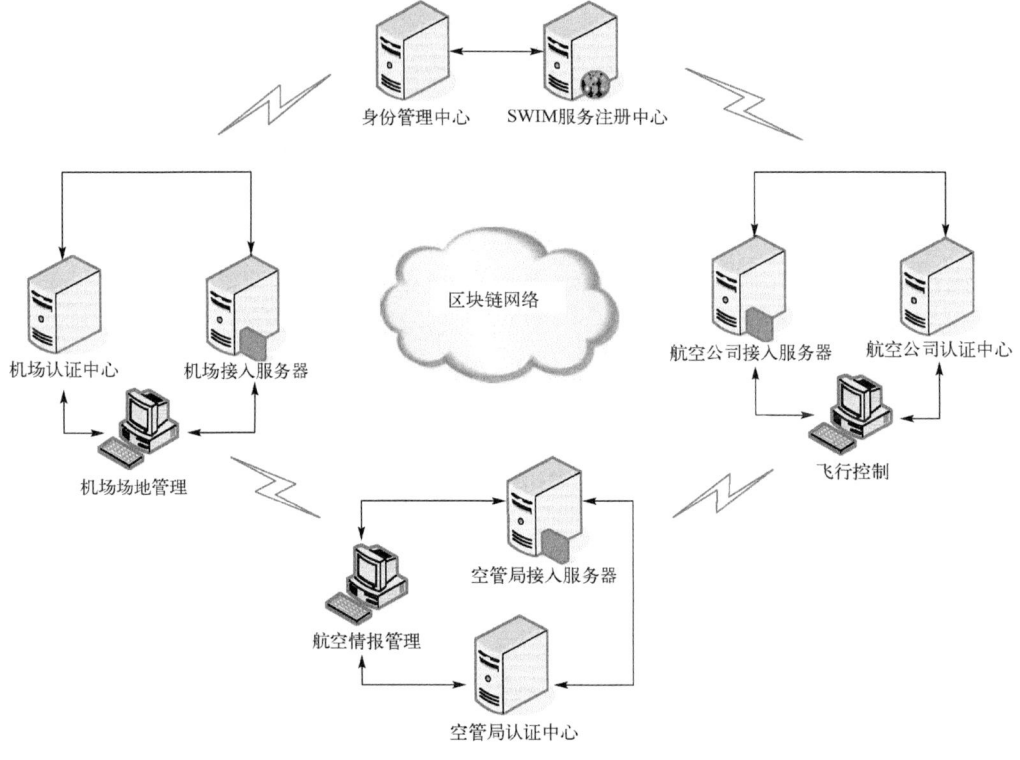

图 7-11 SWIM 实验平台拓扑图

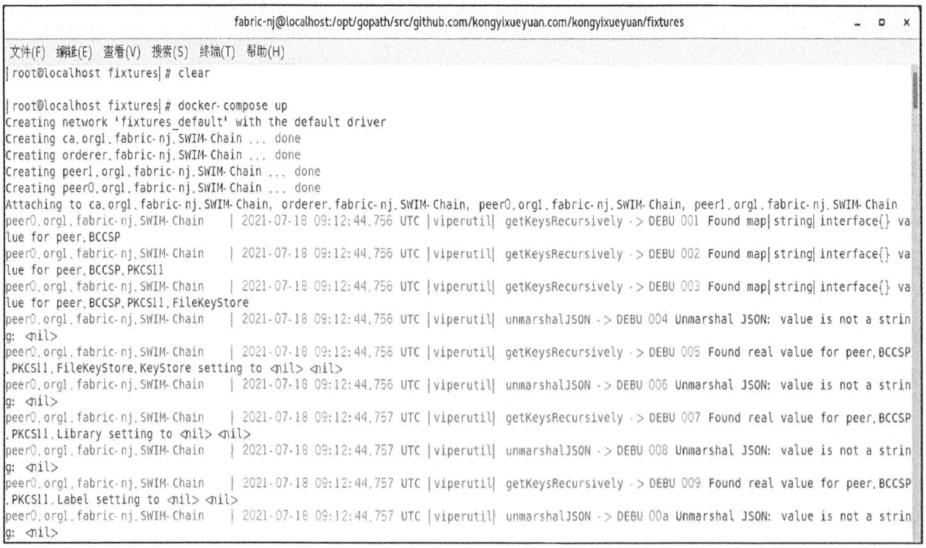

图 7-12 SWIM-Chain 启动界面

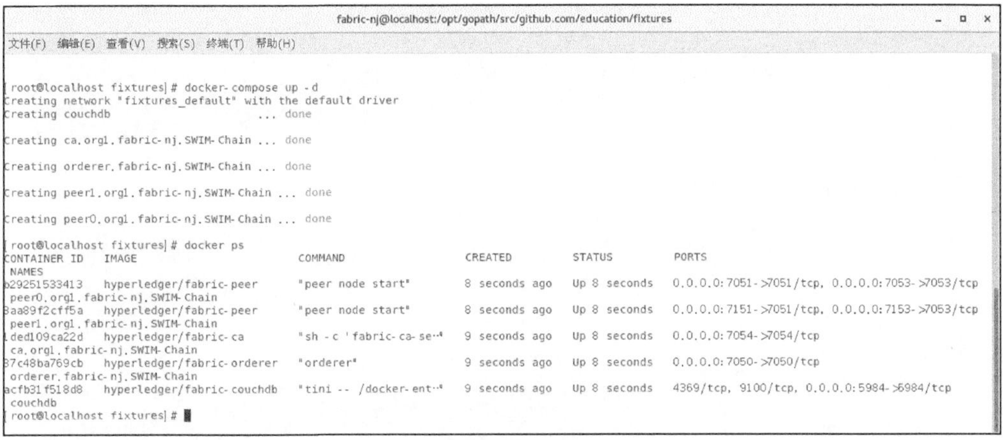

第 7 章 基于区块链的 SWIM 共享数据安全认证技术

图 7-13 Docker 容器运行界面

图 7-14 链码操作界面

3) 域代理认证服务器搭建

本章方案设计了一种微服务架构的服务器集群场景,使用 SpringCloud 搭建域代理认证服务器,在 OAuth 2.0 认证协议密码模式的基础上加入证书体系,与区块链网络进行对接,完成从区块链网络中查询证书并验证的步骤。域代理认证服务器启动界面如图 7-15 所示。

2. 实验内容

本章主要进行以下实验。

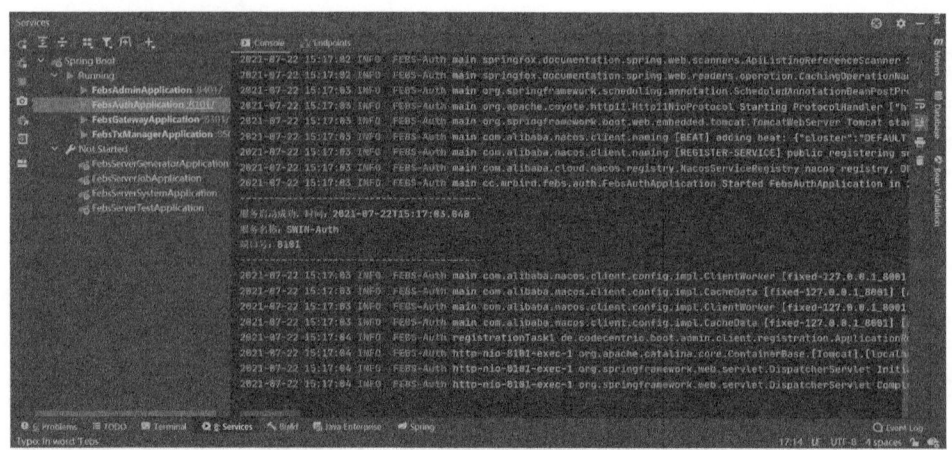

图 7-15　域代理认证服务器启动界面

1）SWIM-Chain 平台的整体流程测试

SWIM-Chain 最小化环境为三个组织，包括 6 个对等节点 Peer、3 个排序节点 Orderer、一个 CA 节点。其中对等节点 Peer 一个作为提交节点 Committer，一个作为背书节点 Endorser，Committer 节点负责对 Orderer 节点排序后的区块交易数据进行检查，选择其中合法的交易执行并写入存储，最终将区块信息发给其他背书节点进行共识；Endorser 节点负责检验由 Committer 节点公布的区块交易信息是否合法，若为合法交易则进行背书并签名。SWIM-Chain 系统的初始化是指搭起联盟链网络并安装实例化链码的过程，由 SWIM 平台管理方负责，包括修改配置文件、启动 Docker 容器、启动功能节点、创建通道、节点加入通道、安装并实例化链码等过程。所需软件版本如表 7-2 所示。

表 7-2　实验平台环境配置表

环境配置	版本	备注
操作系统	CentOS 7（64bit）	无
Hyperledger Fabric	Fabric v1.1+CA+	区块链技术框架
Go	Fabric-SDK-Java	Go 语言是区块链平台的重要开发语言，Fabric 代码由 Go 语言创建
Java	v1.9.1	本系统各个子模块的主要编程语言
Docker	v1.8	开源应用容器引擎
Docker-Compose	v17.06.3-ce	方便开发者管理由多个 Docker 实例组成的分布式服务
Beego	v1.23.2	利用 Beego 封装 SDK 对外提供请求接口

2）跨域访问和安全认证功能测试

本实验主要验证 SWIM-Chain 是否可以按所设计的改进方案实现跨域访问和安全认证功能，是否可以防止非法访问及越权访问。利用同一认证域不同类别的用户对本域内的服务进行访问,验证 SWIM-Chain 能否根据所构建的联盟链模型实现域内的安全认证功能;利用不同类别用户经域间认证后对其他域的服务进行访问,验证 SWIM-Chain 能否根据所设计的跨域认证方案实现不同认证域用户跨域访问的功能。

3) SWIM 联盟链跨域认证方法的性能测试

本实验通过使用测试软件 LoadRunner 和 JMeter 对部署到区块链平台上的 SWIM-Chain 共享信息可信任认证模型进行压力测试,主要包括联盟链网络效率测试、链码运行时间测试、共识过程各阶段耗时测试、认证请求分配标准差和跨域认证响应时间测试,以此来测试其运行效率。

3. 性能测试

在本节中,我们给出了对 SWIM 联盟链跨域认证方案的评估结果。我们将方案与其他传统解决方案进行比较,以验证该方案的实用性和有效性。本章设计的跨域认证系统建立在 SWIM 系统平台之上,结合联盟链平台 Hyperledger Fabric 搭建。

1) 计算成本

为了分析该方案的计算成本,我们对方案的计算开销进行分析,并将该方案与现有方案进行比较,计算开销对比如表 7-3 所示。

表 7-3 计算开销对比

方案	加密/解密	签名/验签	哈希运算
文献[7]方案	0	12	4
文献[8]方案	2	4	10
本章方案	2	2	2

特别需要说明的是,在保证方案顺利实现的基础上不失一般性,同时平衡不同方案的复杂程度,设置本章方案与其他方案成员节点数均为 2。

表 7-3 为三个方案的计算开销对比,单位为运算次数,其中加密/解密、签名/验签两栏计算的是分布次数的总和。

2) 联盟链网络效率分析

在计算效率方面,我们实现了一个原型的 SWIM-Chain 跨域认证方案来评估其性能。首先设定一种微服务架构的服务器集群场景,服务器采用 Intel Core 10700CPU@2.40GHz 处理器和 128GB 内存,运行 CentOS 7(64bit) 系统。我们建立了基于 Fabric 1.4.1 版本的区块链网络,由一个排序节点和两个分别维护不同数量的对等节点的组织组成。在实际的仿真实验中,为了更好地反映链码的运行耗时,我们进行了 30 组实验,每组实验中各设置 500 次仿真,对节点注册链码、用户注册链码、证书验证链码和跨域认证身份共享链码的运行耗时进行分析,我们对 30 组实验的运行耗时数据进行统计,具体实验结果如图 7-16 所示。通过统计并计算可以得出结论。节点注册链码平均运行耗时为 263.6ms，用户注册链码平均运行耗时为 397.4ms，证书验证链码平均运行耗时为 1871.4ms，跨域认证信息共享链码平均运行耗时为 2769.8ms，实验组间链码耗时不同的主要原因为点对点形式的区块链网络通信状况不同，但总体平均耗时在理想可用范围内，所以本章方案设计的链码具有良好的可行性。

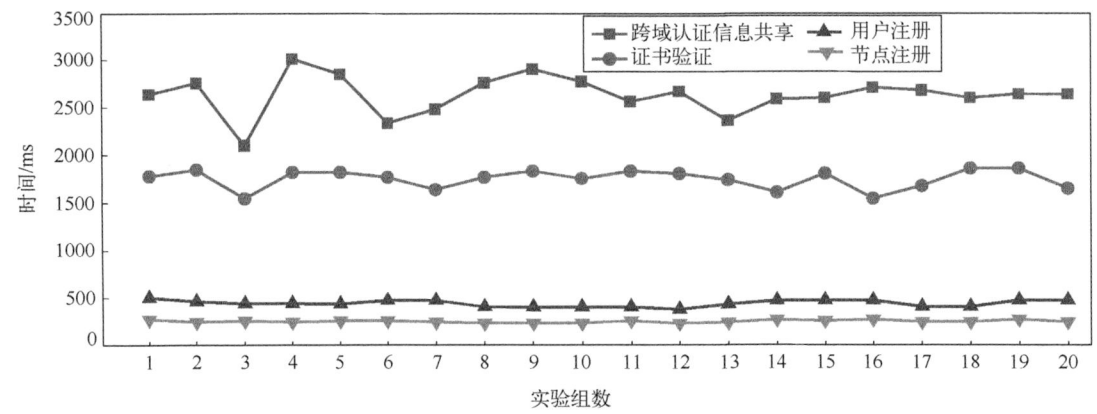

图 7-16　不同链码运行所需时间

为了反映跨域认证系统中交易信息共识过程的运行效率，我们通过 1000 次仿真实验，得到跨域认证系统中交易信息共识过程的耗时平均值，共识过程分为请求（request）阶段、预准备（pre-prepare）阶段、准备（prepare）阶段、提交（commit）阶段和回复（reply）阶段，共识过程各阶段平均耗时如表 7-4 所示。

表 7-4　跨域认证信息共识过程各阶段平均耗时

跨域认证信息共识过程	平均耗时/ms
请求阶段	53.6
预准备阶段	186.4
准备阶段	849.3
提交阶段	672.3
回复阶段	107.2

在我们设计的认证协议中，需要利用 PBFT 算法对跨域认证共享信息进行共识，以保证在分布式环境下各民航机构节点对用户跨域认证状态达成一致性确认，在对 SWIM 系统中的用户首次身份认证的过程中，需要两次加密/解密运算、两次签名/验签运算和两次哈希运算，共需要大约 3.241s。

在首次成功认证用户身份后，SWIM 联盟链网络中域代理认证服务器将认证凭证和 SAML 断言令牌以交易的形式添加到联盟链上的状态数据库中。若用户访问联盟链其他成员节点域中的服务，该域的代理认证服务器可以通过部署的证书验证链码实现对用户身份的快速认证，所需时间将大大缩短。

3) 跨域认证负载均衡效率分析

为了评估跨域认证系统的负载均衡效率，结合一致性哈希的特性，我们通过不断增加一致性哈希虚拟节点数量(节点数从 10 到 5000，按指数比例增加)，计算了不同虚拟节点数量的认证请求分配的标准差和认证平均响应时间，并与文献[9]进行对比。

如图 7-17 所示，通过不断增加虚拟节点数量，认证请求分配标准差大幅度降低，这是由于认证请求映射到域代理认证一致性哈希环上节点的位置随机，所以存在认证哈希环服务节点分配不均的情况。随着虚拟节点数量的增加，根据该区域所提供的三类服务的比重，将不同数量的服务认证节点分布到一致性哈希环上，这样一来，用户的认证请求被分配到正确认证服务器的可能性就会增加，认证请求分配比就越平均，认证请求分配标准差就越小。

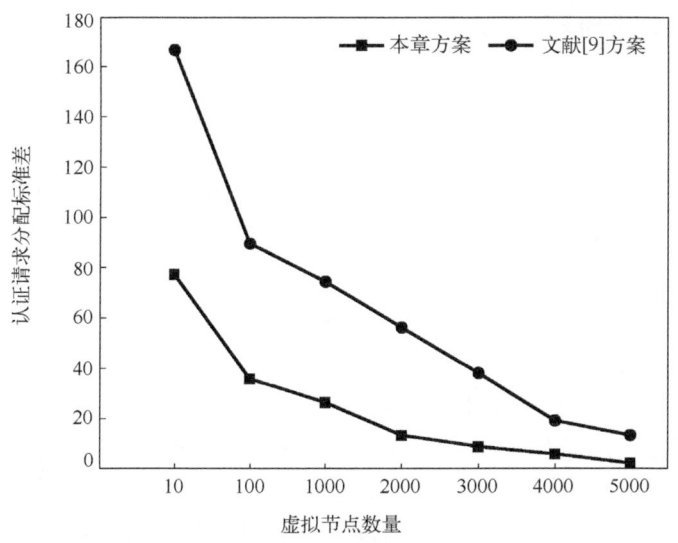

图 7-17　不同虚拟节点数量的认证请求分配标准差

如图 7-18 所示，通过不断增加虚拟节点数量，认证平均响应时间也大幅度降低，这是由于认证请求分配标准差越小，三类服务比重的认证请求分配就会越合理，用户的认证请求被分配到正确的认证服务器的可能性就越大，从而认证平均响应时间也得到了显著的缩短。

在本章方案中，虚拟节点数量增加到 2000～3000 个时，认证请求分配标准差和认证平均响应时间趋向平稳，理论上讲，虚拟节点数量越多，认证请求分配越均衡，综合考虑服务器性能以及一致性哈希算法的时间复杂度和空间复杂度，本章方案选

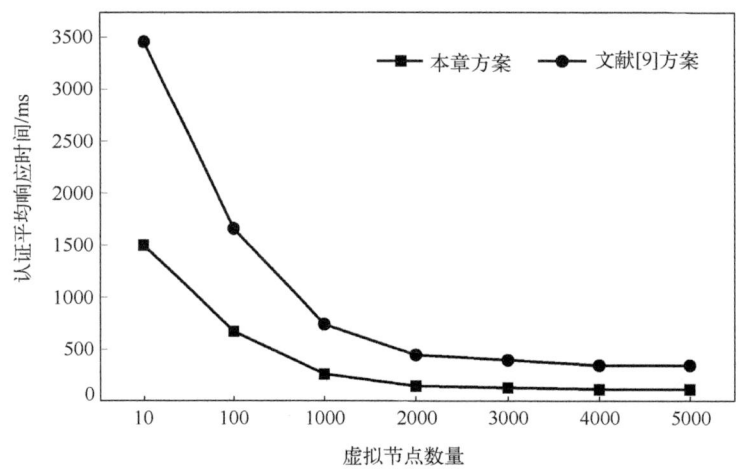

图 7-18 不同虚拟节点数量的认证平均响应时间

择总体虚拟节点个数为 2000~3000 较为合适。由此,利用一致性哈希算法来实现 SWIM 联盟链系统中跨域认证的负载均衡是可行的。

7.4 本章小结

SWIM 作为下一代航空交通运输的关键信息基础设施,为智慧民航建立高效、灵活、统一的数据交互平台提供了基础。但是 SWIM 系统同样会面临恶意攻击和自身脆弱性的隐患问题,其中关键数据的安全直接影响到民航各部门协同工作的进度和效率,甚至乘客的生命安危,所以 SWIM 的数据安全共享问题不容忽视。

本章主要针对 SWIM 系统的跨域认证问题,设计了基于联盟链的 SWIM 跨域认证模型,提出了一种基于一致性哈希算法的 SWIM 联盟链跨域认证方案。该方案主要是使用带有虚拟节点的一致性哈希结合联盟链架构的认证中心群同步认证域间用户的认证映射关系,并根据 SWIM 提供的飞行类、航空类和气象类服务分别映射虚拟认证节点来分割一致性哈希环,同时通过用户认证请求的动态变化来增删虚拟服务认证节点,实现不同服务跨域认证的动态负载均衡。实验表明本章方案不会产生过多的时间消耗,并且解决了传统跨域认证的单点崩溃、扩展困难以及认证中心工作量分配不均的问题,同时提高了认证信息存储的安全性,保证民航各业务系统的安全高效运转和交互。

参 考 文 献

[1] 吴志军. 广域信息管理 SWIM 信息安全关键技术[M]. 北京: 人民邮电出版社, 2020.

[2] 聂嘉. 基于区块链的 SWIM 共享数据安全认证技术研究[D]. 天津: 中国民航大学, 2022.
[3] 蔡维德, 郁莲, 王荣, 等. 基于区块链的应用系统开发方法研究[J]. 软件学报, 2017, 28(6): 1474-1487.
[4] 姚瑶, 王兴伟. 基于一致性哈希的 Web 跨域认证优化方案[J]. 东北师大学报(自然科学版), 2013, 45(2): 55-60.
[5] 张文芳, 王小敏, 郭伟, 等. 基于椭圆曲线密码体制的高效虚拟企业跨域认证方案[J]. 电子学报, 2014, 42(6): 1095-1102.
[6] 罗长远, 霍士伟, 邢洪智. 普适环境中基于身份的跨域认证方案[J]. 通信学报, 2011, 32(9): 111-115, 122.
[7] Zhang W F, Wang X M, Khan M K. A virtual bridge certificate authority-based cross-domain authentication mechanism for distributed collaborative manufacturing systems[J]. Security and Communication Networks, 2015, 8(6): 937-951.
[8] Koutrouli E, Tsalgatidou A. Taxonomy of attacks and defense mechanisms in P2P reputation systems—Lessons for reputation system designers[J]. Computer Science Review, 2012, 6(2/3): 47-70.
[9] Yuan C, Zhang W F, Wang X M. EIMAKP: Heterogeneous cross-domain authenticated key agreement protocols in the EIM system[J]. Arabian Journal for Science and Engineering, 2017, 42(8): 3275-3287.
[10] Wang C F, Liu C, Niu S F, et al. An authenticated key agreement protocol for cross-domain based on heterogeneous signcryption scheme[C]// Proceedings of the International Wireless Communications and Mobile Computing Conference, Valencia, 2017: 723-728.

第 8 章 基于命名数据网络的 SWIM 安全路由缓存策略研究

SWIM 是航空网络中地面系统的关键信息基础设施，负责海量多源异构空中交通管理业务数据的传输和共享。在 SWIM 的五层组成架构中，基础设施层（infrastructure layer）采用全新互联网架构——信息中心网络设计成为动态的信息池（information pool）。SWIM 基础设施层根据命名数据网络（named data network，NDN）的模式实现空管业务的数据内容与位置分离以及网络内置缓存等功能，从而更好地满足空管系统内容分发、移动内容存取等需求。所以，在高并发、低时延的海量空管业务数据场景下，SWIM 基础设施层中数据的缓存和安全性能将大大影响 SWIM 应用在不同场景下的生存周期[1]。因此，设计利用 NDN 的架构实现 SWIM 信息池的功能，研究共享数据路由缓存策略和安全网关，对提升 SWIM 基础设施层的缓存效率和健壮性具有重要意义。

8.1 概　　述

SWIM 基础设施层的一个核心是高效率的数据缓存策略，它也是 NDN 提高运行效率的关键。通过优化缓存决策策略和缓存替换策略，将加快 SWIM 信息池中重要数据的订阅/发布（publish/subscribe）和请求/响应（request/response）速度。本章主要以 SWIM 基础设施层为重点，在研究缓存策略的同时，开展安全网关（secure gateway）对 SWIM 内部数据、SWIM 用户及基础设施提供的全方位保护[2]。首先，在对 SWIM 架构中基础设施层原理和功能研究的基础上，根据 SWIM 基础设施层的结构需求，研究采用 NDN 架构实现 SWIM 基础设施层并形成空管业务信息池的方案。然后，研究 SWIM 基础设施层与 IP 网络层连接的门户——安全网关。

本章主要对 SWIM 基础设施层进行概述，介绍 SWIM 的发展进程、全球操作性框架以及雷达数据在 SWIM 中流转的全过程，重点描述 SWIM 基础设施层所采用的 NDN 架构。首先介绍 NDN 的体系架构，随后从数据的命名、转发、路由、缓存几个方面展现 NDN 的基本功能模块，针对缓存中的缓存决策策略和缓存替换策略以及 NDN 节点兴趣包和数据包转发过程进行详细讲解；然后描述安全网关在其中的重要作用；最后着重介绍基于内容流行度和内容重要度的缓存决策策略以及基于内容重要度和最近最少使用（least recently used，LRU）的缓存替换策略。

在功能上，SWIM 基础设施层主要用于提供消息传递、信息管理以及数据治理功能，通过请求/响应的方式对 SWIM 用户的请求做出响应，完成数据的收集、处理、分发、加载、传输，实现数据分类清洗、转换整合等处理工作。上述需求使用消息队列和 SQL 多级缓存机制就可以实现，这种方式的优点是易于实现和部署。但缺点也很明显，即所有数据一律缓存在数据中心，数据流通的效率偏低，难以对空管领域一些紧急性或时效性较高的数据做出及时响应，并且数据的安全性难以得到保障。

本章的 SWIM 基础设施层架构采用 NDN 搭建，而 NDN 由 ICN 演变而来，由传统 TCP/IP 网络的"拉式"传输变为"推式"传输，信息不再由用户去请求/响应，而是采用类似订阅/发布的方式推送消息，解除了 IP 地址对信息本身的约束，数据的搜索、转发、传输、缓存完全依赖全局唯一的数据名称，数据通信由传统"端到端"模式变为去中心化的分布式，采用扁平化或层次化的方式管理数据，每个用户都既可以是消费者，又可以是生产者。

如此一来，本章采用 NDN 的方式完成数据的命名、路由、转发和缓存过程，将原有中心化的数据中心替换为去中心化的基础设施层信息池路由节点缓存，并且针对缓存过程，结合民航报文的紧急度属性，提出符合 SWIM 需求的路由缓存决策策略和替换策略，类似于计算机内存和硬盘的概念，提升 SWIM 基础设施层的缓存和安全性能。

下面从 NDN 体系架构、缓存策略和安全网关三部分对基层设施层展开介绍。

8.1.1 NDN 体系架构

不同于传统 TCP/IP 网络以 IP 为中心的细腰结构，基础设施层的命名数据网络（NDN）以信息为中心，采用自顶向下的七层网络架构，如图 8-1 所示[3]。

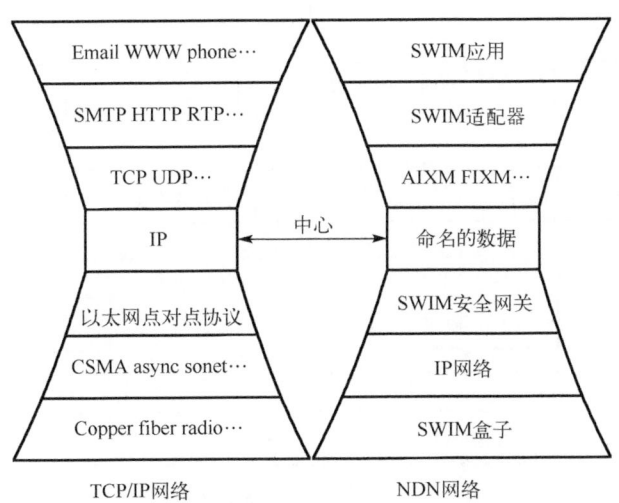

图 8-1 传统网络与基础设施层 NDN 架构对比

RTP 表示实时传输协议（real-time transport protocol）

考虑到 NDN 尚未在现实世界大规模部署，IP 仍是主流网络架构，本章采用覆盖网络（overlay）的方式仅在基础设施层（即图 8-1 中的"命名的数据"）采用 NDN 架构，由 SWIM 安全网关负责民航报文数据在不同网络架构下的协议转换，数据从 SWIM 盒子开始一路向上，在安全网关根据三大模型对数据命名加入内容流行度、重要度、内容类型以及签名等信息得到数据包，随后进入基础设施层信息池生产者节点，并根据订阅情况将数据包推送给相应的消费者节点，路由过程中采用路径上的（on-path）方案进行缓存决策和替换，最终数据包到达用户节点并继续向上层 SWIM 应用提供支持。

与 TCP/IP 的开放系统互连（open system interconnection，OSI）参考模型相比，SWIM 以命名数据网络为中心，为每个进入节点的兴趣包或数据包提供转发逻辑，做出转发决策，通过安全网关与 IP 网络层连接并提供安全保护，依靠 SWIM 盒子对一次雷达、二次雷达收集到的数据进行协议转换，向上递交给适配器，按照三大模型（AIXM、FIXM、WXXM）的标准进行格式转换，最终提交给 SWIM 应用。OSI 模型中的传输层在命名数据网络中被整合进了转发平面，并具备可扩展性、安全性、高效性及容错弹性。

基础设施层 NDN 从功能上可以分为消息传递、信息管理和数据治理三部分，如图 8-2 所示。其中，信息管理的主要服务又可以分为数据的收集处理、缓存、路由转发，其中缓存又可进一步分为缓存决策和缓存替换，图 8-2 中还给出了几种具有代表性的缓存策略，如内容流行度缓存、分布式缓存、概率缓存等。

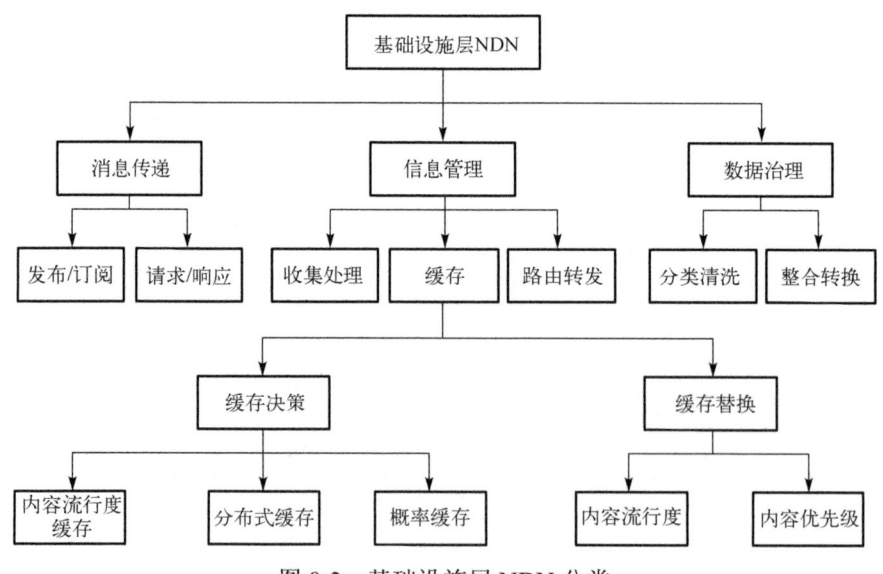

图 8-2　基础设施层 NDN 分类

消息传递中的发布/订阅和请求/响应指通过 SWIM 基础设施层 NDN 节点路由，

将报文数据推送给订阅消息的 SWIM 用户或请求数据包的消费者。数据治理中的分类清洗指将送至基础设施层的民航报文按三大模型进行分类并清除无效数据,整合转换指对不同类型的报文数据分别进行格式转换。

信息管理中的收集处理指基础设施层接收安全网关向上递交的数据包,并针对其中的报文数据进行清洗整合。路由转发指将兴趣包或数据包从一个 SWIM 信息池节点发送到另一个节点的过程,当兴趣包在该节点找不到任何有价值的报文信息时,将通过路由转发将兴趣包送至下一跳节点。与路由转发相关的节点模块分别是未决表(pending interest table,PIT)和转发信息库(forwarding information base,FIB)。前者用于记录到达节点的兴趣包名称、来源节点以及去向节点,若有多个请求相同内容、不同来源的兴趣包到达同一节点,则可将这些来源添加到未决表的同一条目上;后者记录着从当前节点到数据包生产者的多个下一跳路径接口,当本地节点缓存内没有兴趣包所需数据且未决表内也没有相关条目时,将通过转发信息库记录的下一跳节点接口把兴趣包转发出去。

缓存是本章研究的重点,包含缓存决策策略和缓存替换策略,前者用于决定是否将民航报文缓存在途经的路由节点上,后者用于替换掉已满的缓存队列中的报文。与缓存相关的节点模块是缓存表(content store,CS),用于记录本地节点内缓存的内容,并会根据采用策略的不同,以不同的方式更新缓存,如先入先出。

在安全方面,基础设施层 NDN 通过在数据包中携带生产者的签名以及摘要算法,来确保民航报文数据没有被篡改以及生产者没有被伪冒,由于 NDN 以数据为中心的特性,它面对 TCP/IP 网络效果显著的 DoS 攻击难以发挥作用,即使是针对 NDN 的兴趣包泛洪攻击,也有相当一部分泛洪因就近缓存机制只在第一次攻击时有效,因此相较于传统 TCP/IP 网络,NDN 具有更高的安全性;移动性主要用于解决所有与消费者和生产者移动相关的问题。

8.1.2 缓存策略

缓存策略包括缓存决策策略和缓存替换策略,缓存决策策略是当数据包沿兴趣包原路径返回到达节点时,判断该数据是否有价值存储在该节点的算法;缓存替换策略即当数据包通过缓存决策策略决定在该节点缓存时,若该节点缓存已满,则需要通过一定的替换策略将部分不符合要求的数据丢弃,避免缓存表被大量无用数据占满。

缓存策略属于命名数据网络转发过程的一部分,其只有在数据包到达节点时才会发挥作用。NDN 节点兴趣包转发过程如图 8-3 所示[4,5]。

当兴趣包到达节点时,首先到缓存表查询数据名称,如果缓存命中,直接从该节点将数据包按原路返回给消费者;如果缓存未命中,则到未决表中查找是否已建立该项数据的条目。如果未决表中已记录了该项数据的名称,则将该兴趣包的来源

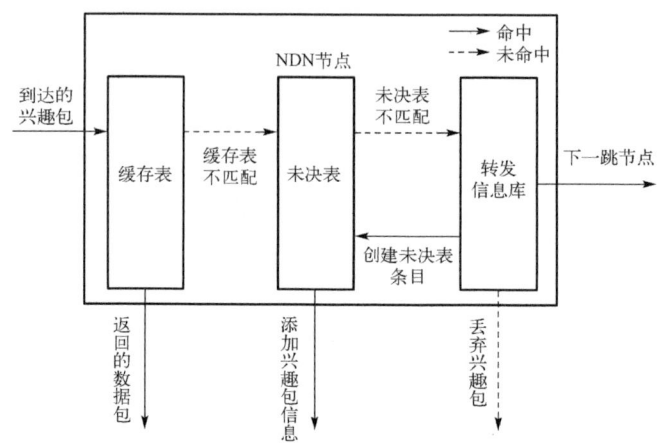

图 8-3 NDN 节点兴趣包转发过程

节点添加到未决表条目中;如果未决表中没有找到该数据的名称,则到转发信息库中查找是否记录了该项数据生产者的下一跳路径接口信息。如果转发信息库中记录了下一跳路径接口信息,则将该兴趣包按接口信息转发给下一跳;如果转发信息库中也没有下一跳路径接口信息,则直接将该兴趣包丢弃。

如图 8-4 所示,当数据包到达节点时,首先到未决表中判断是否有记录该项数据名称的条目,如果待定信息未命中,则直接将该数据包丢弃;如果待定信息命中,则将未决表中与该数据相关的条目删除并根据缓存决策策略判断是否需要在本节点缓存该数据,如需缓存,再根据缓存替换策略判断是否需要删除缓存表中的部分内容,随后继续向兴趣包来源的下一跳节点转发。

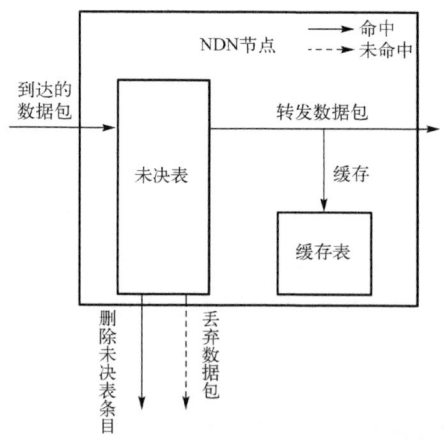

图 8-4 NDN 节点数据包转发过程

8.1.3 安全网关

SWIM 系统被认为是下一代空中交通管理中负责信息共享的基础网络系统。由于涉及国家空域以及航空运营商商业隐私，且现阶段民航飞行、气象、情报等数据流通量飞速增长，SWIM 急需一个符合民航要求的安全网关为 SWIM 内部数据、SWIM 用户及基础设施提供全方位的保护，并协同处理系统内部复杂的业务交互。

根据 ICAO 对 SWIM 的定义，按信息交换服务、信息交换模型、SWIM 技术基础设施层，SWIM 全球互操作性框架如图 8-5 所示[1,2]。其中基础设施层作为 SWIM

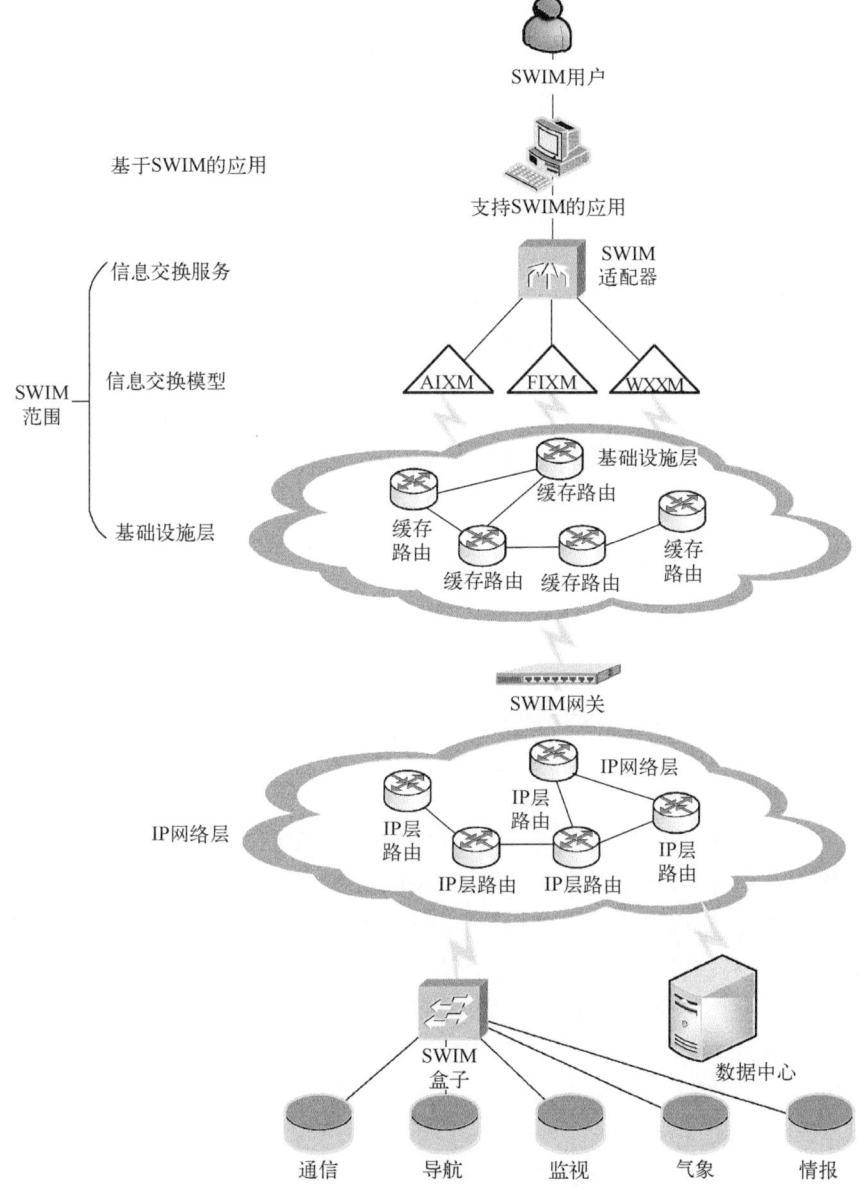

图 8-5　SWIM 全球互操作性框架

信息池缓存了大量的民航原始数据，随后信息交换模型定义了 AIXM、FIXM 和 WXXM 这三大模型以及其他扩展模型作为"管道"将数据分类限流，最后信息交换服务将航班数据、飞行数据、气象数据以及其他数据转换为统一的 XML 格式，供后续应用使用。本章提出的缓存策略即作为信息池的核心存在于 SWIM 基础设施层。

传感器网络首先通过适配器将原本的 X.25、X.28、高级数据链路控制（HDLC）、RS232 等协议转换为统一的 TCP/IP，随后经过 SWIM 盒子将原本杂乱的格式统一转换为 XML，之后进入 IP 网络层，到达 SWIM 网关之后进行账户管理、授权、认证和日志审计等安全审查，通过后到达基础设施层，在基础设施层按命名数据网络缓存策略将数据缓存在路由节点，最终通过支持 SWIM 的应用抵达用户端。

在使用上述 XML 的过程中，应着重考虑其带给 SWIM 的安全风险。由于生成和解析 XML 需要一定的系统开销和处理时间，因此攻击者可以通过发送大量 XML 消息来占满 XML 应用服务器的处理队列，使正常的 XML 请求无法得到响应。SWIM 安全网关可以通过执行与安全相关的功能来充当应用程序服务器和服务容器的安全代理，如果应用程序服务器和服务容器将安全防护任务委派给网关，则应确保所有 SWIM 相关服务或事务仅能通过 SWIM 安全网关来访问和调用，并且不存在绕过网关的应用程序系统与 SWIM 服务之间的通信路径。应用程序服务器和服务容器应与 SWIM 安全网关使用相同的基于身份验证和基于角色的认证授权策略。

作为基础设施层信息池的门户，SWIM 安全网关需要采用面向服务的架构，对合法用户进行认证授权，并拦截非法用户访问 SWIM 信息池及相应服务；统一管理已注册用户，为不同用户分配不同的权限；记录所有经过网关的信息，包括请求者的 IP 地址、请求类型、请求内容、请求时间以及所有异常行为等。

8.2 SWIM 安全路由缓存策略

SWIM 中基于 NDN 的安全路由缓存策略即在 SWIM 系统上，通过制定、改进一定的安全缓存策略的研究，将部分数据缓存在基础设施层的路由节点上。通过路由缓存策略，避免了部分重要数据下沉到底层数据中心，使 SWIM 用户可以不通过 IP 网络层即可高速访问缓存中的内容，最终达到减少响应时间及服务端负载、减少网络冗余、提高 SWIM 信息池安全性、提升网络传输效率的目的。

本节通过借鉴 NDN 的机制，提出 SWIM 基础设施层的路由缓存策略，主要以缓存决策策略和缓存替换策略构建 SWIM 信息池。为了验证采用本节策略的广域信息管理系统信息池的缓存性能和安全性，本节对安全路由缓存策略进行仿真验证，仿真结果表明，在缓存命中率、缓存命中跳数、缓存命中延迟这三大缓存性能上，本节策略相较改进前有了一定的性能提升；不同于 TCP/IP 网络面对 DoS 攻击时性能大幅下降，本节策略面对兴趣泛滥攻击（interest flooding attack，IFA）时性能受到的影响不大,仅缓存命中率出现了一定幅度的下降,本节的仿真实验证明,采用本节策略可使 SWIM 系统基础设施层的性能和安全性得到一定的提升[2]。

8.2.1 基于 LSTM 的民航报文内容重要度分类

在传统网络缓存中,人们很难仅根据数据内容判断数据的紧急程度,但在民航领域,数据大多是以报文的形式传递的,部分报文设置了优先等级或危险等级(如图 8-6 和表 8-1 所示的 AFTN 报文和国际航空电信协会(Society International De Telecommunication Aero-nautiques,SITA)报文等),所以可以由此对内容重要度进行分类。使用 LSTM 算法[6]通过大量已明确重要度的数据进行训练,训练完成后,可将民航报文分为两个等级:重要和不重要,以便执行后续的缓存策略。

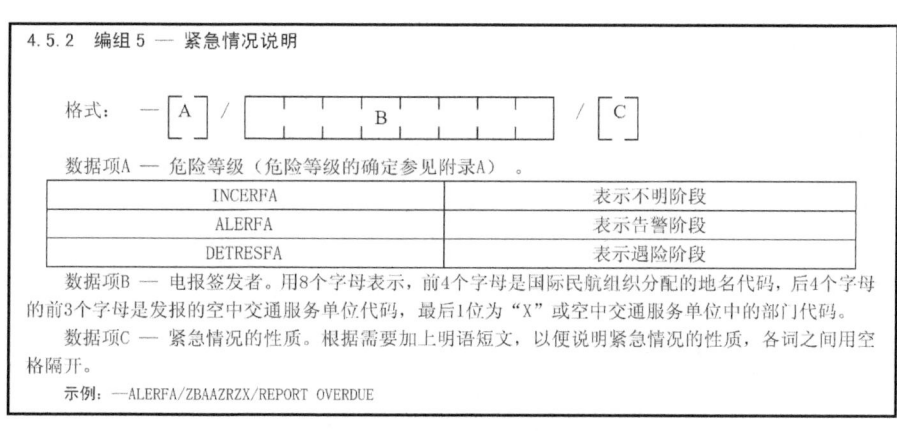

图 8-6 AFTN 报文

表 8-1 SITA 报文

优先级顺序	电报等级标识	描述
1	SS 和 QS	最高优先级,在危及生命和出现死亡的紧急状态下使用
	QC	对 SITA 网络发生紧急故障时保留使用权
2	QU 和 QX	紧急电报
3	QK、Q*或没有等级标识	正常电报
4	QD	可延迟转发的电报,在其他等级电报转发完,再最后转发此等级电报

内容重要度分类采用 LSTM 三层神经网络实现,其具体分类流程如图 8-7 所示。首先对民航报文进行预处理,剔除与重要度无关的干扰项,只保留 AFTN 报文内容,随后对每个报文按紧急程度打上重要/不重要的标签,将 AFTN 报文按 16 种编组拆分开来作为 16 种特征(每个报文只包含 16 种编组中的部分,不包含的记作"0"),

按照 7∶3 的比例将数据分为训练集和测试集,送入神经网络进行分类决策,并使用测试集对训练好的分类模型进行测试,得到的结果如图 8-8 所示[2,6]。

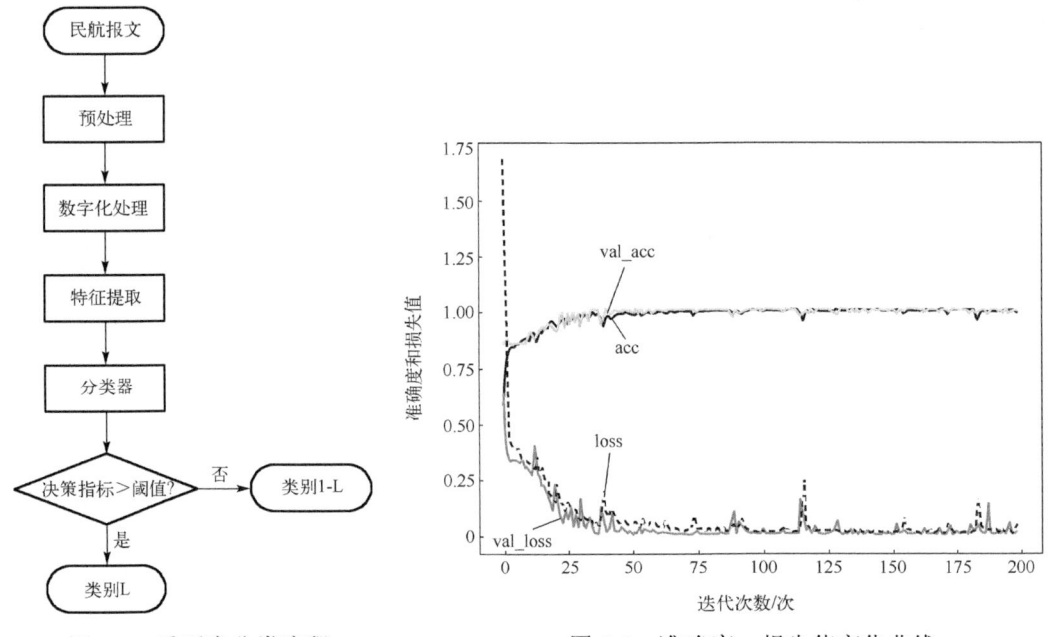

图 8-7 重要度分类流程　　　　图 8-8 准确度、损失值变化曲线

从图 8-8 中可以看出,训练集和测试集的准确度(acc 为训练集准确度,val_acc 为测试集准确度)从迭代开始即表现出收敛,到约第 35 次迭代时几乎完全收敛;损失函数(loss 为训练集损失函数;val_loss 为测试集损失函数)同样如此,在前 50 轮迭代中迅速收敛,随后在剩余 150 次迭代中趋于平缓,最终由于 AFTN 数据特征比较明显等原因,分类准确度趋于 0.98,损失值趋近于 0.04,整体基本符合重要度分类的需求。

8.2.2 SWIM 基础设施层缓存策略

不同于传统数据中心对应计算机的"硬盘",采用 NDN 的 SWIM 信息池相当于计算机的"内存",所以不能将全部的数据一概缓存在 SWIM 信息池,应选择部分重要度、利用率高的数据重点缓存,因此需要缓存策略决定哪些数据应该被缓存在路由节点,哪些数据应该被替换出路由节点。

1. 基于内容流行度和内容重要度的缓存决策策略

常规基于内容流行度的缓存决策策略主要考虑优先缓存被访问次数多的数据,并未考虑民航领域部分重要、紧急的数据,这些数据有可能因为不够流行而被决策策略丢弃。本节基于内容流行度和内容重要度的缓存决策策略将流行度与重要度的概念结合起来，只有当数据既不流行也不重要时才丢弃，避免了民航重要数据的遗漏[2]。

1) 内容流行度计算

内容流行度指在一定的时间间隔内，内容对象被消费者访问次数的多少。

当数据包 D 到达节点时，其在周期 i 内的内容流行度 D_i 为上一周期的内容流行度乘以权重 α，加上在当前周期内该节点收到请求内容的兴趣包数 N_i 除以该周期内该节点收到的所有兴趣包请求数 N，如式(8-1)所示：

$$D_i = \alpha D_{i-1} + (1-\alpha)\frac{N_i}{N} \tag{8-1}$$

当一个数据包到达节点时，仅根据数据包中记录的字段信息，结合式(8-1)即可计算得到该内容的流行度，若到达节点的数据包 D 的内容流行度高于节点内容流行度阈值 D_{th}，则在该节点缓存数据包；否则将其转发至下一跳节点，直到到达消费者节点[2]。节点内容流行度阈值 D_{th} 等于本节点内缓存的所有内容流行度的算术平均值，如式(8-2)所示：

$$D_{th} = \frac{\sum_{j=1}^{n} D_j}{n} \tag{8-2}$$

2) 缓存决策流程

本章基于 NDN 的 SWIM 安全路由缓存决策策略具体工作流程如图 8-9 所示。

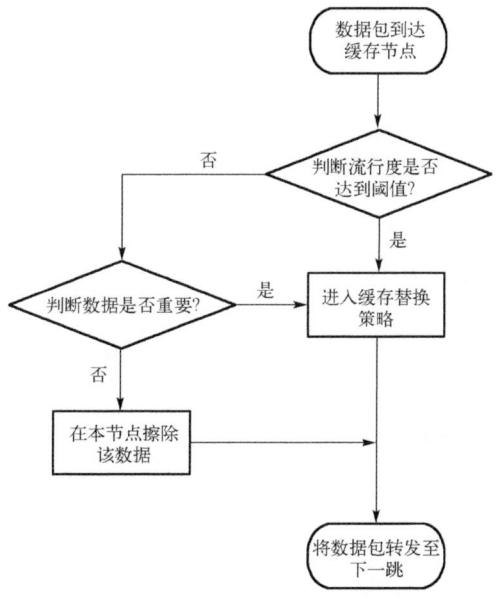

图 8-9 缓存决策策略具体工作流程

当数据包到达缓存节点时,首先根据流行度表达式计算出该数据包的内容流行度,与当前流行度阈值比较,若等于或高于阈值则决定缓存该数据,进入缓存替换策略并将数据包转发至下一跳;若低于阈值则继续根据分类算法判断数据是否重要,若重要则决定缓存该数据,进入缓存替换策略并将数据包转发至下一跳,否则在本节点擦除该数据并将数据包转发至下一跳。

缓存决策算法伪代码如算法 8-1 所示。

算法 8-1　缓存决策算法

输入:
　　Signature←在生产者数据包设置的重要数据签名标记;
　　S←从到达节点的数据包中读取的签名标记;
　　now←当前流行度阈值;
　　freshness←到达节点数据包的流行度;
　　p_node←生产者节点总数;
　　f←控制生产者数据包流行度;
　　e←节点标识;
　　c←数据包内容;
　　x←数据包周期数;
　　α←权重参数;
　　$S_e[c,x]$←周期 x 内 e 的 c 内容流行度;
　　$Num_e[c,x]$←周期 x 内 e 请求内容 c 的数目。

输出:内容重要度判决 $I_e[c,x]$。

Initialization;
onProducerData:
for node in p_node
　　配置正常生产者回包协议
　　设置数据包前缀为正常
　　设置数据包大小
　　设置数据包签名为重要
　　if f == 0
　　　　设置数据包流行度为高
　　else
　　　　设置数据包流行度为低
　　end if
　　　　将数据包设置装载到节点
end for
onIncomingData:
if freshness <= now && Signature != S

判断内容重要度

$$I_e[c,x] = \alpha \cdot S_e[c,x-1] + (1-\alpha) \cdot \frac{\text{Num}_e[c,x]}{\text{Num}_e[x]} <= now \ \&\&Signature != S$$

  在到来的数据包条目中擦除该数据
else
  进入缓存替换算法缓存数据
end if
forward data to the next hop

2. 基于内容重要度和 LRU 的缓存替换策略

受到缓存容量的限制，当节点的缓存被占满时，需要通过一定的安全缓存替换策略将部分不符合要求的数据替换到底层数据中心，而安全缓存替换策略的频繁执行容易给节点带来额外的计算和存储上的开销，因此，高动态的 SWIM 系统中缓存替换策略需要保证足够高的效率，以免给系统造成过多的计算和时延开销。基于这种情况考虑，SWIM 的安全缓存设计倾向于使用简单的缓存替换算法。通过研究现有的缓存替换策略，结合民航实际情况，提出基于内容重要度和 LRU 的安全缓存替换策略。使得在生存周期内，紧急数据持久化缓存，非紧急数据在高于流行度阈值时缓存，否则将数据下沉至底层数据中心，数据中心内部使用同样的缓存替换策略，替换掉不符合条件的数据，同时使整个系统能够抵御常见的泛洪攻击，从而保证整个系统的稳定运行[2]。

1）LRU 算法概述

本节重点研究 LRU，该策略维护一个缓存队列，在队列未满时，不断地将被访问的数据移到队列顶部，在队列达到上限时丢掉队列底部数据，给新到来的数据腾出空间，在此期间，若有数据被访问，则立即将该数据提至队首，如图 8-10 所示。

2）缓存命中率计算

缓存命中率指节点对到达兴趣包做出回应的次数与到达节点的全部兴趣包数量的比值。缓存命中率越高代表得到响应的兴趣包数量越多，缓存的收益越高，缓存性能越好。当网络中有一个缓存路由、一个生产者、一个消费者，且不考虑缓存替换策略时，缓存命中率的计算如式(8-3)所示：

$$\text{缓存命中率} = \frac{\text{节点响应的兴趣包数量}}{\text{节点收到的兴趣包数量}} \tag{8-3}$$

但由于受到路由缓存新鲜度生存周期的影响，我们难以计算节点响应的兴趣包数量，因此转而计算未被节点响应的兴趣包数量。由于仿真过程中不考虑丢包现象，命中缓存的兴趣包加上未命中缓存的兴趣包就等于消费者发出的全部兴趣包，此时缓存命中率的计算可用式(8-4)表示：

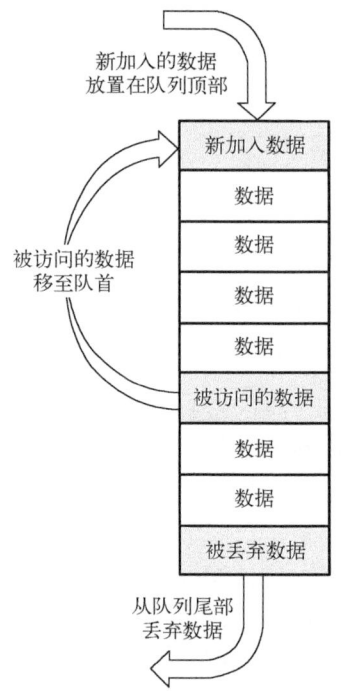

图 8-10 LRU 缓存替换流程

$$缓存命中率 = 1 - \frac{未被节点响应的兴趣包数量}{节点收到的兴趣包数量} \quad (8\text{-}4)$$

未被节点响应的兴趣包数量就等于没有被缓存在路由节点的内容占整个命名数据网络中内容总数的比重，乘以节点收到的兴趣包数量减去新鲜度过期的兴趣包数量，最后加上新鲜度过期的兴趣包数量[3]。节点收到的兴趣包数量等于消费者兴趣包的发包频率乘以内容新鲜度的平均周期，再乘以重要兴趣包占比。如式(8-5)所示，其中 c 为节点缓存容量；n 为网络中不同的内容总数，本章中为固定值；R 为兴趣包发包频率，本章中为固定值；$\bar{t}$ 为内容新鲜度的平均周期，本章中为默认值；e 为由内容过期导致无法被响应的兴趣包数量，取决于不确定的过期概率；τ 为重要兴趣包占比。

$$缓存命中率 = 1 - \frac{\left(1 - \dfrac{c}{n}\right)(\tau R \bar{t} - e) + e}{\tau R \bar{t}} \quad (8\text{-}5)$$

将上述公式化简后即可得到式(8-6)，可以看出缓存命中率与节点缓存容量成正比，当节点缓存容量接近网络中的内容总数时，缓存命中率接近 100%；缓存命中率还与重要兴趣包占比成正比，当网络中的所有数据均为重要数据时，缓存命中率的计算公式与不考虑内容重要度的情况无异。

$$缓存命中率 = \frac{c}{n}\left(1 - \frac{e}{\tau R \bar{t}}\right), \quad \tau > 0 \tag{8-6}$$

由于 e 为因内容过期导致无法被响应的兴趣包数量，所以 $0 \leqslant e \leqslant n$，将其代入式(8-6)中可得缓存命中率的取值范围，如式(8-7)所示：

$$\frac{c}{n} - \frac{c}{\tau R \bar{t}} \leqslant 缓存命中率 \leqslant \frac{c}{n}, \quad \tau > 0 \tag{8-7}$$

3) 缓存替换流程

本节基于 NDN 的 SWIM 安全路由缓存替换策略具体工作流程如图 8-11 所示。

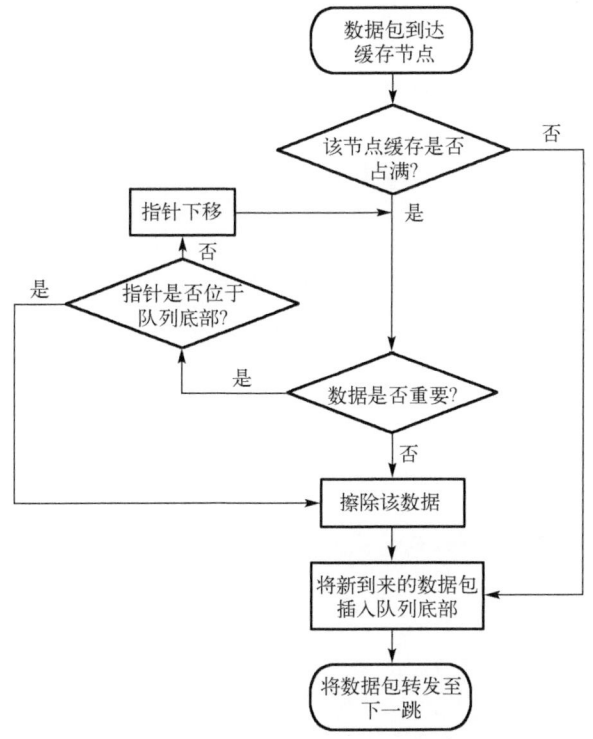

图 8-11 缓存替换策略具体工作流程

缓存替换策略维护一个缓存队列，当数据包通过缓存决策策略决定要在该节点缓存后，首先判断该节点缓存是否占满，若未占满则直接将新到来的数据插入队列底部；若缓存已满则需进一步判断此时队列顶部的数据是否重要，若不重要则直接擦除该数据并将新到来的数据插入队列底部，若重要则指针下移，继续判断下一条数据是否重要，直至找出最接近顶部的不重要数据为止，擦除该位置数据并将新到来的数据插入队列底部，若所有数据均为重要数据则擦除顶部数据并将新到来的数据插入队列底部。在此过程中，若有兴趣包请求缓存队列中的已有数据，则将该数据移至队列底部，保证最近被访问过的数据始终位于队列接近底部的位置。

缓存替换算法伪代码如算法 8-2 所示。

算法 8-2　缓存替换算法

Signature←在生产者数据包设置的重要数据签名标记
S←从到达节点的数据包中读取的签名标记
now←当前流行度阈值
freshness←到达节点数据包的流行度
p_node←生产者节点总数
f←控制生产者数据包流行度
node_size←节点缓存容量
now_size←当前节点缓存容量
Initialization;
onProducerData:
for node in p_node

  配置正常生产者回包协议
  设置数据包前缀为正常
  设置数据包大小
  设置数据包签名为重要
  if $f == 0$
    设置数据包流行度为高
  else
    设置数据包流行度为低
  end if
  将数据包设置装载到节点
end for
onIncomingData:
for i in now_size
  if node_size != 0 && now_size >= node_size && Signature != S
    将队列当前位置数据擦除
    在队列底部插入新到来的数据
    break
  else if node_size != 0 && now_size >= node_size && Signature == S
    if $i ==$ now_size $- 1$
      将队列顶部位置数据擦除
      在队列底部插入新到来的数据

```
        end if
        continue
    else
        在队列底部插入新到来的数据
        break
    end if
end for
forward data to the next hop
```

8.2.3 仿真与结果分析

为了验证本章缓存策略对于 SWIM 系统在性能、安全性上的提升，使用 ndnSIM 分别在正常情况下和攻击情况下对安全路由缓存策略进行仿真实验，并将改进后的缓存性能与改进前进行对比分析，同时比较分析了 SWIM 系统使用传统网络与使用本章安全路由缓存策略时，面对泛洪攻击时受到的影响，实验结果证明了本章缓存策略的优势。

1. 仿真环境与参数设置

为了保证仿真实验的可信度及有效性，本节针对硬件配置、系统选择、仿真网络拓扑等仿真环境以及实验过程中缓存策略改进前后所用到的各类参数进行了配置和介绍。

1) SWIM 仿真环境

本章安全路由缓存策略选择的仿真环境为 Ubuntu 16.04 下的 ndnSIM1.0，硬件环境为 Intel Core i7-9850H CPU，32GB 内存。ndnSIM 是网络仿真平台 3 (Network Simulator 3，NS-3) 的模块之一，其建立了命名数据网络的通信模型，包括命名、路由、缓存、网络、应用、转发策略、数据包、兴趣包等模块，ndnSIM 为这些模块提供了大量接口，方便用户使用这些模块建立一个特定的命名数据网络通信模型，并在此基础上验证自己的策略、算法，跟踪每个模块的行为操作，最终得到所需数据。

如图 8-12 所示，本章选择的 ndnSIM 仿真实验拓扑为 AT&T（美国电话电报公司）的 6461.r0 版本，该拓扑共 176 个节点，其中矩形部分为骨干节点，用于与网关节点相连，共有 13 个；三角形部分为网关节点，用于与用户节点相连，共有 33 个；圆形部分为用户节点，用于模拟消费者或生产者，共有 130 个。

2) NDN 参数设置

SWIM 网络中共有 500 种不同的内容请求，均符合 Zipf 分布函数，缓存容量用于限制节点最大缓存能力，其变化范围为 20~160，默认为 100；Zipf 分布指数 s 用于控制消费者发送兴趣包的集中程度，s 越大则请求的数据越集中，其变化范围

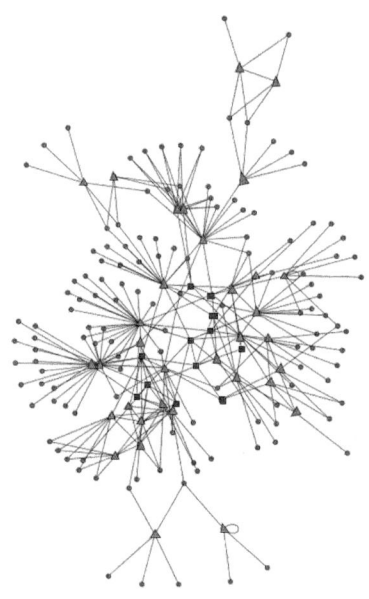

图 8-12 仿真实验拓扑

为 0.7～1.4，默认为 0.7；重要兴趣包占比用于控制 SWIM 网络中重要数据所占比例，占比为 0 时本章策略均不起作用，占比为 1 时本章改进的缓存替换策略不起作用，其变化范围为 0.1～0.9，默认为 0.3；消费者发包频率指每秒钟每个消费者按 Zipf 分布函数向 SWIM 网络中发送的兴趣包个数，其值为 15 个/s；为了简化计算，本章设置内容流行度计算权重 α 为 1/3，即保留前一周期内容流行度影响的 1/3 到下一周期；生产者数据包大小为 1100B；仿真时间为 80s；消费者数量为 20 个；生产者数量为 4 个；其余均为 ndnSIM 默认设置。

仿真参数设置如表 8-2 所示。

表 8-2 仿真参数设置

参数	描述	取值
n	网络中不同的内容总数	500
Request Rate	兴趣包发包频率/(个/s)	15
α	内容流行度计算权重	0.3333
Cache Size	节点缓存能力取值范围	20，40，60，80，100，120，140，160
s	Zipf 分布参数 s 取值范围	0.7，0.8，0.9，1.0，1.1，1.2，1.3，1.4
τ	重要兴趣包占比	0.1，0.3，0.5，0.7，0.9
T	仿真时长/s	80

2. 性能指标

如表 8-3 所示，缓存性能指标主要包括缓存命中率、缓存命中跳数、缓存命中延迟、缓存替换次数、缓存效率、缓存多样性、缓存冗余。缓存多样性和缓存冗余并非本章研究的缓存决策策略和缓存替换策略的重点；缓存效率可由缓存命中跳数及缓存命中延迟表示；对于缓存替换次数，本章替换策略相较改进前的最近最少使用-基于流行度(least-recently used-popularity-based，LRU-POP)策略，格外保留了低流行度、高重要度的数据包进入缓存替换流程，因此本章方案缓存替换次数一定高于改进前，不做讨论。

表 8-3　缓存性能指标

缓存性能指标	定义	影响
缓存命中率	指节点中的缓存满足请求的次数与总的请求次数的比值	缓存命中率越高代表节点内的报文缓存被 SWIM 用户访问的次数越多
缓存命中跳数	指消费者从发出兴趣包到收到数据包响应过程中经历的路由跳数	缓存命中跳数越高代表兴趣包就近被满足的次数越少，缓存效率越差
缓存命中延迟	指消费者从发出兴趣包到收到数据包响应所耗费的时间	缓存命中延迟越高代表数据包越偏向中心化聚集，距离消费者越远
缓存替换次数	指缓存内容在一定时间内被替换的次数	缓存替换次数越高代表节点内的民航报文被 SWIM 用户访问的次数较少
缓存效率	指节点中的报文在一定时间内满足请求的占比	缓存效率越高代表缓存的收益越高，缓存性能越好
缓存多样性	指所有节点缓存的不同内容与整个已缓存内容的比值	缓存多样性越高代表缓存的内容越丰富，缓存冗余越少
缓存冗余	指所有节点缓存的相同内容与整个已缓存内容的比值	缓存冗余越高代表缓存的内容越单一，缓存多样性越差

最终，由于上述原因，本章主要选取缓存命中率、缓存命中跳数、缓存命中延迟三个缓存性能指标作为检验本章方案改进效果及可行性的标准。

3. 缓存策略仿真结果分析

本节以正常情况下和泛洪攻击下两种场景为基础，分别对命名数据网络的安全路由缓存策略从缓存命中率、缓存命中跳数、缓存命中延迟、缓存替换次数几个方面进行仿真测试。

1) 正常情况下

(1) 缓存命中率：正常情况下，缓存命中率随节点容量的变化如图 8-13 所示。

可以看出相较于 LRU-POP，本章方案的缓存命中率有了较大幅度的提升，特别是在节点容量为 20 时，缓存命中率提升约 31.94%，之后随着节点容量的增加，本章方案缓存命中率提升的幅度逐渐减小，但在节点容量为 160 时，缓存命中率仍提

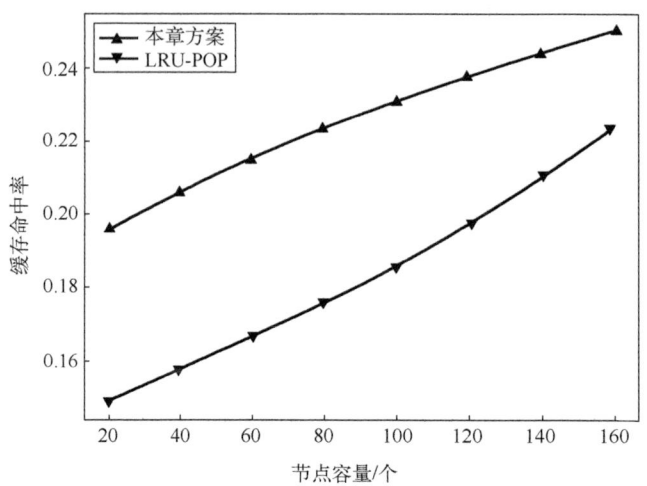

图 8-13　正常情况下缓存命中率随节点容量变化

升约 11.57%，这是由于 LRU-POP 在缓存数据时并未考虑数据的重要性指标，只要数据的流行度未达到阈值就不会进入节点缓存，或者只要数据一段时间没有被访问就有可能被丢弃，而本章策略强调对重要数据的保护。当节点容量进一步提升时，LRU-POP 在节点缓存了大量流行的数据，导致缓存命中率增加速度逐步提高，而本章方案因重要的数据不一定流行，导致缓存命中率增速逐渐放缓，但在测试范围内仍高于 LRU-POP，基本符合本章方案保护重要数据的初衷。

正常情况下，缓存命中率随 Zipf 分布指数 s 增加的变化如图 8-14 所示。可以看出相较于 LRU-POP，本章方案的缓存命中率有了一定幅度的提升，特别是在 Zipf 分布指数 s 为 0.7 时，缓存命中率提升约 20.18%，之后随着 Zipf 分布指数 s 的增加，本章方案缓存命中率提升的幅度逐渐减小，在 Zipf 分布指数 s 为 1.4 时，缓存命中率提升仅为约 2%，这是由于随着 s 的提高，消费者发送的兴趣包越来越集中于某些数据，当 s 为 0.7 时，流行度高的内容分布较为广泛，此时即使舍弃一些低重要度、高流行度的数据也不会对整体缓存命中率造成严重影响，而随着消费者发送的兴趣包越来越集中，舍弃低重要度、高流行度数据的成本也越来越高，导致两种缓存命中率逐渐接近。这表明即便是在接近真实环境的 Zipf 分布下，本章方案仍能提高一定的缓存命中率。

正常情况下，本章方案缓存命中率随重要兴趣包占比增加的变化如图 8-15 所示。

可以看出相较图 8-14 中 LRU-POP 在 Zipf 分布指数 s 为 0.7 时不足 0.20 的缓存命中率，本章方案的缓存命中率有了显著的提升，特别是在重要兴趣包占比为 0.9 时，缓存命中率提升约 75.51%，从整体来看，随着重要兴趣包占比的增加，本章方案缓存命中率提升的幅度逐渐增大，即使是在重要兴趣包占比为 0.1 时，缓存命中率提升也有约 10.41%，而 LRU-POP 的缓存命中率基本不随重要兴趣包占比的变化

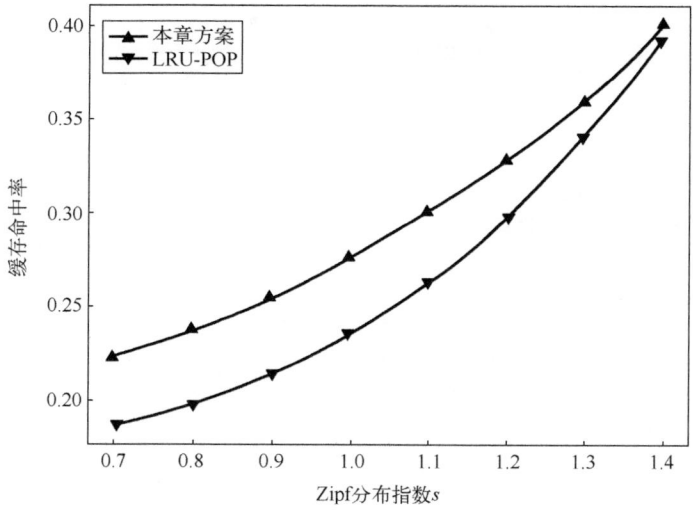

图 8-14　正常情况下缓存命中率随 s 变化

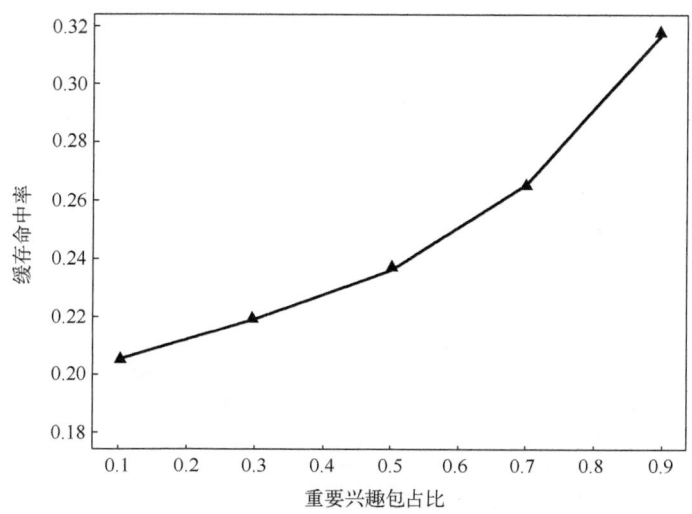

图 8-15　正常情况下本章方案缓存命中率随重要兴趣包占比变化

而变化，这是由于上述策略无论在决策还是替换时均未考虑重要度的概念，仅根据流行度和最近访问时间来决定数据包的去留，因此不受重要兴趣包占比的影响，而本章策略的核心在于无论是决策还是替换过程，均不抛弃重要数据包，所以在重要数据包增多时缓存命中率就有了较为明显的提升，在算法层面提升了重要数据的保留率。

(2)缓存命中跳数(延迟)：正常情况下缓存命中跳数(延迟)随节点容量的变化如图 8-16 所示。

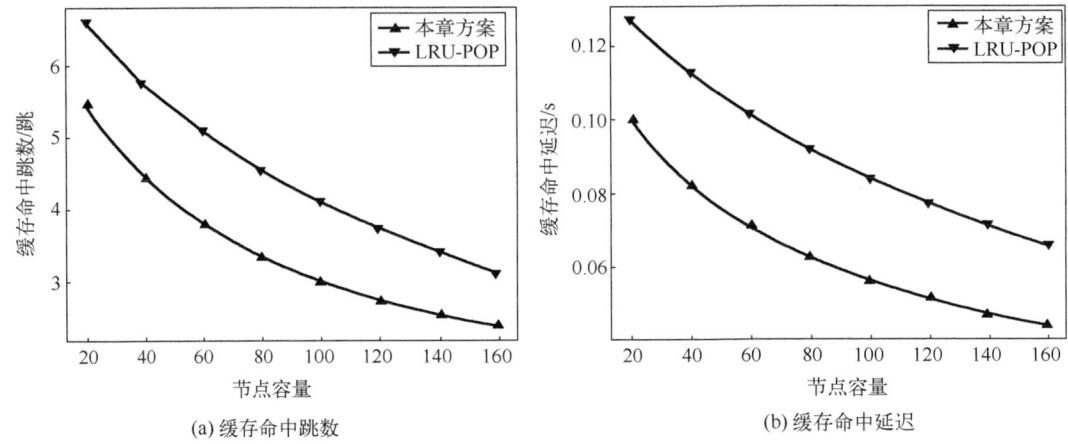

图 8-16 正常情况下缓存命中跳数(延迟)随节点容量的变化

可以看出相较于 LRU-POP，本章方案的缓存命中跳数(延迟)有了较大幅度的降低，特别是在节点容量为 160 时，缓存命中跳数下降约 23.69%，在节点容量为 20 时，缓存命中跳数下降约 17.52%，随着节点容量的增加，本章方案缓存命中跳数下降的幅度逐渐减小，缓存命中跳数趋于稳定，且从图 8-16 中可以看出，本章方案相较 LRU-POP 拥有更快的收敛速度，这是由于重要数据只占全部数据的一小部分，随着节点容量的增加，注重保护重要数据的本章策略更容易在消费者节点附近命中缓存，缩短了用户命中缓存的等待时间。

正常情况下缓存命中跳数(延迟)随 Zipf 分布指数 s 的变化如图 8-17 所示。

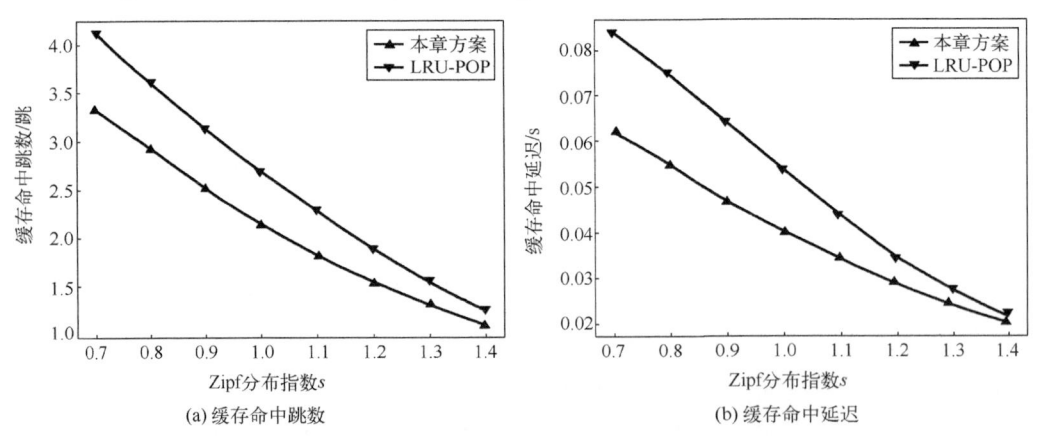

图 8-17 正常情况下缓存命中跳数(延迟)随 s 的变化

可以看出相较于 LRU-POP，本章方案的缓存命中跳数(延迟)有了一定幅度的降低，在 s 为 0.7 时，缓存命中跳数下降约 19.09%，在 s 为 1.4 时，缓存命中跳数下降约 11.25%，随着 s 的增加，本章方案缓存命中跳数下降的幅度逐渐减小，缓存命中跳数趋于稳定,且从图 8-17 中可以看出,本章方案相较 LRU-POP 拥有更快的收敛速度,这是由于随着 s 的提高,消费者发送的兴趣包越来越集中于某些数据,当 s 为 0.7 时,流行度高的内容分布较为广泛,此时即使舍弃一些低重要度、高流行度的数据也不会对整体缓存命中跳数(延迟)造成严重影响,而随着消费者发送的兴趣包越来越集中,舍弃低重要度、高流行度数据的成本也越来越高,导致两种缓存命中率逐渐接近。这表明在接近真实环境的 Zipf 分布下,本章方案仍能满足用户的需求。

正常情况下本章方案缓存命中跳数(延迟)随重要兴趣包占比的变化如图 8-18 所示。

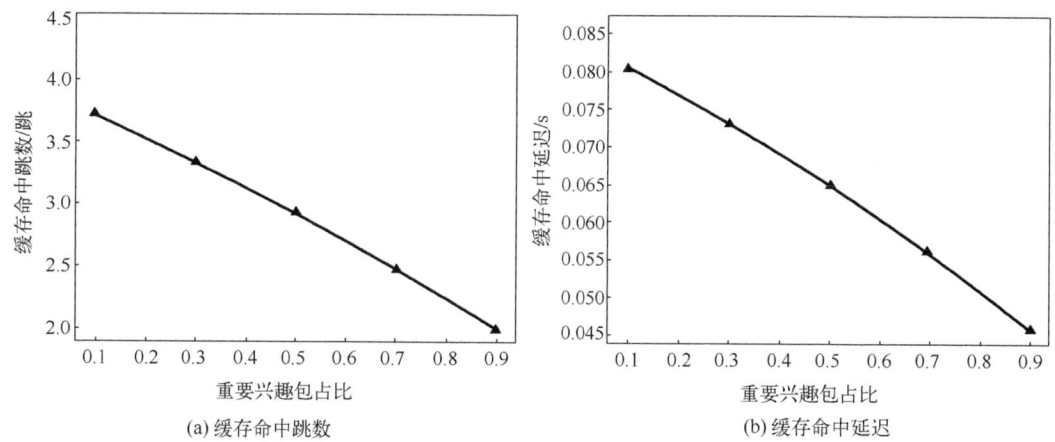

图 8-18 正常情况下本章方案缓存命中跳数(延迟)随重要兴趣包占比的变化

可以看出相较图 8-17 中 LRU-POP 在 Zipf 分布指数 s 为 0.7 时超过 4.0(0.08)的缓存命中跳数(延迟),本章方案的缓存命中跳数(延迟)有了显著的降低,特别是在重要兴趣包占比为 0.9 时,缓存命中跳数下降约 51.16%,即使是在重要兴趣包占比为 0.1 时,缓存命中跳数下降也约为 8.83%,这是由于本章方案在缓存决策时即保留了大量重要数据,相较于 LRU-POP 对重要度的漠不关心,本章方案更易受到重要兴趣包占比的影响,随着重要兴趣包占比的逐渐升高,路由节点缓存中的重要民航报文数量也在逐渐升高,此时 SWIM 用户向生产者发出的请求更容易在路由节点中途得到满足,最终在边缘位置携带数据包返回,缓存命中跳数(延迟)也因此得到降低,较为符合本章方案设计时的初衷。

2) 泛洪攻击下

(1) TCP/IP 网络。在 SWIM 采用命名数据网络路由缓存策略之前,在传统 TCP/IP 网络中面对 DoS 攻击时,系统的每秒事务处理量(transactions per second,TPS)、响应时间在发动攻击前后的对比如图 8-19 和图 8-20 所示。

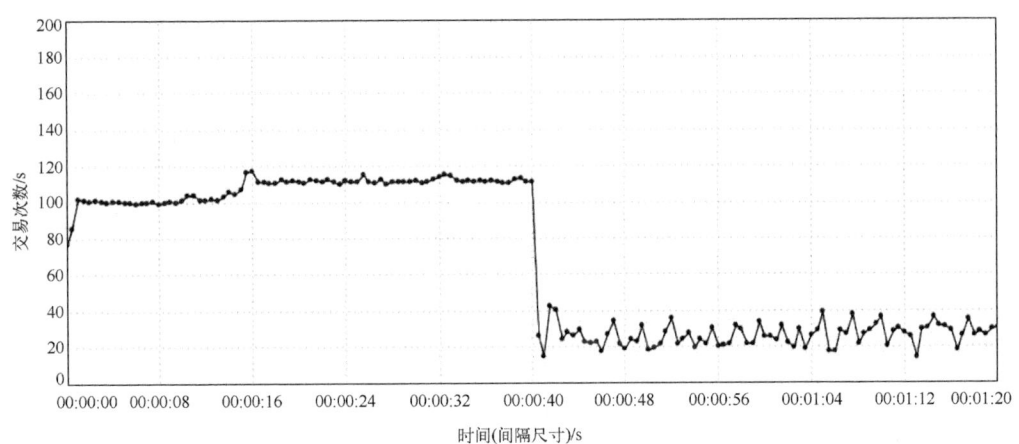

图 8-19　攻击前后 TPS 对比

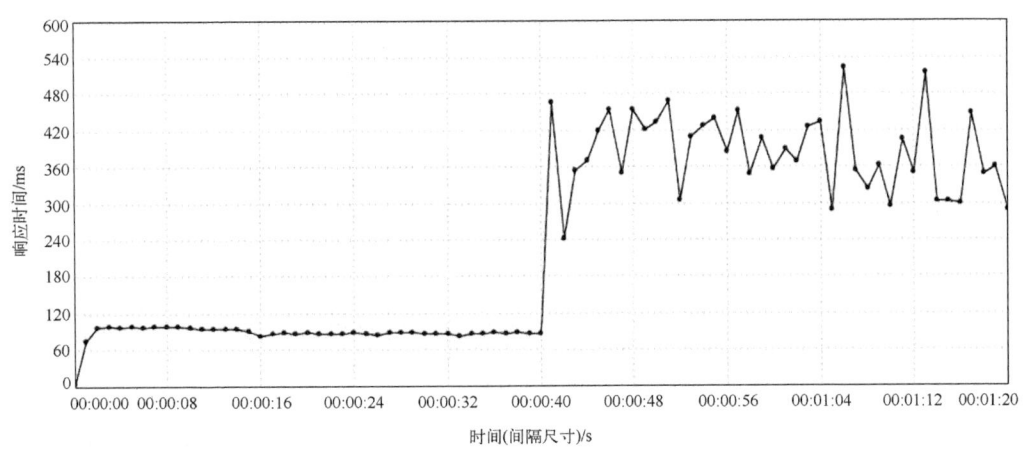

图 8-20　攻击前后响应时间对比

测试工具为 Apache JMeter 5.3，用于向指定的 IP、端口和路径开启多个线程循环发送 HTTP/TCP/UDP 请求，随后收集并记录过程中产生的数据并绘制成图像。DoS 攻击工具为低轨道离子炮（low orbit ion cannon，LOIC），用于向指定的 IP、端口和路径发动 DoS 攻击。

从图 8-19 中可以看出，在第 40s 发动 DoS 攻击后，TPS 由之前的 110 次/s 左右骤降至 20 次/s 左右，下降幅度接近 82%，这意味着 SWIM 系统处理事务的效率将大幅下降，大量的资源对象被攻击者占用，造成正常的用户无法使用服务，导致 SWIM 部分服务、功能失去响应，地面用户、管制员获取信息受阻，存在一定的安全隐患。

从图 8-20 可以看出，在第 40s 发动 DoS 攻击后，响应时间由之前的 100ms 左右骤升至 400ms 左右，上升幅度为 300%，这意味着用户发出请求后的等待时间将大幅增长，未完成的事务大量堆积，正常的发布/订阅、请求/响应活动因网络带宽被攻击者占用而无法发挥作用，最终无法进行服务器访问，导致 SWIM 失去客户源。

(2) 命名数据网络。针对命名数据网络的 IFA 主要分为三种：请求静态数据包、请求动态数据包以及请求不存在的数据包。其攻击原理为，攻击者控制大量肉机发送兴趣包请求这些静态、动态或不存在的数据包，只要发送的频率足够高，大于被攻击者节点 PIT 删除条目的速度，这些无用的请求就会迅速占满整张表，导致正常用户的请求无法进入未决表而被丢弃。不同于 TCP/IP 网络，由于这种攻击的兴趣包中不包含任何源地址或目的地址，被攻击者无法在第一时间找出攻击来源，容易导致损失进一步加大。

本次仿真共设立 20 个消费者、5 个生产者，其中 4 个恶意消费者，负责向各个节点以较高速率发送大量恶意兴趣包；1 个恶意生产者，负责生产恶意消费者请求的数据包，仿真实验拓扑为 AT&T 的 6461.r0 版本。正常消费者共有 500 种不同的内容请求，均符合 Zipf 分布函数，节点缓存容量为 50；Zipf 分布指数 s 为 0.7；重要兴趣包占比为 0.3；正常消费者发包频率为 15 个/s，恶意消费者发包频率为 300 个/s；仿真时间为 80s。收集三大缓存性能指标(缓存命中率、缓存命中跳数和缓存命中延迟)和缓存替换次数的相关数据并绘制图像，如图 8-21～图 8-24 所示。

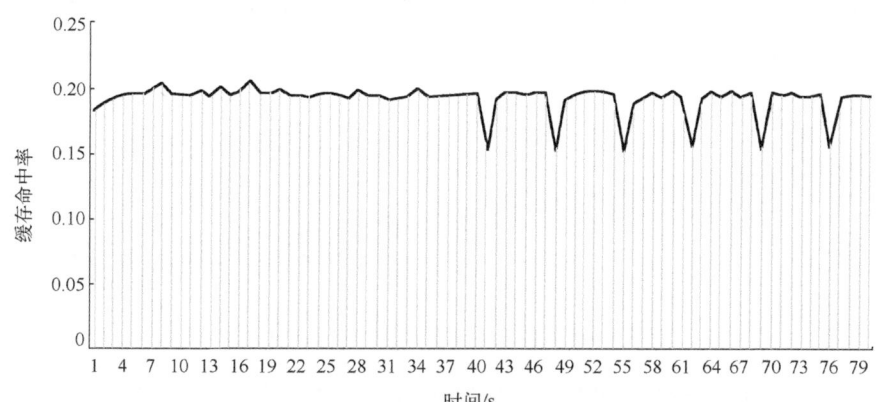

图 8-21 IFA 前后缓存命中率对比

从图 8-21 中可以看出，在第 40s 发动 IFA 后，缓存命中率由之前稳定在 0.20 左右变为每间隔 7s 降低一次，不论攻击前后，整体缓存命中率始终保持在 0.15 以上，这是因为 IFA 主要针对节点的未决表，通过在短时间内发送大量恶意兴趣包占满未决表容量，使正常消费者的兴趣包信息无法被添加，并未对缓存表造成严重影响。这意味着 SWIM 系统处理事务的效率不会有明显下降，消费者仍可以正常使用服务，相较于传统 TCP/IP 网络，安全隐患大大减小。

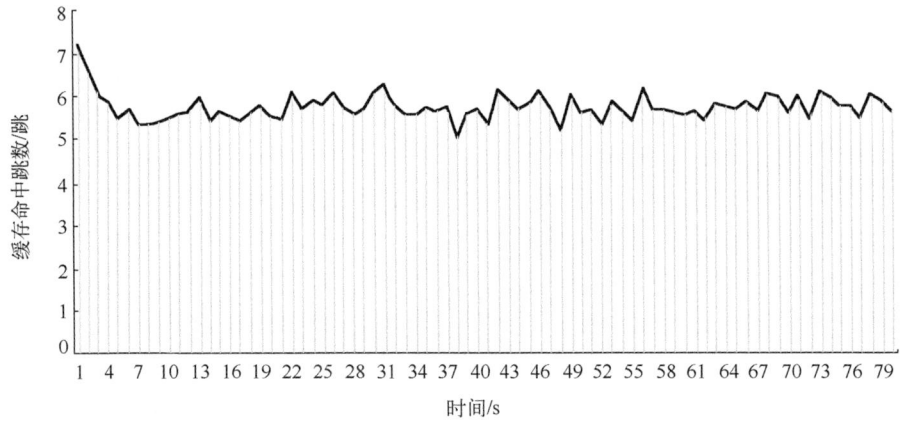

图 8-22　IFA 前后缓存命中跳数对比

从图 8-22 中可以看出，在第 40s 发动 IFA 后，缓存命中跳数基本没有发生变化，不论攻击前后，整体缓存命中跳数基本保持在 6 跳以内，这说明 IFA 并没有对兴趣包和数据包经过的节点路径产生实质影响，数据包依旧按照兴趣包传递时的节点路径返回。

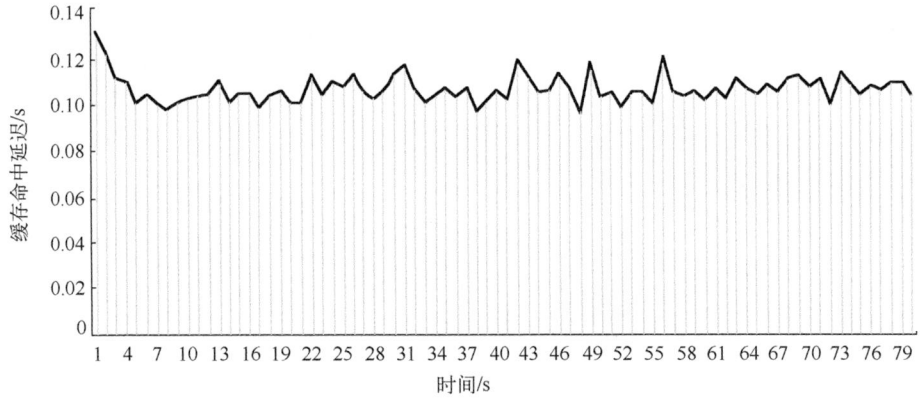

图 8-23　IFA 前后缓存命中延迟对比

从图 8-23 中可以看出，在第 40s 发动 IFA 后，缓存命中延迟基本没有发生变化，不论攻击前后，整体缓存命中延迟基本保持在 0.11s 左右，这说明 IFA 并没有对消费者的等待时间产生实质的影响。相较于 TCP/IP 网络，用户的需求仍在不停地被满足，大大降低了泛洪攻击对用户体验以及系统性能的影响。

缓存替换次数越低，网络整体性能越高，网络中不必要的损耗越少。从图 8-24 中可以看出，在第 40s 发动 IFA 后，缓存替换次数基本没有发生变化，不论攻击前后，整体缓存替换次数基本保持在 2500 次左右，这说明 IFA 并未对 SWIM 信息池性能造成影响。

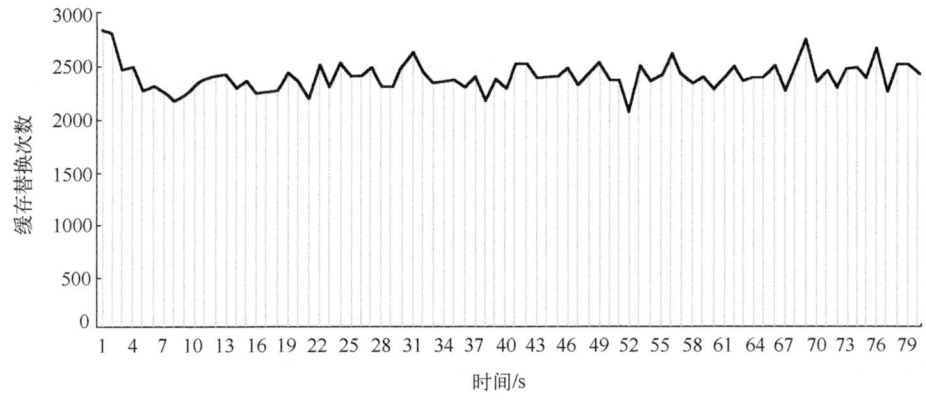

图 8-24　IFA 前后缓存替换次数对比

8.3　SWIM 安全网关设计及实现

随着民航业务的不断增长，各大企业、机构、专家学者将目光放在了 SWIM 的发展上，但相较于功能实现，我们同样不应忽视由安全问题导致的隐患。作为 SWIM 基础设施层与 IP 网络连接的门户，SWIM 安全网关提供的 4A 防护至关重要，本节从设计、功能实现、性能测试三个方面构建安全网关。

本节对 SWIM 安全网关进行深入分析，从用户和空管单位的角度对安全网关的功能做出需求分析，随后按照需求分析的结果提出安全网关的架构设计，以认证、授权、账户管理、日志审计、路由转发和 SOA 为基础，提出可开发实现的基于 JSON Web 令牌（JSON Web tokens，JWT）的认证授权流程和基于 Spring Cloud 的微服务网关系统架构，并对开发完成后的安全网关进行功能、性能测试，经过对比分析，SWIM 安全网关能以较小的性能损耗在一定程度上承担 SWIM 的安全防护工作。最终提出一套完整的 SWIM 安全网关设计方案，为安全网关的设计与开发提供参考。

8.3.1　SWIM 安全网关设计

本节面向 SWIM 对安全网关进行需求分析，根据分析结果，对 SWIM 安全网关的整体架构进行初步设计，提出以 JWT 为基础的认证授权流程，在此基础上完成各项基本功能，为后续测试做准备。

1. 需求分析

网关 4A 功能，即账号、认证、授权、审计四种功能，细分如下。
其中账号功能可细分为以下几点。
(1) 生命周期管理：针对用户账号的批量操作，如增、删、改、查等功能进行实现。

(2) 组织管理：针对用户-角色-权限-资源的映射关系，维护树状关系表。

(3) 属性管理：管理账号获取令牌的方式、账号密码、个人身份信息等。

(4) 密码策略管理：为了防止暴力破解，对用户账号的密码强度(密码长度及是否包含大小写字母和特殊字符、密码在后台的加密方式等)和密码生存周期(密码是否过期、是否超出输入最大次数限制)进行管理。

认证功能可细分为以下几点。

(1) 身份识别：安全网关应与 CA SiteMinder、RSA、IBM Tivoli、Oracle 访问管理器和 Oracle 身份管理器进行接口，以及 SQL 数据库、轻量级目录访问协议(lightweight directory access protocol，LDAP)目录、X.509 证书系统接口出于身份验证和授权的目的访问用户身份数据。

(2) 提供不可否认的消息(抗抵赖性)：安全网关应使用 X.509 和 XML 密钥管理系统(XML key management system，XKMS)。

(3) 认证方法：安全网关应可以通过 HTTP、Web 服务安全(Web services security，WS-Security)、X.509 证书令牌、安全套接字层(secure sockets layer，SSL)进行身份验证。

授权功能可细分为以下几点。

(1) 授权方法：网关应可以基于数据库查询、角色、内容和属性授权用户；网关应可以将身份验证委派给外部身份验证系统。

(2) 安全和身份中介：网关应该使用 WS-Trust、安全断言标记语言(security assertion markup language，SAML)令牌，并且网关应该允许动态创建 WS-Security、SAML 令牌，同时网关应该在 SAML、WS-Security 和 PKI 令牌之间进行转换。同时网关应执行令牌映射(从 X.509 到 SAML 等)。

审计功能可细分为以下几点。

日志记录和审计：网关应记录所有通过 XML 网关的活动(SQL 数据库、XML 数据库、Windows 事件日志)；日志应可根据用户标准进行搜索；网关应启用对日志进行密码签名的方法，以确保日志的完整性；网关应基于服务、客户端和消息类型执行日志记录；网关应记录所有将网关转换为系统日志的 XML 活动。

SOA 的实现可以分为：服务注册，即通过在服务注册中心对服务进行注册发布服务；服务调用，使用 LoadBalancer 实现服务调用的负载均衡；服务降级，当网关上的某项服务失去响应时，通过限流、熔断、降级的方式保证其他服务的正常运行；服务配置，通过建立服务配置中心，使管理员在 Web 界面就可对各个服务进行底层配置。

2. 架构设计

图 8-25 为网关应用架构设计图，SWIM 安全网关由三部分组成：网关核心集群、

管理中心以及监控中心。

（1）网关核心集群：负责路由、处理用户请求，执行令牌映射。

（2）网关管理集群：针对管理员提供可视化的操作界面，可对用户、角色、资源、权限、日志、配置文件及业务执行策略集中管理。

（3）网关监控集群：记录经过网关的所有请求/操作，对经过网关的流量、实时性能进行监控。

网关基本功能设计如下。

（1）为了防止单个服务器压力过大，需采用一定的负载均衡策略。通过负载均衡（load balancer，LB）实施负载均衡策略，将访问至代理的请求按随机、轮询或一定权重的方式分发给多个服务器，避免服务器因压力过大发生宕机，造成不必要的响应时间增长或服务资源丢失。

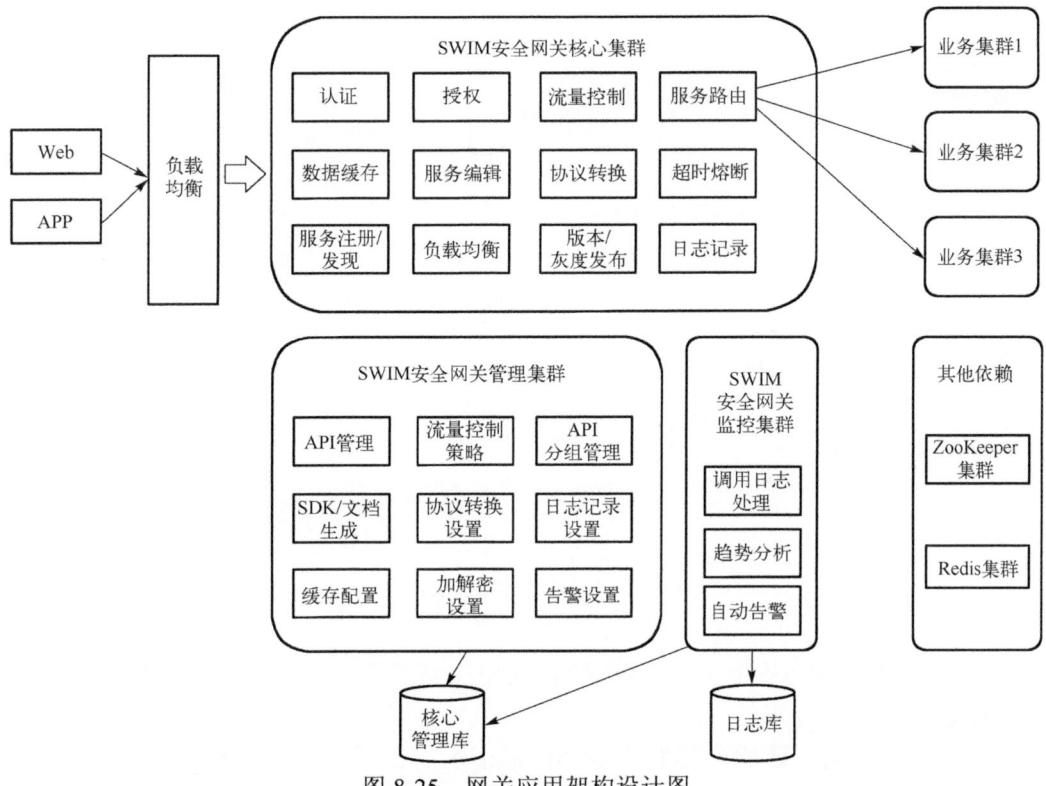

图 8-25　网关应用架构设计图

（2）采用管理中心和监控中心记录经过网关的以及网关采取的所有行动。为了避免监控中心压力过大，按分钟汇总 SWIM 服务的调用情况，达到降低性能损耗的目的。

（3）为了减少输入/输出流对网关性能的影响，应尽量减少对数据库的依赖，可以灵活选择数据库的类型。使用 Nacos 事务控制通知 SWIM 安全网关更新用户对服务配置做出的修改,在发生错误时进行事务回滚,并将用户访问后的服务配置信息缓存在 Nacos 中。

(4) 网关消息路由功能可分为基于消息内容(即三大模型 AIXM、FIXM、WXXM 中的某一种)或用户身份(即管理员、空管单位、普通消费者)路由 XML 消息。

(5) 网关超时熔断功能使用开源框架 Hystrix 实现,能够实现熔断、降级及超时控制。在 10s 的时间内,如果来自同一用户的请求次数超过一定的阈值,则开启熔断机制,限制用户或服务器对该种请求的响应,达到保护其他服务的目的。

(6) 网关 4A 功能,即账号、认证、授权、审计,认证授权流程如图 8-26 所示。

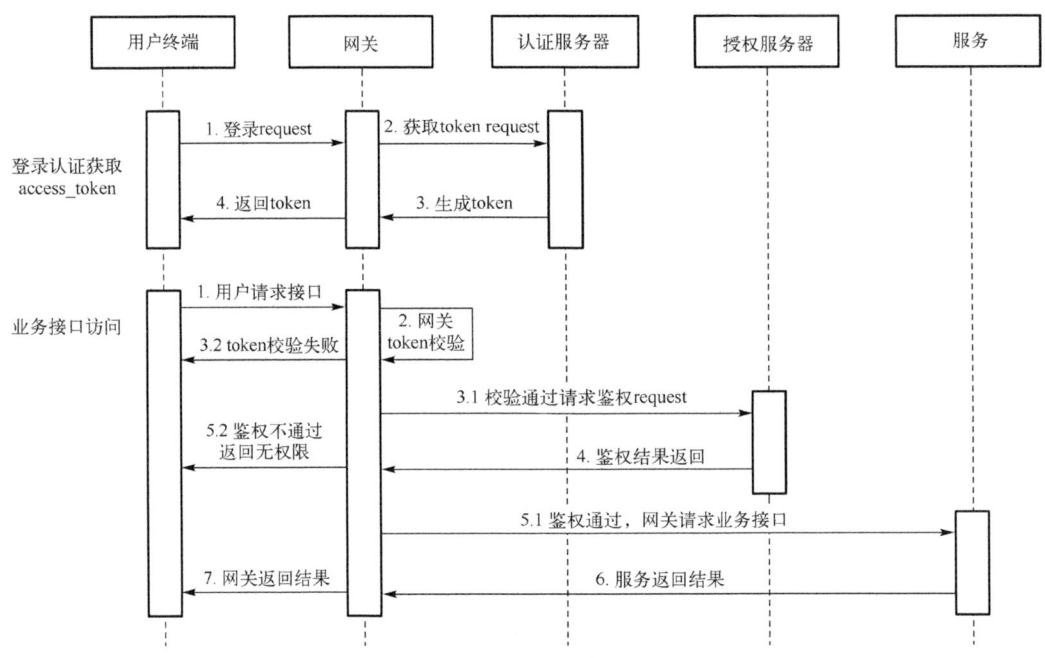

图 8-26 SWIM 安全网关认证授权流程
token 为认证令牌

使用 JWT 实现 SWIM 安全网关的认证授权流程。首先用户向 SWIM 安全网关发送登录请求,包含账号、个人密码以及随机验证码等信息,SWIM 网关不在本地进行校验,而是向认证服务器发送令牌申请请求,认证服务器收到后在本地通过哈希函数校验密码的正确性,通过后生成 token 并发送给网关,网关将 token 转发给用户,用户拿到 token 即完成登录认证。

授权时用户首先向网关请求相应业务接口并发送自己获取到的令牌,网关对用户令牌进行校验,通过后向授权服务器发送鉴权请求,授权服务器在本地比对用户的角色/属性与申请的权限后返回鉴权结果,若通过,则网关向授权服务器请求相应的业务接口，并将返回的接口发送给用户端，用户由此拿到相应业务接口访问的权限。

对账号进行管理时，通过维护用户表、角色表、权限表、资源表来调整不同用户所拥有的权限，实现用户-角色-权限-资源的多元映射关系，通过添加、删除、更改、查询用户表实现 SWIM 安全网关的账号管理。

通过前项事务控制，在事务执行之前即在日志中记录服务或业务的调用情况，使用 Log4j 完成日志审计模块的设计。

(7) SOA：多数情况下，人们使用企业消息服务 (enterprise messaging service, EMS) 来实现 SOA，但该方案已被证实存在大量安全漏洞。微服务是 SOA 的一种变体，Spring Cloud 为微服务开发和治理框架。考虑使用 Spring Cloud 架构实现 SWIM 的相关功能。其架构包括服务注册中心集群、服务网关、服务消费者、服务提供方集群、配置中心集群、消息总线等部分。

8.3.2 SWIM 安全网关系统测试

SWIM 安全网关实现现有 IP 网络以及与 SWIM 基础设施层的对接。主要运用的关键技术是数据的命名和寻址、4A、边界保护以及信息系统安全等机制，来确保民航地面和地面的安全通信。

为了验证 SWIM 网关的完备性与正确性，本书针对安全网关的功能、性能开展系统测试，具体测试内容如表 8-4 所示。

表 8-4 SWIM 安全网关系统测试说明

测试类型	测试指标	测试内容
功能测试	身份认证	测试用户登录功能，测试多种模式下令牌的获取是否正常
	授权管理	对数据库查询、角色、内容等进行授权，制定访问控制策略，测试访问控制策略的有效性
性能测试	响应时间	测试网关从收到请求到应答所消耗的时间
	内存占用率	测试在调用网关的认证微服务前后，内存占用率的变化情况
	吞吐量	测试网关在单位时间内接收并转发的最大数据量

1. 功能测试

下面主要针对 SWIM 安全网关的认证授权功能进行测试。

1) 授权码模式

首先，在配置好 SWIM 安全网关与认证服务器的 IP 地址后，使用浏览器访问 http://192.168.23.1:8301/auth/oauth/authorize?response_type=code&client_id=code&redirect_uri=http://www.baidu.com 。其中 response_type=code 表示授权码模式；client_id=code 代表准备工作中创建的 client_id；redirect_uri=http://www.baidu.com 表示对应的重定向地址。

面跳转到认证服务器提供的登录页，登录后自动跳转到之前设置的重定向携带相应的授权码，通过 Postman 将该授权码添加到变量中，向认证服务器发送 POST 请求 http://localhost:8301/auth/oauth/token?grant_type=authorization_code&code=2sKfx6&redirect_uri=http://www.baidu.com，得到：

```
{
  "access_token": "54860105-a99c-4c4d-a894-f748c54b7630"
  "token_type": "bearer"
  "refresh_token": "daac0824-dc19-487c-9e00-b5e6eaf99315"
  "expires_in": 86399
  "scope": "all"
}
```

其中，access_token 即访问令牌，通过这种方式我们完成了授权码模式下认证流程的功能测试。

2）刷新令牌模式

将授权码模式中获取到的 refresh_token 加入变量发送 POST 请求 http://localhost:8301/auth/oauth/token?grant_type=refresh_token&refresh_token=daac0824-dc19-487c-9e00-b5e6eaf99315，得到：

```
{
  "access_token": "db9cede5-2485-4ef0-8327-3263fa76a71e"
  "token_type": "bearer"
  "refresh_token": "daac0824-dc19-487c-9e00-b5e6eaf99315"
  "expires_in": 86399
  "scope": "all"
}
```

其中，access_token 即为刷新后的访问令牌，通过这种方式我们完成了刷新令牌模式下认证流程的功能测试。

3）密码模式

首先使用 Postman 向安全网关发送 POST 请求申请令牌，如图 8-27 所示。

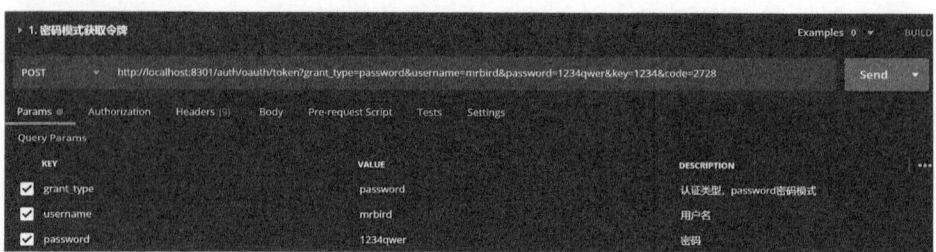

图 8-27　用户端申请令牌

如果用户名、密码等信息准确无误，由认证服务器生成令牌交由网关对客户端应答，返回的 JSON 串如下：

```
{
"access_token": "4c3e5f4b-3abb-4946-961a-22c322e0c61d"
"token_type": "bearer"
"refresh_token": "13fd7e34-6b0e-4333-b582-a15b364110f9"
"expires_in": 86399
"scope": "all"
}
```

其中，access_token 即访问令牌，通过这种方式我们完成了密码模式下认证流程的功能测试。

随后使用 GET 请求访问 http://localhost:8301/test/user，在没有获取令牌的情况下返回访问令牌不合法。

```
{
"message": "访问令牌不合法"
}
```

在请求头添加凭证 Authorization Bearer {access_token}，能获取到数据，部分信息如下：

```
"currentUser": {
"username": "ZhangSan"
"accountNonExpired": true
"accountNonLocked": true
"credentialsNonExpired": true
"enabled": true
"userId": 1
"avatar": "gaOngJwsRYRaVAuXXcmB.png"
"email": "ZhangSan@qq.com"
"mobile": "17788888888"
"status": "1"
"deptIds": "1,2,3,4,5,6"
}
```

鉴权通过后，获取到用户信息，通过这种方式我们完成了授权流程的功能测试。

2. 性能测试

由于 SWIM 系统是民航信息共享平台，大多数服务具有较高的实时性要求，认证授权等功能用来确保只有合法用户才能访问获取相关服务,因此该部分不能占用太多系统开销。此外系统的响应时间也应尽可能短,这样才能既保证安全又提高系统的效率。本节通过使用测试软件 JMeter 对 SWIM 安全网关进行压力测试,主要针对响应时间、TPS、堆内存占用三个性能指标测试网关性能。

1)响应时间

使用 JMeter 工具记录请求响应的平均时间,对实验场景进行设置,实现 100 位用户的并发登录,测试持续 200s,对网关开启前后分别进行测试,测试结果如图 8-28 所示。

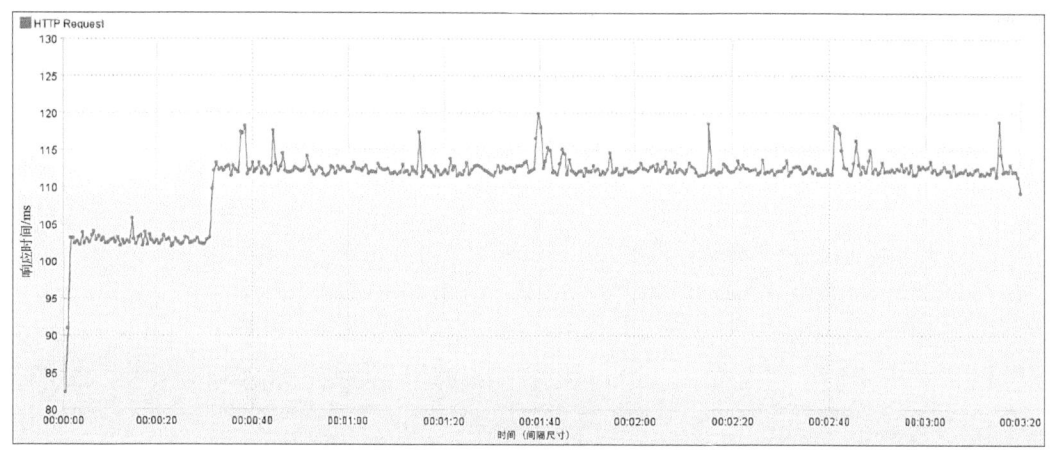

(a) 网关关闭

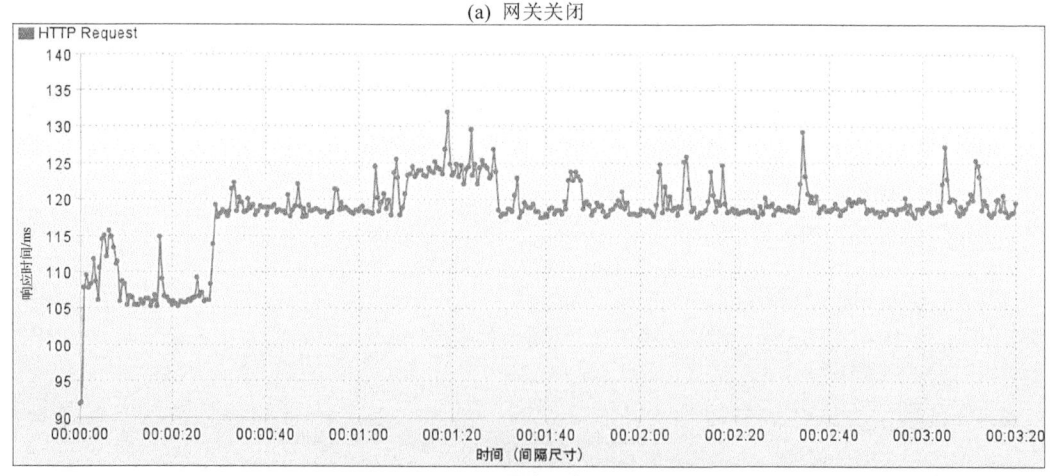

(b) 网关开启

图 8-28 响应时间对比曲线图

根据图 8-28 的测试结果,可以得到表 8-5 的统计数据。

第 8 章 基于命名数据网络的 SWIM 安全路由缓存策略研究

表 8-5 并发响应时间统计数据

SWIM 网关启动与否	最大响应时间/ms	最小响应时间/ms	平均响应时间/ms	标准差
SWIM 安全网关启动	132.103	92	118.126	5.172
SWIM 安全网关关闭	120.1	82.4	111.073	4.073

从图 8-28 和表 8-5 中可以看到,用户在开启网关后并发调用服务的平均响应时间基本维持在 0.12s 附近,相对于开启网关之前,响应时间仅增加 6.3%,安全网关提供的服务所占时间很少,对系统的正常运转不会有太大影响,基本能够满足 SWIM 的需求。

2) TPS

首先关闭 SWIM 安全网关,测试常规情况下 SWIM 服务的吞吐量;随后开启网关,对接受网关统一管理的 SWIM 系统进行测试,测试结果如图 8-29 所示。

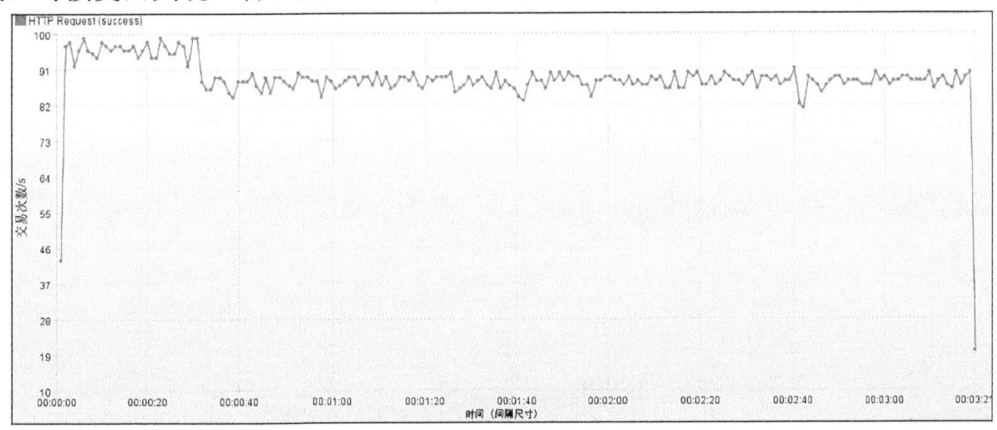

(a) 网关关闭

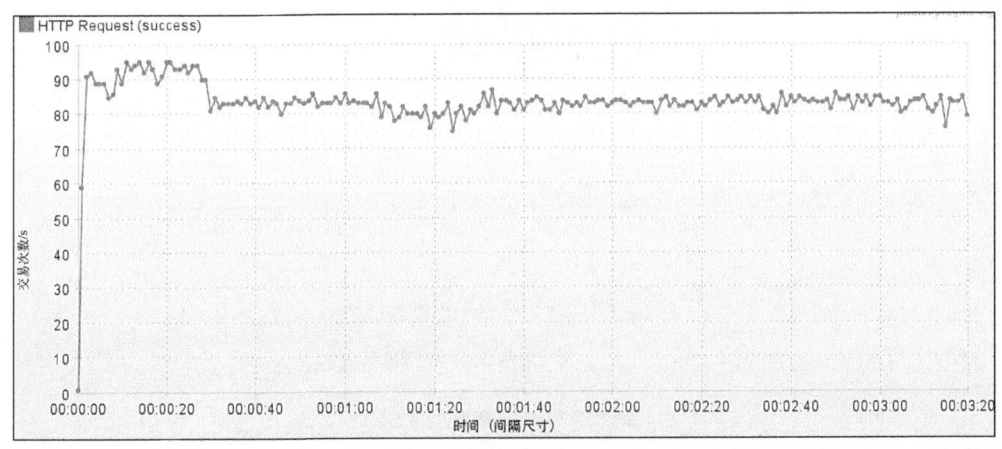

(b) 网关开启

图 8-29 TPS 对比曲线图

根据图 8-29 的测试结果，可以得到表 8-6 的统计数据。

表 8-6 TPS 统计数据

SWIM 网关启动与否	最大 TPS/(次/s)	最小 TPS/(次/s)	平均 TPS/(次/s)	标准差/
SWIM 安全网关启动	95	59	83.87	4.173
SWIM 安全网关关闭	99	43	89.075	3.458

从图 8-29 和表 8-6 中可以看出，无论在启动网关前还是启动网关后，平均 TPS 始终处于 10～100 次/s 范围内，即网关启动前后，SWIM 服务处理能力均处于正常水平。用户在开启网关后并发调用服务的平均 TPS 基本维持在 83.87 次/s 附近，相对于开启网关之前，处理能力仅下降 5.8%，安全网关提供的服务所占资源很少，对系统的正常运转不会有太大影响，基本能够满足 SWIM 的需求。

3) 堆内存占用

针对 SWIM 安全网关的堆内存占用情况，现模拟 10 项 SWIM 服务，设置用户通过 SWIM 安全网关循环调用，记录用户访问服务前后安全网关的堆内存占用情况，如图 8-30 所示，于 12:50 记录堆内存占用情况，在 14:08 开始模拟用户调用，15:00 用户调用停止，16:20 测试结束，总测试时长为 210min。

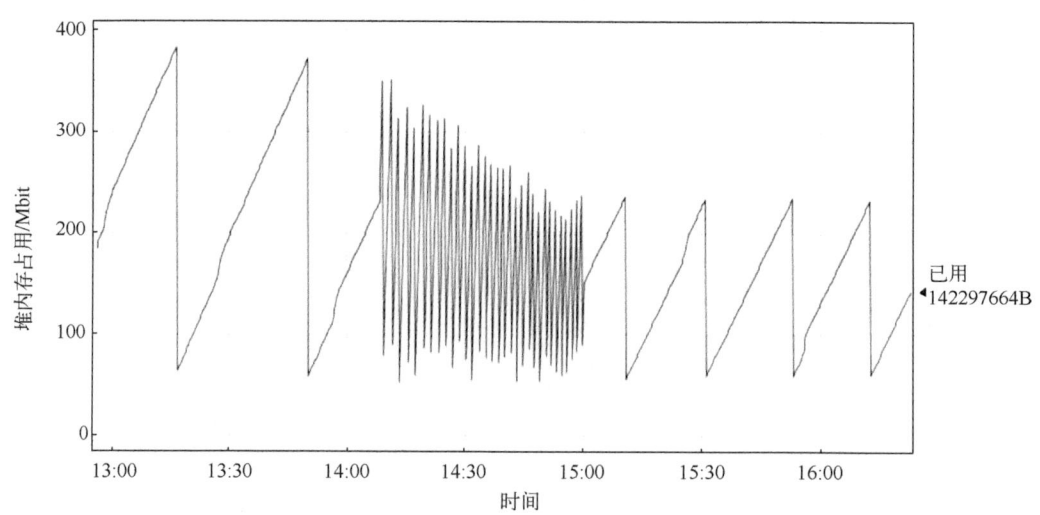

图 8-30 堆内存占用情况对比

根据图 8-30 的测试结果，可以得到表 8-7 的统计数据。

表 8-7 堆内存统计数据

最大堆内存	最小堆内存	平均堆内存
365.581Mbit	51.042Mbit	89.075Mbit

堆内存中存放的是大量 Java 实例对象，随着用户的调用以及进程/线程的完成，堆内存被不断释放和分配。从图 8-30 中可以看出，在用户开始调用 SWIM 服务之后，堆内存的释放/分配频率大大提高，在用户的调用请求被满足的同时，又不断地有用户申请新的请求，直到所有用户均请求完毕。在整个实验过程中，堆内存占用始终处于 400Mbit 之内，远低于服务器的最大堆内存大小，发生堆溢出的概率相对较低。

通过上面的功能、性能测试，我们认为 SWIM 安全网关可以满足 SWIM 对于 4A 的需求，从性能上来说 SWIM 安全网关整体的响应时间、TPS 以及堆内存占用情况对原业务的影响较小，基本可以满足 SWIM 对高并发、低时延、高可靠的需求，因此本章提出的 SWIM 安全网关设计方案具备一定的可行性。

8.4 本章小结

本章针对 SWIM 基础设施层的安全路由缓存策略和安全网关进行研究，研究了信息池缓存的需求、原理、缓存性能、面对泛洪攻击的健壮性以及安全网关的作用和性能。针对正常场景和攻击场景，本章设计了基于命名数据网络的缓存决策、替换策略，并在两种场景下对缓存性能进行了详尽的分析。最后，以认证、授权、账户、审计为基础设计了安全网关并进行功能、性能测试。

参 考 文 献

[1] 吴志军. 广域信息管理 SWIM 信息安全关键技术[M]. 北京: 人民邮电出版社, 2020.
[2] 殷越. 基于命名数据网络的 SWIM 安全路由缓存策略研究[D]. 天津: 中国民航大学, 2022.
[3] 吴超, 张尧学, 周悦芝, 等. 信息中心网络发展研究综述[J]. 计算机学报, 2015, 38(3): 455-471.
[4] 崔现东, 刘江, 黄韬, 等. 基于节点介数和替换率的内容中心网络网内缓存策略[J]. 电子与信息学报, 2014, 36(1): 1-7.
[5] 于美菊, 李茹. 基于动态内容流行度的 NDN 缓存决策和替换策略研究[J]. 计算机工程与科学, 2019, 41(2): 275-280.
[6] Hochreiter S, Schmidhuber J. Long short-term memory[J]. Neural Computation, 1997, 9: 1735-1780.